JN424111

식물과 메디케어

본 과제(결과물)는 교육과학기술부의 재원으로 한국연구재단의 지원을 받아
수행된 광역경제권 선도사업 인재양성사업의 연구결과입니다.

식물과 메디케어

한태진

小花

머리말

죄와 벌, 사람이 큰 병이 나면 떠올리게 되는 말인지도 모른다. 병의 결과는 자신이니까 책임도 자신이 져야 한다. 건강할 때는 당연히 그렇게 생각될 수 있다. 그러나 막상 건강을 잃고 보면 병의 원인을 남의 탓, 환경 탓, 하늘 탓으로 돌리고 싶은 것이 인지상정일 것이다.

탓할 일이 많음에도 불구하고 건강하게 살아와서 건강하지 않은 사람들에게 도움을 주었으면 하고 챙겨 두었던 자료들이 도움을 주었다. 처음부터 마음에 두었던 의도는 건강하지 않은 사람들이 혼자서 건강을 회복하고자 투병할 때 도움을 주고자 하는 것이 아니었다. 건강한 사람이 건강을 잃은 사람들을 케어(care)할 때 과학적, 대체의학적 도움을 주고자 하는 데 있었다. 케어에는 단순한 관심과 배려만이 아니라, 나름대로의 건강에 대한 지식을 전제로 한 지혜가 필요하다고 여겨진다. 지식은 환자에게 가시적인 믿음을 주며, 지혜는 희망을 준다. 믿음과 희망은 케어의 가장 이성적 사랑이다.

미국 의료 제도로 메디케이드(Medicaid)와 메디케어(Medicare)가 있다 메디케어는 65세 이후의 노인들을 위한 노인 의료보험 제도를 의미한다. 그러나 이 책의 제목인 “식물과 메디케어”의 ‘메디케어’는 지식과 지혜가 있는 환자 돌봄이라는 의미로 사용하였다. 식물이 환자를 도와준다는 의미도 있다. 식물은 꼭 환자가 아니어도 그냥 사람들에게 도움을 주어 왔다. 선한 사람이든 악한 사람이든, 죄가 있는 사람이든 죄가 없는 사람이든 모두에게 공평하게 도움을 준다. 식물 자신의 아름다움, 부드러움, 더럽고 해되는 것들을 청소하며, 먹을거리가 되어 주고, 약이 되어 주고 쉴 곳이 되어 주면서 그렇게 사람들을 ‘케어’해 준다.

질병의 일차적인 원인은 자신에게 있는 것임에 틀림없다. 질병을 일으키는 오염된 자연환경,

강팍하게 생존경쟁에 내모는 사회, 자신도 모르게 엄청난 독기로 스트레스를 주는 사람들, 이렇게 환자를 만들어 내지만 역시 질병의 일차적인 책임은 환자의 몫이다. 모두가 그런 여건을 이겨내며 살고 있는 것을 보면 아무래도 병의 가장 큰 책임은 자신이 져야 할 터이다. 병이 난 사람은 그것들을 감당하기에 용량이 적었기 때문인지도 모른다.

유명한 연기인이, 가수가, 희극인이, 작가가, 과학자가, 종교지도자가 병이 나고, 유명을 달리하고, 투병 중이라는 소식이 들린다. 병은 정죄가 아니고 의미라는 생각이 든다. 병은 의미를 깨달아야 감당할 수 있고, 함께 갈 수 있다. 용서하고, 화해하고… 감사할 수 있는 마음이 되면 병은 장애이지만 감당할 만해진다.

식물은 말없이 케어(care)해 준다.

식물은 건강 먹을거리를 주고, 파이토케미컬을 주며, 약을 주고, 맑은 공기를 주며, 음이온을 주고, 심지어 공해 물질을 제거해 주기까지 한다. 또한 아름다움과 부드러운 향기까지 주며 편안한 쉴 곳이 되어 그렇게 사람들을 '케어'해 준다. 케어의 덕목을 다 갖췄다. 어찌 식물만일까. 하늘이, 바람이, 별이 그리고 사실은 스트레스를 주었던 그 모든 이들이…그러나 환자들은 이러한 마음을 지닌 사람의 '케어'를 필요로 한다.

건강은 건강할 때 지키라 했다. 누군가에 도움을 주고자 했던 시작이 조금이라도 도움이 되었으면 좋겠다 병의 의미를 알고 감사하면서 비밀(『Secret』)을 푸는 열쇠도 찾았으면 좋겠다. 그러나 무엇보다 도움을 받는 어려운 입장이 되기 전에 미리미리 건강을 챙기는 데도 도움이 되었으면 한다.

'의료관광 강좌'의 교재로도 쓰게 될 『식물과 메디케어』가 '미리케어'에도 도움이 되었으면 한다. 또한 중국인, 인도인, 아랍인을 비롯한 세계 곳곳에서 오는 의료관광 환자들의 문화와 의료전통을 이해하는 데 도움이 되었으면 한다.

비슷한 생각을 가졌던 많은 이들의 도움을 받았다. 그들에게 감사한다.

참된 의원은 남의 아픔을 내 아픔으로 공감할 수 있는 자세를 가질 때만 치료할 자격이 있다고 한 이제마의 실천은 의료진만이 아니라 지금도 환자를 만들어 내는 너, 나, 우리가 함께 생각해 보아야 할 말이라고 여겨진다.

필요에 의해서 출판을 하지만 너무 준비가 모자라는 부분이 많아 내놓기 부끄럽다. 틈틈이 준비했던 사진들도 보완할 틈이 없었다. 일정에 쫓겨 어쩔 수 없었다고 변명해 보지만 마음의 짐은 덜어지지 않는다. 그러나 모든 시작이 이러했으리라 자위하면서 다시 보완할 기회가 있기를 바란다.

눈이 많이 와서 세상을 참 곱게도 덮었다.

2010. 3.

저자

차례

I. 파이토케미컬과 2차 대사산물

1. 파이토케미컬

1) 파이토케미컬의 정의

식물이 가지고 있는 기능성 유기 물질들을 파이토케미컬이라고 하며 인체 내에서 비타민에 버금가는 중요한 생리 활성 물질이다. 특히 인체의 노화와 질병 예방에 중요한 물질로 그 중요성이 재인식되고 있다.

(1) 파이토케미컬의 어원

Phytochemical(파이토케미컬)은 식물을 뜻하는 그리스 어원의 파이토(phyto)와 화학 물질을 뜻하는 케미컬(chemical)의 합성어이다. 원칙적으로 파이토케미컬은 식물 속에 포함되어 있는 모든 종류의 화학 물질을 의미하지만 일반적으로는 비타민, 미네랄 외의 생리 활성 물질을 의미하며 식물내재영양소, 또는 파이토뉴트리언트(phytonutrient)라고도 한다. 또한 기능적 측면에서 식물생리활성영양소 또는 식물성 항산화영양소라 하여 1980년 이래 식물학과 영양학 및 약리학의 분야에서 활발히 연구가 진행되고 있다.

(2) 파이토케미컬의 명명

파이토케미컬의 기능성이 발견된 것은 1900년도 초이다. 미국의 영양학자인 렌보그(Carl F. Rehnborg)가 비타민, 미네랄 외에도 식물 속의 어떤 인자가 우리 몸을 방어하는 데 중요한 역할을 한다는 데 착안하여 '파이토팩터(phytofactor),' 즉 '식물내재인자'라는 이름을 처음 붙이게 되었고 지금은 파이토케미컬이라는 이름으로 통용되고 있다.

(3) 파이토케미컬의 특징

파이토케미컬은 비타민이나 미네랄과는 달리 5대 영양소에 포함되지 않는 유기물이다. 파이토케미컬은 비타민과 매우 유사하여 비타민처럼 칼로리도 없고 인체의 구성 성분도 아니다. 파이토케미컬은 비타민과는 달리 결핍증이 없으면서 건강과 젊음을 유지하는 데에는 비타민에 못지않은 역할을 하는 매우 중요한 물질이어서 제7의 영양소라고도 불린다.

(4) 파이토케미컬의 소재

파이토케미컬은 야채, 과일, 약초, 허브 및 양념 식물들 속에 포함되어 있으며 특히 식물성 컬러 푸드에 많이 함유되어 있다. 이들 물질들은 곤충 유인이나 가뭄, 고열과 같은 불리한 자연환경과 식물에 유해를 끼치는 각종 미생물과 유해 곤충 및 동물들로부터 자신을 보호하기 위하여 만드는 일종의 방어 물질로 식물의 색과 향 및 맛의 성분으로 수천 종류나 존재한다. 파이토케미컬은 일반적으로 스트레스 상황에서 더 많이 만들어진다. 식용하는 채소와 과일 또는 꽃은 그 색상이 화려하고 짙을수록 이러한 색소들이 많이 함유되어 있는데, 자외선에 많이 노출되거나 해충의 침범을 받으면 더욱 함량이 증가한다. 색깔별로는 붉은색 · 주황색 · 노란색 · 보라색 · 녹색 같은 채소나 과일의 유색 부위에 많이 들어 있으며 흰색을 띠는 마늘류 · 버섯류, 검은색을 띠는 곡물이나 콩류에도 많이 들어 있다.

2) 활성산소

생물이 생명을 유지하면서 살아가는 데는 많은 에너지가 필요하다. 이러한 에너지는 세포 내에서 탄수화물이나 지방 같은 물질들을 분해하여 얻는데, 이때 이들 물질들을 분해하는 데 많은 산소를 필요로 하게 된다. 이들 산소들은 에너지원이 되는 물질들을 산화시켜 에너지를 내지만 이 과정에서 또한 보통 분자 상태의 산소(O_2)보다 산화력이 강한 활성산소를 방출하게 되고, 이들 활성산소나 이 활성산소에 의하여 새롭게 만들어진 역시 산화력이 강한 프리래디컬에 의하여 체내 물질들이 산화되어 노화와 질병의 원인이 된다.

(1) 프리래디컬과 활성산소

하나 또는 그 이상의 대칭이 없는 전자를 가진 원자 또는 분자를 프리래디컬(free radical)이라고 한다. 프리래디컬은 열분해, 광분해, 산화환원 반응, 전자이동 등으로 생성된다. 프리래디컬은 일반적으로 불안정하며 다른 물질을 산화시켜 노화와 질병의 원인이 된다. 산소 원자가 프리래디컬인 경우를 활성산소(active oxygen)라고 한다.

① 활성산소와 유기호흡

생물의 조상은 산소를 사용하지 않는 무기호흡 상태에서 유기물을 분해하여 생명 에너지를 얻다가 유기호흡을 하게 되면서 많은 에너지를 내는 활동성을 가지게 되었으나 과량의 산소가 사용되면서 생체 물질들을 산화시켜 여러 가지 문제를 야기하게 되었다. 흡입된 산소는 거의 효율적으로 사용되지만 전체의 2% 정도는 활성산소가 되어 강력한 산화 작용을 하게 되어 생체분자들을 산화시키게 된다. 이러한 활성산소는 원자의 최외각전자가 홀수가 되어 산화 형태가 되어 있어서 주변 원자로부터 전자를 빼앗아 산화시키는 산화력이 높은 산소인 프리래디컬이 되어 물질이나 생체기관들을 녹슬게 한다. 활성산소는 슈퍼옥사이드, 과산화수소, 싱글레트옥시젠 및 가장 강력한 히드록시래디컬 등의 산소 유도체를 포함하는데 살균 작용 등의 장점도 있지만 노화와 질병의 원인이 된다. 특히 지방과 유전 물질인 DNA의 산화와 변형은 건강에 치명적이다.

② 활성산소의 생성 원인

프리래디컬의 생성 원인에는 내인성 요인과 외인성 요인이 있다. 내인성 요인에는 인체의 에너지 발생 과정에서의 호흡과 대사 과정의 산화로 노화가 진행되면서 자연히 증가된다. 외인성 요인은 세균 감염, 과음, 담배의 타르, 매연, 변비에 의한 매틸클로란트렌(3-methylchloranthrene)

방출, 가공식품의 니트로소아민(Nitrosoamine)과 같은 식품 첨가물이나 특정 의약품, 자외선, 전자파, 과도한 운동 및 정신적 · 육체적 스트레스 등이다.

③ 활성산소의 종류

일반적으로 활성산소가 원인이 된 프리래디컬을 활성산소종(reactive oxygen species)이라고 한다. 다양한 활성산소종은 또 다른 프리래디컬을 만든다. 슈퍼옥사이드가 대표적인 활성산소종이며 산소종의 수소 이온은 물속에 흔하기 때문에 함께 취급된다(〈표 1-1〉).

〈표 1-1〉 프리래디컬의 종류와 특징

명칭	구조	반응 속도(sec.)
Hydroxyl radical	HO ·	10~9
Superoxide anionradical	O_2 ·	enzymic
Hydrogen peroxide	H_2O_2 ·	enzymic
Peroxyl radical	ROO ·	7
Alkoxyl radial	RO ·	10~6
Nitric oxide radicalNO ·	1~10	
Peroxinitrite	ONOO ·	0.05~1

(2) 프리래디컬의 작용과 소멸

① 프리래디컬의 작용

프리래디컬 자체는 쉽게 최외각전자가 짝수가 되어 안정화된 상태, 즉 환원 상태가 되지만 주변 물질들은 전자를 빼앗기게 되어 산화된다. 이러한 프리래디컬은 강력한 산화력으로 몸에 좋지 않은 산화지질을 만들기도 하고 유전 물질인 DNA를 공격하여 돌연변이를 유발시켜 암을 유발하기도 하며 새로운 프리래디컬이 되어 연쇄적인 산화 작용을 하게 된다. 프리래디컬은 1분에 만 번 정도 세포를 공격한다고 한다.

② 활성산소와 관련 질병

프리래디컬의 강력한 산화 작용은 생체분자들을 산화시켜 세포와 기관에 손상을 주어 순환기 장애, 암, 노화 등의 원인이 된다. 프리래디컬은 생체 물질을 산화시켜 세포가 병들거나 죽게 되는 것은 물론 피로, 노화, 주름, 비만, 순환계 이상, 백내장, 골다공증, 치매, 암 등 100여 종 이상의 질병에 관여한다고 한다(〈표 1-2〉).

〈표 1-2〉 프리래디컬과 대표적 질병

장해 조직계	대표적 질병
순환계	심근경색, 동맥경화, 협심증, 뇌출혈, 백혈병, 패혈증, 고지혈증
호흡계	폐렴
뇌신경계	뇌경색, 간질, 파킨슨병, 자율신경 장애
소화기계	위염, 위궤양, 간경변, 췌장염
내분비계	당뇨병, 부신대사 장애
피부계	아토피성 피부염, 일광 피부염
안과계	백내장, 망막 변성증
결합조직계	류머티즘, 자가면역질환, 교원병(콜라겐변성)

③ 활성산소 방어

슈퍼옥사이드($O_2^{\cdot -}$)는 산화제가 될 수도 있고 환원제가 될 수도 있다. 슈퍼옥사이드는 황, 비타민 C, NADPH 등은 산화시키고, 시토크롬 C와 금속 이온 등은 환원시킨다.

생체 내에서의 슈퍼옥사이드에 대한 방어는 SOD/Catalase 효소계가 가장 기본적인 방어체제이다. SOD(superoxide dismutase)는 슈퍼옥사이드를 수소 이온으로 환원시켜 과산화수소(H_2O_2· hydrogen peroxide)와 독성이 없는 분자 상태의 산소(O_2)로 만든다. 그러나 함께 생성된 과산화수소는 또 하나의 프리래디컬이다. 이 과산화수소는 대부분 카탈라제(catalase)에 의하여 물과 무독성의 산소 분자로 분해되고 일부는 과산화효소(peroxidase)계에 의하여 물로 되어 산화력이 소멸된다. 과산화효소는 셀레니움(Se)을 포함하는 효소로 과산화수소(hydrogen peroxide)와 2GSH(glutathione)에 작용하여 GSSG(glutathione disulfide)가 된다([그림 1-1]).

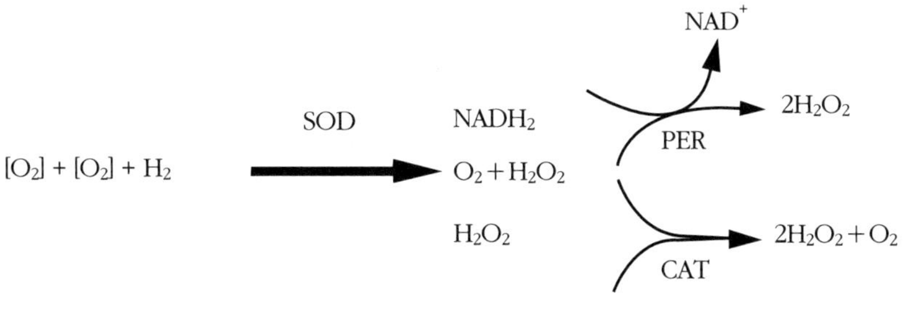

SOD: Superoxide dismutase; PER: Peroxidase; CAT: Catalase

[그림 1-1] 항산화효소의 작용 단계

(3) 항산화제

활성산소나 프리래디컬을 억제하는 물질을 항산화제라고 한다. 인체에는 SOD와 같은 항산화 효소계와 요소나 빌리루빈 같은 물질이 항산화 작용을 하지만 연령이나 질병 및 환경의 영향을 받으면 그 양이 일정하지 않게 되어 외부로부터의 공급이 필요하다. 항산화제는 1차 항산화제, 2차 항산화제 및 3차 항산화제로 구분된다.

① 1차 항산화제

1차 항산화제는 인체 내에 활성산소의 생성을 억제하거나 생성된 활성산소를 무해 또는 산화력이 약한 물질로 만들어 주는 역할을 한다.

SOD(superoxide dismutase)와 카탈라제(catalase) 및 과산화효소(peroxidase)가 1차 항산화제의 중심으로 대부분의 체내 활성산소를 제거하는 기능을 한다. 또한 1차 산화제에는 금속 물질이 관여하는데 SOD는 철, 망간, 구리, 아연이, 카탈라제는 철, 그리고 과산화효소에는 셀레늄(selenium)이 보결분자단으로 작용하며 셀레늄은 비타민 E와 함께 항산화 작용을 하기도 한다. 이 밖에 금속결합단백질인 페린, 셀룰로플라스민은 활성산소의 반응을 촉진시키는 철, 구리 같은 금속 이온을 흡착시켜 활성산소의 작용을 억제한다. 과산화효소는 두 분자의 글루타치온이 과산화수소와 결합해서 산화형 글루타치온과 물을 만드는 과정에 관여하며, 카탈라제 1분자는 1분 동안 500만 분자의 과산화수소를 분해하는데 그 속도가 효소 반응 중 최고로 신속히 과산화수소를 분해한다.

② 2차 항산화제

2차적으로 발생한 활성산소의 작용을 억제하여 활성산소의 연쇄 반응을 끊어서 연속적인 산화를 방지하는 항산화제이다. β-카로틴 및 비타민 E와 비타민 C가 대표적이나 근래에는 이 밖에도 많은 종류의 물질들 중에서 항산화 작용이 확인되고 있다.

지용성인 비타민 E는 셀레늄과 상승 작용하여 세포내 막구조의 지질 산화를 방지한다. 또한 오존이나 담배 연기 등에 의하여 발생한 활성산소의 작용을 억제하고 비타민 A의 파괴를 막는다. 수용성인 비타민 C는 활성산소를 중화시키고 기능이 떨어진 비타민 E를 재활성화시키며, 백혈구의 기능을 증가시키기도 하고, 일부 세균과 바이러스를 직접 파괴하기도 한다. β-카로틴은 지용성으로 활성산소의 발생을 억제하기도 하며 이미 존재하는 활성산소의 작용을 감소시키기도 한다. 특히 백내장이나 폐암 같은 암의 예방 효과가 있다고 알려져 있다. 이 밖에 요소, 빌리루빈 및 알부민 등은 활성산소 생성에 필요한 물질을 차단시키고, 미토콘드리아의 산화계의 NAD, Q10와 같은 조효소도 항산화 작용을 한다. 또한 불포화지방산인 α-리포산(α-lipoic acid; ALC)은 비타민 C, 비타민 E, 글루타치온 등의 항산화 기능을 활성화하여 체내의 활성산소를 중화시키며, 글루타티온 중금속, 약물, 흡연, 술로부터 인체를 보호하는 매우 강력한 항산화제이다. 그리고 근래에는 신경 전달 물질인 멜라토닌에 항산화제의 기능이 있음이 밝혀졌다. 멜라토닌은 세포 투과성이 있어 인체 내의 모든 세포에 작용하여 세포내의 핵을 보호하여 세포의 치유능력을 돕는다고 한다.

③ 3차 항산화제

활성산소에 의해 손상된 생물분자를 복구시켜 주는 효소들로 DNA 보수에 관계하는 효소계와 메티오닌 환원효소(methionine reductase) 등이 이에 속한다.

(4) 파이토케미컬의 작용

각각의 파이토케미컬의 항산화 메커니즘은 확실하게 밝혀지지는 않았지만 일반적으로는 수소나 전자의 공여에 의한 프리래디컬의 환원에 의한 것으로 이해되고 있다.

① 파이토케미컬의 기능

파이토케미컬은 식물 속에 들어 있는 유기영양소와는 다른 활성 유기물로서 식물체에서는 경쟁 식물의 생장을 방해하거나, 각종 미생물, 해충, 또는 자외선 등으로부터 자신의 몸을 보호하는 역할을 한다. 인체 내에서는 프리래디컬의 산화 작용이나 세포 손상을 억제하여 방어 기능, 면역 기능, 노화 방지, 스트레스 완화 및 항암 작용을 하여 건강을 유지할 수 있게 도와주며 세로토닌과 같은 신경 전달 물질도 생성하여 정신적, 신체적 활성도 가지게 한다.

② 파이토케미컬의 항산화 작용

인체에는 이러한 프리래디컬을 제거하기 위한 장치가 갖추어져 있으나 나이가 들거나 프리래디컬을 만드는 가공식품과 생활환경 등에 의하여 이러한 방어 장치의 작동이 원활하지 못하게 된다. 체내에는 SOD를 비롯한 카탈라제와 페록시다제가 생성되어 활성산소를 제거하지만 20대 이후 SOD는 감소하게 되어 40대는 50%, 60대는 10% 이하로 크게 감소하여 질병으로 나타나게 된다고 한다. 그러므로 항산화 작용이 있는 파이토케미컬이 많이 포함되어 있는 컬러 푸드의 섭취가 필요하다. 이러한 식품을 통하여 비타민 C나 비타민 E와 같은 항산화 비타민도 함께 섭취할 수 있게 되어 더욱 효과적이다.

3) 파이토케미컬의 종류

채소와 과일, 곡류, 허브, 향신료 등에 들어 있는 여러 가지 파이토케미컬은 진통, 살균, 소염, 항산화, 면역 증강 및 항암 작용 등에 효과가 있는 것으로 밝혀지고 있다. 활성이 있는 파이토케미컬은 페놀 화합물과 테르펜이 주종을 이룬다. 페놀류는 플라보노이드, 이소플라본 및 타닌 등이 있으며, 테르펜은 정유와 피톤치드와 카로티노이드가 포함되어 있는데 주로 카로티노이드 색소 중에 항산화 작용하는 물질이 많이 포함되어 있다.

(1) 페놀류(Phenol)

페놀류의 플라보노이드는 야채나 과일에 포함되어 있는 안토시아닌계 색소가 대부분을 이룬다. 그리고 이소플라본과 쿠메스탄과 같은 식물성 에스트로겐도 포함되어 있으며 타닌에는 녹차의 카테킨, 커피의 클로리겐산 등이 있다.

① 퀘르세틴(quercetine)

플라보노이드계의 플라보놀로 뛰어난 항산화 작용이 있으며 세포의 돌연변이, 정상세포의 암세포 전환을 억제해 주며 강한 항바이러스 작용으로 입 주위에 생기는 헤르페스 바이러스에 대한 면역력을 증대시킨다. 퀘르세틴은 붉은 양파에 많이 들어 있고, 사과껍질, 토마토, 오레가노, 녹차 등에도 들어 있다. 특히 양파 겉껍질의 퀘르세틴의 항산화력이 높이 평가되고 있으며 항암 효과가 뛰어나 췌장암, 전립선암 및 통풍 환자들에게 권장되고 있다.

② 루틴(rutin)

플라보놀계의 강력한 항산화제로 주로 메밀이나 귀리에 있으며 혈관벽에 이물질이 부착되어 좁아지는 것을 막으며 혈관의 건강을 유지하고 혈소판의 응고 현상을 억제한다. 심장 질환과 폐질환, 고혈압 예방과 치료에 효과적이다.

③ 커큐민(curcumin)

폴리페놀류인 커큐민은 강황 등에 들어 있는 황색 색소로 커리의 주성분이다. 식품의 착색료로 사용하며 담즙 분비를 촉진하는 작용이 있다. 또한 항산화제로 작용하여 암 발생의 원인이 되는 물질들을 무력화시키는 효소들의 활동을 촉진하며 발암 물질들이 DNA와 결합하는 것을 방지하고 암을 유발하는 만성적인 염증을 억제한다. 그 외에 동맥경화 예방, 혈소판응고 방지, 지방성 물질들의 산화를 방지해 준다.

④ 헤스페레틴(hesperetin)

오렌지에 들어 있는 플라본 계열 중 가장 많은 양을 차지하며 비타민 C가 항산화제의 작용을 할 수 있도록 돕는 작용을 한다. 심장 질환을 예방하고 항염증성이 뛰어나며, 혈압을 떨어뜨리는 작용도 한다. 또한 유방암 환자의 암세포 성장을 억제하는 능력이 매우 뛰어나며, 이것은 콩의 제니스틴보다 더 효과적이라는 것이 밝혀지고 있다. 오렌지 외에 레몬이나 만다린, 라임에도 들어 있다.

⑤ 레스베라트롤(Reveratrol)

폴리페놀로서 오디, 포도, 라즈베리, 크렌베리 등의 베리류에 많이 포함되어 있다. 파이토알렉신의 일종인 스틸벤(stilbene)으로서 항암 및 강력한 항산화 작용도 한다. 혈청 콜레스테롤을 낮춰 주며, 항바이러스, 신경보호 작용, 항염증 작용, 항노화 등의 작용을 한다. 적색 포도주에 많이 포함되어 있어 프랑스인들의 과지방-저심장 질환인 프렌치 패러독스(French Paradox)의 주 물질이다.

⑥ 프로안토시아니딘(Proanthocynidin)

포도씨에 들어 있는 폴리페놀로서 OPC(Oligomeric Proanthocyanidine Complexes)의 성분이다. 자연계의 항산화제 가운데 가장 뛰어난 파이토케미컬이다. 프로안토시아니딘은 피부의 엘라스틴(elastin)을 보호하여 피부의 노화를 방지한다. 또한 프리래디컬에 의한 혈류장해를 제거하고 관절염증을 경감하며 신경계 질환을 방지한다.

⑦ 카테킨(Catechin)

플라보노이드인 카테킨은 녹차의 떫은맛의 성분으로 찻잎이 발효되면 감소된다. 온화한 쓴맛을 내는 유리형과 쓰고 떫은맛을 내는 에스터(ester)형이 있는데 감의 타닌과는 달리 단백질과 분리되어 떫은맛이 약하다. 주요 카테킨으로는 에피갈로카테킨갈레이트(EGCG), 에피갈로카테킨(EGC), 에피카테킨갈레이트(ECG), 에피카테킨(EC) 등이 있다.

카테킨은 항산화제로 발암 억제, 동맥경화, 혈압 상승 억제, 혈전 예방, 항바이러스, 항비만, 항당뇨, 항균, 해독작용, 소염작용, 충치예방, 구갈 방지, 장내 세균총 정상화 등의 다양한 효과가 있다. 카테킨은 비타민 C와 비타민 E보다 강력한 항산화 작용이 있어 저밀도지단백(LDL)을 저해하여 심혈관계에 좋다. 카테킨은 불필요한 세포군집의 생산과 개시를 멈추거나 느리게 하며, DNA 손상을 방지한다.

⑧ 테아플라빈(Theaflavin)

홍차에 들어 있는 붉은색 성분으로 홍차의 발효 과정 중 찻잎의 카테킨이 폴리페놀옥시다아제의 작용으로 산화 · 축합하여 생성된 폴리페놀이다. 프리래디컬을 제거하는 항산화 작용 및 항균 작용, 항종양 작용, 항염증 작용을 하고 심혈관 질환을 예방하며 암을 비롯한 생활 습관병의 예방에 도움을 준다.

⑨ 플라보노이드(Flavonoid)

참마의 수피에 있는 미리세틴, 셀러리의 루테올린, 엉겅퀴의 실리마린 등의 색소가 있다. 루테올린은 염증을 억제하는 것으로 알려져 있으며 실리마린은 항산화제로서 간장 질환에 효과적이어서 간세포 보호, 담즙 분비 촉진 및 간세포 재생과 지방대사를 촉진한다.

⑩ 안토시아닌(anthocyanin)

폴리페놀류로 딸기, 체리, 가지, 블루베리, 붉은 양배추, 포도 등의 보라색 색소 성분이다. 활성산소의 발생을 억제하는 항산화 물질로 노화 방지 및 궤양이나 염증에 효과가 있다. 또한 혈관을 강화하고 혈액 순환을 촉진하며 특히 망막에 있는 로돕신 색소의 재합성을 촉진하여 시력 회복과 피곤한 눈, 야맹증, 각막염에도 효과가 있다.

⑪ 클로로제닉산(Chlorogenic acid)

커피 속에 다량 포함되어 있는 폴리페놀로 커피 특유의 색을 내는 물질이다. 생체 내에서 과산화지질의 생성 억제, 콜레스테롤 합성 억제 및 항산화 작용, 항암 작용을 하며 식후 혈당을 감소시킨다. 감자, 고구마, 사과에도 들어 있어 껍질을 벗긴 채로 방치하면 산화되어 갈변된다.

⑫ 엘라그산(ellagic acid)

폴리페놀로서 주로 딸기류, 포도류, 석류, 땅콩 및 녹차에 많이 들어 있으며 항산화 물질이 가장 많은 과일류에 속한다. 특히 산딸기(복분자)는 딸기에 비해 엘라그산이 50%가 더 많다. 항산화 작용이 강하여 발암 물질의 독성을 무력화시키고 암세포의 성장을 저지한다. 식도암, 폐암, 유방암, 피부암 방지에 효과가 있다.

⑬ 파이토에스트로겐(Phytoestorgen)

이소플라본류의 제니스틴, 다이드제인, 글리시테인(glycitein) 등이 있다. 콩 안에서 배당체로 존재하다가 인체에 섭취되면 장내 미생물에 의해 아글리콘 형태로 장에서 흡수된다. 특히 제니스틴과 다이드제인이 항산화 효과가 높아서 유방암, 전립선암, 난소암, 대장암뿐만 아니라 혈중 콜레스테롤을 낮춰 주어 각종 만성 질환의 예방과 치료에 효과적이다. 또한 항에스트로겐의 효과가 있어서 골밀도 감소를 억제한다.

⑭ 피크노제놀(pycnogenol)

마리타임 소나무(French maritime pine)의 복합 추출물인 플라보노이드 복합체로 카테킨(catechin), 에피카테킨(epicatechin), 페룰릭산(ferulic acid), 카페익산(caffeic acid), 탁시폴린(taxifolin) 등이 포함되어 있다. 피크노제놀은 강력한 항산화제로 콜라겐과 쉽게 결합하여 피부 노화를 억제하며, 혈소판 응집을 억제하고 LDL 콜레스테롤을 저해하여 뇌졸중이나 동맥경화 등의 심혈관계 질환을 예방한다. 이 외에도 항히스타민 작용이 있어서 천식이나 알레르기에 효과적이다.

(2) 테르펜(Terpene)류

테르펜은 2차 대사산물 중 가장 종류가 많은 물질로 정유와 피톤치드가 주종을 이루며 이 밖에 카로티노이드 색소가 포함되어 있다. 테르펜은 독특한 향과 쓴맛을 내는 지용성 물질로 발암 물질을 해독하거나 발암유전자의 작용을 억제한다.

① 카로티노이드(Carotenoid)

폴리테르펜인 카로티노이드는 항산화 색소로서 식물, 미생물, 동물에 널리 분포되어 있다. 400여 종이 자연계에 존재하며 일반적으로 분자 내에 산소를 함유하지 않는 탄화수소류(carotene)와 산소를 함유하는 산화유도체인 잔토필(xanthophyll)로 구분한다. 카로틴류에는 β-카로틴(녹황색 채소류)과 리코펜(토마토 · 수박 등의 붉은 과일)이 있으며, 잔토필류에는 루테인(녹색잎 · 꽃잎), 제아잔틴(황색 옥수수 열매) 및 비올라잔틴(노랑 삼색제비꽃잎)이 있다(〈표 1-3〉).

〈표 1-3〉 카로티노이드의 종류와 식품

카로티노이드	색깔	주요 식품
β-카로틴	주홍색	당근, 호박, 고구마
크립토잔틴	주황색	파파야, 망고, 복숭아, 오렌지, 옥수수, 수박
루테인/제아산틴	주황색	시금치, 케일, 아스파라거스, 브로콜리, 양배추, 키위
리코펜	적색	토마토, 수박, 파파야, 구아바, 자몽

② β-카로틴(β-Carotene)

β-카로틴은 카로티노이드 중의 하나로 식물에 널리 분포하는 황적색 색소로 푸른 잎 속에 존재한다. 주로 당근, 호박, 고구마 등에 많이 함유되어 있으며 비타민 A의 전구체인 프로비타민 A이다. 항산화 작용이 있어서 암, 동맥경화증, 관절염, 백내장 등의 예방에 도움을 주나 흡연에 의해서 파괴된다.

③ 크립토잔틴(Cryptoxanthin)

카로티노이드 중 잔토필류로 인체에서 비타민 A로 전환된다. 파파야, 망고, 복숭아, 오렌지, 옥수수, 수박과 같은 과일이나 채소에 들어 있다. 프리래디컬을 억제하는 강한 항산화 작용이 있어서 암과 노화 억제 작용이 있다. 특히 항암 유전자를 자극하여 폐암과 결장암에 효과가 있으며, 류머티즘 관절염을 억제하기도 한다.

④ 루테인(Lutein)

카로티노이드의 잔토필류 중에서 가장 많은 황색 색소로서 시금치, 케일, 아스파라거스, 브로콜리, 양배추, 키위 등에 풍부하다. 주로 눈의 망막에서의 산화 작용을 방지한다. 안암 예방에 좋고, 눈의 항산화제인 제아산틴을 만들 때도 이용된다. 리코펜과 함께 작용하면 상승 작용을 하여 심장병 예방에 좋다.

⑤ 제아산틴(Zeaxanthin)

카로티노이드계의 밝은 황색 색소로 시금치, 옥수수, 브로콜리, 호박, 키위 등에 많이 함유되어 있다. 항산화 물질로 암과 동맥경화 예방 효과가 있다. 눈 망막의 항산화제로서 특히 시금치에는 옥수수에 비해 제아산틴은 2배, 루테인은 무려 60배나 많아 황반변성에 좋다.

⑥ 리코펜(Lycopene)

붉은 색을 띠는 카로티노이드로 β-카로틴보다 10배 이상의 항산화 효과가 있다. 다른 카로티노이드와는 달리 리코펜은 흡연에 의해서도 파괴되지 않고 인체 흡수가 쉽다. 리코펜은 토마토에 가장 많이 함유되어 있으며 익혀 먹으면 혈액 안에 리코펜이 2.5배 증가하며 지용성이어서 기름과 함께 조리하면 흡수율도 높아진다. 리코펜의 강력한 항산화 작용은 비타민 E보다 월등하여 손상된 DNA를 복구시켜 암을 억제하며, LDL 콜레스테롤을 감소시켜 순환계 질병의 예방에도 좋다. 수박, 파파야, 구아바 및 자몽 등의 붉은 과육에도 많이 포함되어 있다.

⑦ 캡사이신(capsaicin)

고추의 매운맛을 내는 무색의 휘발성 화합물로 알칼로이드의 일종이다. 약용과 향신료로 이용되며 고추씨에 가장 많이 함유되어 있다. 진통 작용과 함께 뇌 안의 혈관 확장을 자극하여 혈압을 낮추고, 콜레스테롤과 담즙을 분해하여 심장질환을 예방한다.

⑧ 징코라이드(Ginkgolide)

은행잎에 존재하는 테르펜(terpenic actones)으로 항산화 작용 및 항염증 작용이 있다. 지방 과산화와 프리래디컬의 증가를 억제하여 혈액 응고를 감소시킨다. 또한 세포독성을 감소시키며 혈액 순환을 원활하게 하여 혈액 순환 개선제로 사용된다.

(3) 유기황올가노설파(organosulful)계

① 알리신(Allicin)

유기황 화합물로서 마늘과 양파 등에 함유되어 있는 독특한 냄새와 약효의 주된 성분이다. 알린이 알리나아제라 효소에 의해 매운맛과 냄새가 나는 알리신으로 변하게 되며 가열하면 파괴되어 그 효과를 잃게 된다. 알리신은 항산화제로서 강한 살균·항균 작용 외에도 혈액 순환, 소화 촉진, 당뇨병에의 효과 및 암 예방에도 관여하는 것으로 알려져 있다. 또한 비타민 B_1과 결합하여 알리티아민이 되어 흡수가 잘되어 탄수화물을 분해해 에너지를 만드는 데 중요한 역할을 한다.

② 설포라팬(Sulforaphane)

이소티오시아네이트(Isothiocyanate)류의 유기황 화합물로 강력한 항산화제이다. 프리래디컬을 중화하여 암 발현 물질을 해독하는 글루타치온 트란스페라제 효소의 합성을 증가시켜 발암세포들의 대사를 억제한다고 한다. 또한 뇌졸중, 심장마비 및 암의 발생을 억제하며 당뇨병에서 오는 심장혈관 질환 예방에도 효과가 있다. 헬리코박터 살균 작용이 있어서 위암 예방에 효과가 있는 것으로 알려져 있다. 브로콜리, 양배추, 무, 콜리플라워 등의 배추과 식물에 많이 포함되어 있다.

③ 베타인(Betaine)

유기황 화합물의 아미노산으로서 식품의 감칠맛을 내는 성분으로 사탕무의 당밀에서 분리 정제한다. 메티오닌 합성을 촉진하여 간 해독 작용을 촉진하며 항암 작용이 있다. 또한 혈압 강하, 항혈당 작용, 빈혈예방, 근골 강화 효과와 함께 시력 회복, 세포 복제 기능이 있다. 특히 인슐린 분비를 촉진하며, 알코올 간 치료 효과와 카르니틴 생성에 의해 신장을 보호하는 작용도 한다.

2. 2차 대사산물(Secondary metabolite)

식물은 1차 대사산물을 이용하여 특정 시기에 특정 조직이나 기관에서 생존을 위한 방어, 유인, 경쟁 등에 관련된 다양한 물질을 생성하는데, 이러한 세포 및 종특이적 물질을 2차 대사산물(secondary metabolite)이라고 한다. 이러한 물질들에는 알칼로이드, 테르페노이드, 플라보노이드 등이 있는데, 특히 인간 생활에 유용한 물질들이 알려지면서 1960년대 후반부터 각광을 받고 있다.

1) 페놀 화합물(Phenolic)

벤젠의 수소원자 1개 대신에 수산기(－OH)가 치환된 히드록시벤젠을 기본으로 하는 화합물을 페놀 화합물이라 하며, 1분자 안에 수산기가 1개인 것을 1가 페놀(monophenol), 2개인 이상의 경우를 복합페놀(polyphenol)이라고 한다. 페놀 화합물은 시키믹산 경로와 메발산 경로를 통해 생성되지만 대부분 시키믹산 경로를 통하여 생성되며 페놀은 대부분 항산화 작용이 있어서 프리래디컬로부터 방어 작용을 한다.

(1) 단순페놀과 복합페놀

① 단순페놀(Simple phenol)

수산기를 1개만 가지고 있는 단순페놀은 유관속 식물에 광범위하게 존재하며 각각 다양한 기능을 나타내고 있는데 식물 상호간에 타감 작용(allopathic effect)을 나타내며, 동물에 대해서는 방어 기능을 하는 물질로도 작용을 한다. Cinnamic acid, coumaric acid, caffeic acid, ferulic acid, chlorogenic acid, quinic acid 및 tannin 등이 이에 속한다. 특히, 벤젠환과 함께 퓨란 고리(furan ring)를 가지고 있는 furan cumarin은 DNA의 피리미딘계 염기와 결합하여 전사와 복구를 방해하여 세포를 점차 죽음으로 이르게 한다.

② 복합페놀(Polyphenol)

수산기를 2개 이상 갖고 있는 물질로 폴리페놀이라고 통칭한다. 생체에서 항산화 작용을 하며, 콜레스테롤 흡수를 억제하는 기능도 한다. 페닐프로파노이드, 퀴논, 플라보노이드, 피론 및 타닌 등이 이에 속하는데, 많은 경우 인체에서 항산화 작용을 한다. 녹차에 들어 있는 카테킨류(catechin), 커피에 포함되어 있는 클로리겐산(chlorigencic acid)이 있으며, 딸기나 가지, 포도, 검은 콩, 팥 따위 붉은 색이나 자색의 안토시아닌계 색소 등도 모두 복합페놀 화합물이다. 안토시아닌계 색소는 색깔이 있는 야채나 과일, 적포도주 등 여러 가지에 포함되어 있는데, 특히 블랙 초크베리라고 불리는 아로니아(Photinia melanocarpa)의 열매에 다량 함유되어 있다.

2) 페닐프로파노이드(Phenylpropanoid)

C6 ~ C3 화합물이라고 불리우며 cinnamic acid 유도체, coumarin 유도체, lignin 및 lignan이 여기에 속하며 shikimic acid를 전구체로 생합성된다.

(1) 리그난(Lignan)

n-페닐프로판과 그 중합체인 리그닌의 중간체로, 페닐프로파노이드 2분자가 산화적으로 축합하여 생성된 물질을 총칭한다. 리그난은 라이보리, 밀, 귀리, 보리 등의 곡류와 호박씨, 대두, 브로콜리 등에 포함되어 있으며 특히 라이보리에 많다. 또한 배당체나 유리 상태로 식물의 뿌리 · 심재 · 잎 · 열매 · 수지 등, 거의 모든 부분에 존재한다. 대부분의 리그난은 무색의 고체이며 광학적 활성이 있다. 리그난의 성분에는 식물 에스트로겐으로 암 치료에 효과가 있는 것이 발견되고 있다. 참기름과 오가피에 들어 있는 sesamin, 오미자 열매의 간 보호 작용이 있는 schizandrin, 담즙 분비 작용이 있는 silybin, Podophyllum peltatum의 뿌리에 함유되어 있으면서 항암 작용이 있는 podophyllotoxin 등이 이에 속한다.

(2) 리그닌(Lignin)

페닐프로파노이드가 중합된 것으로 세포벽을 목질화(lignification)시키는 물질로 식물체 내에서 섬유소 다음으로 많이 함유되어 있는 물질이다. 물관부를 견고하게 하여 식물을 튼튼하게 만든다.

(3) 퀴논(Quinone)

퀴논은 황색에서 자색까지 다양한 범위의 색깔을 띠는 색소로 동물, 식물 및 미생물에 걸쳐 자연계에 광범위하게 분포되어 있다. 양적으로는 anthraquinone, naphthoquinone, benzoquinone 등이 많이 있으며 생체 내에서는 전자전달계에 관계하는 ubiquinone, 혈액 응고에 관여하는 비타민 K, 사하 작용을 하는 sennoside류 및 항암 작용이 있는 mitomycin 등이 있으며, 이 밖에도 여러 가지 의약품이나 고업용 원료로 이용되는 물질이 많다. 크게는 벤조퀴논, 나프토퀴논 및 안트라퀴논 등으로 대별된다.

① 벤조퀴논(Benzoquinone)

(a) 유비퀴논(Ubiquinone) : Coenzyme Q라고도 하며 미토콘드리아에 편재하는 전자전달계 조효소로 작용한다.

(b) 플라스토퀴논(Plstoquinone) : 광합성을 하는 녹색 식물의 엽록체에 편재하며 광합성의 전자전달계에 관여한다.

(c) 2, 6-Dimethoxy benzoquinone : 유럽산 복수초(Adonis ver nalis)에 함유되어 있는 물질로 심장약으로 쓰인다.

② 나프토퀴논(Naphthoquinone)

(a) 비타민 K : 고등 식물에 존재하는 phylloquinone(비타민 K_1)과 미생물에 존재하는 mesaquinone(비타민 K_2)이 있으며 혈액응고에 관여한다.

(b) 시코닌(Shikonin)과 알카닌(alkannin) : 시코닌은 지치에, 알카닌은 Alkanna tinctoria의 뿌리에 함유되어 있는 천연 자색 염료이다.

(c) 스피노크롬(Spinochrome)류 : 섬게류의 적색 색소로서 섬게가 자신의 몸에 붙는 조류를 퇴치하는 작용을 하며 약 20여 종 이상이 알려져 있다.

③ 안트라퀴논(Anthraquinone)

(a) 세노시드(Sennoside) : 대황 등에 함유되어 있는 물질로 사하 작용이 있어서 약용으로 사용된다.

(b) 스키린(Skyrin) : Penicillium 속의 균이 생산하는 유독성의 암등색 색소로서 쌀을 황변화시킨다.

(c) 알리자린(Alizarin) : 꼭두서니과 식물에 널리 존재하는 등적색 색소로서 홍화와 함께 적색 천연염색 성분으로 사용된다.

(4) 플라보노이드(Flavonoid)

그리스어로 황색(flavus)에서 유래된 천연 화합물로 2,000가지 이상 식물에서 확인된 페놀계 물질로 페놀류 중에서 가장 종류가 많다. 플라보노이드는 환상 구조의 페닐기(C6)인 A, B환 2개가 C3 사슬을 매개하여 결합한 탄소 15개로 구성된 C6-C3-C6형 탄소골격 구조로 되어 있으며, 이것이 여러 당류와 에스테르 결합하여 배당체를 이루고 있는 경우가 많다. C3 단위의 형태에 따라 안토시아닌, 안토시아니딘, 플라본, 플라보놀, 플라보논, 플라보노놀, 칼콘 등으로 나눈다. 또 3개의 고리 중에서 B환이 결합되어 있는 위치에 따라 isoflavonoid, neoflavonoid 등으로 분류한다. 동물에는 비교적 적고 식물의 잎 · 꽃 · 뿌리 · 열매 · 줄기 등에 함유되어 있다. 특히 신소된 녹차 잎의 경우 플라보노이드가 녹차 잎 무게의 30% 정도나 함유되어 있는 것으로 알려져 있다. 플라보노이드는 염료 및 식용색소로 이용되어 왔으며, 가열하면 당이 분리되어 색깔이 더욱 진해지는데, 감자 · 고구마 · 옥수수를 찌거나 구울 때 이러한 현상이 나타난다. 또한 플라보노이드는 항균 · 항암 · 항바이러스 · 항알레르기 및 항염증 활성을 지니며, 독성은 거의 나타나지 않는 것으로 보고되고 있다. 플라보노이드는 자연적 질병의 원인이 되는 생체 내 산화 작용을 억제한다는 사실이 알려지면서 플라보노이드계 물질의 개발 및 활용이 기대되고 있다.

① 안토시아닌(Anthocyanin)

안토시아닌은 폴리페놀의 일종으로 블루베리, 고구마 껍질 등에 함유되어 있는 색소로서 가수분해에 의해 하나 또는 둘의 단당류와 아글리콘으로 분리된다. 안토시아닌은 청자색 계열의 색소로 cynindin(심홍색), peonidin(적색), petunidin(자색), malvidin(연자색), pelargonidin(주홍색) 및 delphinnidin(청자색) 등이 있는데, pH와 안토시아닌의 종류에 따라 색깔이 달라지며, 함께 존재하는 플라본(flavone)이나 플라보놀(flavonol)과 결합하여 보다 짙은 색깔을 나타낸다. 안토시아닌은 활성산소의 발생을 억제하는 항산화 물질로 노화 방지 및 궤양이나 염증 억제 작용을 하며, 눈의 피로 회복 및 근시예방, 백내장 및 간 기능의 개선 효과가 있다. 안토시아닌이 없는 약 10여 개 과의 식물에는 betalain류의 유사 색소들이 존재하는데, 사탕무에 있는 betacyanin이 대표적이다.

② 안토시아니딘(Anthocyanidin)

색소 배당체인 안토시아닌을 가수분해하여 얻는 색소의 본체(아글리콘)로서 비배당체 부분을 안토시아니딘이라고 하는데 안토시아닌과 함께 안토시안이라고 한다. 펠라르고니딘 · 시아니딘 · 델피닌 등과 이들 유도체를 합하여 약 20종이 알려져 있다. 이들 안토시아니딘에 글루코오스, 갈락토오스, 크실로스, 람노오스 등의 당이 다양한 형태로 결합하여 많은 종류의 안토시아닌이 만들어진다.

③ 플라본(Flavone)

플라본은 물에 녹지 않지만 에탄올이나 에테르 등의 유기용매에 잘 녹고 용액은 보라색 형광을 낸다. 황색, 상아색, 무색의 색소로 어린 식물의 잎에 주로 존재한다. 장파장의 UV를 흡수하여 식물체를 보호하며, 꽃에서는 곤충의 야간 길 안내를 도와 수분을 돕기도 한다. 식물에서 발견된 이들 배당체는 약 400여 종 되는데 apigenin(파슬리), baicalein(황금), gentiana(당약), luteolin(*Digitalis*와 *Reseda*) 등이 있다.

④ 플라보놀(Flavonol)

거의 모든 식물에 함유되어 있는 물질로 UV를 흡수하여 플라본과 같은 역할을 한다. 양파 껍질의 고미 성분인 비타민 P의 한 종류인 루틴(rutin)은 내출혈 방지와 물질의 산화 방지 기능이 있으며 비타민류의 광분해 방지 기능이 있다. 메밀에 특히 많이 포함되어 있으며 토마토, 감자, 팥, 살구, 아스파라거스 등에도 포함되어 있다. 루틴의 aglycone인 quercetin은 가장 많은 식물에 존재하는 플라보노이드로서 70여 종이 넘는 배당체들이 이뇨 작용을 한다. 한편, kaempferol류에 속하는 multiforin은 호프, 오갈피 및 감나무 잎에 함유되어 있으며 사하 작용이 있다.

⑤ 플라바논과 플라보노놀

플라보논(flavanone)에는 감귤나무에 있는 naringnin과 비타민 P의 일종인 hesperetin, 감초의 liquiritigenin 등이 있다. 플라보노놀(flavononol)은 dihydroflavonol이라고도 하며 alpinone이 대표적이다.

⑥ 이소플라본과 프테로카판

이소플라본(isoflavone)은 콩과 식물에 널리 함유되어 있는 무색 또는 황색의 색소이다. Daidzein에 속하는 didzin은 대두를 비롯한 팥, 칡 등의 콩과 식물의 콩에 함유되어 있으며 진경 작용이 있고 대두, 황기 등에 있는 formonoetin은 이뇨 작용이 있다. 프테로카판(pterocapan)에 속하는 medicarpine은 솔비나무 수피에 함유되어 있으며 항균 작용이 있다.

식물성 에스트로겐(phytoestrogen)

식물 성분으로 동물의 내분비 작용을 교란하는 물질을 식물성 에스트로겐이라고 한다. 식물에 천연적으로 존재하는 에스트라디올 및 쿠메스트롤과 이들과 같은 생리활성을 지닌 물질을 말한다. 콩류와 각종 견과류의 종실을 비롯하여 목본류의 인돌-3-카비놀 등, 생약 및 식물 기원의 150종 이상이 있으며, 현재까지 알려진 대표적인 식물성 에스트로겐은 이소플라본류와 쿠메스탄류가 대표적이다. 가장 대표적인 이소플라본은 formononetin, daidzein, genistein, biochanin A인데 토끼풀(클로버)은 페닐알라닌으로부터 이들을 합성한다.

콩은 항암, 항동맥경화, 항산화 그리고 혈당 강하 등 성인병 예방 효과가 알려져 있는데, 특히 대두에는 100g 당 50~300 mg의 enistein과 daidzein이 들어 있어 콩 관련 식품을 적당히 섭취하는 경우 여성 호르몬과 관련된 암 발생율이 낮고, 호르몬과 연관이 깊은 골다공증과 폐경기 증상 등이 적게 일어나는 것으로 알려져 있다. 그러나 식물성 에스트로겐을 과량으로 섭취하면 여성의 경우 여성암의 위험성이 증가하고, 수정 및 배아의 발생에 유해한 영향을 초래할 수 있다는 보고도 있다. 남성의 경우는 수정 능력 저하와 함께 남성암 및 여성화가 촉진되며, 유아의 경우 운동발달 및 인식 발달에 지장이 있는 것으로 알려져 있다.

⑦ 칼콘(Chalcone)

칼콘은 식물에 배당체로 존재하나 그리 흔하지 않다. Carthamin은 홍화(잇꽃)의 꽃잎에 함유되어 있는 홍색의 천연 색소로 옷감 염색, 식품 및 화장품 첨가물 등으로 전통적으로 사용되어 왔다.

(5) 피론(Pyrone)

Pyrone 환을 가지는 환상구조의 물질로 1개의 산소 원자와 케톤기를 가지고 있는 물질로 2개의 이성체가 있는데 2-pyrone인 coumarin과 4-pyrone인 maltol과 kojic acid가 있다.

① 쿠마린(Coumarin)

헤테로고리계열의 유기화합물로 천연에서 얻어지는 쿠마린은 800여 종이 넘으며 특히 고등 식물에 많이 분포하고 있다. 독특한 향이 나는 미나리과, 운향과, 국화과와 콩과에 많이 함유되어 있다. 쿠마린은 벤조-α-피론이라고도 하며, o-옥시신남산의 락톤에 해당한다. 무색의 결정이며 찬물에는 녹기 어렵지만 뜨거운 물에는 녹는다. 약용이나 향료로 사용된다.

(a) Byakangelicin : 백지를 비롯한 미나리과 식물에 널리 분포한다. 아드레날린과 부신피질호

르몬(ACTH)의 작용을 증대시킨다.

(b) Dicoumarin : 콩과의 자주개자리 등의 목초가 부패할 때 생성된다. 비타민 K의 작용을 억제하므로 혈전증의 예방과 치료에 사용된다.

(c) Psoralen : 무화과나무, 보골지, 백선 등에 함유되어 있으며 특유의 방향이 있다. 백반병 치료에 사용한다.

(d) Scoparon : 사철쑥의 꽃에서 얻어지며 담즙 분비 작용이 있다.

② 프탈라이드(Phthalide)

피롤환은 가지지 않으나 유사한 lactone환을 가진 화합물로서 당귀, 천궁 등의 산방화서 식물에 다량 함유되어 있는 특이한 방향성 물질로 대부분이 약리 작용이 있다.

(a) Cnidilide : 당귀, 천궁 등에 함유되어 있다.

(b) Ligustilide : 당귀, 천궁에 함유되어 있으며 진경 작용이 있다.

(c) Meconin : 아편에 함유되어 있는 물질이다.

(6) 타닌(Tannin)

일반적으로 타닌은 다수의 페놀성 수산기를 가지는 방향족 화합물을 말하며, 구성 성분이 단일 물질로서 결정상으로 단리된 것도 있지만 대부분은 몇 종의 물질의 혼합물이다. 백색 또는 담갈색의 부정형 분말로 화학적 성질에 따라 가수분해형과 축합형으로 나눈다. 타닌은 가죽의 무두질과 청색 잉크 제조, 접착제의 원료 및 금속의 부식 방지제로 이용된다. 또한 수렴제 및 지혈제로 사용되며 난백에 타닌산을 결합시킨 타닌산 알부민은 정장제로 사용된다.

① 가수분해형 타닌

묽은 산과 가열하면 가수분해되어 gallic acid나 eragic acid 등을 생성하는 타닌을 가수분해성 타닌이라고 하며, 갈로타닌과 엘라타닌이 있다. 브롬수에서는 침전물을 생성하지 않으나 석회수에 의해서 청색을 띠며 철백반 용액에서는 청색을 띤 다음 검은색으로 변한다.

(a) 갈로타닌(Gallotannin) : 가수분해에 의해 다가알코올과 gallic acid으로만 분해되는 에스테르(ester)를 갈로타닌이라 하며 붉나무의 오배자 타닌과 참나무의 몰식자 타닌 및 밤 · 참나무 목재의 발로니아 타닌 등이 있는데, 일반적으로 수렴성이 강하다. 오배자와 몰식자의 타닌은 서로 유사하지만 각종 갈로타닌의 혼합물은 주로 오배자에서 얻는다.

(b) 엘라기타닌(Ellagitannin) : 가수분해에 의해 다가알코올과 elagic acid로만 분해되는 에스테

르이다. 엘리기타닌인 geranin은 지사 및 정장약으로 널리 이용되고 있는 이질풀의 주성분으로 황색 분말이다. Geraium속 식물의 주 타닌으로 대극과를 포함한 비교적 다양한 식물에 포함되어 있는데, 점막을 자극하지 않고 거의 떫은맛이 없는 가벼운 타닌이다. Corilagin은 백색 분말로 수렴약이나 가죽 무두질에 사용한다.

(c) 클로로제닉산(Chlorogenic acid) : 커피 속에 약 2% 함유되어 있으며, 사과에도 들어 있어 껍질을 벗긴 채로 방치하면 산화되어 갈변된다. 쑥을 비롯한 국화과 식물의 타닌 성분이다

② 축합형 타닌

대체로 카테킨(catechin), epcatechin 등의 favan은 기본 골격으로 하고 있으며 안토시아니딘이 카테킨에서 생성된다. 중합하여 적색 또는 갈색의 침전물인 프로바펜을 생성하며 일반적으로 수렴성이 약하다. 브롬수에 의해서 침전하고 석회수에 의해서는 발색 반응이 나타나지 않으며, 철백반 용액에서 녹색을 띤 다음 검은색으로 변한다. 대황의 rhatannin, 녹차의 epigallocatechin과 epicatechin이 있으며 차 타닌의 주성분으로 떫은맛이 강하다. 여러 가지 열매, 특히 감이나 포도 열매에는 많은 종류의 타닌이 있는데, 축합 정도에 따라 monoflavan, biflavan, triflavan이라 하고 미숙 열매에는 축합되지 않은 monoflavan이 주로 함유되어 열매가 단단하고 떫은맛이 나나 열매의 숙성에 따라 축합된 biflavan과 triflavan이 증가함에 따라 수렴미(收斂味)가 있고 과육이 부드러워지며 단맛이 증가한다.

(7) 기타 방향족 화합물

Duarylheptanoid계 화합물인 curcumin, myricanone, acerogenin 및 arylphnalone 등은 C6-C7-C6 구조를 가지는 화합물이다. 이 중에서 curcumin류는 강황 등에 들어 있는 황색 색소로 커리의 주성분으로 식품의 착색료로 사용하며 담즙 분비를 촉진하는 작용이 있다.

Stilbene계 화합물인 resveratrol은 포도 뿌리에 함유되어 있는 성분으로 강한 항산화 작용이 알려져 있으며, 호장근이나 하수오에 함유되어 있는 resveratrol과 piceid는 과산화지질이 간에 축적되는 것을 방지한다.

3) 테르펜(Terpenene)

냄새를 내는 물질이라는 어원을 지닌 테르펜은 테르펜의 탄화수소에 산소가 결합되어 있는 것을 테르페노이드(terpenoid)라고 하며 식물의 2차 대사산물 중 가장 종류가 많다. 대부분 식물에

국한되어 있으나 진균류, 곤충류에서도 확인되고 있으며, 해양생물에서도 몇 가지 특이한 테르펜이 발견되었다. 테르펜은 그 구성 단위가 탄소 다섯 개로 구성된 isoprene(C5H18)으로서 메발산 경로를 통해 acetyl CoA로부터 생성된다.

(1) Hemiterpenene

가장 단순한 테르펜으로 isoprene 1단위로 구성되며 isoamyl alcohol, isovakeric acid, senecioic acid, trigle acid, angelic acid, β-furoic acid 등이 있다.

(2) Monoterpenene

2단위의 isoprene으로 구성되며 monoterpene과 sesquiterpene 중에는 정유(essential oil)라고 부르는 방향성 물질이 많다. 이들 물질들은 곤충류나 포유류의 살충 및 기피제로 작용하여 식물 자신을 방어할 뿐 아니라 사람에게는 향료, 살충제, 기피제 및 의약품으로 이용된다.

① 방향성 향료

박하유의 menthol, 레몬유의 limonene, 장미유의 geraniol, citronellol 등이 있으며, linalol acetate는 lavender유의 주성분이다. 특히 limonene은 menthadien이라고도 하며, D-limonene은 오렌지유의 주성분으로서 약 90% 함유되어 있으며, 레몬 · 라임 · 베르가모트의 정유 속에도 함유되어 있다. L-limonene은 박하유를 비롯하여 스페어민트유 · 테레빈유 등의 정유에 함유되어 있으며, 오렌지와 비슷한 향기가 나는 무색의 유상 액체로 향료의 원료로 사용된다.

② 살충제 및 기피제

소나무와 같은 침엽수에서 생성되는 pinene이나 myrcene은 살충 효과가 있으며, 제충국 꽃의 pyrethrin, cinerin 및 jasmolin 등은 낮은 농도에서 지속적인 살충 효과를 나타내지만 사람에게는 물론 다른 포유류에도 특별한 독성이 없으며 인공 합성물도 동일한 효과를 나타낸다.

③ 의약제

장뇌(camphor)는 녹나무과나 국화과 식물에 함유되어 있다. 국소 자극 효과가 있어서 신경통, 타박상 등에 이용되며, 박하유의 menthol은 피부나 점막에 대한 약한 마취 작용과 냉감 작용이 있어서 진통 및 가려움증에 사용한다.

④ 항균제

Thymol은 페놀의 일종으로 강력한 살균 작용이 있는 물질로 꿀풀과 식물의 정유 속에 포함되어 있다. 그러나 단백질과 결합하는 성질이 있기 때문에 의약품으로의 이용에는 더 연구를 필요로 한다. 방부제, 구충제와 멘톨의 합성 원료로 사용된다.

(3) Sesquiterpenene

3단위의 isoprene으로 되어 있으며 많은 정유가 여기에 속한다. Lactone환 구조로 된 germacranolide 종류는 식물의 쓴맛 성분으로 항종양, 식물생장 억제 작용이 있는 경우가 많다. 국화과 식물의 heliangine, vernolepin은 식물의 생장 억제 작용이 있으며, 목화의 gossypol은 항균, 살충의 활성을 나타낸다. 특히 phytoalexin으로 작용하는 많은 물질들이 많으며 항말라리아 작용이 있는 artemisinin이 이에 속한다.

(4) Diterpenene

4단위의 isoprene으로 구성되었다. 국화과, 꿀풀과, 대극과 및 소나무과 등에 널리 분포하고 있으며, 천연에서는 약 2,000여 종이 분리되었다. 식물호르몬인 gibberellin, 항암제로 유명한 paclitaxel, 천연 감미료로 알려진 stevioside 등이 이에 속한다. 식물의 생리 작용과 사람들이 이용할 수 있는 여러 가지 물질들을 많이 포함되어 있으며, acyclic diterpenoid, cyclic diterpenoid로 나눈다.

① Acycle diterpenene

(a) 파이톨(Phytol) : 엽록소의 pirphyrin 부분의 ester나 vitamin E, K 등의 구조의 일부로 존재한다.

(b) 비타민 A : β-Ionone 핵을 가지며 α-, β-, γ-carotene 및 cryptoxanthin이 전구체이다.

② Cyclic diterpenene

(a) Abietane diterpenoid : Levopimaric acid와 abietic acid는 침엽수에서 분비되는 balsam이라고 하는 방향성 점액의 주성분으로 증류하면 정유인 terpentine oil과 잔사인 rosin으로 분리되는데, levopimaric acid는 terpentine oil의 주성분이며, abietic acid는 곤충 방제 작용과 함께 rosin의 주성분으로 chewing gum의 원료이다.

(b) Pimarane : 벼의 종자와 오갈피나무의 발아 억제 물질이다.

(c) Enmein과 oridonin : 잎의 쓴맛의 성분으로 동물의 기피 성분이다.

(d) Gibberellin 및 ABA : 식물의 호르몬이다.

(e) Phorbol : 대부분 포유동물에서 보호 작용을 하며, tetradeca noyphorbol acetate(TPA)이라는 강한 피부 자극성 발암 물질이 있다.

(f) Pacitaxel : 주목의 수피에서 분리되었으며 백혈병, 항종양 활성을 가지며 반합성하여 여성암의 치료제로 사용된다.

(g) Ginkgolide : 은행나무 잎에서 분리되었으며, 뇌혈관 순환 장애 및 노인성 치매에 사용된다.

(h) Stevioside : 국화과의 허브인 Stevia rebaudiana 잎의 강한 감미 성분으로 aglycone인 steviol의 배당체이다.

(5) Sesterterpene

5단위의 isoprene으로 구성되어 있는 물질로 ophiobolin A는 벼에 기생하는 병원균인 Ophiobolus myabeanus에서 분리된 최초의 천연 sesterterpenoid로 백선균이나 Trichomonas에 항진균 작용을 한다.

(6) Triterpenene

6단위의 isoprene으로 탄소 수가 30개인 squalene으로부터 생성되는 물질로서 식물은 물론 균류, 지의류, 양치류 및 동물에서 발견된다. 동물에서는 lanosterol이 형성되어 각종 스테로이드 호르몬 등으로 변환되나 식물의 경우는 lanosterol 대신 cycloartenol로 변환되고 이로부터 각종 triterpenoid와 스테로이드계 화합물들로 변환된다. 테르펜은 약 4,000여 종상이 발견되었으며, 구조상 특징으로 acyclic triterpenoid, tetracyclic triterpenoid, pentacyclic triterpenoid 등으로 나누며, 스테로이드 외에 limonoid, cardenolide 등이 있다.

① 구조상의 Triterpenene

(a) Acyclic triterpenene : Squalene이 대표적이며 어류의 간유 및 올리브유의 주성분으로 triterpenene와 스테로이드의 합성 전구체이다.

(b) Tetracyclic triterpenene : 인삼 saponin 성분인 ginsenoside aglycone의 일종으로 protopanaxadiol, panaxadiol이 있으며 택사의 alisol도 이에 속한다.

(c) Pentacyclic triterpenene : 감초의 감미 성분인 glycyrrhetic acid, 목통의 hederagenin, 길경의 polygalacic acid 등이 있다.

② 스테로이드(Steroid)

스테로이드는 squalene을 전구 물질로 tetracyclic triterpenoid를 경유하여 합성되며, sterane 골격을 가지는 isoprenoid의 일종으로 생물계에 널리 분포한다. Sterol, saponin, phytoecdyson, 강심배당체, 부신피질 호르몬, 비타민 및 steroid alkaloid 등의 생리 활성 물질로 작용한다.

(a) 스테롤(Sterol) : 자연계에 약 150여 가지가 존재한다. Sterol은 steroid alcohol로 6개의 isoprene으로 만들어진 triterpenoid로서 sterane의 C-17 위치에 alkyl기를 가진 steroid alcohol를 을 말하며, sterane의 3번 탄소에 alcohol(-OH)기가 있어서 알코올명인 sterol이라고 한다. 스테로이드의 기본 골격으로는 cholestane, ergostane 및 stigmastane 등이 있으며, 식물성 sterol을 phytosterol이라고 한다. Sterol은 세포의 막 안정성을 유지하며 allochemic activity를 가지는 경우가 많다. Cholesterol은 유리형이나 지방산 ester 형태로 대부분 동물에서 발견되며 식물 중에서는 녹조나 홍조 등의 조류에서 볼 수 있다. Ergosterol은 담자균류, 자낭균류, 효모, 버섯, chlorella 및 고등 식물에 볼 수 있는 provitamin D의 하나이다. 또한 β-sitosterol은 식물에서 발견되는 대표적인 sterol로서 동물의 cholesterol 흡수를 저해하며, 유채 화분에서 발견된 brassinosteroid는 식물 생장 물질(growth substance)로 세포의 생장과 분화에 관여한다.

(b) 사포닌(Saponin) : 사포닌은 비누를 뜻하는 희랍어의 sapona에서 유래되었으며 수용액에서 비누처럼 미세한 거품을 내는 성질이 있다. 화학적으로는 triterpene나 스테로이드를 aglycone으로 하는 배당체로서 당이 aglycone의 1개 위치에 결합한 것으로 monodesmoside라 하고 2개의 위치에 결합한 것을 bisdesmoside라고 부른다. 당 부분은 주로 D-glucose, D-galactose, L-arabinose이다. Saponin은 식물의 뿌리 · 줄기 · 잎 · 껍질 · 씨 등에 포함되어 있는데, 어느 것이나 세포에 대해서는 표면 활성제로 작용하여, 세포막의 구조를 파괴하거나, 물질의 투과성을 높이기도 한다. Tetracyclic triterpenoid계 대표적인 saponin인 ginsenoside는 dammaran계 골격을 비당부로서 가지고 있는 Ra, Rb1, Rb2, Rc, Rd, Re, Rf, Rg1, Rg2, Rh 등이 알려져 있다. Soyasaponin은 콩에서 발견되었고 glycyrrhizin은 감초의 감미 성분으로 염증, 알레르기, 소화기 궤양 등의 치료에 사용한다. 또한, Pentacyclic triterpenoid계 saponin은 ginsenoside 중 oleanane계 골격을 비당부로 가지고 있는 Ro가 알려져 있다.

(c) 강심배당체 : 스테로이드 배당체 중에서 심근에 작용하여 울혈성 심부전에 효과가 있는 배당체를 강심배당체(cardiac glycoside)라고 한다. 이들 강심 배당체는 혈압 상승 및 이뇨 작용이 있으나 사용 시 주의를 요한다. Digitalis속 식물의 강심배당체로서 digitoxin, lanatoside C, deslanoside 및 digoxin 등이 있으며, g-strophanthin(ouabain), k-strophan thoside 및 bufadienolide는 협죽도과의 강심배당체로서 g-strophanthin은 수용성으로 정맥 주사제로만 이용되는 속효성 강심배당체이다.

(d) 위트놀라이드(Withnolide) : 가지과 식물의 스테로이드 lactone으로 항종양성이 있어 암 치료에 이용된다.

(e) 엑디손(Ecdysone) : Ecdysone은 탈피 동물의 유충의 변태를 조절하는 탈피호르몬이다. Ecdysone 및 ecdyster 및 그 유사 화합물 30여 종이 고등 식물에서도 발견되어 이들 물질들을 phytoecdysone이라고 한다.

(f) 스테로이드 알칼로이드(Steroid alkaloid) : 스테로이드 골격 및 측쇄에 질소 관능기나 새로운 질소 함유 골격이 생긴 것을 steroid alkaloid라고 한다.

(g) 리모노이드(Limonoid)

감귤류의 쓴맛을 내는 물질로 대표적인 것으로 azadirachitin이 있는데, 강력한 곤충 방제 효과가 있는 limonoid의 복합체이다.

(h) 카데놀리드(Cardenolide)

Triterpene의 배당체로서 쓴맛을 지니며 고등동물에게 매우 강한 독성을 나타낸다. 심장 근육의 운동을 조절하므로 과용하면 치명적일 수 있다.

(7) Polyterpenene

① 카로티노이드(Carotenoid)

미생물, 식물, 동물에 함유되어 있는 천연 색소로서 400여 종이 자연계에 존재하며, 대부분 강력한 항산화 작용을 한다. 카로티노이드는 8단위 isoprene으로 되어 있는 tetraterpenoid이다. 일반적으로 탄화수소류(carotene)와 그 산화유도체(xanthophyll)로 구분한다. 보통 카로티노이드류는 400~600nm의 흡광대를 가지며 물, 석유 ether 및 ethanol에 녹지 않으며 chloroform에 용해된다.

(a) 카로틴(Carotene) : 황색 색소로서 α-carotene, β-carotene 및 γ-carotene이 있으며 α-carotene, γ-carotene도 provitamin A 활성을 가지고 있으나 β-carotene이 가장 식물에 광범위하게 분포한다. Carotene은 엽록소의 산화 방지 및 곤충 유인의 기능을 하며 당근, 난황 등에 다량 존재한다. Lycopene은 함께 토마토 열매에 함유되어 있는 적색 색소로서 암세포 억제 작용을 한다.

(b) 잔토필(Xanthophyll) : Lutein은 녹색 잎이나 난황에 다량 함유되어 있는 황색 색소로서 황

반변성을 억제하는 기능이 있으며, capsaicin은 고추 열매의 적색 색소로서 palmitic acid 및 stearic acid의 ester로 존재한다.

② 수지(Resin)

10~30개 탄소로 이루어진 테르펜 복합체로서 천연으로 산출되는 일반적인 수지를 말한다. 비결정성 또는 비휘발성이며 알코올과 에테르에 녹으나, 물에는 녹지 않는다. 가열하면 연화 융해한다. 용제에 녹였다가 용제를 증발시키면 막상 물질이 되므로 도료의 원료로 사용된다. 단일 성분이 아니며 화학 성분은 개개의 수지에 따라 다른 각종 성분의 혼합물로 정유에 수반되어 생산되는 경우가 많다. 액상인 것에는 발삼, 고무 수지 등이 있으며, 화석화되어 있는 수지도 있다.

③ 천연고무(Rubber)

상온에서 고무상 탄성을 나타내는 사슬 모양의 고분자 물질이나 그 원료가 되는 고분자 물질이다. 천연고무는 isopentenyl 부분을 가지고 있는 분자량 약 1,500~15,000의 고분자 화합물로서 3,000~6,000개의 isopropene으로 되어 있다. 많은 종류의 식물에서 발견되나 산업적으로 중요한 것은 latex를 생산하는 파라고무나무(Hevea brasiliensis)이다. 고무나무 수지인 latex는 생고무, 탄성고무 및 bakelite의 원료이다.

4) 알칼로이드(Alkaloid)

알칼로이드는 식물의 2차 대사산물 중에서 가장 다양한 물질로서 원래 유기물 중에서 단순히 'alkali와 같은 물질'이라는 의미로 처음에는 식물 유래의 생리활성을 지닌 함질소 염기성 유기화합을 의미하였다. 그러나 염기성 성질도 가지고 있는 아미노산은 관례상 아미노기를 가지는 산으로 취급되며, 펩타이드와 함께 알칼로이드로 취급하지 않으나 맥각 알칼로이드의 일종인 ergostamine은 기본 구조가 아미노산이지만 lysergic acid 부분의 염기성을 중심으로 알칼로이드로 취급하고 있다. 현재는 생물계에 존재하는 함질소 유기화합물 중에서 염기성을 지니는 비교적 복잡한 구조를 가지고 있는 화합물을 알칼로이드라 하고 있다. 알칼로이드의 질소 원자는 복소환식 고리에 있으며 세포 내에서는 세포질(pH 약 7)과 액포(pH 약 5~6) 모두에 포함되어 있으며 일반적으로 수용성이다.

대부분의 알칼로이드는 쓴맛을 지니며 유리 상태나 유기산과 결합된 염의 형태로 존재하는데, 유리형 알칼로이드는 결정 및 액상으로 유기용매에는 녹으나 대부분 물에는 녹지 않는다. 그러나 알칼로이드 염은 수용성으로 유기용매에는 녹지 않으므로 추출시 유의하여야 한다.

알칼로이드는 비록 단일 계열의 물질은 아니지만 cydkshgenic glycoside와 같이 초식동물에 방어 작용을 하기도 하며 사람에게도 독특한 생리 작용을 하는 광범위한 물질군이다. 자연계에는 약 3,000여 종 알려져 있는데, 조사된 250여 종의 식물 중 약 20~30%의 식물에서 발견되었다. 알칼로이드는 기본 염기를 중심으로 pyrrolidine alkaloid, piperidine alkaloid, pyridine alkaloid, phenethylamine alkaloid, isoquinoline alkaloid, amaryllidaceous alkaloid 및 indole alkaloid 등, 7가지로 나누기도 하며, 아미노산으로부터 생합성되는 알칼로이드의 모핵에 따라 ornithine, lysine, anthranilic acid, phenylalanine, tyrosine, tryoptphan, 및 histidine 유래 알칼로이드 등, 6가지로 나누기도 한다.

(1) Pyrrolidine alkaloid

① Tropane alkaloid

(a) 히사민(Hyoscyamine) : Hyoscyamine속이나 Atropa속을 비롯하여 가지과 식물에 함유되어 있으며, 강한 독성과 함께 최음 작용과 환각 작용이 있다. Hyoscyamine의 racemi체인 atropine은 독성 물질로 땀과 타액의 생성을 억제하는 한편 내장 평활근의 이완 및 국소 진통 작용이 강하여 진경 및 진통제로 사용되며, 동공확대 작용이 있어 동산약으로 사용되며, morphine 및 유기인제 농약의 해독제로도 사용된다.

(b) 스코폴라민(Scopolamine) : 일명 hyoscine으로 불리는 무색 결정으로 싸리풀 · 독말풀 · 흰독말풀 등의 종자나 잎에 hyoscyamine과 함께 함유되어 있다. Atropine에 비하여 산동 작용이 강하여 안과에서는 수술 시 산동제(散瞳劑)로 쓰인다. 부교감신경 억제제 · 진통제 · 진경제로 사용되며 간질 · 아편중독 · 알코올 중독 · 천식 · 멀미 등에도 사용하나 계속 사용하지 않도록 한다

(c) 코카인(Cocaine) : 남미 원산 코카(coca) 나무 잎에 함유되어 있으며, 국소마취용으로도 사용되지만 마약으로 취급된다.

② Pyrrolizidine alkaloid

국화과에 광범위하게 분포하는 알칼로이드로서 국화과의 Senecio속에 주로 함유되어 있어서 senecio alkaloid라고도 한다. 가축에 중독을 일으키며 사람에게는 간질환을 유발한다. Senecio속 외에도 콩과, 지치과, 난초과 및 협죽도과에도 함유되어 있으며 세포독성을 나타내는 것이 많다.

국화과에 속하는 머위의 fukinotoxin, 털머위의 senkirkine은 발암성 물질로 알려져 있으며, 같은 국화과의 우산나물에는 syneilesine이라는 세포독성 물질이 있다.

(2) Piperidine alkaloid

① 석류피 알칼로이드

석류의 근피와 수피에 함유되어 있으며 pelletierine이 촌충 구충약으로 사용된다.

② Lobelia alkaloid

북미 자생의 1년초인 초롱꽃과의 Lobelia inflata에 함유되어 있는 lobeline이 호흡중추를 흥분시키는 작용이 있어 천식 치료에 사용한다.

③ 독당근 알칼로이드

미나리과의 독당근(Conium maculatum)은 독초로 소크라테스 독배 식물로 coniine, gammaconiceine, N-methylconiine, conhydrine, pseudiconhydrine 등의 알칼로이드가 알려져 있다.

④ Quinolizidine alkaloid

콩과의 Lupinus속에 함유되어 있는 sparteine은 부정맥 치료에 사용되나 lupinine과 lupanine은 독성 물질이다. 고삼에는 martine이 함유되어 있어 해열 이뇨제와 살충 살균제로 사용된다.

(3) Pyridine alkaloid

① 니코틴(Nicotine)

가지과에 속하는 담배 및 같은 속 식물의 잎에 함유되어 있다. 중추흥분 작용이 있어서 과량은 호흡마비를 일으키며, 황산염은 농업용 살충제로 사용된다. Nornicotine 역시 같은 식물들에 함유되어 있으며, 활성 정도는 nicotine의 1/3 정도이다.

② 아나바신(Anabasine)

명아주과의 Anabasis aphylla의 주 알칼로이드로서 nicotine과 유사한 활성을 나타내며, anabasine의 황산염은 농업용 살충제로 사용된다.

③ 리시닌(Ricinin)

아주까리에 있는 유독성 물질로 유식물에 많으며 성숙한 식물에서는 분열조직에서 합성되나 그 함량은 적다. 가수분해하면 독성이 없어지며 항균 작용이 있다.

(4) Phenethylamine alkaloid

① 마황 알칼로이드

마황과의 마황속 식물의 지상경에 함유되어 있는 알칼로이드로서 주성분은 ephedrin으로 교감신경 흥분 작용이 있어 기관지 천식의 진해제로 사용된다. Methylephedrin은 알레르기 치료에도 사용하며 진해 작용은 ephedrin과 동일하나 부작용은 오히려 적다.

② 메스칼린(Mescaline)

멕시코 원산의 환각 선인장(*Anhalonium williamsii*)에 함유되어 있으며 환각 작용이 있다.

(5) Isoquinoline alkaloid

① Benzylisoquinoline alkaloid

(a) 파바린(Papaverine) : 양귀비과의 아편 속에 함유되어 있으며 아편 성분 중 최초로 구조가 결정된 물질로 합성 제조된다. 마취 작용과 습관성이 없고 평활근의 경련 완화 작용이 있기 때문에 진경제로 사용한다.

(b) 히게나민(Higenamine) : 부자 및 같은 속 식물의 뿌리, 세신의 뿌리 및 오수유의 열매에 함유되어 있으며 강심 작용이 있다.

② Bisbenzylisoquinoline alkaloid

(a) 투보쿠마린(Tubocurarine) : 방기과의 *Chondodendron tomentosum*의 수피에 함유되어 있으며 외과 수술의 근육이완제로 사용한다.

(b) 탈리카프린(Thalicarpine) : 미니리아재비과의 *Thalictrum dasycarpum*에 함유되어 있으며 항종양 작용이 있다.

③ Protoberberine alkaloid

(a) 베르베린(Berberine) : 운향과에 속하는 황벽나무나 같은 속 식물의 수피 및 황련의 근경의 주 알칼로이드이다. 강한 쓴맛으로 고미 건위제 및 정장제로 이용되며 항균성도 강하다.

(b) 팔마틴(Palmatine) : 방기과의 Jateorhiza columbia 뿌리에 함유되어 있는 성분으로 고미 건위제, 지사제로 사용된다. 황백, 황련에도 함유되어 있다.

(c) 노스카핀(Noscapine) : Narcotine이라고도 하며 아편 속에 morphine 다음으로 많이 함유되

어 있는 성분이다. 비습관적이며 강한 진해 작용을 한다.

(d) 하이드라스틴(Hydrastine) : 미나리아재비과의 *Hydrastis canadensis* 근경에 함유되어 있다. 자궁 및 혈관 수축 작용이 강하기 때문에 자궁지혈제로 사용한다.

④ Morphine alkaloid

(a) 모르핀(Morphine) : 아편의 주 알칼로이드로 습관적 마약이며 독약이다. 모프핀의 페놀성 수산기가 methyl화된 것을 codeine이라 하고 ethyl화된 것을 ethylmorphine이라 한다. Ethylmorphine은 독성이 약해 진통진해제로 사용한다.

(b) 코데인(Codeine) : 아편 속에 소량 함유되어 있으며, 코데인을 환원시키면 dihydrocodeine이 되는데, 이들 모두 진통, 진해 작용이 있으나 마약으로 관리된다.

(c) 시노메닌(Sinomenine) : 방기의 줄기 및 근경에 함유되어 있다. 진통 작용이 있어 류머티즘성 관절염과 좌골신경통에 사용한다.

⑤ Aporphine alkaloid

(a) 도메스티신(Domesticine) : 매자나무과 남천의 수피에 함유되어 있으며 진해 작용이 있다. 남천의 잎에서 항알레르기 작용이 있는 물질이 발견되어 경구용 천식치료제로 개발되었다.

(b) 아포모르핀(Apomorphine) : 모르핀에 염산을 가해 가열하여 만들며 최토제로 사용한다.

⑥ Benzophenanthridine alkaloid

켈리돈(Chelidone)은 유독 식물인 애기똥풀의 주성분으로 진통 · 진해 작용이 있으며 운향과 식물 중에는 nitidine과 fagarinine을 함유하는 식물이 있다.

(6) Amaryllidaceous alkaloid

갈란타민(Galanthamine)과 리코린(lycorine)이 있다. Galanthamine은 수선화과인 개상사화와 석산의 인경에 함유되어 있으며 알츠하이머 치료제로 쓰인다. Lycorine은 석산의 독성 물질로부터 분리되었으며 최토 작용이 있다.

(7) Indole alkaloid

① 단순 알칼로이드

Tryptophan으로부터 유도되는 알칼로이드로서 신경전달 물질인 serotonin과 환각 작용이 있는 psilocin과 harmala 등이 있다.

② 맥각 알칼로이드(Ergot alkaloid)

에르고메트린(Ergometrine)과 LSD가 있다. 호밀 이삭에 기생하는 맥각(ergota)에서 분리된 ergometrine은 자궁수축 지혈제 또는 진통촉진제로 사용된다. LSD는 맥각 알칼로이드 연구 과정에서 합성된 물질로 마약으로 분류되어 있다.

③ Rauwolfia alkaloid

협죽도과 식물에 포함되어 있는 알칼로이드이다. Reserpine은 인도사목(*Rauwolfia serpentina*)의 뿌리에 함유된 알칼로이드로서 진정제 및 고혈압 치료제로 사용되며, ajmaline은 Rauwolfia속 식물에 함유되어 있으며 부정맥 치료제로 사용된다.

(8) 기타 알칼로이드

일반적으로 7종류로 분류되며 식물 유래의 알칼로이드 외에 스테로이드계, 퓨린 염기 및 동물 기원의 것도 알칼로이드로 분류되기도 한다.

① 스테로이드 알칼로이드

감자 싹에 포함되어 있는 solanine은 천식에 이용되며, 토마토의 tomatine은 항균 활성을 가진다. 백합과에 속하는 박새 근경의 jervine은 농업용 살충제로 이용되며, protoveratrine은 매우 강한 독성 물질이다.

② Ditepenoid alkaloid

아코니틴(Aconitine)은 미나리아재비과의 Aconitum japonicum의 괴근(부자)에 함유되어 있는 물질로 미량으로 신경통, 류머티스 및 진통제로 사용하나, 중추신경 마비 작용을 가지는 독약이다.

③ 토근 알칼로이드

에메틴(Emetine)은 브라질산 꼭두서니과 식물인 *Cephaelis ipecacuanha*의 뿌리(토근)에 함유되어 있으며, 아메바성 이질의 특효약으로 최토 작용과 거담 작용이 있다. 세펠린(Cephaeline) 역시 토근에 포함되어 있으며 최토 작용은 enetine보다 강하다.

④ Phenethylisoquinoline alkaloid

콜히친(Colchicine)은 백합과의 *Colchicum autumnale*의 종자에 함유되어 있다. 세포분열시 방추사 형성을 억제하여 배수체 육종에 이용하며, 류머티스와 통풍 치료제로 사용한다.

⑤ Nupharidine

개연꽃과의 같은 속 식물의 근경(천골: 川骨)에 함유되어 있는 성분으로 어혈 해소, 지혈, 강장제로 사용한다.

⑥ Tylophora

인도산 박주가리과의 *Tylophora asthmatica*의 주 알칼로이드로 항암 작용이 알려져 있다.

⑦ Rutaceous alkaloid

운향과에 주로 포함되어 있는 evodiamine은 위장약으로 이용되며, acronycine, camptothecine은 항종양 물질로 알려져 있다.

⑧ Purine

Purine은 산과 염기 모두와 반응하는 질소를 함유하는 양성 물질로서 기호성 음료의 식물 성분으로 이용되는 것이 많다.

(a) 카페인(Caffeine) : 꼭두서니과 커피나무의 열매 및 녹차 등 각종 음료 식물에 포함되어 있다. 중추신경 흥분 작용, 강심이뇨 작용, 골격근 흥분 및 혈관 확장 등의 작용이 있다.

(b) 테오브로민(Theobromin) : 카카오의 종자에 많이 포함되어 있으며 강심이뇨 작용이 있으며, 중추흥분 작용은 caffeine보다 약하다.

(c) 테오필린(Theophylline) : 차나무 잎에 소량 함유되어 있으며 강심이뇨 작용은 caffeine보다 강하고 중추흥분 작용은 caffeine보다 약하다. 기관지천식 및 울혈성 심부전에 사용한다.

(d) 이노신산(Inosinic acid) : 표고버섯, 송이버섯 등, 버섯류의 풍미성분 중의 하나로 조미료 성분으로 이용된다.

II. 동양 의학과 서양 의학

1. 동양 의학

1) 중국 의학과 동의학

(1) 중국 의학(中國醫學)

전설의 3황(三皇)의 한 사람인 신농(神農)의 『신농본초경(神農本草經)』과 오제(五帝)의 한 사람인 황제(黃帝)의 『황제내경(黃帝內經)』이 전해진다.

『신농본초경』은 본초(本草) 또는 본초경(本草經)이라고 부르는데, 신농시대(BC 300년 경)부터 전해지는 약학사전으로 오늘날 상용하고 있는 365종의 한방 약재 대부분이 기술되어 있으며, 대부분이 현대에도 충분히 통용될 수 있을 만큼 뛰어나다. 특히 수은(水銀)과 비소(砒素)를 질병 치료에 사용하여 인도와 아라비아보다 500년 내지 600년이 앞섰고 유럽보다는 1,000년이나 앞섰다.

『황제내경』은 중국 진한 시대(秦漢時代)의 저술로 보이는데 내경(內經)이라고도 하며, 황제와 기백(岐伯)의 의학에 관한 토론 기록이라 한다. 원래 18권으로 전반 9권의 소문(素問)과 후반 9권의 영추(靈樞)로 되어 있다. 소문은 천인합일설(天人合一說), 음양오행설(陰陽五行說) 등의 논리에 의한 병리학설이 주이며, 영추는 침구(鍼灸)와 도인(導引)과 같은 물리적 요법을 상술하고 있다. 내경은 약물요법에 대하여는 별로 언급이 없으며, 당(唐)의 왕빙(王氷)이 주석(注釋)을 가한 24권본만 전해 온다.

신농과 황제를 필두로 편작(編鵲), 화타(華陀), 창공(倉公), 장중경(張仲景) 및 이시진(李時珍)이 의학과 본초에 대한 뛰어난 업적을 남겼다.

편작은 본명이 진월인(秦越人)으로 중국 전국시대의 명의로 장상군(長桑君)으로부터 의학을 배웠으며 그로부터 약의 비방과 의서를 전수받아 전설적인 명의가 되었다고 한다. 그의 의술은 『난경(難經)』으로 정리되어 전한다.

화타(145~208)는 본명이 부(敷)로 중국 한말(漢末)의 명의이다. 마비산(麻沸散)을 사용하여 전신 마취 후 절제 수술한 외과 수술의 비조로 전해진다. 또한 짐승의 행동 특징을 본떠서 만든 도인 체조로 오금희(五禽戲)를 만들었다고 하며, 『화타내사(華陀內事)』, 『화타방(華陀方)』, 『청낭서(青囊書)』 등의 의사를 남겼다고 하나 전해지지 않는다. 당 시대에 관우와 조조를 치료하였다고 하며 조조의 부하에게 살해되었다고 전해진다.

창공(150~215)은 본명이 순우의(淳于意)로 제(齊)나라의 태창장(太倉長)을 역임해 창공(倉公)이라고 불렸다. 주로 얼굴색과 진맥으로 진찰하는 찰색진맥법(察色診脈法)으로 병을 진단하였다. 공손광(公孫光)과 공승양경(公乘陽慶)에게 사사하여 맥경(脈經)과 오색진병(五色診病) 방법과 기해술(奇咳術)과 약론(藥論)을 전수받았다.

장중경(150~219)은 본명이 기(機)로 한(漢)나라 사람으로 의성(醫聖)으로 불린다. 장백조(張伯祖)와 양려공(陽勵公)에게 의술을 전수받았다. 질병에 대한 영혼설을 배척하였으며, 병증에 의하여 치료법을 찾는 변증론치(辨症論治)라는 새로운 치료원칙을 확립하였다. 특히 한(寒), 열(熱), 습(濕), 조(燥)와 같은 사기(邪氣)에 의한 외부 원인을 병의 원인으로 본 『상한잡병론(傷寒雜病論)』은 『황제내경』이 편찬된 이래 가장 훌륭한 의학서이다. 서기 205년 『상한잡병론』 원본 16권이 완성되었으나 10권이 소실되어 전하지 않으며 후에 왕숙화(王叔和)의 정리를 거쳐 상한(傷寒)과 잡병(雜病)으로 나누어 전해진다. 상한론에는 113개의 방제가 수록되어 있으며, 잡병 부분은 금궤요약(金匱要略)으로 정리되어 262개의 방제가 각각 수록되어 있다. 장중경은 『상한잡병론』 외에도 『변상한(辨傷寒)』 10권, 『평병약방(評病藥方)』 1권, 『요부인방(療婦人方)』 2권, 『오장론(五臟論)』 1권, 『구치론(口齒論)』 1권을 저술하였으나 모두 소실되어 전하지 않는다.

왕숙화(王叔和, 210~285)는 서진(西晉) 사람으로 분실된 『상한잡병론』 중 상한론 부분만을 수집하여 상한론을 재편찬하였다. 내경과 난경의 맥학논술과 편작, 화타, 순우의(淳于意), 부옹(涪翁) 및 장중경 등의 의가를 참고하여 『맥학(脈學)』 10권을 저술하였다.

이시진(李時珍, 1518~1593)은 명나라 말기인 1596년 간행에 간행된 『본초강목(本草綱目)』의 저자이다. 『본초강목』은 도판 2권에 1,871종의 약재에 대하여 형태 · 수치 · 약효 · 약리를 해설하고 처방을 부록으로 편재하였다.

(2) 동의학(東醫學)

우리나라도 고유의 양생술과 의학이 존재했을 것으로 짐작되지만 고대의 기록들이 유실되거나 은폐되어 중국 문헌이나 비전통적 기록들과 구전에 의존할 수밖에 없는 실정이다.

사마천(司馬遷)의 『사기(史記)』나 『한단고기(桓檀古記)』, 『삼일신고(三一神誥)』 및 기타 문헌에는 중국의 고대 왕조와 삼황오제(三皇五帝)가 동이족(東夷族)이라고 한다. 동이족은 우리 한민족(韓民族)을 일컫는데, 비전통적 고문헌들에 의하면 고조선의 의학이 발달하였다고 전해지나 고조선이 멸망한 뒤에는 의학은 중국에서 한반도로 전수되었고 다시 일본으로 전해졌다. 삼국시대를 지나 고려는 당송(唐宋), 인도 및 아라비아 의학 지식을 받아들여 독특한 고려 의학 체계를 확립시켰다. 특히 외과 수술의 대가 이상로(李尙老)와 내과 의약의 대가인 설경성(薛景成) 등이 배출되었다.

조선조에는 유교의 영향을 받아 외과적인 수술은 쇠퇴하였으나 정통 본초학과 침구술(鍼灸術)이 발달하였으며 산야초를 중심으로 한 민간 처방도 발달되었다. 세종대왕은 대량의 한반도 토종약재 즉 향약(鄕藥)을 발굴하여 의약을 조선화(朝鮮化)함으로써 조선 특유의 한의학(韓醫學)인 소위 동의학(東醫學)의 기초를 세웠다.

세종 15년(1433)에 왕명으로 『향약집성방(鄕藥集成方)』 85권이 집대성되어 편찬되었다. 『향약집성방』은 병증(病症) 959종, 약방문(藥方文) 10,706종, 침구법(鍼灸法) 1,416종, 향약본초(鄕藥本草), 포제법(抱製法) 등으로 되어 있다. 또한 세종 27년(1445년)에는 한방의학의 백과사전인 『의방유취(醫方類聚)』가 편찬되었다. 명종(明宗) 14년(1559)에는 종양(腫瘍)에 관한 의학서인 『치종비방(治腫秘方)』이 편찬되었으며, 광해군 5년(1613)에는 조선조 최대의 의학서인 허준(許浚)의 『동의보감(東醫寶鑑)』이 간행되었다.

『동의보감』은 조선의 의서인 향약집성방과 의방유취를 비롯하여 한(漢), 수(隋), 당(唐), 송(宋), 원(元), 명(明) 및 금원(金元)의 역대 의약 명저 중에서 중요한 이론을 골라 편수한 것이다. 전 25권으로 내과학인 내경편(內景篇), 외과학인 외형편(外形篇), 잡병편(雜病篇), 탕액편(湯液篇) 및 침구편(鍼灸篇)으로 구성되어 있다.

특히, 조선조 말인 고종 31년(1894)에는 논리적 체계를 지닌 체질 의학서로 이제마(李濟馬)의 『동의수세보원(東醫壽世保元)』이 출간되었다. 『동의수세보원』의 동의(東醫)는 우리나라의 의학 즉 동의학(東醫學)을 의미하여 『동의수세보원』은 동의학으로 세상 사람들을 오래 살게 한다는 뜻이다. 『동의수세보원』은 성명론(性命論)을 논리로 사상체질학설(四象體質學說)을 세웠으며 상하 30권으로 성명론(性命論), 사단론(四端論), 확충론(擴充論), 장부론(臟腑論), 의원론(醫源論), 광제론(廣濟論), 사상인변증론(四象人辨證論)의 7편으로 나누어 각각 그 의방(醫方)과 치방(治方)을 서술하였다.

2) 아유르베다 의학과 유나니 의학

(1) 아유르베다 의학(Ayurvedic medicine)

인도의 아유르베다 의학은 "모든 인간은 스스로 자신의 질병을 치유할 수 있는 능력을 갖고 있다"는 기본 철학을 가지고 있다. 모든 인간은 종교적 본능, 경제적 본능, 생식적 본능, 자유를 향한 본능의 4가지 본능이 있는데 이러한 본능들을 충족시키기 위해서 균형 있는 건강이 필요하다는 것이 아유르베다 의학이다.

베다는 인도에서 가장 오래된 신화적 제식문학(祭式文學)의 집대성이자 우주의 원리와 종교적 신앙을 설명하는 철학 및 종교 문헌으로 가장 오래된 의학 부분이 포함되어 있는 아유르베다에는 수많은 의약이 등장한다. 아유르베다는 아타르바베다 부록의 하나로 이원론적 상키아 사상을 비롯한 고대 인도 철학의 영향을 받아 주술 의학에서 탈피하여 BC 500년 경 합리적 경험의학으로서 완성되었다. 아유르베다는 삶을 의미하는 아유(ayu)와 지식 또는 과학을 의미하는 베다라는 두 개의 산크리스트어로, 생명과학이라는 의미를 가지고 있다. 아유르베다 의학은 식이요법과 약초요법으로 구성되어 있으며 청소와 독소를 제거하는 쇼단(shodan), 증세를 완화시키는 샤만(shaman), 원기를 회복시키는 라사이아나(rasayana), 정신위생과 영혼을 회복시키는 사트바자야(satvajaya)의 네 단계로 시술하는데, 아유르베다에는 독물학(毒物學)이나 악마학(惡魔學) 등도 포함되어 있다. 이 아유르베다 의학은 오늘날에도 인도, 네팔과 스리랑카 등지에서 이용되기도 한다.

인도에는 차라카, 수슈루타 및 바그바타라는 3대 의학자가 있었다고 전해진다. 『차라카 본집』과 『수슈루타 본집』은 2세기경의 대표적 의서로 『차라카 본집』은 뛰어난 내과학 책이며, 『수슈루타 본집』은 일반의학 특히 외과 방면에 뛰어난 책이다. 또한 바그바타는 6세기경에 의학의 8부문에 관한 『팔지강요(八支綱要)』와 『팔지심수본집(八支心髓本集)』을 썼는데 『팔지심수본집』은 티

베트어로도 번역되어 있다. 이후 6~7세기경부터는 약물에 관한 사전도 만들어졌으며 해부 · 수술 · 종두 등도 실시되었다고 한다.

현재 아유르베다 치료법은 구체적인 기록에 남아 있지 않고 인도의 전통 의술이라고 하는 것은 대부분 1980년대에, 서구에 초월명상법을 도입한 요가 수행자 마하리시 메헤시가 개발한 것이다. 그에 의하면 인체의 건강은 세 가지 도샤(dosha)인 바타(vata), 피타(pitta), 카파(kapha)의 비율에 의해 결정되며 질병은 세 개의 도샤의 균형이 깨지는 것으로 치료는 이러한 심신계의 조화나 균형을 회복시켜 주는 것이라고 하였다. 마하리시 메헤시를 도왔던 초프라는 도샤의 균형을 회복시키는 데 아유르베다의 형이상학적 생리학에 근거한 향기요법으로 특별히 고안된 정유와 향신료를 사용하였다.

(2) **유나니 의학**(Unani medicine)

유나니는 아랍어로 이오니아를 의미하는 말로 유나니 의학은 지중해 연안국에서 싹튼 고대 전통 의학으로 그리스, 로마를 벗어나 중동에서 꽃을 피웠다. 유나니는 초기에 갈릭이라고 불렸는데 이는 그리스 출신 의사 갈렌(Galen, 130~201, 로마)을 일컫는 것으로 유나니 의학은 칼렌이 제창한 의학 원리를 기반으로 하고 있었다. 갈릭에 이어 아라비아의 철학자이자 물리학자인 아부시나(980~1037, 영명 아비세나)가 의학을 크게 발전시켰다. 유나니 의학은 10세기경 이슬람 문명의 보급과 함께 인도에까지 영향을 미쳤으며 중국을 경유하여 우리나라와 일본에도 영향을 미쳤으며 궁극적으로 르네상스 이후 근대 유럽 의학의 기초가 되었다.

유나니 의학은 초기에 그리스 의학을 기반으로 하여 발전하였는데 음식물을 소화시키는 열원이 호흡에 의한 생기(pneuma)라는 플라톤의 학설과 히포크라테스의 체액설을 발전시켜 대사 과정을 중심으로 생명을 이해하고자 하였다. 즉 위로 내려간 음식물이 호흡에 의한 생기에 의하여 전혀 다른 물질로 변형되어 인체에 유익한 물질이 되며 이 물질의 일부가 혈액에 따라 다른 신체 기관으로 운반되고 노폐물은 체외로 배출된다는 것이다. 유나니 의학에 따르면 이 과정에서 생성되는 물질은 4체액, 즉 혈액, 점액, 황담즙, 흑즙으로 이 4체액은 네 가지 본질인 온기, 냉기, 습기 및 건조와 결합하는데, 이때 4체액과 네 가지 본질이 서로 균형을 이루면 건강을 유지할 수 있다고 하였다. 그리고 4체액 중에 어느 한 가지가 우위를 점하게 되는 원인은 기후, 나이, 직업, 습관 등과 같은 외부 요인의 작용 때문이라고 하였다.

당시의 킬지, 로디스, 투글루크 술탄 등은 유나니 의학에 의한 병원을 많이 세워서 우수한 내과의, 외과의 및 안과의를 배출하였고 이 영향으로 많은 우수 인재들이 대거 몰려와 악바르 대제 이후, 무굴 제국의 자한기리마할, 아우랑제브 등의 황제 시대에도 유나니 의학은 계속 발전하였다.

638년 준디 샤푸르 의학원은 하리스 이븐 가르다라는 최초의 이슬람교도 의사를 배출했으며 마싸르 자와이흐는 683년 알렉산드리아의 의학자 아론이 쓴 『의학총의』 아랍어 번역본을 출간했는데 이 책은 아랍어로 쓰인 최초의 의학서이다. 이후 아랍 의학의 아버지 후나인 이븐 이스하크(980~1037)는 갈렌의 의학서 거의 전부와 그 밖의 그리스 의학서들을 아랍어로 번역하였고, 최초의 안과 전문서인 『10대 안과론』과 『의학의 제문제』 등의 의학서도 다수 저술하였다. 또한 역사상 가장 위대한 의학자의 한 사람으로 평가받는 라지(865~925)라는 의사도 배출되었다. 그는 의학서만 무려 117권이나 저술하였는데, 그중에는 이론과 임상경험을 총망라한 20권의 『의학잡성』이 독보적이다. 이후 아비켄나(라틴어명 아비세나)라고 알려진 페르시아계 이슬람의인 이븐 씨나(980~1037)는 『치유의 서』와 『의학전범』을 저술하였는데, 의학전범에서 늑막염과 폐렴, 간염을 정확히 구별하였을 뿐만 아니라 폐결핵의 선염성, 피부병, 성병, 상사병, 신경병 등에 대한 임상학적 관찰을 면밀히 진행하고 치료법을 제시했다. 이후 이 『의학전범』은 17세기에 이르기까지 의학의 기본 교재로 사용되었다. 스페인의 이븐 루슈드(1126~1198, 라틴명 Averrhoës)로 안달루시아에서 태어난 이슬람 의사로 그의 저술 『의학대전』에서 눈의 망막 작용과 천연두의 면역성을 처음으로 밝혔다.

이처럼 유나니 의학의 이론 연구와 임상에서 얻은 모든 결과는 의학 개설서나 전서에 상세히 수록되었다. 이들 유나니 의학서들은 다시 번역되어 유럽의 의학 학교들의 교과서로 쓰이고 임상치료에 직접 이용되어 소위 중세 암흑기의 의학 공백을 메우고 유럽 현대의학 발달의 밑거름이 되었다.

2. 음양오행 의학

1) 한의학과 동의학

서양 의학과는 달리 동양 3국 중국 · 한국 · 일본 등, 동양3국의 한자문화권 지역의 의학은 독특한 우주관과 생명관을 가지고 아유르베다 의학, 유나니 의학 등과도 교류되면서 연구 · 전승 · 발전되어 왔다. 중국의 전통 의학을 한의학(漢醫學)이라고 하고, 우리나라의 전통 의학은 한의학(韓醫學) 또는 동의학(東醫學)이라 한다.

동양 3국의 전통 의학은 동양철학적인 방법에 근거를 두고 종합적인 생명 현상을 동적으로 관찰함으로써 내적 생명력을 근본적으로 배양하고 건강을 증진시키고자 하는 것이 큰 특징이다. 동양의학에서는 인체를 소우주로 보기 때문에 한의학의 기초이론은 우주운행원리인 음양을 중심으로 한 음양오행설(陰陽五行說)이다. 한의학의 자연관과 인체의 생리 · 병리에 대한 원리와 진단 · 치료 · 약물 등에 대한 이론은 모두가 이 음양오행에 근거하고 있다.

2) 음양오행설(陰陽五行說)

(1) 음양(陰陽)

동양의 세계관은 일찍이 상대성을 우주 모든 만물의 생성과 운행 및 소멸의 원리로 파악하여 모든 사물과 기능을 절대적 음양이 아닌 상대적 음양으로 이해하였다. 이를테면 실체가 있는 땅은 음, 실체가 없는 하늘은 양이다. 인체에 있어서는 머리는 양, 몸통은 음이며 왼손은 음으로 물질적인 혈(血)을 관장하며, 오른손은 양으로 비 물질적인 기(氣)를 관장한다. 식물의 몸(음)은 동물의 먹이(양)가 되며, 호흡에 필요한 공기는 식물이 배출(음)하고 동물은 이를 소모(양)한다. 또한 식물의 유효 성분(음)이 동물의 질병을 치료(양)하며, 인체의 질병은 동식물의 유효 성분(음)이 치료(양)한다.

이렇게 음양은 상대적인 개념이다. 한겨울을 지내고 이삭이 하늘(양)을 향하는 보리는 음성식품이고 한여름을 지내고 이삭이 땅(음)을 향하는 벼는 양성 식품이다. 무는 양성식품이나 하늘을 향하는 무청은 음성이며, 땅 속의 무는 양성이다. 물론 이러한 음양 논리에는 과학적 논리를 필요로 하나 구체적 이론은 아직 체계적으로 되어 있지 않다.

(2) 오행[行說]

① 오행의 조합

논리적으로는 영원한 음도 양도 없으나 지구적인 측면에서 우리가 살고 있는 하늘(음)과 땅(양)의 음양은 불변이며 그 순행은 가변적이다. 이처럼 모든 사물과 현상은 상대적인 음양으로 나뉘는데 이러한 음양에 대한 현상과 흐름을 설명하는 논리가 오행이다. 음양은 목화토금수(木火土金水)의 오행으로 나뉘는데 목화(木火)는 양이고 금수(金水)는 음이며 토는 양과 음의 완충적 단계이다. 오행은 음양에서 비롯되나 오행의 성질은 역시 상대적이어서 또 다른 음양으로 구분된다. 음양에 근거한 오행적 설명은 계절, 맛, 방향, 인체의 장부 등, 모든 사물에 적용되며, 십간(十干)과 십이지(十二支)를 조합한 간지(干支)에 의하여 세분되어 설명된다.

② 오행의 성질

오행의 목화토금수(木火土金水)는 단순히 나무나 불 그 자체를 의미하는 것이 아니라 이들 오행의 형(形)과 질(質)의 두 가지 의미를 함께 가지는 하나의 상징이고 부호이다.

목은 나무로 상징되며 곡직(曲直), 이동(易動), 신장(伸長)의 성질이 있어 힘과 활동성을 의미하며 정적인 데서 동적인 데로 도약하는 봄과 소년기를 상징한다. 화는 불로 상징되며 염상(炎上), 온열(溫熱), 적명(赤明), 담화(痰化)의 성질이 있어 분산, 역동적 변화를 나타내는 여름과 청년기를 상징한다. 토는 흙으로 상징되며 재물(載物), 생화(生化)의 성질이 있어서 그 성질이 순하고 치우치지 않아 중화 작용이 있으며 목과 화의 기운을 조절하여 성숙기로 접어들게 한다. 금은 쇠로 상징되며 성음(聲音), 숙살(肅殺)의 성질이 있어 밖으로는 단단하나 내부는 양을 포용하여 갈무리를 준비하는 가을과 노장년기를 상징한다. 끝으로 수는 물로 상징되며 한랭(寒冷), 취하(就下), 자윤(滋潤), 저장(貯藏)의 성질이 있어 만물은 토기와 금기의 도움을 받아 수에 이르러서 비로소 완전히 기가 응결되어 다시 태어날 수 있는 씨앗과 같은 시작의 근원을 만든다. 계절로는 겨울을 의미한다.

③ 오행의 외재(外在)와 귀류(歸類)

인체에 영향을 미치는 외면적 요소인 계절, 기류, 색 및 맛 등의 네 가지 요인을 외재라고 하고 자연현상을 관찰하여 오행을 인체나 기타 관련이 되는 부분에 결부시키는 것을 오행의 귀류라고 한다(〈표 2-1〉, 〈표 2-2〉).

(a) 오장(五臟)과 오미(五味)

산(酸: 신맛), 고(苦: 쓴맛), 감(甘: 단맛), 신(辛: 매운맛), 함(鹹: 짠맛)을 오미라고 하는데, 오미는 각각 오장에 들어가 각 해당 장기를 돕는다. 즉, 신맛은 간을 돕고 쓴맛은 심장을 돕는다. 단맛은 비장을, 매운맛은 폐를, 그리고 짠맛은 신장을 돕는다. 따라서 간이 약한 사람은 신맛을 찾고 심장이 약한 사람은 쓴맛을, 비장이 약한 사람은 단맛을, 폐가 약한 사람은 매운맛을, 그리고 신장이 약한 사람은 짠맛을 원하게 되며, 어느 맛이든 지나치면 도리어 병이 된다. 맛이 인체에 미치는 영향은 화학적 자극이 미각 신경을 통해 미각령에 인지되면서 이루어진다. 사람이 건강 상태에 따라서 어떤 특정한 맛을 원하지만 음식이 입 안에 들어 있지 않을 때도 맛을 느끼는 경우가 있는데, 쓴맛을 느끼는 경우는 지나치게 피로하거나 지나치게 심려하여 심장이 혹사하였을 때이다. 이처럼 입 안에 음식이 없는데도 특정한 맛이 느껴지는 것은 여러 가지 상황에 의하여 특정 장기가 항진되었거나 심하면 실조된 경우를 의심해 볼 수 있다.

〈표 2-1〉 오행의 외재

오행	오방	장(腸)	부(腑)	오계 (五季)	오기 (五氣)	오색 (五色)	오미 (五味)
목	동	간(肝)	담(膽)	춘(春)	풍(風)	청(靑)	산(酸)
화	남	심(心)	소장(小腸)	하(夏)	열(熱)	적(赤)	고(苦)
토	중앙	비(脾)	위(胃)	장하(長夏)	습(濕)	황(黃)	감(甘)
금	서	폐(肺)	대장(大腸)	추(秋)	조(燥)	백(白)	신(莘)
수	북	신(腎)	방광(膀胱)	동(冬)	한(寒)	흑(黑)	함(鹹)

〈표 2-2〉 기타 오행의 귀류

오행	오관 (五官)	오체(五體)	오액 (五液)	오취 (五臭)	오성 (五聲)	오지 (五志)
목	목(目)	간주근(肝主筋)	루(淚)	조(臊)	호(呼)	노(怒)
화	설(舌)	심주맥(心主脈)	한(汗)	초(焦)	소(笑)	희(喜)
토	구(口)	비주육(脾主肉)	연(涙)	향(香)	가(歌)	사(思)
금	비(鼻)	폐주피모(肺主皮毛)	체(涕)	성(腥)	곡(哭)	우(優)
수	이(耳)	신주골(腎主骨)	타(唾)	부(腐)	신(呻)	공(恐)

(b) 오장과 오색(五色)

오색이란 청(靑), 적(赤), 황(黃), 백(白), 흑(黑)의 다섯 가지 색으로 오장의 병변이 피부에 나타나는데, 정상적인 피부색에 비하여 상대적으로 차별화되어 나타난다. 간의 병은 청색으로, 심장의 병은 적색, 비장의 병은 황색, 폐의 병은 백색, 그리고 신장의 병은 흑색으로 나타난다. 이를테면 정상적일 때보다 얼굴이나 피부색이 창백하면 폐의 질환이 의심되며, 검으면 신장 질환이 의심된다. 또한 기(氣)와 신(神)은 얼굴색으로 나타나지 않는 건강 상태를 알 수 있게 하는데, 기로는 무형적 감정에 의한 건강 상태를 알 수 있으며 신으로는 무형적 생명력을 알 수 있다. 즉 특정 감정에 의하여 기색이 좋아 뵈지 않다는 것은 감정이 상했다는 것으로 이러한 상태가 계속되면 특정 장기에 영향을 주게 되며, 신색이 좋지 않게 된다. 따라서 얼굴색은 그 종류에 관계없이 생기가 있어야 하며, 수척해도 생기가 돌면 건강한 것이나 신색이 좋아도 생기가 없으면 건강에 문제가 있는 것이다(〈표 2-3〉).

〈표 2-3〉 신색의 변화와 생기

청색	생기가 있음 - 간기 왕성
	생기가 없음 - 간기 쇠약
적색	생기가 있음 - 심기 왕성
	생기가 없음 - 심기 쇠약
황색	생기가 있음 - 비기 왕성
	생기가 없음 - 비기 쇠약
백색	생기가 있음 - 폐기 왕성
	생기가 없음 - 폐기 쇠약
흑색	생기가 있음 - 신기 왕성
	생기가 없음 - 신기 쇠약

(c) 오장과 오지(五志)

사람의 감정 즉 노(怒: 성냄), 희(喜: 기뻐함), 사(思: 생각함), 비(悲: 슬퍼함; 또는 憂), 공(恐: 놀람)을 오지라고 한다. 오장은 오지와 밀접한 관련이 있다. 특정 감정이 지나치면 장기에 영향을 미쳐 건강을 해치기 쉬운데, 지나치게 웃으면 심장이 상하게 되고, 역으로 심장이 쇠약하면 실없이 웃는 일이 많다. 어느 감정이나 심장에 관련되어 있지만, 특히 기쁜 감정은 심장에 직접 작용하여 혈액 순환이 왕성해지고 얼굴이 붉어지며 추운 줄을 모른다. 웃음은 기쁨의 한 표현으로 혈액 순환이 왕성한 사람은 웃음이 많다.

같은 장부에 속한 감정이라도 그 장기의 허실에 따라 달라서 서로 상반된 감정으로 표출된다. 즉 심장이 실한 사람은 기쁜 감정이 솟지만 약하면 슬픈 감정을 갖게 되며, 신장이 실한 사람은 용감하나 약한 사람은 비겁하다. 다른 장기의 허실에 대해서도 이렇게 상반된 감정이 표출된다.

(d) 오행과 오체(五體)

인체의 장기는 각 조직과도 밀접한 관계를 가지고 있다. 오체의 오행은 목(木)인 간은 간주근(肝主筋)이라 하여 근을, 화(火)인 심장은 심주맥(心主脈)으로 피를, 토(土)인 비장은 비주육(脾主肉)으로 육을, 금(金)인 폐는 폐주피모(肺主皮毛)라 하여 살갗 즉 피부를 관장하며 수(水)인 신장은 신주골(腎主骨)이라 하여 골수를 통제한다. 간은 운동을 주관하여 근육을 튼튼하게 하고 운동신경을 조절하므로 간의 이상은 신경계통의 이상으로 나타난다. 그래서 풍(風)은 간의 이상과 관련이 깊다. 다른 장기의 허실에 대해서도 이러한 조직의 관련성이 나타난다.

④ 오행과 상생상극(相生相剋)

(a) 오행과 장부(腸腑)

오행은 상생(相生), 상극(相剋)의 관계를 가지고 있는 사물의 상호 관련성과 그 운동 변화의 규칙을 해석하기 위한 수단으로 상정된 상징이다. 동의학에서 오행은 상생상극에 관한 이치를 장부에 연계시켜 상호간의 자생(子生), 제약(制約) 관계를 설명한다. 장(藏)이란 인체의 각종 장부를 의미하며, 상(象)이란 각종 장기가 밖으로 나타내는 여러 가지 현상을 말한다. 오행에서의 장부(臟賦)의 뜻은 해부학적 의미도 있지만 장기가 체외로 나타나는 각종 현상의 상적(象的) 의미가 더 크다. 수에 해당하는 신과 화에 해당하는 심이 장기의 중심으로 각각 정과 신에 해당된다면 목에 해당하는 간과 금에 해당하는 폐가 부의 역할을 하며 각각 혈과 기의 중심이 되고, 토에 해당하는 비장은 각 장기의 조화를 이루게 하는 역할을 한다.

한편 오장이 음이라면 육부(六腑)는 양이다. 장(臟)은 속이 차 있으며 부(腑)는 속이 비어 있다. 장이 정기를 갈무리한다면 부는 음식물을 이동시키면서 영양 물질을 흡수한다. 음식물이 소화 흡수되는 작용도 목화금수의 순이어서 각각 담낭, 소장, 대장, 방광 순으로 작용하며 토인 위는 소화기 전체를 의미하므로 모두에 관여한다. 토의 장인 비가 이미 흡수된 영양 물질을 공급하면 토의 부인 위와 금의 부인 소장이 곡기를 흡수하게 된다. 이렇게 곡기가 흡수되면 금인 폐가 피 속에 있는 영양 물질을 태워서 에너지를 내게 되고 금인 대장과 수인 방광이 재흡수하면서 소화시킨 찌꺼기를 항문을 통하여 배출하고 에너지를 얻고 남은 재에 해당하는 노폐물은 요도를 통해 밖으로 배출한다.

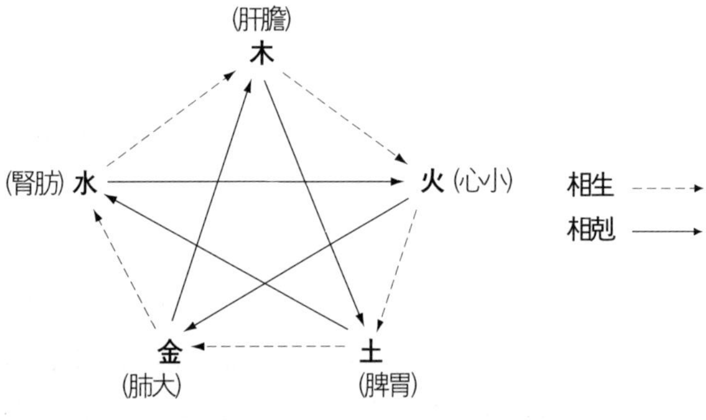

[그림 2-1] 오행의 상생과 상극

(b) 오행의 상생상극

상생의 생(生)은 오행이 서로 키우고 돕는 것을 말한다. 오행의 상생은 상호적이기보다는 모자(母子)의 관계이어서 목이 화를 낳아서 모(母)인 목이 자(子)인 화를 생한다. 반면에 상극의 극(克)은 오행이 서로 억제하고 저지하는 것을 말한다. 목은 화를 낳고 화는 토를 낳으므로 목은 토의 조모이고 토는 목의 손자가 된다. 오행의 상극(相剋)은 조모인 목이 손자인 토를 극한다. 이렇게 조모가 손자를 극하고 손자는 조모에 극을 당하는 것을 상극이라고 한다. 만약 상생이 있고 상극이 없으며, 상극만 있고 상생이 없으면 오행 전체적인 평형이 유지되지 않을 것이다. 인체의 장기도 이와 같이 상생상극하여 조화를 이루며 이러한 조화가 깨질 때 건강을 잃게 된다([그림 2-1]).

3) 동의학의 기초

(1) 동의학적 병인(病因)

병인은 인체의 평형 상태를 파괴하여 질병이나 병증을 일으키는 원인이나 조건을 말하는데 외인(外因)과 내인(內因)으로 구별된다. 외인은 질병의 조건이 되는 사기(邪氣)를 말하고 내인은 질병 발생의 근거가 되는 정기(正氣)를 말한다. 외인에는 병의 근본 원인이 되는 원발성 병인(原發性病因)과 이에 수반되는 2차적 병인인 속발성 병인(續發性病因)이 있다. 원발성 병인에는 외감병과 내상병이 있는데 외감병에는 육음(六淫), 역려(疫癘)가 있으며, 내상병에는 정지상(情志傷), 노권상(勞倦傷), 음식상(飮食傷)이 있다. 그리고 원발성 병인에 의한 2차적 병인인 속발성 병인에는 담음(痰飮), 어혈(瘀血) 등이 있으며 기타 병인에는 외상(外傷), 제충(諸蟲), 약사(藥邪) 등이 있다.

한편, 내인은 외인이 아닌 신체 내 정기(正氣)가 허하여 생기는 병인을 말하는데 마음을 질병의 근본 원인이라고 본다. 사람의 마음인 칠정(七情)이 과도하여 통제되지 않으면 기기(氣機)가 문란해지고 오장(五臟)의 진기(眞氣)가 손상되어 병을 일으키는 근본 원인이 된다. 마음의 과도한 불안정은 자율신경계와 내분비계의 불균형을 초래하여 장기의 기능 항진과 실조를 초래하여 면역체계를 교란시켜서 일차적으로 건강을 잃게 할 뿐만 아니라 외인에 의해서도 쉽게 발병하게 되어 심각한 질병으로 이행되기 쉽다.

(2) 팔강(八綱)

한의학에서 진찰을 위한 유의성 있는 정보들을 종합 분석하여 질병의 원인과 치료에 대한 일련의 논리를 구성하는 과정을 변증(辨證)이라고 하는데, 이러한 변증을 통하여 병증을 알아내고 치료 방법을 찾는 것을 강령(綱領)이라고 한다. 팔강은 환자의 병증을 알아내고 치료 방법을 찾아내는 여덟 가지 강령으로 인체의 상대성 현상인 음양(陰陽), 표리(表裏), 한열(寒熱), 허실(虛實)을 말한다. 질병은 여러 가지 원인에 의하여 인체의 구조와 기능의 균형이 파괴되어 나타나는 현상으로 질병의 치료는 이 파괴된 기능을 복원시키는 것이다.

① 음양(陰陽)

음양은 팔강의 핵심을 이루는 상대적 논리이다. 한의학에서는 이러한 음양을 인체의 모든 형태와 구조 및 생리적 기능에 대비하여 인체의 형태나 실물적인 것을 음으로 그리고 그 내용인 실질적 기능을 양으로 파악하여 인체의 구조와 기능을 이해한다. 이러한 음양의 대비는 질병의 음양으로 나타난다(〈표 2-4〉). 음양에 따른 병증은 음증과 양증으로 나타나며, 인체의 음양의 부족은 음허(陰虛)와 양허(陽虛)로 나타나고 이러한 현상이 극단적 상태가 되는 것을 망음(亡陰)과 망양(亡陽)라고 하는데 이 경우는 생명을 잃는 상태에까지 이르게 된다.

〈표 2-4〉 음과 양의 대비

음	정	내	좌	장	발	물질	실조
양	동	외	우	부	머리	기능	항진

음양에 의한 증상에는 음증(陰症)과 양증(陽陰)이 있다. 음증은 병의 상태가 만성적이고 인체 기능이 하향되고 내적으로 나타는 것을 말하며, 양증은 병의 상태가 급성적이고 기능이 항진되고 외적으로 나타나는 것을 말한다. 양증은 국부적인 증상을 치료하면 빠른 시간 내에 쉽게 해결되나 음증은 몸이 허약해져 서서히 병이 깊어졌을 때 나타나는 증상이어서 장시간에 걸친 근본적인 치료를 요한다.

음증은 일반적으로 음기가 허하여 나타나는 현상으로 정적이고 만성적으로 내향적 증상으로 나타나는데, 대사 작용이 저하되고 맥이 약하며 음기가 부족하여 몸이 차갑다. 양증은 음증과 반대로 양기가 실하여 나타나는 동적인 현상으로 급성이고 외향적 증상으로 나타나는데, 대사 작용이 항진되고 맥이 강하며 양기가 과다하여 몸이 뜨겁다.

음기와 양기가 부족한 것이 음허(陰虛)와 양허(陽虛)이다. 음허는 음액이 부족하여 진액(津液)이 손상되어 나타나는 증상으로 손, 발, 가슴에 열이 나고 입 안이 건조해지며 대변이 굳어진다. 또한 진액(津液)이 손상되어 나타나는 양허는 양기가 모자라거나 음기가 과도하여 나타나는 증상으로 신장과 비장의 양기 부족이 일반적이다. 대개 살이 찌고, 얼굴이 희며, 입 안이 마르고, 입과 혀가 헐며 끈끈한 침이나 가래가 나오고, 손, 발바닥에 열이 나며, 음경이 발기되지 않고, 대변이 굳어진다.

음기와 양기가 극도로 쇠진하여 목숨을 잃을 상태로 되는 것이 망음과 망양이다. 망음은 급속한 출혈이나 토사에 의하여 인체에서 다량의 음액이 급속히 소진되어 생명이 위급해진 상태로 이때 땀을 내면 더욱 위험하다. 망양은 반대로 양기가 고갈되어 생명이 위험한 상태로 과도하게 땀을 흘려 음기가 위에서 소모되고 신장의 열기가 수분을 따라 올라와 일어난다. 음기가 크게 손상된

궐음(厥陰)이 되면 망양이 되기도 하는데, 양기가 극도로 쇠하여도 망음이 되어 목숨을 잃는다.

② 표리(表裏)

병이 있는 부위의 깊고 얕음으로 원인과 경중을 변별하는 두 가지 강령으로 표증(表症)과 이증(裏證)으로 나뉜다. 표증은 양증으로 고르지 못한 기후 때문에 생기는 감기와 같은 외감이나 사기에 의한 신체 외부의 표열, 표한 또는 오풍(惡風)을 말한다. 반면에 이증은 외감의 진행과 내상에 의한 장부의 신상을 말한다.

③ 한열(寒熱)

몸의 열성을 나타내는 팔강의 두 가지 강령으로 한증(寒證)과 열증(熱證)으로 나눈다. 열증은 열사의 침입에 의한 음허에 의하여 오한과 발열하는 양증이며 한증은 한사의 침입에 의한 양허에 의하여 나타나는 냉증이다.

④ 허실(虛實)

사기와 정기의 성쇠를 분별하는 팔강의 두 가지 강령으로 허증(虛症)과 실증(實證)으로 나눈다. 허증은 약맥, 권태, 무기력, 오한 공허, 냉, 대설, 온수 요구 등의 양증이며, 실증은 강맥, 강건, 변비, 열증, 조증, 냉수 요구 등의 음증이다. 일반적으로 동의학에서는 발병 원인은 기의 허실에 있어서 기본적으로 실함보다는 허함으로 생기는 것으로 본다.

(3) 사진(四診)

망진(望診) · 문진(問診) · 문진(聞診) · 절진(切診)을 사진이라고 하는데 이를 통해 변증 자료를 확보하게 된다. 망진은 눈으로 얼굴색이나 눈빛을 확인하는 것이고 문진(問診)은 병의 증세를 문답에 의하여 병의 원인과 상태를 확인하는 것으로 환자의 주관적 병증의 자료가 된다. 문진(聞診)은 귀로 환자의 숨소리, 목소리를 확인하며 구취 등의 냄새까지 확인하는 것을 말한다. 그리고 이러한 자료를 바탕으로 절진이 이루어지는데 절진은 맥진, 수족진, 복진 등, 환자의 몸을 직접 진찰하는 것이다.

(4) 동의학의 치료 요법

동의학적 치료 방법에 대한 속도성에 대한 금언에 일침이구삼약(一鍼二灸三藥)이 라는 말이 있다. 효과의 속효성에 있어서 침이 첫째이고 그 다음이 뜸, 그리고 약이라는 뜻이다. 그러므로 환자의 위급성과 병의 원인에 따라 치료 방법을 선택하여야 한다.

① 침구요법(鍼灸療法)

변증에 따라 인체의 해당 경혈에 침이나 뜸을 뜨는 것이 침구요법이다. 경락 선상의 혈 자리를 자극하여 경락 기능을 활성화시켜 치료한다. 침과 뜸은 속효성이고 그 효과가 매우 뛰어나며 치료 범위도 상당히 광범위하다.

침은 경혈을 자극하여 기를 보하거나 사하기 때문에 인체의 대사를 조절하여 증상을 치료한다. 침은 경우에 따라서 기운을 소모하기 때문에 몸이 허약하거나 심한 운동 직후에는 피하는 것이 좋다. 뜸은 쑥이 가지고 있는 따뜻한 성질을 이용하여 몸에 양기를 공급하여 치료한다. 뜸은 혈류 이동을 원활하게 하고 몸에 상처를 유발시켜 그 부위에 원활한 대사 작용을 유도하여 질병을 치료한다.

② 약물요법(藥物療法)

약물은 내복과 외용의 약재를 이용한 치료법으로 처방은 변증에 따라야 한다. 각 본초는 각각의 기미(氣味)를 가지고 있어서 인체 내에서 작용하는 장부 등의 부위가 다르기 때문에 이에 따라 적절히 처방하여야 한다.

③ 부항요법(附缸療法)

부항요법은 경혈 위의 피부에 음압을 작용시켜 비생리적인 체액인 담음(痰飮)과 어혈(瘀血)을 제거하여 치료하는 방법으로 침으로 상처를 낸 후 부항을 붙여 어혈을 직접 뽑아내는 습부항과 상처를 내지 않고 부항만으로 음압을 가하여 어혈을 뽑아내는 건부항이 있다. 부항은 가스 교환과 혈액 순환을 돕고 척추신경중추과 자율신경계를 자극하여 영양소가 각 세포로 보내지고 노폐물이나 독소를 체외로 배설시킨다.

④ 추나요법(推拿療法)

추나요법은 손으로 치료하는 수기요법의 하나로 근골격계 질환에 주로 사용된다. 관절을 이완시키는 방법으로 주로 척추 디스크 치료에 많이 사용한다.

4) 한약(韓藥)

(1) 한약의 성능

한약은 한의학적 이론의 바탕 아래 질병을 치료, 예방하는 데 사용하는 약물로서 내용과 외용으로 사용한다. 특히 내용으로 사용하는 경우는 장부 상호 간의 기능적 협력 유발이 중요하다. 한약은 일반적으로 대증요법을 포함하나 병증을 직접 제거할 뿐만 아니라 병의 근본 원인이 되는 병인을 제거하고 몸의 기능과 면역 체계를 복구시켜 건강한 몸으로 복원시키는 근원적인 질병 치료에 도움을 준다. 즉 한약은 병사를 이기지 못하여 질병의 원인이 되었던 음양의 편재와 과부족에 의한 균형을 복구하여 궁극적으로 발병 이전의 건강을 회복시킬 뿐만 아니라 질병을 예방하는 최적의 건강 상태를 만드는 목적으로 사용한다.

(2) 한약의 방제 원리

본초의 배합원칙과 치료 경험을 근거로 만든 처방에 따라 약을 짓는 것을 방제(方劑)라고 한다. 방제는 기미(氣味)에 의한 약물의 성질인 사기(四氣), 오미(五味)를 고려하여 약물의 작용인 승강부침(昇降浮沈), 귀경(歸經), 칠정(七情) 및 약성과 독성 유무를 고려함은 물론 음양, 장부, 경락의 원리를 적용하여 치칙(治則)에 맞도록 하여야 한다.

① 사기(四氣)

한약 조제는 사기와 오미를 고려하여야 하는데 사기는 한열온량(寒熱溫凉)으로 한량은 음성이고 온열은 양성이다. 온열약은 장부 및 경락을 따뜻하게 하는 약으로 주로 매운 맛을 지녀서, 약성이 따뜻하거나 뜨거운 약재류인데 봄에 해당되는 온성(溫性) 약물에는 인삼, 황기 등이 있으며 완화, 강장, 보양, 익기 작용을 하고, 여름에 해당하는 열성(熱性) 약물에는 부자, 육계 등이 있으며 발열, 흥분, 발한, 자극 작용이 있어서 혈액 순환을 빠르게 하고 혈관을 확장시킨다.

한량약은 차고 서늘한 기운의 약재로 임·경락을 차게 하는 약재류인데 가을에 해당되는 양성

寒(한) : 大寒(대한) → 寒(한) → 微寒(미한) → 량(凉) ↘

平(평)

熱(열) : 大熱(대열) ← 熱(열) ← 溫(온) ← 微溫(미온) ↙

(凉性) 약물에는 시호, 치자 등이 있으며 보음, 지혈, 강화(降火), 청열 작용을 하고, 겨울에 해당하는 한성(寒性) 약물에는 황련, 황금 등이 있으며 해열, 소염, 진정, 지혈 작용을 한다.

② 오미(五味)

오미는 신(辛), 감(甘), 산(酸), 고(苦), 함(鹹) 등의 다섯 가지 맛을 말하는데, 오미에 담미(淡味)를 추가하여 육미로 나누기도 한다. 오미는 약재의 맛에 따라 작용이 다르다는 것인데 맛이 다르면 작용도 다르고, 맛이 같으면 작용도 같거나 유사하다는 원리에 따른다. 약재의 오미는 단순히 미각에 의하여 결정되는 것이 아니고 약물의 인체 반응으로 결정된다. 양성의 맛인 양미(陽味)는 신미(辛味-肺), 감미(甘味-脾), 담미(淡味)가 있으며, 음성의 맛인 음미(陰味)는 산미(酸味-肝), 고미(苦味-心), 함미(鹹味-腎)가 있다. 신미의 표증약은 마황, 박하, 세신, 자소 등이며, 감미의 표증약은 인삼, 숙지황이다. 산미의 표증약은 감초, 오미자, 오배자, 급앵자이고, 고미(苦味)의 표증약은 대황, 고삼이며, 함미(鹹味)의 표증약은 망초이다.

③ 승강부침(昇降浮沈)

승강부침은 약물의 작용 방향을 의미하는 것으로 승부(昇浮)는 양적 작용으로 인체 표면의 사기를 발산시키는 발표(發表), 한사(寒邪)를 없애는 산한(散寒) 등의 작용을 말하며, 침강(沈降)은 음적 작용으로 대변 소통을 순조롭게 하고 수분을 제거하는 효능인 사하(瀉下), 삼리(滲利) 등의 작용을 말한다.

④ 약물의 귀경(歸經)

약물이 작용하는 경락을 말하는 것으로 대부분의 약물이 하나의 장부에만 작용하는 것이 아니라 몇 개의 장부에 동시에 작용한다. 그러므로 같은 장부에 작용하는 약물이라 하더라도 주치증(主治症)이 다르며, 성질이 같은 약물이라도 주치증이 다르면 작용하는 장부도 다르다.

(3) 치칙과 치법

병의 치료를 위한 치료 원칙을 치칙(治則)이라고 하고 치칙에 따라 구체적인 수단을 제시하는 것을 치법(治法)이라고 한다.

① 치칙(治則)

치칙은 병의 진단과 변증 그리고 병을 방제할 수 있는 순서를 정하는 것으로 치병구본(治病求

本), 부정거사(扶正祛邪), 치귀권변(治貴權變)의 원칙이 있다.

치병구본은 병을 치료하는 데 있어서 그 근원을 먼저 밝히는 것이며, 부정거사는 환자의 부족한 부분을 보완하는 보법(補法)으로 정기를 보충한 후 직접적 약물을 사용하여 사기(邪氣)를 제거하거나 약화시키는 방법이다. 그리고 치귀권변은 그 처방에서 계절, 환경, 지역, 개인차 등과 같이 환자나 약물에 영향을 미칠 수 있는 요인을 고려하는 것이다.

② 치법(治法)

치법은 병을 다스리는 치료법을 말하며 먼저 사진(四診)으로 병을 종합 분석하여 사기의 성질이나 질병의 정도를 살핀 다음 결정하게 된다. 가장 기본적인 치법은 음양설에 근간을 둔 팔강변증법(八綱辨證法)이다. 이 팔강변증법은 표(表), 리(裏), 한(寒), 열(熱), 허(虛), 실(實), 음(陰), 양(陽)의 8가지로 귀납하여 병을 파악하는 변증의 기초로 삼는 진단법이다. 실제적인 치료 방법에는 외치법과 내치법이 있다.

외치법(外治法)은 약을 먹지 아니하고 약물이나 기구를 이용하여 몸의 외부에서 처치하는 치료 방법으로 현대에는 주로 보조 요법으로 사용된다. 내치법(內治法)은 주로 약물을 이용하는 내과적 방법으로 의문팔법 또는 팔법이라고도 하는데 팔강변증(八綱辨證)에 따른 치료법으로 땀을 흘리게 하는 한법(汗法), 토하게 하는 토법(吐法), 대변을 배설하게 하는 하법(下法), 증세를 완화시키도록 하는 화법(和法), 한증을 치료하는 온법(溫法), 열증을 치료하는 청법(淸法), 음식물이나 기가 정체되었을 때 사용하는 소법(消法), 그리고 기혈음양이 부족한 것을 보양하는 보법(補法)이 있다.

(4) 방제 방법

① 약물의 구성

배합된 약물의 화학적, 물리적인 상호 작용은 물론 약물 상호간의 독성 감소, 작용 증강, 작용 완화, 적용 영역의 확장 같은 상대적 효과도 고려하여야 한다. 약물은 군약, 신약, 좌약 및 사약으로 구성되는데 군약(君藥)은 주약(主藥)이라고도 하며 병을 관장하는 주증(主中) 치료 약물로 약의 분량도 제일 많다. 신약(臣藥)은 주약을 돕거나 강화시켜 주증을 치료하는 약물의 작용을 증강시켜 주므로 보조약이라고도 한다. 좌약(佐藥)은 주약을 도와서 부차적인 증상을 치료하거나 군약이 유독한 약물일 때 이를 완화할 때 사용하며, 병에 약물이 작용하지 못하거나 주된 증상들에 수반되는 증상들을 해소시키고자 할 때 완화제로도 쓴다. 그리고 사약(使藥)은 처방의 작용 부위를 질병 부위로 유도할 때 인경약(引經藥)으로 쓰거나 여러 가지 약물들을 중화시키는 조화약(調

和藥)으로 쓴다. 쑤시고 오한이 나는 것을 치료할 때 처방하는 마황탕(麻黃湯)의 경우 마황(麻黃)이 군약이고 계지(桂枝)가 신약이며 행인(杏仁)과 감초(甘草)가 각각 좌약과 사약이 된다.

이러한 기본 처방은 방제의 변화가 필요한데 증세의 변화, 체질의 강약, 연령, 지방의 관습 및 기후의 변화에 따라 약물 종류와 양을 가감하거나 제형을 변화시켜 적절히 처방하여야 한다.

② 약물의 배합과 금기

약을 배합하는 용약(用藥) 원칙에 따라 두 가지 이상의 약물을 조합하여 약물의 효능을 충분히 발휘하게 하여 치료 효과를 얻고자 하는 것을 약물의 배합이라고 한다. 약물의 배합에는 몇 가지 원칙이 있는데 기본적으로 각 약물의 장점이 발휘될 수 있도록 처방하며, 서로 촉진 작용이 있는 약물이나 억제하는 약물을 파악하여 적절하게 사용하여야 한다.

또한 약 배합에 있어서 금기 사항들이 있는데 약 상호간의 부작용이나 약재를 다루는 방법에 관한 것이다. 이를테면 인삼은 여로나 흑태와는 배합하지 않으며 철로 된 용기로 볶아 사용하는 것을 금하는 것 등이 그것이다.

(5) 제형과 약 달이기

① 제형(劑型)

제형은 처방 결과물로서 약제의 물리적인 형태를 말하는데 액제(液劑), 고형제(固形濟) 및 반고형제(半固形濟)가 있다. 액체인 액제에는 탕제(湯劑),주제(酒劑), 팅크제(tincture), 약로(藥露), 당장제(糖漿劑: 시럽제), 침제(鍼劑) 등이 있다. 고체인 고형제에는 산제(散劑), 환제(丸劑), 단제(丹劑) 등이 있으며, 반고형제제에는 고약(膏藥), 연고(軟膏) 등이 있다.

② 약 달이기

약 달이는 용기는 질그릇이 이상적이나 불가피할 경우 범랑이나 파이렉스 용기를 사용한다. 쇠, 구리 등의 금속 재질은 약 성분과 화학 작용을 일으킬 염려가 있어 사용하지 않도록 한다. 약을 달이는 데 사용하는 물은 약의 용도와 약물의 성질에 따라 다르나 일반적으로는 깨끗한 생수를 사용한다. 약을 달이기 위한 화력은 강한 불로 시작하여 온도를 빨리 올린 다음 약한 불로 천천히 달이는 것이 원칙이나 해표약(解表藥)이나 사하(瀉下) 작용을 하는 약재에는 방향성 약재가 많기 때문에 적은 물에 강한 불로 신속히 달이며, 보약인 보익약(補益藥)은 많은 물에 약한 불로 천천히 달인다.

③ 복용법

복용량은 보통 하루 분량으로 450ml(3홉) 정도로 1회 약 150ml(1홉)를 복용하도록 조절한다. 일반적으로 식전에 복용하지만 위나 장에 자극을 주는 약물은 식후에 복용하도록 한다. 특히 보익약은 공복에 마시며, 심신을 안정시키는 안신약(安神藥)은 자기 전에, 그리고 급성 질환에는 때를 가리지 않고 즉시 복용하며, 약 먹기가 힘들거나 소화가 힘든 사람 또 부종이 있는 사람은 분량을 줄여서 복용한다.

5) 동의체질의학(東醫體質醫學)

(1) 사상체질의학

① 사상의학의 유래 및 사회적 배경

사상체질의학은 조선 말엽에 실학사상의 영향을 받아 1894년 동무(東武) 이제마가 창안한 체질의학이다. 기존의 한의학이 음양오행으로 인간의 생리를 설명한 것과는 달리, 태극에서 나온 음양을 음중양 · 음중음 · 양중양 · 양중음 넷으로 세분하여 이것을 태양 · 태음 · 소양 · 소음이라 하여 오행의 관념적인 이론보다는 인간의 생리를 호흡과 음식물 순환만으로 단순화하고 실사구시적 임상을 통해 체득한 경험을 토대로 사람의 육체적인 면과 정신적인 면을 함께 포함하는 체질의학이다. 장중경의 상한론은 태양병 · 소양병 · 양명병 · 궐음병 · 태음병 · 소음병으로 병증을 분류한 반면, 이제마의 사상체질의학은 외형적인 용모와 거동, 심성, 성정 또는 병리, 약리 등을 근거로 태양인 · 소양인 · 태음인 · 소음인 등, 사람을 중심으로 한 독창적 체질의학이다.

② 사상체질의학의 원리

기존의 한의학이 음양오행의 순환원리에 따른 것이라면 사상의학은 음양에서 오행(五行)이 아닌 사상(四象)의 의학이다. 사상에서는 오행 개념과 달리 심장을 '마음'으로 보아서 장부의 상하 개념에서 제외시켜 마음을 가장 중요시하였고 마음을 육체 변화의 에너지로 보아 장부의 강약이나 대소(大小)도 마음의 변화에서 온다고 보았다. 그래서 상체를 4등분하여 '상초'에 폐장을 배속시키고 '중상초'에는 비장을 배속시켰다. 또한 '중하초'에는 간을 배속시키고 '하초'에는 신장을 배속시켰다. 이를 음양으로 보면 상초와 중상초는 양(陽)이고 중하초, 하초는 음(陰)이다.

양(陽) 부위 중에서 윗부분인 폐가 가장 큰 체질을 태양인, 그 아래인 비장이 가장 큰 체질을 소양인이라 하였다. 그리고 음(陰) 부위 중에서 윗 부분인 간이 가장 큰 체질을 태음인, 그 아래인 신장이 가장 큰 체질은 소음인이라 하였다. 따라서 양인(陽人)은 상체가 잘 발달된 반면 하체는 부실하고 약하며, 음인은 하체가 잘 발달된 반면 상체는 부실하고 약하다. 따라서 양인(陽人)은 기운이 항상 위로 뻗으므로 기운을 아래로 하강(下降)시켜야 하며, 음인(陰人)은 기운이 항상 아래로 치우쳐 있으므로 이 기운을 위로 상승(上昇)시키는 것이 치료나 건강관리에서 중요한 관건이다([그림 2-2], 〈표 2-5〉).

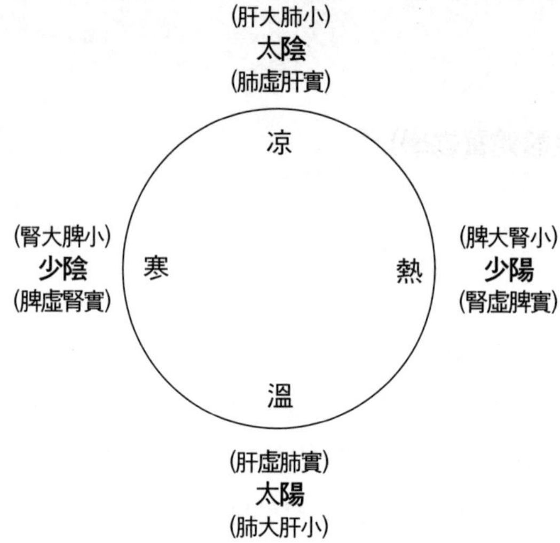

[그림 2-2] 사상체질의 장기 강약

〈표 2-5〉 사상체질별 특성

체질	특성
태양인	폐대간소(흉대지약: 폐강, 간약). 대두 · 안광 · 청각 발달 · 명석(천재) · 진취(독선 분노). 온성체질 · 흑안 · 비만 · 빈뇨 · 소화장애 · 안질 · 하지무력증, 여자의 경우 불임 가능성, 발명가 · 혁명가 · 음악가(무능력자).
소양인	비대신소(상대하약: 소화기강, 비뇨기약). 비근육형 · 어깨 수평 · 시각 발달(원거리 응시 · 날카로운 눈매). 열성체질 · 명랑 · 명석 배설기 질환 · 정력 부족 · 더위에 약함(소한). 여자 다산 못함. 상인 · 군인 · 중계인 · 봉사활동 · 서비스업.
태음인	간대폐소(흉소요대: 간강, 폐약). 비만 · 건장장대(하체발달) · 용모준수 · 골격근육발달 · 후각발달. 한성체질 · 다한(정상) · 과묵 실천형(음흉교만) · 나태 비겁 · 비애교(여자: 미인 적음). 고혈압 · 간 질환 · 기관지 질환 · 변비. 여자의 경우 피부 질환. 호걸형, 실업가, 정치가.
소음인	신대비소(배설기 강, 소화기 약). 골격 발달 · 근육 미발달 · 미남 미녀(엉덩이가 크고 피부가 곱다) · 미각 발달. 냉성체질 · 사색적(시기심) 소화기 질환유의 · 추위에 약함. 교육자 · 종교가 · 예술가.

③ 사상체질론의 본질

사상체질론은 사람의 네 가지 장부(폐 · 비 · 간 · 신)의 대소 편차에 따라 태양인(온성), 소양인(열성), 태음인(냉성), 소음(한성)인 네 가지 유형의 체질로 나누며, 이 폐 · 비 · 간 · 신은 폐장, 비장, 간장, 신장만이 아닌 폐무리(肺之黨), 비무리(脾之黨), 간무리(肝之黨), 신무리(腎之黨)를 뜻한다. 폐무리에는 폐(肺), 위완(胃脘), 설(舌), 이(耳), 모(毛)가 있으며, 비무리는 비(脾), 위(胃), 양유(兩乳), 목(目), 근(筋)이, 간무리에는 간(肝), 소장(小腸), 제(臍), 비(鼻), 육(肉), 그리고 신무리에는 신(腎), 대장(大腸), 전음(前陰), 구(口), 골(骨)이 포함된다.

④ 사상체질에 따른 물질과 정신

각 체질에는 그에 적절한 식품과 약물, 금속, 비금속 등이 따로 있으며, 타고난 장기의 특성이 정신과 감성에 영향을 미친다. 그러므로 체질대로 음식을 먹고 적절한 약물을 사용하며, 자신에게 알맞은 금속, 비금속을 지니고, 타고난 성정대로 생각과 감성을 나타내며 살게 되면 자연히 건강해지고 여러 가지 질병을 예방할 수 있을 뿐만 아니라 치료도 가능하다. 반면에 그 반대로 행하게 되면 자연히 건강을 잃게 된다.

⑤ 사상체질 감별법

사상체질은 선천적으로 타고난 체질은 절대로 변하지 않다는 원칙 아래 장부(폐, 비, 간, 신)의 대소 편차에 따라 네 가지로 분류된다. 또한 이러한 장부의 대소강약을 감별의 원칙으로 하되 유형(有形)의 신체뿐만 아니라 무형(無形)의 심성까지도 사상적 특성을 지니고 있어서 감별의 기준이 된다. 그리고 건강할 때와 발병하였을 때의 특징이 체질마다 독특한 증상을 보여 이 또한 감별의 기준이 된다.

사상체질 감별의 기본이 되는 외형은 체형과 외모로 본다. 체형과 외모에는 일정한 패턴이 있어서 체질 감별의 기본이 되나 영양 상태나 질병 때문에 발육의 차이가 있을 수 있고, 직업 등으로 인하여 체형의 변화가 올 수도 있기 때문에 감별에 어려움이 있다. 그러므로 사상체질학의 발전을 위해서는 보다 객관적이고 과학적인 체질 감별 방법의 개발이 시급하다.

(2) 팔체질의학

① 팔체질의학의 원리

팔체질의학은 이제마의 사상체질의학을 참조하여 권도원에 의하여 새롭게 창안된 체질의학으로 체질맥에 의한 객관적 감별이 가능하여 그 객관성이 보다 높은 것이 특징이다. 인체의 오장육부 중 그 장기들의 구조적 강약(强弱)에 의하여 8개로 나뉘며 또 그 기능도 장기의 구조적 강약에 따라 다르다는 것이 팔체질의학의 기본 원리이다. 장기에는 뇌와 심장은 포함되지 않으며 이러한 구조의학적 특징에 따라 오행에서 심장인 화를 제외하고 각각의 성질에 따라 목양(木陽), 목음(木陰), 토양(土陽), 토음(土陰), 수양(水陽), 수음(水陰), 금양(金陽), 금음(金陰)의 8체질 체계로 정리되었다 ([그림 2-2], 〈표 2-6〉).

〈표 2-6〉 사상과 팔체질의 장기 강약

陰陽	四象	팔체질	장기의 강약
陰	太陰	木陰(담축대향)	담〉소장〉위〉방광〉대장
		木陽(간실폐허)	간〉신장〉심장〉췌장〉폐
	少陰	水陰(방축위향)	방광〉담〉소장〉대장〉위
		水陽(신실비허)	신장〉폐〉간〉심장〉췌장
陽	太陽	金陰(대축담향)	대장〉방광〉위〉소장〉담
		金陽(폐실간허)	폐〉췌장〉심장〉신장〉간
	少陽	土陰(위축방향)	위〉대장〉수장〉담〉방광
		土陽(비실신허)	췌장〉심장〉간〉폐〉신장

② 8체질의 상관

8체질의 기본인 금(온성) · 토(열성) · 목(한성) · 수(냉성)는 사상체질의 태양 · 소양 · 태음 · 소음에 비견되나 목양(木陽), 목음(木陰), 토양(土陽), 토음(土陰), 수양(水陽), 수음(水陰), 금양(金陽), 금음(金陰)에서는 양과 음의 성격이 다소 다르다. 이를테면 금양체질과 금음체질 사이는 대단히 가까운 것 같은데 오히려 금양체질은 토양체질에 가깝고 금음체질은 수양체질에 가까운 반면 금양체질과 금음체질 사이는 오히려 멀다. 또한 목음체질은 토양체질과 가깝고 목양체질은 수음체질과 가까운데 굳이 목음, 목양이라고 분류하는 것은 목양체질의 아버지와 목양체질의 어머니 밑에서는 목음체질이 나올 수 있지만 목음체질이 토양체질과 가깝다고 해서 토양체질의 아버지나 토양체질의 어머니 사이에서는 목음체질이 나오지 않기 때문에 유전적 특성을 고려하여 양과 음으로 목양과 목음으로 표현되었다.

(3) 8체질의 체질 감별

8체질의 감별은 오직 맥진으로만 하며 보조적으로 체질침, 체질약 및 인체 특징과 성정 등을 고려하여 최종 확정한다. 체질맥은 병맥(病脈)처럼 질병의 종류와 유무에 따라 나타났다가 사라지는 맥이 아니라 나서부터 죽을 때까지 변하지 않는 각 사람의 지문과 같은 것이어서 객관성이 높은 것이 특징이나 사람에 따라서는 불분명하여 쉽게 판정을 내리기가 어려운 경우도 있다(〈표 2-7〉).

〈표 2-7〉 8체질별 특성

체질	특성
금양	폐강간약, 아토피, 알레르기성 질환, 코 막힘, 약을 먹으면 효과보다 해가 더 많고 육식 후 힘든 것은 체질적으로 간 기능이 약하기 때뮤, 항상 채식을 주로 하고 허리를 펴고 서 있는 시간을 많이 갖는 것이 건강의 비결. 일광욕과 땀을 많이 내는 것을 피할 것.
금음	대(장)강담약, 희귀병, 파킨슨병, 치매, 육식을 과하게 하거나 화내는 일이 잦으면 근육 무력증이 생길 우려가 있어 주의. 만일 이런 병이 생기면 육식, 화 내는 것, 약 쓰는 것 바로 중단. 일광욕과 지나치게 땀을 내지 말 것.
토양	비(췌장)강약신, 성질이 급해서 가만히 있지 못함, 센스가 빠르나 뒤처리가 약함, 급한 성품이 건강을 해친다. 항상 여유 있는 마음으로 서두르지 않는 것이 가장 좋은 건강법. 저혈압이 건강한 상태이며 술과 냉수욕은 해가 많음.
토음	위강방약, 환자가 드물다. 해독 작용이 강하나 페니실린 쇼크가 나타날 수 있음. 약 부작용이 생기기 쉬운 체질로 주의 요망. 음식은 기름진 것보다 신선한 것 섭취. 술과 냉수욕 피할 것.
목양	간강폐약, 과묵(말하는 것 피곤), 음치, 건강할 때는 땀이 나고 쇠약할 때는 오히려 땀이 없는 체질로 땀만 흘리면 몸이 개운해짐. 항상 온수욕을 즐기고 말을 적게 하며 금주 요망.
목음	담강대(장)약, 빈변, 대장이 무력하여 하복부가 불편하고 다리가 무겁고 허리가 아프고 통변이 고르지 못함. 우울하고 몸이 차며 때로는 잠이 잘 안 오기도 함. 항상 아랫배에 복대를 하는 것이 건강법.
수양	신강비(췌)약, 냉정 · 차분 · 뒷마무리 · 의심, 몸매가 좋고 아름다움. 변비가 심하며 좀처럼 설사를 하지 않음. 땀을 많이 흘리면 안 됨. 냉수욕이나 냉수마찰이 좋음.
수음	방강위약, 위하수, 건강이 소화와 깊은 관계를 가지고 있다. 냉한 음식을 피하고 항상 더운 음식을 먹고 과식을 피할 것. 땀을 많이 흘리지 않도록 할 것.

6) 체질과 식품

(1) 오행식품

오행으로서의 약이나 식품은 체질에 대응하는 것이 아니라 그 귀류(歸類)에 따라 온열, 한랭의 성질이 있으며 장기에 미치는 영향이 있다. 따라서 상한론이나 팔강에 해당하는 증상이나 장기의 부실에 상응하여 약을 처방하고 음식을 섭취한다. 오행으로 식품을 분류하였을 때 목성식품은 신맛이며 화성식품은 쓴맛이다. 또한 금성식품은 매우맛이며 수성식품은 짠맛이다. 그리고 토성식품은 단맛으로 식품의 성정에 따라 온열한랭에 각각 배속된다.

그러므로 일반적으로 체질의학에서 열성체질인 토체질의 유익한 식품은 오행의 수성식품이 대응되며, 해로운 식품은 오행의 화성식품에 대응된다. 또한 체질의학에서 냉성체질인 수체질에 유익한 오행식품은 화성식품이 대응되며, 해로운 오행식품은 수성식품이 대응된다(〈표 2-8〉).

〈표 2-8〉 오행식품

오행	식품
목성(酸)	보리 · 귀리 · 팥 · 메밀 · 완두콩 · 동부 · 강낭콩 · 부추 · 깻잎 · 신김치 · 귤 · 포도 · 딸기 · 사과 · 앵두 · 모과 · 매실 · 유자 · 간 · 쓸개 · 닭고기 · 개고기 · 메추리 · 계란유자차 · 오미자차 · 들깨차 · 땅콩차 · 오렌지주스 · 참기름 · 들기름 · 참깨 · 들깨 · 호두 · 땅콩 · 잣 · 열무 · 은행 · 인삼 · 파 · 마늘
화성(苦)	옥수수 · 풋고추 · 상추 · 냉이 · 쑥갓 · 쑥 · 고들빼기 · 씀바귀 · 은행 · 살구 · 해바라기씨 · 염통 · 피 · 곱창 · 염소 · 메뚜기 · 칠면조 · 홍차 · 작설차 · 영지차 · 쑥차 · 커피 · 술 · 면실유 · 도라지 · 더덕 · 생강 · 대추 · 들깨 · 인삼 · 고추
토성(甘)	기장쌀 · 피쌀 · 시금치 · 고구마줄기 · 미강 · 대추 · 참외 · 위장 · 지라 · 췌장 · 쇠고기 · 닭고기 · 인삼차 · 꿀차 · 칡차 · 대추차 · 설탕 · 꿀 · 엿 · 엿기름 · 포도당 · 연근 · 고구마 · 칡 · 배추 · 무우 · 조 · 영지
금성(辛)	현미 · 율무 · 파 · 양파 · 달래 · 배추 · 마늘 · 배 · 복숭아 · 허파 · 대창 · 말고기 · 생선 · 조개 · 율무차 · 생강차 · 수정과 · 차 · 고추 · 생강 · 후추 · 겨자 · 박하 · 무 · 배추 · 열무 · 잣 · 보리 · 고추 · 마늘
수성(鹹)	콩 · 쥐눈이콩 · 다시마 · 김 · 미역 · 파래 · 해조류 · 콩잎 · 수박 · 밤 · 신장 · 방광 · 생식기 · 돼지고기 · 젓갈류 · 두향차 · 두유 · 베지밀 · 된장 · 간장 · 소금 · 마 · 배추 · 무 · 은행 · 잣 · 호두 · 곶감 · 영지 · 부추 · 파

(2) 체질식품

① 사상식품

기본적으로 몸에 열이 있는 양성체질인 태양인과 소양인은 한랭한 식품이 적합하고 온열한 식품은 부적합하다. 반면에 몸이 찬 음성체질인 태음인과 소음인은 온열한 식품이 적합하고 한랭한 식품은 부적합하다. 그리고 양성체질의 경우 소양체질이 태양체질보다 더 뜨거운 체질이므로 이에 맞게 태양체질보다 더 차가운 냉성식품이 적합하며, 음성체질의 경우는 소음체질이 태음체질보다 더 찬 체질이므로 역시 이에 맞게 태음체질보다 더 뜨거운 열성식품이 적합하다. 복용하는 약도 이에 준한다(〈표 2-9〉).

〈표 2-9〉 사상체질별 식품 특성

체질	이로운 식품	해로운 식품
태양인	멥쌀 · 호밀 · 메밀 · 메조 · 보리 · 옥수수 · 팥 · 검정콩 · 유색콩(흰콩제외) · 들깨 · 검은깨 · 배추 · 양배추 · 상추 · 취나물 · 고사리 · 가지 · 오이 · 해조류 · 어패류(대부분) · 배 · 감 · 포도 · 모과 · 잣 · 복숭아 · 오렌지 · 귤 · 살구 · 딸기 · 바나나 · 오가피 · 송화 · 솔잎	밀가루 · 흰콩 · 율무 · 빨간 팥 · 땅콩 · 참깨 · 무 · 당근 · 도라지 · 더덕 · 마 · 모든 육류(닭 · 돼지고기 약간) · 호두 · 은행 · 사과 · 밤 · 우유 · 계란 · 흰 소금 · 참외 · 꿀 · 인삼 · 녹용 · 커피 · 술 · 모든 약
소양인	현미 · 쌀 · 보리 · 검은팥 · 유색콩(흰콩제외) · 메밀 · 검은깨 · 들깨 · 천일염 · 배추 · 무 · 열무 · 상추 · 푸른 야채 · 시금치 · 미나리 · 신선초 · 오이 · 마늘 · 연근 · 토란 · 양파 · 우엉 · 가지 · 호박 · 돼지고기 · 소고기 · 계란 · 배 · 감 · 포도 · 수박 · 딸기 · 메론 · 영지 · 결명자 · 구기자 · 오미자 · 구연산 · 알로에	찹쌀 · 차조 · 밀가루 · 율무 · 노랑콩 · 감자 · 고구마 · 참깨 · 당근 · 도라지 · 더덕 · 마 · 생강 · 후추 · 미역 · 김 · 다시마 · 닭고기 · 개고기 · 양고기 · 조기 · 사과 · 귤 · 오렌지 · 레몬 · 밤 · 호두 · 인삼 · 녹용 · 꿀 · 술
태음인	현미 · 쌀 · 밀 · 수수 · 찹쌀 · 차조 · 율무 · 빨간팥 · 땅콩 · 무 · 당근 · 토란 · 연근 · 표고버섯 · 씀바귀 · 가지 · 도라지 · 감자 · 고구마 · 더덕 · 양배추 · 양파 · 마늘 · 파 · 호박 · 두부 · 미역 · 김 · 다시마 · 우유 · 계란 · 생선 · 사과 · 귤 · 수박 · 밤 · 호두 · 잣 · 은행 · 녹용 · 갈근	메밀 · 보리 · 검정콩 · 녹두 · 들깨 · 신선초 · 숙주나물 · 미나리 · 조개류 · 게 · 오징어 · 굴 · 꽁치 · 갈치 · 참치 · 감 · 포도 · 모과 · 구기자 · 오가피술 · 새우 · 포도당주사
소음인	현미 · 쌀 · 차조 · 찹쌀 · 밀가루 · 콩(검정콩제외) · 옥수수 · 감자 · 고구마 · 황설탕 · 참깨 · 후추 · 상추 · 양배추 · 시금치 · 양파 · 생강 · 고추 · 취나물 · 무 · 연근 · 우엉 · 호박 · 닭고기 · 소고기 · 양고기 · 사과 · 귤 · 오렌지 · 바나나 · 복숭아 · 토마토 · 대추 · 인삼 · 꿀 · 구연산	보리 · 팥 · 메밀 · 수수 · 검정콩 · 검은깨 · 흰 소금 · 배추 · 케일 · 미나리 · 셀러리 · 당근 · 오이 · 수박 · 돼지고기 · 조개 · 새우 · 게 · 굴 · 오징어 · 낙지 · 갈치 · 청어 · 고등어 · 감 · 배 · 결명자 · 구기자 · 오미자 · 차가운 것 · 술

② 팔체질식품

몸에 열이 있는 양성체질인 금체질과 토체질은 한랭한 식품이 적합하고 온열한 식품은 부적합하다. 반면에 몸이 찬 음성체질인 목체질과 수체질은 온열한 식품이 적합하고 한랭한 식품은 부적합하다. 양성체질의 경우는 토체질이 금체질보다 더 뜨거운 체질이므로 이에 맞게 금체질보다 더 차가운 냉성식품이 적합하며, 음성체질의 경우는 수체질이 목체질보다 더 찬 체질이므로 역시 이에 맞게 목체질보다 더 뜨거운 열성식품이 적합하다. 복용하는 약도 이에 준한다(〈표 2-10〉).

〈표 2-10〉 8체질별 식품 특성체질

체질	이로운 식품	해로운 식품
금양	모든 조개 종류 · 메밀 · 쌀 · 보리 · 팥 · 계란 흰자 · 푸른 잎채소(배추 · 양배추 · 상추 · 양상추 · 아욱) · 오이 · 고사리 · 게 · 새우 · 굴 · 젓갈 · 기타 대부분의 생선(특히 등 푸른 생선) · 코코아 및 초콜릿(무설탕) · 포도당주사 · 심호흡 운동은 호기 길게.	모든 육식 · 육가공품(햄,소시지,베이컨 등) · 우유 · 계란 노른자 · 모든 기름 · 밀가루 · 수수 · 콩 · 설탕 · 파 · 마늘 · 생강 · 율무 · 밤 · 잣 · 은행 · 사과 · 수박 · 검정포도 · 도라지 · 연근 · 무 · 당근 · 뿌리채소 · 버섯 · 녹용 · 인삼 · 장어 · 대부분의 약물 · 비타민 A·B·C · 영지버섯 · 커피 · 차류 · 인공조미료 · 가공음료수 · 금니 · 아트로핀 주사 · 술 · 담배.
금음	메밀 · 쌀 · 모든 조개 종류 · 등 푸른 생선 · 조개류 · 푸른 잎채소(배추 · 상추 등) · 김 · 젓갈 · 포도 · 앵두 · 겨자 · 후추 · 코코아 · 포도당주사 · 심호흡 운동은 호기 길게.	모든 육식 · 모든 기름 · 인공조미료 · 밀가루 · 수수 · 콩 · 우유 · 설탕 · 파 · 마늘 · 생강 · 율무 · 복숭아 · 수박 · 밤 · 잣 · 은행 · 도라지 · 연근 · 무 · 당근 · 마늘 · 굴 · 녹용 · 장어 · 금니 · 비타민 A·D·E · 모든 약물 · 영지버섯 · 커피 · 녹차 · 술과 담배.
토양	쌀 · 보리 · 밀가루 · 콩 · 팥 · 배추 · 무 · 오이 · 당근 · 배 · 쇠고기 · 돼지고기 · 장어 · 계란 · 생굴 · 새우 · 게 · 마늘 · 감 · 참외 · 수박 · 딸기 · 바나나 · 구기가차 · 영지버섯.	찹쌀 · 현미 · 감자 · 파 · 미역 · 닭고기 · 오리고기 · 염소고기 · 노루고기 · 개고기 · 사과 · 귤 · 오렌지 주스 · 망고 · 후추 · 겨자 · 계피 · 카레 · 생강 · 참기름 · 인삼 · 벌꿀 · 비타민 B군 · 소화 효소제 · 스트렙토마이신.
토음	보리 · 쌀 · 팥 · 배추 · 양배추 · 오이 · 쇠고기 · 돼지고기 · 게 · 복요리 · 생굴 · 새우 · 감 · 배 · 참외 · 딸기 · 바나나 · 얼음 · 초콜릿 · 비타민 E.	감자 · 고구마 · 미역 · 닭고기 · 오리고기 · 염소고기 · 개고기 · 노루고기 · 후추 · 겨자 · 계피 · 카레 · 파 · 생강 등 일절 매운 음식 · 사과 · 귤 · 오렌지 · 망고 · 인삼 · 대추 · 벌꿀 · 비타민 B군 · 페니실린 · 녹용 · 술과 담배.
목양	모든 육식 · 장어 · 미꾸라지 · 우유 · 쌀 · 콩 · 율무 · 밀가루 · 수수 · 두부 · 호박 · 무 · 도라지 · 연근 등 뿌리채소 · 버섯 · 밤 · 잣 · 호두 · 은행 등 견과류 · 수박 · 배 · 사과 · 마늘 · 비타민 A·D · 커피 · 알칼리성 음료수 · 녹용 · 스쿠알렌 · 심호흡 운동은 흡기 길게.	술 · 모든 조개 종류 · 모든 푸른 채소 · 게 · 새우 · 낙지 · 오징어 · 배추 · 코코아 · 초콜릿 · 모과차 · 포도당 주사 · 수영 · 메밀.

목음	쌀 · 콩 · 율무 · 밀가루 · 수수 · 두부 · 모든 육식 · 장어 · 미꾸라지 · 우유 · 호박 · 무 · 도라지 · 연근 등 뿌리채소 · 버섯 · 밤 · 잣 · 호두 · 은행 등 견과류 · 수박 · 배 · 마늘 · 비타민 A, B, D · 녹용 · 스쿠알렌 · 심호흡 운동은 흡기 길게.	술 · 모든 조개 종류 · 등 푸른 생선(고등어 · 삼치 · 꽁치 등) · 게 · 새우 · 오징어 · 메밀 · 배추 · 망고 · 초콜릿 · 인삼 · 포도당 주사
수양	찹쌀 · 현미 · 감자 · 옥수수 · 미역 · 김 · 닭고기 · 오리고기 · 염소고기 · 노루고기 · 소고기 · 상추 · 무 · 파 · 생강 · 마늘 · 겨자 · 후추 · 계피 · 카레 · 토마토 · 사과 · 귤 · 망고 · 복숭아 · 벌꿀 · 인삼 · 컴프리 · 비타민 B군.	돼지고기 · 보리 · 팥 · 오이 · 계란 흰자 · 생굴 · 조개 · 새우 · 게 · 감 · 참외 · 바나나 · 맥주 · 얼음 · 비타민 E · 수은.
수음	찹쌀 · 현미 · 감자 · 옥수수 · 닭고기 · 오리고기 · 염소고기 · 노루고기 · 시금치 · 파 · 생강 · 마늘 · 겨자 · 후추 · 계피 · 카레 · 토마토 · 사과 · 귤 · 망고 · 벌꿀 · 인삼 · 비타민 B군 · 산성인 음료수.	돼지고기 · 보리 · 팥 · 밀가루 · 오이 · 계란 흰자 · 생굴 · 조개 · 새우 · 게 · 참외 · 딸기 · 바나나 · 맥주 · 얼음 · 냉수 · 냉면 · 비타민 E · 모든 냉한 음식 · 수은 · 담배 · 사우나탕.

3. 환원주의 의학

1) 서양 의학

(1) 서양의 물질론과 생기론

고대 그리스의 철학자였던 엠페도클레스(Empedocles, BC 490?~BC 430?)에 의해 처음으로 주장되었던 물질론 중 4원소설은 우주의 만물이 물, 불, 공기, 흙의 네 가지 원소에 의하여 되어 있다는 것으로 후에 데모크리토스(Demokritos, BC 460?~BC 370?)에 의하여 원자설로까지 발전하였지만 아리스토텔레스(Aristoteles, BC 384~BC 322)의 4원소 가변설로 변형되어 4원소 외에 물질의 특유한 성질인 건, 습, 온, 냉이 배합되어 만물이 형성되고 생명체도 이러한 가변성에 의하여 출현한다고 하였다. 이러한 가변설에 의한 생명관은 원시적인 생기론(生氣論)으로 발전되었다가 생기론적 창조론으로 중세를 지배하였다. 생기론적 창조론이 약 1,500여 년 간을 지배하여 왔다가 1803년 돌턴(dalton)이 원자설을 제기하면서 전통적인 생기론과 새로운 물질론이 다시 대두되었다.

르네상스(14~16C) 후 1628년 영국의 의사 하비(W. Harvey)가 처음으로 피의 순환과 심장의 기능을 발견하고, 1660년에는 네덜란드의 자연주의자 레벤후크(Leeuwenhoek)의 고배율 현미경으로 생명의 세계가 가시적으로 밝혀지면서 데카르트(Descartes)는 이원론적 기계론을 탄생시켜 환원주의적인 서양의 생명관을 확립하였다. 그러나 목적론적 생명관은 유기물이 생물에서만 생성된다는 생기론이 여전하였으나 1828년 뵐러(Wöhler, 1800~1882)가 유기물인 요소를 인공 합성한 것을 계기로 1953년 밀러(Miller)의 아미노산 합성과 1958년 폭스(Fox)의 펩타이드 합성 등의 다양한 생명 물질들이 시험관 내에서 합성됨으로 해서 기계론적 생명론이 대세를 이루었으나 20세기 초 드리슈(Driesch, 1867~1941)가 실험발생학 연구를 통하여 신생기론(新生氣論)을 제창하기에 이르러 여전히 기계론과 생기론이 맞섰다.

(2) 고대의 서양 의학

고대의 서양 의학은 동양의 의학과 대동소이하였다. 피타고라스(Pitathagoras, BC 560~480)는 그리스 의학의 대부로 의술을 가장 으뜸으로 생각하였으며 항상 치료 에너지인 뉴마(pneuma)를 주장하였다. 내과의사로서의 그는 전인적인 이상 즉, 몸과 마음, 그리고 영혼의 일치를 가르쳤다.

히포크라테스(Hippokrates, BC 460?~370?)는 의성이라고 불리우며 4체액설을 주장하여 4원소에 따른 4액체의 불균형(불-황담즙, 간; 물-점액, 뇌; 흙-흑담즙, 비장; 공기-혈액, 심장)에 의하여 질병이 생긴다고 하였다. 4체액의 균형을 위하여 식이요법을 강조하였으며, 약간의 광물과 식물을 약으로 사용하였다. 네 가지 체액의 조화가 깨어져 "디스크라지에(dyskrasie)" 일 때 병이 생긴다고 하였다. 그는 건강관리에 과학적이고 분석적인 이론을 적용한 최초의 의사로 의학을 신화나 종교에서 분리시켰다. 식품, 약초, 그 밖의 자연요법 등의 다양한 치유법을 구사하였으며. 버드나무 껍질을 해열약으로 처방하였다. 또한 병적 상태에서 회복해 가는 것을 "피지스(physis)"라고 불렀고, 병을 치료하기 위해서는 이 피지스를 돕거나 또는 적어도 이것을 방해하지 않는 것이 치료의 원칙으로 "병을 낫게 하는 것은 자연이다" 라고 하였다. 히포크라테스는 사상이나 행동에서는 생체에너지론자였지만, 간접적으로 의학을 종교와 철학에서 분리하는 토대를 쌓았다.

플라톤(Platon, B.C 427~347)은 소화의 에너지원(열원)이 호흡에 의한 생기(pneuma)라고 하였고, 아리스토텔레스(Aristotle, B.C 384~322)는 플라톤의 이데아론을 연역하여 질료(質料)로부터 형상(形相)을 실현시키는 원리를 엔텔레케이아라 하고, 식물적 · 동물적 · 인간적인 3종의 영혼이라 하여 동양의 인체 장기의 기사상과 유사하게 인체의 각 장기가 영혼을 지녔다는 장기영혼론을 주장하였다. 또한 4원소(불, 물, 흙. 공기)가 4성(열, 냉, 건, 습)과 함께 물질의 변화 가능하다는 연속설을 주장하여 연금술과 약물 합성의 이론적 근거가 되었다.

로마의 대 플리니(Pliny, 23~79)는 로마의 군인이며 박물학자로 『박물지(Natural History)』 37

권을 저술하였다. 생리학, 식물, 의약재 등을 기술하였으며, 양파 등의 식물의 의약적 효과를 상세히 기술하였다. 갈렌(Galen, 130~201)은 중세 초의 실험의학의 창시자로 히포크라테스 이래 가장 뛰어난 의학자로 고대 의학의 완성자로 널리 알려져 있다. 목적론적으로 생명을 이해했으며, 생명 현상은 신에 의한 생기에 의하여 지배된다는 기독교적 생기론을 주장하였다. 그리스 의학의 성과를 집대성하여, 해부학 · 생리학 · 병리학에 걸친 방대한 의학체계를 만들어 냈고, 이것은 이후 천 수백 년 동안 유럽 의학을 지배하면서 커다란 영향을 끼쳤다. 그 또한 점액 · 황색 쓸개즙 · 흑색 쓸개즙 · 혈액의 4가지 체액이 균형을 이루어야 건강하다고 믿었으며, 생기가 신진대사를 조절하고 있다고 믿었다. 그리스인들로부터 직접 차용하여 각종 식물과 동물 및 광물을 치료에 사용하였다.

(3) 근대 양의학의 발달

① 파라셀수스(Paracelsus, 1493~1541)

파라셀수스는 스위스 의학의 천재로 의화학(醫化學)의 원조가 되었다. 인체를 화학공장으로 이해하였고 화학적 치료를 도입하여 건강을 위해서는 특정 동식물과 광물의 특이한 생기가 필요하다고 하였다. 이러한 물질들은 신의 창조물인 인간에게 필요한 유사한 성질 즉 유감적(類感的) 특징을 지녀서 질병에 효과가 있다고 하였다. 그리고 인간을 소우주로 보아 해-심장, 달-뇌, 수성-폐, 목성-간, 금성-신장, 화성-담낭 등의 질병에 이에 유감성이 있다고 생각하여 관련 동식물이나 광물을 대비시켜 치료에 이용하였다. 특히 물질계의 근본을 유황 · 수은 · 소금의 3원소라고 하였고, 산화철 · 수은 · 안티몬 · 납 · 구리 · 비소 등의 금속화합물을 처음으로 의약품에 이용하였다.

② 헬몬트(J.B von Helmont, 1579~1644)

헬몬트는 파라셀수스의 전통을 계승한 벨기에인 내과 의사였다. 그는 자연의 모든 물질에 침투되는 순수한 생명의 기운 또는 무게를 달거나 측정이 불가능한 만능액의 존재를 제안하였다. 헬몬트는 동양의 기와 유사한 이 생명의 기운을 알케우스(archeus)라고 불렀다.

③ 슈탈(G.E. Stahl, 1660~1734)

독일 의학자, 화학자로 의학 이론에서 생물과 무생물을 엄격하게 구별하고 생물의 활성원리인 비물질의 이성적 아니마(anima)가 생명활동을 통할한다는 애니미즘을 주창하였다. 질병은 아니마의 오류나 저해 때문에 발생하며 치료는 아니마에 의한 자연적 과정을 돕는 것이라 하여 의화학을 부정하였다. 그의 이러한 이론은 당시의 기계론적 추세에 대한 반동으로 18세기 후반의 생기론 대두의 선구가 되었다.

④ 하네만(C. F. S Hahnemann, 1755~1843)

하네만은 슈탈의 영향을 받아 동종요법(同種療法, homeopathy)을 창시하였다. 동종요법은 퀴닌을 건강한 사람에게 투여하면 그 사람에게 퀴닌 치료가 필요한 환자가 나타내는 증상과 동일한 증상이 나타난다는 사실을 발견한 데서 유래되었으며 동종의 물질을 써서 치료한다는 유사성의 법칙(Law of Similar)에 근본을 두고 있어 유사요법이라고도 한다.

(4) 현대 의학

① 현대 의학의 태동

현대 의학이 그리스 의학에서 기원을 두지만 16세기 초, 베살리우스(A. Vesalius, 1514~1564)의 해부학 실험과 1628년 하비(W. Harvey, 1578~1657)가 처음으로 피의 순환과 심장의 기능을 밝혔으며 이즈음 프랑스의 철학자 데카르트(R. Descartes)는 신체를 마음에서 분리된 별도의 기계적 존재로 보는 철학적 모델을 제시하였다.

이후 1660년 레벤후크가 물체를 300배까지 확대할 수 있는 고배율 현미경을 발명하여 정자 관찰 등, 신체에서 일어나는 일들에 대한 연구가 더욱 활기를 띠게 되었다. 그리고 프랑스의 파스퇴르(L. Pasteur)가 1860년대에 미생물이 질병을 일으킨다는 세균설(germ theory)을 증명하였다. 이어서 독일의 코호(R. Koch)는 파스퇴르의 이론을 더욱 발전시켜, 병원미생물이 특정 질병을 일으키는 데 필요한 네 가지 조건을 제시하였으며 이것을 코호의 법칙이라 하였다. 1895년에는 독일의 뢴트겐(W. Roentgen)이 방사선을 발견함으로써 실용적인 방사선 장비 개발의 길을 열었다.

② 과학과 기술의 의학

방사선에 의한 진단과 현미경의 발전으로 인해 과학자들은 정보를 얻는 데 새로운 힘을 갖게 되었다. 이것들은 의학적 진단에 있어 중요한 기초가 되었다. 1901년에는 세 가지의 혈액형이 발견되었고, 혈액의 화학적 구성과 그 성분의 분석에 대한 발전이 있었다. 1906년에는 심장의 전기적 흐름을 기록하는 심전도(electrocardiograph, EKG)가 발견되었고, 1932년에는 물체를 5백만 배까지 확대할 수 있는 전자현미경이 개발되었다. 또한 동시에 소량의 방사선을 사용하는 X선 기계가 발명되어 더 안전하게 방사선사진을 찍을 수 있게 되었고, 컴퓨터 단층촬영법(CT)과 자기공명기법(MRI), 자기공명혈관촬영법(MRA)을 이용하여 신체 내부구조를 3차원적으로 재현해 내는 기술도 확립되었다. 그리고 근래에는 양전자방출단층촬영술(PET-CT)이 개발되고 로봇수술장비를 이용한 섬세한 수술도 가능하게 되었다.

③ 이종요법과 동종요법

현대 의학은 주조는 이종요법(異種療法, antipathy)으로 주류의학(conventional medicine) 또는 정통의학(orthodox medicine)이라고 불린다. 이종요법은 질병에 의해 야기된 것과 반대되는 효과에 의한 치료법을 말한다. 이종요법이란 증상을 억제(suppression)하거나 부족한 것을 보충(sustitution)해 주는 방법으로 일종의 대증요법(對症療法)이다. 이를테면 현대 서양 의학의 항생제, 항염제, 항고혈압제, 항암제, 항당뇨제, 항부정맥제 등처럼 증상을 억제하는 제제를 사용하여 치료하는 방법이다. 또한 이에 준하는 역증요법(allopathy)도 있는데 병증과 전혀 반대되는 방법으로 병을 치료하는 방법이다. 이를테면 변비에 설사약을 사용하는 것과 같은 방법이다.

이에 반하여 동종요법(homeophathy)은 18세기 무렵, 하네만(S. Hahnemann)에 의해 제창되었다. 하네만은 이종요법이란 용어도 처음 사용하여 전통적인 서양 치료 방법인 이종요법과 동종요법을 차별화하였다. 동종요법은 병증을 억제하는 것이 아니라 환자의 병증과 유사한 증상을 일으키는 약을 이용하여 환자의 신진대사를 조절하며, 자가면역 능력을 향상시켜 환자 스스로 치유하도록 하는 이종요법에 대한 일종의 대체적 치료 방법이다. '유사성의 법칙'을 기본으로 하며, 제너(E. Jenner)의 우두 접종이 대표적인 예이다. 복용 약물의 경우는 '극소 복용량 복용 원칙'에 따라 점진적으로 희석, 반복하여 효과를 강화하는 자가치료의 방법으로 사용한다. 1940년대 말 보이드(W.E. Boyd)에 의하여 수은 염화물의 극소 희석이 전분 소화효소에 의한 전분의 가수분해 비율을 높인다는 것을 증명하였다.

2) 서양 의약

현대 의약은 질병 과정 중의 한 가지 측면에만 집중적으로 작용하는 고도로 농축되고 순화된 성분의 개발에 그 뿌리를 두고 있다. 1805년에는 아편에서 모르핀을 분리 추출해 내는 데 성공함으로써 의학에 순수한 진통제가 처음으로 도입되었다. 이로써 활성 성분이라고 생각되는 물질들을 식물에서 추출해 내는 작업이 붐을 이루게 되었다.

(1) 약물의 발견

① 약물의 발견

의약품은 18세기 말까지는 어디서나 초근목피의 생약을 사용하는 데 그쳤으나 독일의 화학자

제르튀르너(F. W .A. Sertürner)가 1805년 약국 실험실에서 아편으로부터 최면성 성분인 모르핀을 발견하여 꿈의 신 모르페우스의 이름을 따서 모르피움(morphium)이라고 명명한 이래 염기성 물질인 알칼로이드가 여러 식물에서 분리되었다. 모르핀에 이어 키니네가 키나 수피에서 분리되었고(1820), 시나(cina) 꽃에서 산토닌(1830), 코카나무 잎에서 코카인(1860) 등, 생약의 유효 성분이 계속 발견되어 새로운 의약품으로 등장하기 시작하였다.

② 약물의 합성

유기화학의 발달과 더불어 유효 성분을 화학적으로 합성하게 되어 뵐러(F. Wöhler, 독일)는 1828년에 시안산암모늄에서 그 이성질체인 요소를 합성하여 최초로 유기물을 인공적으로 합성하여 유기합성의 길을 열었다. 이러한 유기합성에 힘입어 생약과는 관계없는 최초의 합성의약품인 안티피린(1884) · 디프테리아 혈청(1890) · 호르몬제(1900) · 비타민제(1910) 등이 개발되어 획기적으로 의약품이 발전하게 되었다. 특히 호프만(F. Hoffman, 독일)은 아스피린(아세틸살리실산)을 합성(1897)하여 1899년 특허 등록하였다.

(2) 화학요법제

① 제1화학요법제

콜베(A. F. H Kolbe, 독일)가 탄산과 석탄산에서 살리실산(1880)을 합성한 데 이어 화학요법의 창시자인 에를리히(P. Ehrlich, 독일)가 1907년 세계 최초의 화학요법제로 매독의 특효약인 아르스펜아민(일명 606호)을 만들어 내는 데 성공하여 1909년에 특허출원하였고 1910년 살바르산이라는 상품명으로 출시되었다. 이후 트리파노조마 제제인 수라민(1916)에 이어 모라닐(1924), 펜타미딘 (1937) 등이 개발되었다.

② 제2화학요법제

제2화학요법제는 항균화학제를 말한다. 도마크(G. Domagk, 독일)가 1932년 세균에 대한 최초의 화학요법제인 프론토질(prontosil)을 합성하였으며 1935년에는 이 물질의 인체 응용에 성공하여 화학요법 발전의 토대를 마련하여 술파제의 전성시대를 이룩하였다. 1935년에 설폰아미드(sulfonamide)라는 화학 항생 물질인 설파다이아진(sulfadiazine)이 합성되었고, 1940년대에는 페니실린, 스트렙토마이신, 테트라사이클린 등이 합성되었다. 이후 이러한 항생제의 합성도 이루어졌다.

③ 제3화학요법제

제3화학요법제는 미생물적 항생제이다. 1928년에 영국의 플레밍(A. Fleming)이 푸른곰팡이로부터 세균의 발육을 저지시키는 항생 물질인 페니실린을 발견하여 오늘날의 항생 물질시대의 문을 열었다. 페니실린에 이어 결핵균의 3대 특효약이 발견되었다. 1944년에 스트렙토마이신, 1946년에는 파라아미노살리실산(PAS), 1952년에는 이소니아지드가 계속 발견되어 이 세 가지 약의 병용으로 가장 비참한 난치병이었던 폐결핵을 정복할 수 있게 되었다.

④ 제4화학요법제

제4화학요법제란 항바이러스제를 말한다. 바이러스 질환은 백신류 이외에는 약이 없어 치료에 상당한 곤란을 겪었으나, 유효한 약제가 발견되어 이것을 제4화학요법제라고 한다. 허킨스는 1940년 호르몬제인 디에틸스틸베스트롤(DES)을 다량 투여하면 전립선암과 유방암에 효과가 있음을 확인하였고 월폴이 항에스트로겐 효과가 있던 타목시펜(ICI 46474)을 1973년 놀바덱스라는 상품명으로 출시되었다.

이후 광견병이나 인플루엔자 백신 등이 공인되었고 항바이러스 제제인 인터페론, 인터루킨 등이 개발되었으며, 항생 물질로서 소아 횡문근육종에 효과가 있는 액티노마이신 D(1953)와 위장관암에 효과가 있는 미토마이신(1956)이 분리되었다. 또한 AIDS 치료제인 핵산 항대사 물질인 아지도티미딘(ATZ, 1987)이 신약 허가를 받았다.

⑤ 현대 의약제제

21세기에 접어들면서 다양한 치료 방법들이 등장하였다. 특히 줄기세포에 의한 치료 방법이 개발되고 있다. 인간 줄기세포로 HIV 바이러스에 감염된 세포를 골라 죽이는 면역세포가 개발되었으며, 인간 줄기세포로 혈액이 생산하게 되었다. 또한 인조 조직의 개발이 본격화되어 맞춤 인공뼈와 가변성 플라스틱 인조신경시스템 등이 개발되고 있으며 약물에 의한 인지와 정서의 조절과 개인의 게놈 분석에 근거한 맞춤 약 개발이 가능해지고 있다.

Ⅲ. 산야초

1. 산야초의 특징

1) 민간약 · 생약 · 한약

(1) 민간약(民間藥, Folk drugs)

의사의 진단 · 처방 · 지시를 통하지 않고, 치료 효과가 있다고 전해 오는 식물 등의 재료를 민간에서 약용으로 쓰는 것을 민간약이라고 한다. 민간약으로 사용해 온 질경이와 이질풀은 고금동서 공통적으로 같은 목적의 민간약으로 사용하여 왔다. 질경이 잎은 종창이나 상처를 아물게 하는 데 써 왔으며, 이질풀은 설사나 이질의 치료약으로 사용하여 왔다.

이렇게 국가나 지역 및 민족에 따라 전승되어 온 약초류와 처방에 의한 약으로 과학적 검증을 거치지 않고도 효과적으로 사용해 온 민간약은 대부분 단방(單方)으로 사용되므로 신약의 소재가 되는 것도 많다. 영국에서 심장약으로 사용하던 디기탈리스(digitalis) 잎에서 심장약 배당체인 디곡신(digoxin)이 분리되었으며 남아메리카의 키나나무 껍질에서 말라리아 약인 키니네(kinine)가 추출되어 의약품으로 널리 쓰이고 있다.

이처럼 각 나라 각 민족에게는 오랫동안 전승되어 온 민간약들이 과학적으로 약으로서의 효과가 입증되고 있어서 민간약은 신약 개발의 한 방편으로 현대 과학적 연구가 이루어지고 있으며 전통적인 방법에 의하여 민간약을 수집, 정리하여 보급하는 재야 연구자들도 있다.

(2) 생약(生藥, Crude drugs)

천연적으로 산출되는 자연물을 간단한 가공 처리에 의약품으로 사용하거나 의약품의 원료로 만든 것을 생약이라고 한다. 생약의 주류는 옛날부터 초근목피(草根木皮)라고 하는 바와 같이 식물을 바탕으로 하는 생약이 대부분이지만 동물성과 광물성 생약도 상당량 있다.

전통적인 생약은 자연물을 간단히 가공하여 팅크제(tincture劑), 엑스제(extract劑), 또는 추출물을 분무건조(噴霧乾燥)시킨 분말 등으로 제조되어 왔으며, 근래에는 유기용매 또는 물 추출이나 증류 등의 간단한 조작을 가한 생약도 있다.

생약을 연구하는 학문을 생약학(生藥學, pharmacognosy)이라고 하며 현대 약학의 중요한 분야 중의 하나이다. 또한 천연물 약학은 생약 성분을 연구하는 학문으로 신약 개발을 위한 수단으로도 전 세계적으로 활발히 연구되고 있다.

(3) 한약(韓藥, Korean medicine)

한약은 거의 생약(生藥) 그대로를 한방 이론에 입각하여 처방 · 제제(製劑)하여 사용한다. 넓은 의미로 한약은 천연적으로 존재하는 식물 · 동물 · 광물 등으로 이루어져 있으며 이 중에서 약용으로 사용하는 식물을 본초(本草, oriental herbal medicine)라고 한다. 한약은 한의학적 변증에 따라 처방하여 사용하는데, 한약은 민간약과는 달리 특정 약초 한 가지만으로 사용하는 경우는 드물다. 대부분 여러 약재를 적절한 방제(方劑) 방법에 따라 배합하여 사용한다.

2) 산야초의 특징

산야초란 흔히 산과 들에 자생하는 초본성 식물을 의미하나 허브와 마찬가지로 약효가 있는 목본 식물까지 포함한다. 산야초의 특징은 일반 재배하는 약초와는 달리 뛰어난 생명력에 있다. 산야초는 인공적인 비료나 농약 없이 자신을 둘러싼 자연환경과 늘 부딪치며 살아가기 때문에 약성 물질이 축적되어 재배하는 약초보다 약효가 뛰어나다.

(1) 산야초의 선택

이 세상에는 약이 안 되는 풀이 하나도 없다고 한다. 모든 산야초가 약이 되므로 산야초 선택에는 몇 가지 원칙이 필요하다.

① 지역 산야초 선택

각 지역마다 특산 농산물이 있듯이 각 지역 환경에서 적응하여 적절한 효과를 지닌 특산 산야초가 있다. 즉, 그 지역에 흔히 있는 산야초는 그 지역 풍토에 잘 적응하여 치열한 생존경쟁에서 이겨낸 식물이다. 옛날부터 신토불이라 하여 부득이한 경우를 제외하고는 십리 이내의 농산물을 먹을거리로 취하였으며, 하다못해 풍수에서는 무덤의 비석도 그 고장의 돌을 써야 발복한다고 믿었다. 우리의 몸이 자기가 태어나고 자란 풍토의 영향을 받는 것처럼 산야초도 풍토의 영향을 받아 생장하여 유효 성분의 양과 질이 결정된다. 그러므로 그 지역 주변 환경에서 왕성하게 번식하는 산야초들이 보다 나은 약효를 낸다. 그리고 동일한 효과를 내는 산야초의 종류는 다양하므로 각자가 살아온 그 지역의 산야초 중에서 동일한 약성을 지닌 산야초를 채취하도록 한다.

② 주변의 친숙한 산야초 선택

산야초는 주변의 친숙하고 평범한 것을 채취하도록 한다. 산야초는 한방이나 양방에서 과학적으로 검증된 약재가 아닌 민간약이지만 시행착오에 의한 오랜 경험에 의하여 그 가치가 전승되어 온 것이다. 산업공해나 도시공해가 없는 곳이라면 울타리 곁이나 길가 등, 사람의 눈길을 자주 받는 곳에서 자라는 산야초가 효과 면에서도 좋다. 눈에 잘 띈다는 것은 그만큼 그 환경에 잘 적응한 식물로 생리 활성 물질도 더 풍부할 것이기 때문이다.

③ 생명력이 강한 산야초 선택

어떤 환경, 어떤 여건에 놓여도 꿋꿋이 잘 자라는 산야초가 생명력이 강한 산야초이다. 동일한 효과를 내는 산야초의 종류는 다양하다. 그러므로 동일한 약성이 있는 종류이면 번식이 잘되고 건강하게 잘 자란 산야초를 채취하는 것이 일반적이다. 동일한 환경에서 번식과 생장이 왕성한 산야초가 전체적으로 보면 함유 성분도 많아 약효도 좋을 것이기 때문이다. 그러나 거름기와 수분이 부족한 토양에서 자라서 생육 상태가 나쁜 산야초를 간과해서는 안 된다. 이들 열악한 환경에서 자란 산야초는 살아남기 위하여 여러 가지 생리 활성 물질들을 더 많이 농축하여 약성이 더 뛰어난 경우가 대부분이기 때문이다.

(2) 산야초의 기능

① 결핍 영양소 공급

현대는 여러 가지 농업 기술이 발달하여 각종 농산물이 풍부하다. 시설원예가 발달하여 겨울에도 신선한 채소와 과실을 섭취할 수 있고 농산물 수입에 의하여 다양한 외국의 농산물이 풍부하게 제공되고 있다. 그러나 그러한 먹을거리는 비록 국내산이라 할지라도 화학비료와 농약에 오염되었기 쉽고, 외국산의 경우는 신토불이의 고집이 아니더라도 유통 과정에서도 살균, 살충제와 인공 식품호르몬제에 오염될 가능성이 매우 높다.

산야초는 이러한 먹을거리의 문제점을 보완하는 데 적합하다. 산야초는 각종 비타민과 효소, 무기질 등이 풍부하게 들어 있어서 현대인들에게 부족하기 쉬운 비에너지의 필요 성분을 보충해 주며, 양질의 섬유소가 다량 함유되어 있어서 식품에 오염된 물질들을 체외로 배출해 준다. 또한 대장 내 유익한 균총 유지에도 도움을 준다. 따라서 산야초를 오랫동안 고루 섭취하면 각종 성인병 예방은 물론 만성 질병의 치료에도 크게 도움을 받을 수 있다.

② 파이토케미컬 공급

산야초는 무엇보다도 혈액 정화 능력과 이뇨 작용이 뛰어나 몸의 신진대사를 원활하게 한다. 뿐만 아니라 산야초는 해독, 소염, 해열, 진통 등의 작용과 항산화 작용 능력이 뛰어나 순환계, 면역계를 정상화하고 노화 지연에도 효과가 큰 것으로 밝혀지고 있다.

이러한 산야초의 효능은 산야초가 함유하고 있는 다양한 영양소가 복합적인 상호 작용에 의한 효과도 있겠지만 무엇보다 다양한 파이토케미컬의 효과일 것으로 보인다. 산야초에는 민간요법에서 각종 임상실험과 체험을 통해 항암 효과가 있다고 알려진 산야초만 해도 50여 가지 이상이 된다. 자주 이용되는 산야초에는 바위솔, 짚신나물, 겨우살이, 뱀딸기 등이 있는데, 이러한 식물들의 항암 효과는 그 속에 함유되어 있는 각종 항산화, 항암 작용이 있는 파이토케미컬의 작용일 것으로 추정된다. 토마토에서는 1백 50여 종의 화합물이 분석되어 그중에서 리코펜의 강력한 항산화 작용이 노화와 항암에 효과가 있다는 것이 입증되었다. 마찬가지로 산야초에도 생약학적 분석과 약리실험이 본격화되면 전승되어 오던 산야초의 유효한 성분과 효능이 밝혀질 것이다.

(3) 채취 시 유의점

전승되는 산야초 이용법은 어떤 특정 산야초가 특정 병에 효과가 있다는 약의 개념으로만 보지 않는다. 산야초의 약리 효과는 풍부하고 다양한 영양소와 섬유질의 복합적인 상호 작용으로 자연치유력이 강화된 결과로 본다. 그러므로 산야초의 이용은 치료보다는 치유의 개념이 강하다.

① 채취 활동의 효과

산야초의 이용은 건강 유지와 체질 개선 등 예방의학적 차원이 바람직하나 민간에서는 만성 질환을 앓고 있는 환자가 선택하는 경우가 많다.

치유를 위한 산야초의 이용을 위해서는 무엇보다 먼저 산야초의 채취를 본인이 직접 하는 것이 바람직하다. 여러 가지 공해에서 벗어나 산야초를 직접 채취하면서 적절한 운동을 하게 되며 산야초의 약성과 함께 피톤치드의 흡입과 음이온 효과를 함께 얻을 수 있기 때문이다.

산야초의 채취는 때로는 혼자, 때로는 함께 하는 것이 좋다. 질병은 심리적인 효과도 커서 억압된 환경에서 얻어진 병이면 혼자서 자유롭게 산야를 다니며 산야초를 채취하는 것이 좋고, 너무 혼자만 감당해야 했던 여건에서 얻어진 병이면 동반한 사람과 함께 심중의 쌓여 있던 것들을 말을 통해 해소하면서 그 답도 얻는 경우가 있기 때문이다.

② 채취 환경

산야초의 유효 성분은 열악한 환경에서 오히려 축적되기도 하지만 유해 유기물이나 중금속이 오염된 대기 환경이나 토양 환경에서의 산야초는 피하여야 한다. 논밭은 화학비료에 인해 땅이 산성화되어 있고 지력이 약해져 있어서 산야초의 유효 성분이 현저히 감소할 뿐만 아니라 살포된 농약의 직접적인 피해를 입을 수 있다. 또한 하수나 가축 분뇨 및 자동차 배기가스 등이 오염된 곳에서 자라는 산야초는 영양 상태는 좋을지 몰라도 중금속이나 항생제 또는 대기 오염 물질이 축적되어 피하는 것이 좋다. 그러므로 산야초는 오염이 안 된 산야의 기름진 부엽토나 양토에서 자라고 있는 건강한 것을 채취하는 것이 좋다.

③ 산야초의 채취 시기

효과가 좋은 산야초를 얻기 위해서는 그 채취 시기가 중요하다. 산야초의 유효 성분은 유효 물질의 유전자 발현에 따라 결정되는데 이 유전자 발현은 약초의 종류, 약초 부위 및 발달 정도 등에 따라 다르게 나타난다. 그러므로 새 순에 유효 성분이 있는 경우는 이른 봄이 좋으며 성숙한 잎에 유효 성분이 있는 경우는 독성 물질도 함께 증가하므로 삶아서 충분히 제거한 후 섭취하는 것이 좋다.

(4) 산야초의 섭취와 유의점

① 산야초의 선택

산야초의 섭취는 예방의학적 차원에서는 다양한 산야초를 골고루 섭취하는 것이 좋다. 한꺼번에 너무 많은 양을 먹지 않도록 하고 반드시 다섯 가지 이상의 산야초를 섞어 먹도록 한다. 그리고 지병 치유를 위한 산야초의 섭취는 비록 다른 사람에게서 약효가 검증된 산야초라 할지라도 체질에 따라 적합하지 않을 수 있으므로 처음에는 조금씩 섭취하여 부작용이나 적합성 여부를 확인해 가면서 섭취하도록 한다.

② 산야초의 섭취 요령

산야초의 섭취 일수는 몸을 보하기 위한 경우는 1회 복용량을 지켜서 하루에 2~3회 섭취하며 응급이나 급성 병증인 경우는 효과가 나타나면 2~3회 더 섭취하나 증세에 따라 1~2일 연장하며, 만성의 경우는 1~3주를 기본으로 경과에 따라 그 이상으로 조절한다.

③ 산야초의 이용과 보관

산야초를 채취하면 바로 섭취하는 것이 좋으며, 묵나물 또는 차로 닦아 두는 것이 좋다. 산야초는 생명력이 강하여 재배채소처럼 쉽게 시들지 않으나 오래되면 신선도와 맛이 떨어지고 영양 손실도 많아지기 때문에 신선할 때 먹는 것이 좋다. 보관할 때는 신문지 등으로 잘 싸서 서늘하고 통풍이 잘되는 음지에 두거나 냉장고에 넣어 보관한다.

④ 전문가 도움

풀과 나무는 먹지 못하는 것이 없고 약이 되지 않는 것이 없지만 초보자가 산야초를 채취할 때에는 상당한 주의를 요한다. 흰 유액 즙이 잎과 줄기의 상처 부위에서 분비되는 산야초는 대부분 식용이며, 노란 즙이 나오는 것은 독초이다. 동의나물과 곰취는 잎 모양이 비슷하나 동의나물은 독성이 강하여 섭취하지 않는 것이 좋다. 이렇게 산야초 중에는 체질에 따라 여러 가지 알레르기와 부작용을 일으킬 수도 있으며 형태가 비슷하나 강한 독성을 지닌 것들이 적지 않기 때문에 익숙해질 때까지는 전문가의 도움을 받는 것이 좋다.

(5) 현대 의학과 산야초

산야초는 의학이 발달하지 못한 시대에 서민들이 민간약으로 이용했던 것인 만큼 의학이 발달한 현대에는 질병은 당연히 의사의 직접적인 도움으로 신속한 치료가 필요하다. 그러나 응급이나 만성 지병을 지닌 환자의 경우는 의학적 치료와 함께 보조적인 방법으로 택하는 것이 적절하며 특히 간 질환 환자는 의사의 관리 하에 시행하여야 한다.

(6) 산야초의 응용

산야초는 그대로 쌈이나 나물로 먹는 것이 가장 간편하나 녹즙이나 전, 튀김 등으로 이용할 수 있다. 그러나 채취한 분량이 많고 산야초가 없는 계절에 대비하여 묵나물, 절임, 약술, 차, 분말이나 환을 만들어 사용할 수 있으며, 김치나 효소액 등의 발효식품을 만들어 필요할 때 이용할 수 있다. 또한 산야초는 허브와 마찬가지로 목욕제, 방향제로도 이용할 수 있으며 찰상이나 자상, 타박상과 같은 외상 치료에도 응급으로 사용할 수 있다.

2. 산야초의 응용

일반적으로 허브와 산야초를 동일하게 취급하지만 서로 근본적인 차이가 있다. 허브는 정유를 중심으로 약효가 신속히 나타나나 대부분 대증요법적으로 일시적인 반면, 산야초는 약효가 서서히 나타나나 근본적으로 질병 요인을 제거하거나 체질을 개선하여 질병을 치료하고 예방하는 면이 강하다.

1) 산야초의 응용

(1) 자양(滋養)

① 강장(强壯)

가시오갈피(1회 4~6g)나 곰취(1회 4~8g) 또는 절굿대(회 4~6g)를 달여 마시면 몸을 보하는 효과가 있다. 둥굴레 뿌리(1회 10~20g)를 고아서 죽처럼 만들어 장복한다. 여자의 경우는 당귀 뿌리(1회 3~8g)가 효과가 있다. 그리고 노쇠하거나 병약할 때 민들레 뿌리를 말려 환약을 만들어 장복하면 원기 회복에 도움을 준다. 잔대 뿌리(1회 30~50g)를 중닭에 함께 넣어 푹 고아 먹어도 매우 효과적이다.

② 강정(强精)

일반적으로는 구기자 열매(1회 6g) 또는 두릅나무의 전초(1회 10~15g)를 달여 마시거나 박주가리 뿌리(1회 8~10g)를 달여 먹으면 효과가 있다. 또한 메꽃의 지하경(1회 40~50g)을 고아 먹어도 효과가 있다. 사상자 뿌리(1회 4~10g), 쇠무릎 뿌리(1회 6~10g)를 달여 먹거나 엉겅퀴 뿌리나 비수리 줄기를 술에 담가 장복하면 효과가 있으며, 산마도 강정 효과가 있는데 산마 20g, 당근 40g, 계란 1개, 흑설탕 1숟갈, 왜간장 1숟갈씩을 1회분으로 하여 1일 2~3회로 장복하면 효과가 있다. 특히 신기가 허약하여 늘 피곤하고 의욕이 없는 경우에는 고비 뿌리(1회 8~10g), 광대싸리(1회 2~3g)를 달여 마시거나 민들레 뿌리(1회 8~10g)를 말려 가루를 만들어 장복해도 효과가 있다.

③ 비만

비만은 과잉의 지방이 피하나 내장에 저장되는 경우와 내분비계 이상에 의한 경우가 있다. 감잎이나 더덕 뿌리를 계속 달여 먹으면 효과가 있으며, 심한 경우는 늙은 호박 한 개에 대추와 생강 한 되를 넣고 달여 먹으면 크게 효과가 있다.

④ 해독

음식이나 약에 의한 중독에는 갈대 자하경(1회 20~30g)을 달여 먹으면 효과가 있고 까마중(1회 40~50g)을 달여 먹거나 잘 익은 열매(1회 40~50g)를 생식해도 효과가 있다. 기린초(1회 6~8g)나 돌나물(1회 15~20g)을 생즙으로 마시거나 달여 먹어도 좋다.

⑤ 숙면

일반적으로 상추는 최유 작용과 함께 수면을 유도하는 락투세린과 같은 물질이 함유되어 있어서 상추쌈을 먹으면 졸리게 된다. 상추의 연한 싹을 쌈으로 충분히 먹으면 잠이 쉽게 오게 된다. 이 밖에 씀바귀(1회 3~4g)를 달여 먹거나 쑥갓즙(1회 20~30g)이 수면 유도에 도움이 된다. 그러나 대뇌가 지나치게 흥분되면 불면증이 생기는데 이럴 때는 자귀나무 근피(1회 4~6g)를 달여 먹거나 칡즙(1회 20~30g)을 내어 먹으면 효과가 있다. 또한 씨를 빼낸 매실 1개를 끓는 물을 부어 취침 전에 마셔도 효과가 있으며, 은행알 2개를 짓찧어 물로 복용하여도 효과가 있다.

(2) 소화계 질환

① 체기

체기에는 감꼭지(5개)나 나팔꽃씨(1회 2~3g) 또는 삽주 뿌리를 4g 정도 달여 먹으면 효과가 있으며, 까마중(1회 40~50g)을 달여 먹거나 잘 익은 열매(40~50g)를 생식하면 역시 효과가 있다. 돼지고기를 먹고 체했을 때는 까마중 전초(1회 10g)를 달여 먹거나 잘 익은 열매(1회 30~50g)을 생식하면 효과가 있으며, 개고기를 먹고 체한 경우는 까마중 전초(1회 10g)나 해바라기 잎줄기(1회 20~30g)를 달여 먹으면 효과가 있다.

② 간염

간 조직에 염증이 생기고 일부 세포가 파괴되어 간 기능이 저하되며 급성과 만성이 있다. 간염에는 주위에서 흔히 볼 수 있는 산야초가 효과가 있다. 냉이 뿌리(1회 5~6g, 1일 3~4회)나 꿀풀 전초(1회 3~5g, 1일 3~4회)를 달여 먹거나 또는 질경이씨(차전자)를 볶아서 1회에 1찻숟갈 양을 1일 3회 공복에 섭취하면 효과가 있다.

③ 간경화

간염이나 지방간 등이 원인이 되는 만성 질환이다. 구기자 열매나 뿌리(1회 6~8g, 1일 3~4회), 제비쑥(1회 3~4g, 1일 3~4회) 또는 천남성 뿌리(1회 1~3g, 1일 3회)를 달여 먹으면 효과가 있다. 또한 마늘(1회 8~10개, 1일 2~3회)을 구워 먹거나 늙은 호박을 삶아서 1일 반 통씩 삶은 물과 함께 먹어도 효과가 있다.

④ 숙취 및 주독

술로 인한 후유증에는 감꼭지(5개)나 매실(5~10개)을 달여 마시면 효과가 있으며, 무(1회 30~35g) 생즙도 효과가 있다. 주독에는 미나리(1회 15~25g)나 칡(1회 10~30g) 생즙이 효과가 있다.

⑤ 토사곽란

비위생적인 음식이나 몸에 맞지 않는 음식을 섭취했을 때 일어나는 현상이다. 부추 생즙이나 쑥 잎을 짓찧은 것에 생강즙을 약간 넣어 마시면 효과가 좋으며, 생강(1회 10g, 1일 1~3회)을 끓여 마셔도 좋다. 또한 닭의장풀 전초(1회 5~6g, 3~4회)나 갈대 지하경(1회 20~30g, 1일 1~3회)의 생즙을 먹어도 효과가 있으며 감국 전초(1회 5~6g, 1일 1~3회)를 달여 먹어도 효과가 있다.

매실 엑기스를 조금 마시면 위염이나 식중독에 의한 구토증에 좋으며, 흰 겨자가루를 꿀로 환을 지어 공복에 복용해도 좋다.

⑥ 변비

사람에 따라 1일 수회부터 2~3일에 한 번 배변을 하는 경우가 있는데 충분한 배변이 이루어지면 정상이라고 본다. 정상적으로 음식물을 섭취하는 경우 변비가 생기는 것은 스트레스에 의하여 몸이 조열하여 대장에서의 수분 흡수가 과해서 일어나는 현상이어서 냉성 과일이나 생수 또는 보리차가 효과가 있다. 감자(1회 10~15g, 3~5회) 생즙이 효과가 있으며, 더덕 뿌리(1회 6~10g, 5~6회)나 복수초 전초(1회 2~3g, 1~3회)를 달여 먹어도 효과가 있다. 변비가 심한 경우는 생 아주까리씨(1회 0.5~1g, 1~3회)를 먹거나 소리쟁이 뿌리(1회 5~7g) 생즙이나 능소화 꽃(1회 2~3개)을 생으로 먹으면 효과가 있다. 또한 망초대 전초(1회 3~5g, 3~5회)를 달여 먹어도 효과가 있다.

⑦ 설사

비위생적인 음식이나 몸에 맞지 않는 음식을 섭취했을 때 속이 냉해지면서 대장에서의 수분 흡수가 원활하지 않아 나타나며, 탈수, 영양 결핍 등이 수반된다. 응급으로 연시나 곶감(1회 2개)을 달여서 먹으면 효과가 있으며, 망초대 전초(1회 5g)나 잎(1회 3~5g)을 달여 먹으면 효과가 있다.

⑧ 복통

복통은 여러 가지 원인에 의하여 나타날 수 있으므로 응급 상황이 지나면 원인을 밝혀 근본적인 치료를 하여야 한다. 일반적으로 응급을 요하는 복통의 경우 익모초 전초(1회 3~5g) 또는 마디풀 전초(1회 15~20g)나 삽주 뿌리(1회 2~4g)를 달여 먹는다.

⑨ 과민성 대장염

과민성 대장염은 식생활이 불규칙하거나 과음이나 스트레스에 의하여 변비와 설사가 반복되는 증세로 식욕 감퇴나 구역질 또는 두통이 수반된다. 말린 대추를 푹 달여 그 물을 식간에 따뜻한 채로 마시면 효과가 있으며, 미나리(1회 20~25g)를 달여 마시거나 생즙을 마셔도 효과가 있다. 또한 이질풀 전초(1회 3~5g)나 할미꽃 뿌리(1회 3~4g)를 달여 먹어도 효과가 있다. 당근도 효과가 있는데 당근즙 30g에 꿀을 같은 양을 섞어 꾸준히 마시면 좋다.

⑩ 장질환

미나리 전초(1회 20~25g)를 달여 마시면 좋다. 또한 민들레 뿌리(1회 8~10g)를 달여 먹거나 환을 만들어 복용해도 좋다. 이 처방은 장 질환 예방에는 물론 소장과 대장에 이르는 소화관의 기능 강화에도 좋다.

⑪ 복수

복강에 체액이 고여 있는 것을 말하며 복막염, 간 경변, 간암, 난소 종양, 심장염, 장폐색 및 백혈병 시에 나타난다. 고삼 뿌리를 환으로 만들어 1회에 2~4g 1일 2회 정도 장복한다. 또한 삼백초 전초(1회 15~20g)를 생즙을 내 마시면 효과가 있다.

⑫ 식중독

주로 상한 음식을 먹었을 때 나타나는 현상으로 발진, 복통, 토사곽란 및 설사가 수반된다. 민들레 뿌리(1회 8~10g)나 칡뿌리(1회 10~15g) 생즙을 마시면 효과가 있다.

⑬ 소화불량

소화불량은 만성적인 소화기 기능 이상으로 화학적, 물리적 소화가 잘 되지 않고 설사나 변비 또는 더부룩한 증상이 수반되는 경우로 과식이나 스트레스가 주원인이다. 말린 대추를 달여서 장복하거나 민들레 뿌리(1회 8~10g) 생즙이 효과가 있다. 또는 밀나물 전초(1회 4~6g)나 봉선화 씨(1회 3g)를 달여 먹어도 효과가 있다.

⑭ 위궤양

불규칙한 식사나 과음에 의하나 신경성인 경우가 많다. 대부분 위산과다에 의한 궤양성이며 심하면 위 천공으로 복막염이 되는 경우도 있다. 민들레 뿌리(1회 8~10g)나 구기자 잎(1회 12~15g) 또는 뱀무 전초(1회 5~8g)를 달여 먹으면 효과가 있다. 심한 경우 갑오징어 뼛가루와 감초를 각각 4g씩 달여 먹으면 좋다.

⑮ 위산과다

위산이 과도하게 분비되어 속이 쓰리고 신물이 올라오는 증상으로 위궤양의 원인이 된다. 용담 뿌리(1회 0.5~15g)나 무궁화꽃(1회 3~6g)을 달여 먹거나 민들레 뿌리(1회 8~10g)를 생즙을 내어 마신다. 백도라지(1회 10g)와 생강(1회 3~4g)을 함께 달여 마셔도 효과가 있다.

⑯ 치질

개나리 잎이나 고사리 잎을 달인 물로 세척하면 효과가 있으며, 특히 쑥을 달이는 뜨거운 김을 환부에 씌면 효과가 좋다. 또한 무화과 열매를 하루 3~4개 먹으면 효과가 있으며, 잎이나 열매에서 나오는 하얀 즙을 탈지면에 묻혀 환부에 바르면 좋다,

⑰ 담석증

무생채와 참외를 매일 먹으면 좋으며, 잘 익은 대추를 밥에 쪄서 말렸다가 하루에 10~20개씩 물로 달여 마시면 효과가 있다. 무화과 열매를 먹어도 효과가 있으며, 호두 1되를 현미로 쑨 죽 1되에 혼합하여 3~4회 나누어 하루에 먹으면 효과가 빠르다.

(3) 순환계 질환

① 강심

심장은 생명의 중심이라고 할 수 있다. 질병이나 기 부족에 의한 심장의 기능을 보하는 것이 가장 중요한 일일 수 있다. 둥굴레 뿌리(1회 15~20g)를 고아서 죽같이 만들어 1일 3회로 장복한다. 또한 개맥문동(1회 7~10g)이나 골담초(1회 4~6g) 뿌리를 1일 3회 달여 먹으면 효과가 있으며, 산사나무의 지상 부위(전초, 꽃, 열매)를 1회 4~5g씩을 1일 3회 달여 먹어도 좋다.

② 정혈

피가 탁하면 순환계나 뇌질환 및 대사증후군의 원인이 된다. 피를 맑게 하여 이러한 질환을 예방하도록 하여야 한다. 당귀 전초(1회 8~10g), 능소화 생꽃(3개)을 먹거나 말린 꽃(5개)을 가루로 만들어 먹는다. 또한 갈퀴꼭두서니(1회 4~6g)나 미모사 뿌리(1회 3~4g)를 달여 먹어도 효과가 있다.

③ 심장병

심장병은 선천성 심장 기형이나 후천적인 관상동맥협착 등에 의한 심근 경색증에 의하여 심장 박동이 약해지고 숨이 차고 가슴이 두근거리는 증세와 함께 심한 심장통이 수반되며 돌연사의 원인이 된다. 빈맥이나 서맥이 동반하는 경우가 많으며 일반적으로 손톱이나 입술이 자색으로 변하는 증세가 나타난다. 복수초 전초(1회 0.5~1g)나 벚나무 껍질(1회 5~7g) 또는 복숭아 씨방(1회 3~10g)을 달여 먹으면 효과가 있다. 또한 감초(1회 10g)를 달여 공복에 먹거나 산마 뿌리(1회 6~7g)를 생으로 먹으면 효과가 있는데 심장병은 이러한 처방을 장복하면서 적당한 운동과 적절한 식생활을 통한 섭생으로 극복하여야 한다.

④ 고혈압

동맥경화 등에 의하여 나타나는 고혈압은 본태성과 후천적인 고혈압이 있다. 고혈압은 심장병이나 뇌졸중의 원인이 되며 이로 인한 뇌의 손상으로 치매의 원인이 되기도 한다. 은행나무 잎(1회 4~6g)이나 일년생 소지를 달여 먹으면 효과가 있으며, 감나무 잎(4~6g)이나 현삼 뿌리(1회 3~4g)를 달여 먹어도 효과가 있다. 일단 치료가 되면 복용을 중단하여야 한다.

⑤ 저혈압

저혈압은 혈압이 낮아 전신 무력감과 피로 및 현기증이 나타나며 혈액 순환에 장애가 생겨 손발이 차고 무엇보다 혈전에 의한 뇌혈관 폐색으로 뇌졸중이 오기 쉽다. 이러한 증상에는 구기자 열매와 좁쌀 및 인삼을 각각 30g씩 함께 넣어 달여 먹으면 효과가 있으며, 호박 씨(1회 20~25g)를 생으로 먹거나 무국(무, 다시마, 두부)도 도움이 된다.

⑥ 뇌졸중

질병이나 혈압에 의하여 뇌의 혈액 순환이 원활하지 못하여 생기는 증상으로 고혈압에 의한 출혈성 뇌졸중과 혈관 폐색에 의한 허혈성 뇌졸중이 있다. 대부분 응급을 요하므로 신속한 조치를 필요로 하며 고혈압이나 저혈압 및 동맥경화에 따른 처방에 의한 약재를 이용하여 예방 및 치료한다.

⑦ 빈혈

조혈 능력이 떨어지거나 영양 결핍 및 체내 출혈 등에 의하여 적혈구나 헤모글로빈이 감소하여 나타나며 안색이 희고 창백하며, 권태감, 하품, 이명 및 시력 저하 등, 신체 기능이 전반적으로 떨어진다. 구기자 열매(1회 5~6g)나 기린초 전초(1회 6~8g), 당귀 뿌리(1회 5~6g)를 각각 달여 먹으면 효과가 있으며, 시금치, 근대 등과 같이 철분이 많이 함유되어 있는 식품을 함께 섭취하도록 한다. 특히 체내 출혈의 경우 원인을 제거하여야 한다.

⑧ 상기증

상기되면 피가 뇌로 모여 얼굴이 붉어지고 두통이나 이명이 생기는 증세가 나타나는 증상이다. 제비꽃 전초(1회 3~4g)나 전호(사양채) 뿌리(1회 1~2g) 또는 감귤의 청귤피(1회 4~6g)를 달여 먹으면 효과가 있다.

(4) 신경계 질환

① 중풍

뇌졸중에 의하여 신체적 마비 증상이나 언어 장애 및 지적 능력이 저하된다. 회복이 용이하지 않으나 꾸준히 치료하면 다소 완화될 수 있다. 감꼭지(1회 7~8개), 구절초(1회 4~6g), 더덕 뿌리(1회 6~10g), 두릅나무 전초(1회 10~15g) 또는 삽주 뿌리(1회 3~4g)을 달여 장복하면 효과가 있다.

② 신경쇠약

신경계의 피로에 의한 질환으로 견디니 피로가 쉽게 나타나며 기억력이 감퇴하고 불면증에 시달리기도 한다. 숙면을 하지 못하고 감정적 기복이 심하며 무력증 또는 두통이 수반되기도 한다. 결명자(1회 8~10g)나 산수유 말린 열매(1회 8g)를 달여 마시면 효과가 있다. 또한 대추(1회 30g)와 생강(1회 6g)을 함께 달여 마시거나 닭의장풀 전초(1회 4~8g)를 달여 먹거나 생즙을 내어 마셔도 좋다.

③ 노이로제

타인과의 관계나 자신의 행위에 대해 자신감이 없고 민감하게 반응하여 불안과 초조를 느낀다. 두통, 현기증, 건망증 및 불면증이 수반되며, 각 신체 장기에 이상이 느껴지는 증상까지 나타난다. 양파를 상식하면 유효하며, 오가피(1회 3~8g)를 달여 마시거나 삽주 뿌리(1회 3~10g)를 달여 마셔도 효과가 있다.

④ 건망증

건망증이나 치매 증상은 육체적 문제는 없으나 대뇌 신경계 이상에 의하여 심하면 일상 생활에 크게 영향을 미친다. 건망증이나 치매에는 삼지엽구초 전초(1회 3~4g)가 효과가 있으며, 삽주 뿌리(1회 3~4g)나 들깨 씨(1회 15~20g)를 달여 먹어도 효과가 있다. 연근도 효과가 있는데 연근 20~30g을 생즙을 내어 나누어 마시거나 40~50g을 푹 삶아 물과 함께 먹으면 좋다. 그리고 생각하고 판단하는 것이 예전과 같지 않은 경우에도 일종의 뇌 기능 장애를 의심할 수 있는데 이때에는 오미자 열매(1회 5~7g)를 달여서 장복하면 효과가 있다. 또한 기억력 증진을 위해서는 산마 뿌리 말린 것으로 죽을 쑤어 꾸준히 먹으면 도움이 된다.

⑤ 구안와사

안면 신경 마비로 입이 비뚤어지는 증상으로 응급으로는 댕댕이덩굴 뿌리(1회 15g)나 솔잎(1회

3~4g)을 달여 먹으면 효과가 있다. 또한 오갈피나무 수피나 뿌리(1회 5~8g)를 달여 먹어도 좋다.

⑥ 경기

경풍이라고도 하는데 어린이가 급작스럽게 놀라 사지가 마비되고 호흡 곤란이 생기는 증상이다. 급경풍은 서둘러 치료하여야 한다. 응급으로 노간주 열매(1회 2~3g)나 제비꽃 전초(1회 3~6g) 또는 천남성 뿌리(1회 2~3g)나 패모 전초(1회 3~5g)를 달여 먹으면 효과가 있다.

⑦ 멀미

일반적으로 자동차나 배를 탈 때 멀미가 나는 것은 귀의 내이, 눈 또는 관절 등에 의하여 전달되는 신경 신호가 서로 조화를 이루지 못하고 상반된 간섭을 해서 일어나기 쉽다. 이때는 생강(1회 8~10g)을 구워 먹거나 즙을 내어 끓는 물을 부어 마시면 효과가 있다. 또한 감꼭지나 곶감(1회 2~3개)을 달여 먹어도 효과가 있고, 솔잎 몇 개를 입에 넣고 씹어도 효과가 있으며 생밤을 많이 먹어도 효과가 있다.

⑧ 두통

두통은 다양한 원인으로 발생하는데, 염증성 두통, 긴장성 두통, 신경성 두통, 발열성 두통 등이 있다. 강호리 뿌리(1회 5~7g)를 달여 먹으면 효과가 있으며, 구릿대 전초(1회 5~8g)나 복숭아 잎(1회 3~6g) 또는 작약 뿌리(1회 5~7g)를 달여 마셔도 효과가 있다. 칡뿌리(1회 20~30g)를 생즙으로 마셔도 좋다.

⑨ 신경통

신경통은 일반적으로 신경에 염증이 생겨 나타나는 증상이나 신경이 눌리거나 신경에 영향을 공급하는 혈관 장애에 의하여 발생한다. 남성은 신기가 약하거나 운동성에 의하여 주로 나타나며, 여성의 경우는 여성성에 관련된 임신, 출산 또는 갱년기 장애 시 많이 나타난다. 미모사 뿌리(1회 5~8g)를 달여 먹으면 효과가 좋으며, 국화 전초나 꽃(1회 4~5g)을 달여 먹어도 좋다. 또한 쑥 뿌리를 달여 마시거나 쑥찜, 쑥뜸, 쑥탕 등이 좋으며, 알로에 잎을 강판에 갈아 헝겊에 얇게 펴서 환부에 붙여도 효과가 있다.

⑩ 소화계 통증

담석에 의한 통증은 호두 1되를 현미로 쑨 죽 1되에 혼합하여 3~4회 나누어 하루에 먹으면 신속히 효과가 있으며, 건매실 큰 것 1개에 생강즙을 넣고 녹차 달인 물을 500cc 가량 마시면 통증이 가라앉는다. 또한 잘 익은 대추를 밥에 쪄서 말렸다가 하루에 10~20개씩 물로 달여 마시면 유효하다.

⑪ 치통

치통은 견디기 힘들다. 무 생즙을 오래 입안에 머금고 있으면 효과가 있으며, 감꼭지 2개 정도를 태워 그 가루를 물고 있어도 통증이 완화된다. 또한 미역을 태운 가루에 소금을 섞어 물고 있어도 효과가 있다. 국화 생잎에 소금을 약간 넣고 짓찧어 그 즙을 아픈 이와 그 언저리 잇몸에 발라도 효과가 있으며, 마른 삼지구엽초를 달여 그 즙을 입에 물고 있으면 잇뿌리가 흔들리는 치통에 유효하다. 충치의 경우 쉽게는 명반가루를 충치에 발라 주면 통증이 가라앉으며, 태운 솔잎이나 가지 꼭지 가루를 아픈 이의 구멍 속에 넣어 줘도 통증이 멎는다.

⑫ 풍치

풍치는 잇몸 질환으로 충치보다 치아 손실에 더 치명적이다. 가지의 잎이나 줄기(1회 5~8g) 또는 엄나무 뿌리(1회 6~8g)를 달여 먹으면 효과가 있으며, 개구리밥 전초(1회 40~50g)를 달여 먹어도 효과가 있다. 또한 수세미 어린 열매(1회 10~15g)를 달여 먹거나 생즙을 먹어도 효과가 좋다.

(5) 호흡계 질환

① 감기

바이러스 질환인 감기는 사람의 면역 체계가 약화되었을 때 고열, 기침, 가래 및 통증을 수반하는 복합적 질환이다. 이러한 감기에는 꼭지 달린 곶감(3개)과 생강(15g)을 함께 달여서 마시거나 칡뿌리(1회 25~30g)를 달여 마시면 효과가 있다. 또한 1회분으로 마늘(5g), 생강(5g), 대파, 흰 뿌리 및 대궁(20g)에 흑설탕 1찻숟가락을 넣고 달여 먹어도 좋고 말린 감국 꽃(1회 10g)을 달여 마셔도 효과가 좋다.

② 기침

기침에는 여러 가지 원인이 있지만 일반적인 감기 기침에는 마늘에 강엿을 넣거나 참기름 10g에 강엿 15g을 넣고 달여서 그 물을 마시면 효과가 있으며, 표고버섯 3개에 흑설탕 3찻숟갈을 넣고 달여 먹어도 좋다. 모과를 달여 꿀을 약간 타서 자주 마시면 좋아진다.

③ 가래

가래에는 도라지와 배가 좋은데 도라지를 하루에 2g(1회) 가량 달여 마시거나 배즙과 무즙 각각 90g을 섞고 여기에 생강즙 4~5 찻숟가락을 넣어 마시면 효과가 있으며, 가래가 목에 걸려 있을 때에는 우엉 뿌리 생즙이 좋다.

④ 해수천식

해수천식은 심한 경우 그 발작으로 목숨을 잃을 수도 있다. 가래를 수반하는 기침과 마른 기침이 있는데, 쉽게 낫지 않으므로 꾸준히 치료하여야 한다. 더덕(1회 6~10g), 골담초(1회 3~5g), 참취(1회 4~6g) 및 꽈리 뿌리(1회 4~6g)를 달여 먹으면 효과가 있으며, 제비쑥 전초(1회 4~6g)나 수세미 푸른 열매(1회 10~20g)를 꾸준히 달여 먹으면 효과가 있다.

(6) 근골격계 질환

① 관절염

여러 가지 원인에 의하여 생긴 관절염에는 쇠무릎과 미모사 뿌리 10g을 함께 달여 마신다. 또한 우엉씨 12g, 콩자반 1홉을 함께 볶아 강활 14g과 함께 갈아서 가루를 내어 1회 8g씩 백비탕으로 1일 3회 복용한다. 신경초 뿌리, 엉겅퀴 뿌리, 청솔 솔방울(1회 4g)을 함께 달여 먹어도 효과가 좋으며, 골담초 뿌리(1회 4~6g)를 달여 먹어도 좋다. 찜질도 좋은데 묵은 생강을 40g가량 강판에 갈아서 헝겊주머니에 넣어 1,000ml의 물로 달여 생강탕을 만들어 찜질을 하면 효과가 있다.

② 무릎관절통

무릎관절통에는 쇠무릎 뿌리(1회분 4~10g)를 6~12회 달여 먹거나 고비 뿌리(1회분 8~10g)를 진하게 달여 34회 마신다. 또한 소리쟁이 뿌리(1회 5~7g)를 달이거나 생즙을 내어 3~6회 마셔도 효과가 있다.

③ 근골통

근육과 뼈의 통증이 있는 것으로 연근(1회 20~25g)이나 무릇 인경(1회 30~50g)을 고아서 조청처럼 만들어 장복하면 좋다. 또는 두충나무 수피(1회 4~6g)나 골무꽃 뿌리(1회 4~8g)를 달여 먹어도 효과가 있다.

④ 근육통

감기나 운동 및 외상에 의하여 근육에 통증이 있는 경우에는 가시오갈피의 수피 또는 근피(1회 5~8g)나 두충나무 수피(1회 4~8g)를 달여 먹으면 효과가 있다.

⑤ 통풍

관절에 요산이 집적되어 극심한 통증을 유발하는 질환으로 핵산이 요산의 원인이 되므로 먼저 핵산이 많이 포함된 생선의 섭취나 지나친 음주를 삼가는 것이 좋다. 두릅나무 껍질이나 뿌리(1회 10~15g) 또는 자작나무 껍질(1회 2~3g)이나 명감나무 뿌리(1회 4~6g)를 달여 먹으면 효과가 있다. 또한 개나리 열매(1회 4~6g)를 달여 먹어도 좋다.

⑥ 타박상

외부적 충격에 의한 통증과 멍이나 상처를 완화시키는 데는 돌나물 전초를 달여 먹고 생으로 짓이겨 환부에 붙이거나 까마중 전초를 짓이겨 붙이면 효과가 좋다. 박하 전초를 짓이겨 바르면 통증이 완화된다.

(7) 이비인후과 질환

① 비염

병원체 감염이나 알레르기가 원인으로 만성 비염의 경우 집중력을 저하시켜 학습에 장애를 준다. 대추(1회 20g)나 감초(1회 5g)를 함께 달여 먹으면 효과가 있으며, 박하 전초(1회 3~5g)나 무궁화꽃(1회 5~6g) 또는 말린 산수유 열매(1회 6~8g)를 달여 먹어도 효과가 있다. 만성비염에는 연뿌리 즙을 매일 밤 취침 전에 두세 번씩 넣거나 껍질을 벗긴 아주까리 씨를 짓찧어 솜에 싸서 콧속에 넣으면 효과가 있다.

② 축농증

부비강(副鼻腔)에 고름이 고이는 축농증은 주의력 산만, 건망증 및 기억력 감퇴를 초래해 비염과 함께 학습 저하의 원인이 된다. 목련꽃 봉오리(1회 5개)나 무궁화꽃(1회 3~6g) 또는 씀바귀 전초(1회 3~8g)를 달여 먹으면 효과가 있다. 또한 대추(30g)와 감초(5g)를 함께 달여 먹어도 좋다.

③ 코피

부추 생즙 100ml 정도를 뜨겁게 해서 마시고 즙을 내어 몇 방울 콧속에 떨어뜨리면 좋고 잎을 잘 비벼서 콧구멍을 막으면 효과가 있다. 또한 국화 잎 즙을 콧속에 넣어도 효과가 있으며 뚝새풀 전초를 달여 먹어도 효과가 있다.

④ 이명

일명 귀울음이라고 하며 중이염이나 뇌에 영향을 미치는 어떤 원인들에 의하여 생기며 상기되거나 심장병과 신장병에 의해서도 나타난다. 산수유 과육(1회 6~8g)이나 오미자 열매에 잣을 같은 비율로 달여 먹으면 효과가 있다. 또한 골담초 뿌리(1회 3~5g)나 으름덩굴 전초(1회 5~7g)를 달여 먹어도 효과적이다. 그리고 범의귀 생잎 3~4매를 깨끗이 씻어 물기를 없앤 다음 소금을 약간 넣고 짓찧어 그 즙을 몇 방울 귓속에 떨어뜨리고 솜으로 귀를 막아 두기를 1일 1회씩 계속하면 효과가 있다.

⑤ 눈충혈

물리적 요인이나 감염성 결막염에 의하여 눈이 충혈된 것으로 제비꽃(1회 3~4g)이나 패랭이꽃(1회 3~6g) 전초를 달여 먹으면 효과가 있다.

⑥ 눈다래끼

눈꺼풀의 눈물샘과 보조샘의 급성 화농성 염증으로 발생하며 주로 포도상 구균에 의해 잘 감염된다. 소금물로 자주 씻으면 좋고, 고름을 짜낸 후 참기름을 바르면 효과가 있다.

⑦ 목이 쉬었을 때

목인 쉬는 것은 후두부나 성대에 염증이 생겨서 나타나며 심한 상태에서 목을 많이 쓰면 성대결절이 생길 수 있다. 일반적으로 목을 쉬면 좋아지지만 오랫동안 낫지 않으면 정밀 검사를 받을 필요가 있다. 목이 쉰 데에는 검정콩을 달여서 즙을 내어 얼음과 설탕을 넣어서 마시면 효과가 좋으며, 순무 생즙을 마시거나 연근 생즙에 설탕을 넣어 반 공기가량 마시면 효과가 있다. 소엽맥문동 뿌리나 도라지 뿌리(1회 4~6g)를 달여 마셔도 좋고, 청귤피(1회 20g)나 유자 껍질(1회 10~15g)을 달여 먹어도 좋아지며 가볍게는 생대추를 씹어 먹어도 효과가 있다.

⑧ 입냄새

마늘이나 부추를 먹어서 나는 냄새는 남천 잎을 달여 마시면 효과가 있으며, 일반적인 입 냄새에는 찻잎이나 솔잎을 씹으면 효과가 있다. 구기자 뿌리 껍질을 달인 물로 입안을 헹구거나 대나무 껍질 태운 가루로 양치질을 해도 효과가 있다. 또한 범의귀 전초를 달여 먹어도 효과가 있다.

(8) 피부질환

① 알레르기

알레르기는 다양한 원인에 의한 신체 내 과잉 항체 반응에 의하며, 식중독이나 식품 또는 약품 및 꽃가루, 먼지, 진드기, 냉기 등이 원인이 된다. 알레르기도 포함된다. 강아지풀의 전초(1회 10~12g)나 결명자 씨(1회 20g)를 달여 먹으면 효과가 있으나 6개월 이상 장기로 마시는 것은 피하도록 한다. 결명자(1회 15~20g)나 더덕 뿌리(1회 6~10g)를 달여 먹거나 찔레나무 꽃이나 열매를 달여 먹어도 효과가 있다. 또한 외용으로는 고삼 가루(1회 2~3g)를 물과 함께 복용하고 물에 개어 환부에 바르면 효과가 있다. 특히 아토피성 피부염에 의한 질환에는 소나무 위주의 숲 치유도 효과가 있다.

② 여드름

사춘기에 주로 얼굴에 나는 털 피지선에 생기는 만성 염증 질환을 말한다. 녹두 씨 가루를 계란 흰자에 섞어 바르면 효과가 있다. 흰 복숭아꽃과 동아 씨를 함께 짓찧어 붙이면 효과가 있으며, 복숭아꽃 생즙을 발라도 효과가 있다. 범의귀 생즙, 칠엽수 잎을 달인 물을 발라도 효과가 있으며, 삼백초 차도 효과적이다.

③ 땀띠

땀이 원인이 되어 생긴 발진으로 벚나무 껍질 삶은 물이나 봉선화 삶은 물로 씻으면 효과가 있다.

④ 무좀

진균류 감염에 의한 피부 감염 질환으로 후추와 오배자를 같은 비율로 가루를 만들어 물에 개어 붙이면 효과가 좋으며, 석류 근피(根皮) 달인 물이나 뿌리를 짓찧은 즙을 발라도 효과가 있다.

⑤ 건선

팔, 다리에 좁쌀만한 반점이 생겼다가 심한 피부병으로 번지는 증상이다. 치료에 시간이 걸리고 재발이 쉽다. 마타리 뿌리를 짓이겨 붙이면 매우 효과가 좋다. 또한 소리쟁이 뿌리나 백양선 뿌리를 짓이겨 바르면 역시 효과가 있다.

⑥ 탈모증

유전적 원인이나 스트레스 또는 약물에 의한 두상 탈모 증상으로 고삼으로 환(1회 2~4g)을 만들어 1일 3회 복용하면서 그 물을 따뜻하게 데워 자주 바르면 효과가 있다. 껍질을 벗긴 뽕나무 뿌리를 물 100ml에 15g 가량 넣고 달여 그 즙을 모근에 바르면 효과가 있으며, 구기자 생잎, 감국 잎 또는 복숭아 잎을 달인 물로 머리를 감아도 효과가 있다.

⑦ 기미

율무쌀로 죽을 쒀서 먹으면 기미에 효과가 있으며, 감나무 잎 차를 계속해서 마셔도 효과가 있다. 또한 팥꽃을 으깨어 자주 붙이거나 생가지를 잘라서 수시로 문지르면 효과가 있다.

(9) 비뇨기질환

① 방광염

통증과 함께 소변이 잦으면서도 탁한 것이 특징이다. 곶감 5~6개에 검은깨 4g을 넣고 350ml의 물로 반량이 되게 달여 3회에 나누어 하루에 마시면 좋다. 또한 해바라기 씨를 볶아서 물로 달여 차 대신으로 상시 복용하면 효과가 있으며, 꿀풀 꽃(1회 7~10g)을 달여 마시면 소변이 소통된다.

② 만성신염

쇠뜨기를 데쳐서 나물로 먹거나 말린 것을 하루 6g가량을 달여 마시면 효과가 있다. 또한 말린 옥수수수수염 한줌가량을 900ml 물로 반가량 되게 달여서 마시면 부기가 빠지면서 효과가 있다. 비파나무 잎을 달여 하루 10g가량씩 마시면 효과가 있으며, 검정콩 1홉에 감초 1돈중을 함께 달여 하루에 세 번씩 마시면 효과가 있다.

③ 요로결석

신장이나 방광에 결석이 생긴 것으로 심한 통증이 수반된다. 가벼운 경우에는 맨드라미 전초(1회 3~7g)나 씨를 달여 마시거나 질경이 씨(1회 4~5g)를 달여 마셔도 효과가 있다. 또한 석위 잎을 달여 마시면 오줌이 잘 나오며 요로의 결석에도 도움에 된다. 율무 씨나 잎 또는 뿌리를 달여 1일 3회씩 장기간 복용하면 유효하다

④ 음위(임포텐스)

도라지 뿌리(1회 2~3g)나 인삼(1회 1~2g)을 달여 마시면 효과가 있으며, 구기자 뿌리껍질인 지골피(地骨皮)나 비수리 전초를 술에 담가 마셔도 효과가 있다.

⑤ 전립선 비대증

배뇨 곤란이 큰 특징이다. 현미 채식 요법이 효과적이며 녹색 채소를 많이 섭취하는 것이 좋다. 단백질, 지방은 콩류나 깨 등의 식물성을 섭취하며, 국부 냉수욕과 함께 국부 혈액 순환을 원활하게 해 준다.

⑥ 요실금

노년에 이르면 소변 배출 조절이 잘되지 않아 일상생활에 불편을 겪는 경우가 생긴다. 대부분 기능성 장애에 의한 것으로 고비 뿌리(1회 8~10g)나 붉은 팥 잎(1회 30~40g)을 달여 먹으면 효과가 있다

⑦ 빈뇨

신경성과 다뇨증 또는 장기 이상에 의한다. 은행 알을 7개는 생으로 7개는 구워서 먹으면 효과가 있으며, 호두 4~5개를 매일 취침 전에 먹어도 효과가 있다. 또한 고비를 진하게 달여 마셔도 효과가 좋다.

⑧ 야뇨증

야뇨증의 원인 중 9할은 심인성인 것이라고 한다. 감꼭지를 달여 마시면 효과가 있으며, 팥고물을 넣은 인절미를 잠자기 1시간 전에 먹으면 효과가 있다. 또한 팥 잎을 생으로 즙을 내어 마시면 매우 효과가 있으며, 말린 연 잎 2매에 약간의 감초를 넣고 달여 3회에 나누어 마셔도 좋다.

(10) 여성질환

① 생리통

일상적으로 심한 생리통을 겪는 경우 민간약 처방이 좋을 수 있다. 꽈리 열매(1회 3~4개)나 마타리 뿌리(1회 3~5g), 맨드라미 씨(1회 9g) 또는 뱀딸기 전초(1회 4~6g)를 각각 달여 먹으면 효과가 있다.

② 월경이상

월경 주기가 불규칙하거나 주기가 짧은 빈발성 또는 주기가 긴 희발성인 경우는 특별한 관리가 필요하다. 이 경우 꽈리 열매(1회 4~6개)나 실새삼 씨(1회 1~3g) 또는 장구채 전초(1회 3~5g)를 달여 먹으면 효과가 있으며 늙은 호박을 삶아서 장복하여도 효과가 있다.

③ 대하증

냉대하가 오래되면 여러 가지 부작용이 나타나기 쉽고 특히 분비물이 적색인 경우는 심각한 문제인 경우가 많으므로 전문의의 진료가 필요하다. 까마중 전초(1회 10g), 갯기름나물 뿌리(1회 3~6g), 골담초 뿌리(1회 4~6g), 담쟁이 전초(1회 4~8g), 돌나물 전초(1회 15~20g), 무궁화꽃(1회 3~6g) 또는 천궁 뿌리(1회 5~7g)를 각각 달여 먹으면 효과가 있다.

④ 냉증

부추로 나물을 무쳐 먹거나 국을 끓여 먹으면 효과가 있으며, 구기자 잎이나 말린 쑥 한줌 가량을 500ml 물로 반쯤되게 달여 그것을 하루에 3~4회 나누어 마셔도 좋다.

⑤ 부인병

여성의 생식기 질환 및 여성 호르몬 이상에 의한 병이다. 구릿대 전초나 뿌리(1회 5~8g) 또는 구절초의 전초나 꽃(1회 4~6g)을 달여 먹으면 효과가 있다. 당귀(1회 5~8g)나 천궁(1회 5~7g) 뿌리를 달여 먹어도 효과가 있다.

⑥ 불임

불임은 남녀 모두에게 문제가 있을 수 있으며, 또한 근래에는 다양한 원인에 의하여 불임이 되는 경우가 많다. 여성 불임의 경우 배롱나무(목백일홍)의 꽃, 잎, 줄기, 뿌리의 어느 부분(1회 6g)을 달여 먹어도 효과가 있다. 삼지구엽초(1회 4g)와 쑥(1회 3g)을 함께 달여서 장복해도 효과가 있으며, 실새삼 씨(1회 13g)를 달여 먹어도 좋다.

⑦ 산후 건강 회복

여성의 산후 건강 회복은 모자 건강에 매우 중요하다. 이 경우 담장이 덩굴이나 잎(1회 4~8g)을 달여 장복하면 효과가 있으며, 대추를 푹 고아 그 물을 장복하거나 맨드라미 씨(1회 3~7g)를 달여 먹어도 효과가 있다.

(11) 기타

① 발열

몸의 이상으로 열이 나는 경우 그 원인이 다양하나 응급으로 신속히 열을 내리게 할 필요가 있다. 쥐똥나무 열매(1회 4~6g)나 능소화꽃(생꽃은 3g, 마른 꽃은 5g)을 달여 마시면 효과가 있다.

또한 갈대 지하경(1회 20~30g) 생즙을 마셔도 효과가 좋다.

② 조갈증

내열에 의하여 목이 말라 물을 심하게 마시는 증상으로 내열을 다스려 몸의 균형을 유지하는 것이 건강에 좋다. 갈대 지하경(1회 15~20g)이나 실새삼 전초(1회 4~5g), 닭의장풀 전초(1회 45g) 또는 율무 열매(1회 30~35g)를 달여 먹으면 좋다. 또한 고삼 뿌리 가루(1회 40g)를 복용해도 효과가 있으며, 수박 씨(1회 8~10g)나 과육도 효과가 있다.

③ 보온

몸이 냉하면 병이 오기 쉽다. 허리나 무릎, 아랫배나 손발이 찰 때 냉기를 없애고 따뜻하게 하는 처방이 필요한데 어느 처방이든 꾸준히 복용하여야 효과가 있다. 몸을 따뜻하게 하는 데는 실새삼 씨(토사자)를 1회 1~3g을 볶아 가루를 내어 복용하거나 천궁 뿌리(1회 3~5g)를 달여 먹어도 효과가 있다. 또한 쑥을 말려 가루를 내어 1/4 분량의 찹쌀가루를 섞어 따뜻한 물에 타서 1일 3회 마시면 효과가 있다.

④ 학습

학업 증진을 위해 지능 발달이나 집중력 강화가 필요하며, 신경 안정도 필요하다. 산마 뿌리(1회 15~20g) 생즙은 신경계 강화와 안정에 효과가 있으며, 파 뿌리(1회 5~8g), 연근(1회 40~50g), 무릇 인경(1회 40~50g)을 함께 푹 고와 먹어도 효과가 있다.

2) 산야초의 종류

1 가시오갈피

과명 : 두릅나무과

학명 : *Acanthopanax senticosus* (Rupr. et Maxim.) Harms

생약명 : 자오가(刺五加)

가시오갈피 · 왕가시오갈피 · 민가시오갈피 3종을 가시오갈피 계통으로 통칭한다. 한국 · 일본 · 중국 · 만주 · 우수리에 분포하며, 우리나라에는 추풍령 · 광릉 · 지리산 · 가야산 등에 분포한다. 거풍습 · 활혈 · 보간 · 요통 · 음위 · 류머티즘성 관절염 등에 효과가 있다.

2 가지

과명 : 가지과(Solanaceae)

학명 : *Solanum melongena* L.

영명 : Egg plant

한자명 : 가자(茄子)

원산지는 인도로 추정되고 있으며 잇몸이나 구강 내 염증에 좋고 고혈압, 동맥경화 예방에 좋다고 한다. 또한 발암성을 억제하는 물질인 폴리페놀이 많아서 80% 이상 발암을 억제하여 항암 성분이 있는 채소 중에서는 으뜸이라고 한다.

3 감국

과명 : 국화과(Compositae)

학명 : *Chrysanthemum indicum* L.

생약명 : 황국(黃菊), 야국(野菊)

한국 및 타이완 · 중국 · 일본 등지의 산야에 분포한다. 항고혈압 작용은 중추 작용에 의한 것이 아니라 말초혈관에 대한 항아드레날린성 혈관 확장 작용에 의한다. 전통적으로 두통이나 불면 및 현훈 등의 고혈압 증상을 경감시키는 데 사용된다. 또한 항균 효과도 가지고 있으며 감기나 독감 및 뇌막염의 치료에도 광범위하게 사용된다.

4 감귤나무

과명 : 운향과(Rutaceae)

학명 : *Citrus unshiu* S. Marcov

생약명 : 귤홍(橘紅)

아시아 열대지역, 특히 말레이 열도가 원산지로 추정되며, 상록관목 또는 소교목으로 가지에 가시가 있다. 과피인 청귤피는 간경, 담경에 작용하므로 가슴과 옆구리, 위장의 통증, 간염 · 위염 · 유방염 · 유방암에 쓰인다. 스트레스, 음식을 먹고 체한 경우, 가슴에 멍울 등이 생긴 경우, 학질 등에 쓰이며 간경변, 비장종대 등에도 응용된다. 또한 가슴이나 뱃속이 막혀 있는 것을 해소해 주고, 담(痰)을 제거하고 소화를 돕는다.

5 감나무

과명 : 감나무과(Embenaceae)

학명 : *Diospyros kaki* Thunb.(단감)

Diospyros kaki Thunb. var. *domestica* Mak.(땡감)

영명 : Non-astringent Persimmon, Sweet Persimmon

한자명 : 시(柿)

감은 동북아시아 특유의 온대 낙엽과수로서 원산지는 중국이다. 야생종은 한국, 중국 및 일본에 분포되어 있다. 감은 유기산 함량은 적지만 당 함량이 많아 감미가 풍부하며, 펙틴 · 카로테노이드 · 타닌 · 비타민 A · C, 무기염류로는 칼륨과 마그네슘도 많이 포함되어 있다. 어린 감잎에는 비타민 C가 많이 함유되어 100g 중 500mg이나 된다. 비타민 C는 감기 예방, 당뇨병, 고혈압 등의 성인병에 유익하며 감잎차는 임신과 신장염의 부종 예방과 변비 · 순환기 질환 · 위궤양 · 십이지장궤양 · 당뇨병에 특효이다.

6 감자

과명 : 가지과(Solanaceae)

학명 : *Solanum tuberlosum* L.

영명 : Potato

한자명 : 마령서(馬鈴薯), 양서(洋薯)

감자의 원산지는 남미 안데스 지역의 페루와 북부 볼리비아로 알려져 있다. 1570년대 스페인에 의해 유럽으로 도입되었다. 화장품 알레르기로 습진이 생겼을 때 감자 팩을 해 주면 서서히 습진을 가라앉히며, 부작용이 거의 없으므로 민감한 피부를 가진 사람에게 특히 좋다.

7 감초

과명 : 콩과(Leguminosae)

학명 : *Glycyrrhiza uralensis* Fisch.

시베리아 · 몽골 · 중국 동부와 북부 등에서 자라는 다년생 초본으로 줄기는 곧추서고 털이 덮여 있다. 한방에서는 해열에 날것을 그대로 쓰며, 비장과 위장을 덥게 해 주고 보신할 때는 누렇게 볶아서 쓴다. 주로 뿌리를 나누어 심는다.

8 강활(강호리)

과명 : 미나리과(Umbelliferae)

학명 : *Ostericum koreanum* (Max.) Kitagawa

생약명 : 강활(羌活)

한국 · 중국 동북 · 우수리에 분포하며 한국에는 경북 · 강원 · 경기 · 평북 · 함남 · 함북에 분포한다. 땅두릅이라고도 한다. 어린 순을 나물로 먹으며, 한방에서는 뿌리를 감기 · 두통 · 신경통 · 류머티즘 · 관절염 · 중풍 등에 처방한다.

9 개구리밥

과명 : 개구리밥과(Lemnaceae)

학명 : *Spirodela polyrhiza* (L.) Schleid.

생약명 : 부평(浮萍)

부평초 · 수평 · 머구리밥 · 자평이라고도 한다. 아시아 · 유럽 · 아프리카 · 오스트레일리아 · 남북아메리카의 온대에서 열대에 걸쳐 분포한다. 보통은 논이나 연못의 물 위에 떠서 산다. 한방에서는 풀 전체를 해열 · 이뇨 · 수종 · 단독 · 가려움증 · 두드러기 · 암종 등에 처방한다. 민간에서는 화상, 가려움증이나 두드러기, 부스럼 등의 피부 질환에 즙을 내어 바르든지 또는 짙게 달인 물로 자주 씻어내면 효과가 있다. 민간에서는 암 치료에도 사용하는데 하루에 4~8g을 달여 세 번에 나누어 마신다. 건조시킨 것을 뭉근히 달여 마시면 허약 체질의 건강이 회복된다.

10 개나리

과명 : 물푸레나무과(Oleaceae)

학명 : *Forsythia koreana* (Rehder) Nakai

한국 특산의 관목 활엽수로 양지바른 곳의 생울타리로 심는다. 암수 꽃이 다른 자웅이주 식물이다. 전국의 표고 800m 이하에서 자란다. 민간에서는 줄기와 잎을 폐와 심장의 열을 내리는 데 사용한다.

11 결명자(決明子)

과명 : 실거리나무과(Caesalpiniaceae)

학명 : *Cassia obtusifolia* L.

1년생 초본으로 키는 1m까지 자란다. 혈장 콜레스테롤치를 저하시키고 동맥벽에서 동맥경화증이 진행되는 것을 방지한다. 또한 항고혈압, 항균 및 완하 효과가 있으며 질염의 치료에 이용되기도 한다. 시력 보호에 효과가 있다.

12 고비

과명 : 고비과(Osmundaceae)

학명 : *Osmunda japonica* Thunb.

영명 : Royal fern

한자명 : 자기(紫萁), 구척(拘脊)

고비는 다년생 숙근초로 전국 야산의 습한 산록에 자생하고 있으며 동아시아의 온대지역인 평지에서부터 해발 1,000m 이상의 고산지대인 히말라야에까지 널리 분포하고 있다. 민간요법에서는 신경통 · 수종 · 복통에 사용한다.

13 고사리

과명 : 고사리과(Polypodiasea)

학명 : *Pteridium aquilinum var. latiusculum* Underw

영명 : fern, brake fern, common bracken

한자명 : 여의채(如意菜), 궐채(蕨菜), 과묘(過猫)

고사리는 생존력이 강한 다년생 양치 식물로 온대에서 아한대지역까지 널리 분포하고 있다. 뿌리는 한방에서 궐근(蕨根), 궐기근(蕨其根) 또는 고사리근이라 하여 해열 · 이뇨 · 설사 · 황달 · 대하증 치료에 쓰이기도 한다.

14 고삼(苦蔘)

과명 : 콩과(Leguminoceae)

학명 : *Sophora flavescens* Solander ex Aiton

도둑놈의지팡이 · 너삼 · 뱀의정자나무라고도 한다. 한국 · 일본 · 중국 · 시베리아 등지에 분포하며 양지 바른 풀밭에서 자란다. 청열조습, 거풍살충 작용을 한다. 맛이 쓰고 인삼의 효능이 있어 소화불량 · 신경통 · 간염 · 황달 · 치질 등에 처방한다. 민간에서는 줄기나 잎을 달여서 살충제로 쓴다.

15 골담초

과명 : 콩과(Leguminosae)

학명 : *Caragana koreana* N.

생약명 : 금계아(金鷄兒)

한국 및 중국 산지에서 자라는 낙엽활엽관목으로 높이 약 2m이다. 뿌리를 사용하며 소량의 알칼로이드와 배당체를 함유하고 있다. 항고혈압 효과와 항염 효과가 있다. 민간에서는 고혈압이나 만성 기관지염의 치료에 사용되어 왔다. 부작용은 적으나 간혹 구건, 오심, 구토 및 두드러기나 소양감 같은 과민 반응이 나타난다.

16 골무꽃

과명 : 꿀풀과(Lamiaceae)

학명 : *Scutellaria indica* L.

제주 · 전남 · 강원 · 경기에 분포하며 숲 가장자리 그늘진 곳에서 자란다. 어린잎을 나물로 먹는다. 민간에서는 뿌리를 위장염 · 해열 · 폐렴 등의 약재로 쓴다. 또한 부스럼, 악성종기, 벌레에 물렸을 때에 잎을 짓찧어 그 즙액을 그대로 환부에 붙이면 효과가 있다.

17 곰취

과명 : 국화과

학명 : *Ligularia fischeri*

생약명 : 호로칠(葫蘆七)

한국 · 일본 · 중국 · 사할린섬 · 동시베리아에 분포하며 고원이나 깊은 산의 습지에서 자란다. 어린잎을 나물로 먹는데, 독특한 향미가 있다. 한방에서는 해수 · 백일해 · 천식 · 요통 · 관절통 · 타박상 등에 처방한다.

18 구기자나무

과명 : 가지과(Solanaceae)

학명 : *Lycium chinenise* Mill

생약명 : 지골피(地骨皮)

중국 원산으로 한국 · 중국 · 일본 등지에 분포한다. 한방에서는 강장제 · 해열제로 쓰고 또한 간 기능 보호 작용이 뛰어나며 부작용이 별로 없다. 시력을 좋게 하고 당뇨병 등의 성인병을 예방하며 폐와 신장의 기능을 좋게 하고, 들기름과 섞어 숙성해 두었다가 머리에 바르면 흰 머리가 생기는 것을 막아 주고 화상에도 효과가 있다.

19 구릿대

과명 : 산형과(Umbelliferae)

학명 : *Angelica dahurica* (Fisch. ex Hoffm.) Benth. & Hook. f. ex Franch. & Sav.

영명 : Dahurian Angelica

생약명 : 백지(白芷)

백지(白芷) · 대활(大活) · 흥안백지 · 독활 · 구릿대라고도 한다. 한국 · 일본 · 중국 북동부 ·

동부 시베리아에 분포하며 산골짜기 냇가에서 자란다. 어린잎은 매운 맛이 나며 식용한다. 한방에서는 뿌리를 말린 것을 백지라 하여 발한 · 진정 · 진통 · 정혈 · 감기 · 두통 · 통경 · 치통에 처방한다. 민간에서는 젖앓이 · 창양 · 악성종기 및 고름이 나오는 치질에 뿌리줄기를 빻은 가루를 기름에 개어 환부에 바른다.

20 구절초(九折草)

과명 : 국화과(Compositae)

학명 : *Chrysanthemum zawadskii* var. *latilobum*

영명 : Siberian chrysanthemum

한국 및 일본 · 만주 · 중국 · 시베리아에 분포하는 높이 50㎝ 정도의 다년생 초본이다. 줄기와 잎은 약용으로 하고 관상용으로 재배한다. 부인병에 보온용으로 탁월한 효과가 있다 하여 선모초라고도 한다. 부인냉증 · 위장병 · 치풍 · 기관지염 · 인후염 · 만성 기침 등에 사용한다.

이 밖에 정혈 작용이 있으며, 지방질 분해 작용이 강해 다이어트에 좋다. 호르몬 작용으로 강력한 정력제이며, 진통소염 작용이 강하나 내성은 없고, 꽃은 정신적 안정과 두통, 탈모 예방에 좋다.

21 국화(菊花)

과명 : 국화과(Compositae)

학명 : *Chrysanthemum morifolium* Ramat.

영명 : Chrysanthemum

2,000여 종이 넘는 품종들이 알려져 있지만 계속 새로운 품종들을 만들어 정확하게 몇 종류나 되는지 알 수 없다. 위장을 편안하게 하고 오장을 도우며 사지를 고르게 한다. 감기 · 두통 · 현기증 · 간염에 좋다. 거친 피부에는 국화 삶은 물로 씻으면 효과가 있으며 머리를 감으면 비듬도 없어진다.

22 기린초(麒麟草)

과명 : 돌나물과(Ceassulaceae)

학명 : *Sedum kamtschaticum*

한국 · 일본 · 사할린 · 쿠릴 · 캄차카 · 아무르 · 중국 등지에 분포하며 산지의 바위 곁에서 자란다. 연한 순은 식용한다. 인삼과 비슷한 강장 효과를 가지고 있으며 또 알로에와 비슷한 영양 효과도 있다. 혈액 순환을 원활하게 하고 정신을 안정시키는 작용이 있다. 위장질환, 허약증, 관절염, 종양, 각종 염증, 고혈압에도 효험이 있다. 폐결핵, 폐렴, 산장의 병증, 간질병 치료에도 좋다.

또한 벌레 물린 데, 상처 입은 데, 종기, 타박상에는 생잎을 짓찧어 붙이면 효과가 있다.

23 기름나물

과명 : 산형과(Umbelliferae)

학명 : *Peucedanum terebinthaceum* (Fisch.) Fisch. ex DC. S

한국 · 일본 · 중국 · 동시베리아에 분포한다. 양지바른 산기슭에서 자란다. 어린잎은 식용한다. 해독하는 작용이 있어서 몸속의 다른 나쁜 기운을 몸 밖으로 내보내는 구실을 한다. 기름나물의 뿌리는 감기로 인한 기침과 임산부의 기침, 기관지염을 낫게 하며 가래를 삭여 준다. 특히 잇몸이 붓고 고름도 나오는 이앓이에 치료 효과가 좋다.

민간에서는 뿌리를 류머티즘 · 감기 · 염증 질환에 써 왔다. 약용으로는 하루 3~9g을 달여 나누어 마시는 것이 일반적이며, 항암약으로 쓸 때에는 양을 몇 배 늘려 복용하며 특히 어린잎을 다량으로 생식한다.

24 까마중

과명 : 가지과(Solanaceae)

학명 : *Solanum nigrum* L. var. *nigrum*

생약명 : 용규(龍葵)

가마중 · 까마종이라고도 한다. 온대, 열대에 고루 분포하며 밭이나 길가에서 자란다. 봄에 줄기에 난 어린잎을 나물로 삶아 먹는다. 한방에서 감기 · 만성기관지염 · 신장염 · 고혈압 · 황달 · 종기 · 암 등에 처방한다. 민간에서는 강장약으로 소중히 여겼으며 이뇨 · 신장 결석 · 물고임에 써 왔다. 또한 생풀을 짓찧어 병이나 상처 난 곳에 붙이거나, 달여서 환부를 닦아 내면 효과가 있다.

25 꼭두서니

과명: 꼭두서니과(Rubiaceae)

학명: *Rubia akane* N.

생약명 : 천근(蒨根)

덩굴성 다년생 초본으로 한국 및 일본 · 중국 · 타이완 등지에 분포한다. 산지 숲 가장자리에서 자라며 길이 약 2m로 가삼자리, 갈퀴잎이라고도 한다. 한방에서는 뿌리를 말린 것을 천근이라 하여 정혈 · 통경 · 해열 · 강장에 처방한다. 꼭두서니는 생리불순 · 자궁출혈 · 적백 대하 · 자궁내막염 등에 좋은 치료약이고, 염증을 없애는 효력이 있어서 황달 · 부종 · 타박상 · 만성기관지염 등에도 쓰인다. 또한 관절염에도 효과가 있고 이뇨 작용이 있어 소변이 잘 안 나오는 데에도 쓰이며 기침을 멎게 하는 데에도 효과가 있다. 특히 민간에서는 식도암 · 자궁암 · 백혈병 · 임파선암 · 위암 등에 쓰기도 하는데, 근래에 신장암을 유발한다는 보고가 있다.

26 꽈리

과명 : 가지과(Solanaceae)

학명 : *Physalis alkekengi* var. *francheti* (Mast.) Hort

생약명 : 전초(酸漿; 산장), 뿌리(酸漿根; 산장근), 과실(掛金燈; 괘금등)

한국 · 일본 · 중국에 분포하며 마을 부근의 길가나 빈터에서 자라며 심기도 한다. 민간에서는 줄기와 잎을 기침과 염증을 치료에 쓴다.

27 꿀풀

과명 : 꿀풀(Labiatae)

학명 : *Prunella vulgaris* for. *lilacina* Nakai

생약명 : 하고초(夏枯草)

한국 · 일본 · 중국 · 타이완 · 사할린 · 시베리아 남동부에 분포하며 산기슭의 볕이 잘 드는 풀밭에서 자란다. 봄에 어린순을 식용한다. 한방에서는 임질 · 결핵 · 종기 · 전신수종 · 연주창에 약으로 쓰고 소염제 · 이뇨제로도 쓴다. 또한 고혈압 · 결핵 · 전염성간염 · 소화불량 · 젖앓이 · 안질환 · 구내염 · 편도선염 · 가래기침 등, 적용 범위가 넓다. 특히 초기의 고혈압으로 인한 갖가지 증상에는 꿀풀과 결명자를 반반씩 배합하여 계속 복용하면 효력이 있다고 한다. 민간에서는 더위와 이뇨에 쓴다.

28 나팔꽃

과명 : 메꽃과(Convolvulaceae)

학명 : *Pharbitis nil* (L.) Choisy

생약명 : 견우자(牽牛子)

나팔꽃 씨를 견우자라고 하여 잎과 함께 약용으로 쓰인다. 푸르거나 붉은 나팔꽃의 종자를 흑축(黑丑), 흰 나팔꽃의 종자를 백축(白丑)이라고 한다. 대소변을 통하게 하고, 부종 · 적취 · 요통 · 각기 · 관절염에 효과가 있다. 민간에서는 잎을 말려 두었다가 동상에 걸렸을 때 이것을 달인 물로 환부를 찜질한다.

29 냉이

과명 : 십자화과(Brassicaceae)

학명 : *Capsella bursa-pastoris* (L). Medicus

영명 : Sheperd's purse

한자명 : 청명초(淸明草), 향선채(香善採), 제채(薺菜), 학심채(鶴心菜)

냉이는 십자화과에 속하는 월년초로서 해발 2,000m 정도의 고산지대까지 자생할 정도로 광지역성이기 때문에 한국에서는 전국적으로 널리 분포되어 있다. 약용으로 전초를 달여 위궤양 · 치질 · 폐결핵에 사용하며, 혈압 강하 · 지사제 · 건위 소화제 · 지혈제 · 자궁출혈 · 월경과다 치료제로도 이용한다. 그 외에도 눈을 밝게 하고 시력을 보호하는 효능도 있어 말린 냉이를 가루를 내어 먹거나 눈이 붓고 침침할 때 냉이 뿌리를 찧어 만든 즙을 안약 대용으로도 이용한다.

30 노간주

과명 : 측백나무과(Cupressaceae)

학명 : *Juniperus rigida* Siebold & Zucc.

생약명 : 측백엽(側柏葉), 백엽(柏葉)

한국 · 일본 · 중국 · 몽골 · 시베리아(헤이룽강 유역)에 분포하며 산기슭의 양지쪽 특히 석회암 지대에 자란다. 정원수로 심으며 목재는 조각재로 쓰고 열매는 식용한다. 생약의 두송실(杜松實)은 열매를 말린 것인데, 한방에서는 열매를 발한 · 이뇨 · 신경통 · 류머티즘에 쓴다. 정유는 류머티즘에 바르기도 하고 진이나 화장품 향료로 쓴다. 또한 가래와 염증 치료에 쓴다.

31 녹두(錄豆)

과명 : 콩과(Leguminosae)

학명 : *Vigna radiata* (L.) Wilczek

영명 : Mung bean. Green gram. Mung. Golden guam

녹두의 원산지는 인도 또는 버마 지역이다. 찬 성질이 있어 열독과 해갈을 풀어 준다. 또 피부를 윤택하게 하고 여드름에 좋고 소변을 이롭게 하지만 위가 찬 사람이 많이 먹으면 좋지 않다.

32 능소화

과명 : 능소화과(Bignonoiaceae)

학명 : *Campsis grandifolia* (Thunb.) K. Schum.

영명 : Chinese Trumpet Creeper, Chinese Trumpet Flower

생약명 : 금등화(金藤花)

중국 원산으로 덩굴성 정원수이다. 가지에 흡착근이 있어 벽이나 나무에 붙어 올라간다. 옛날에는 양반집 마당에만 심었다 하여 양반꽃이라고 부르기도 한다. 통경약으로서 산후병, 월경불순, 이뇨제, 해열제로 쓴다. 어혈로 인하여 생리 정지나 위장관의 적취에 쓰며 산후의 유방염에도 쓴다. 원기 허약자나 임산부는 복용하지 않도록 한다.

33 닭의장풀

과명 : 닭의장풀과(Commelinaceae)

학명 : *Commelina communis* L.

영명 : Common dayflower

생약명 : 압척초(鴨跖草)

일명 달개비라고도 하며 한국 · 일본 · 중국 · 우수리강 유역 · 사할린 · 북아메리카에 분포하며 길가나 냇가의 습지에 무리를 지어 자란다. 어린잎을 식용한다. 한방에서 해열 · 해독 · 이뇨 · 간염 · 콩팥염 · 부종 · 자궁출혈에 쓰며, 해열, 이뇨 및 당뇨병에 쓴다. 민간에서 생잎을 즙을 내어 화상에 치료에 사용한다.

34 담쟁이덩굴

과명 : 포도과(Vitaceae)

학명 : *Parthenocissus tricuspidata*

생약명 : 지금(地錦), 석벽려(石薜荔)

지금상춘등(地錦常春藤)이라고 하며 한국 · 일본 · 타이완 · 중국에 분포하며 돌담이나 바위 또는 나무줄기에 부착하여 살아가는 낙엽 덩굴성 목본이다. 한방에서는 참나무와 소나무를 감고 올라간 것을 약으로 쓴다. 당뇨병, 근육통, 양기부족, 골절 반신불수 등에 쓴다. 민간에서는 골절로 통증이 심할 때에 줄기를 짓찧어 붙인다.

35 당귀(當歸)

과명 : 산형과(Umbelliferae)

학명 : *Angelica gigas* N.

한국 산골짜기 냇가 주변에서 자라는 2년생 또는 3년생 초본으로 식물 전체에 보랏빛이 돌며 두툼한 뿌리에서는 강한 냄새가 난다. 당귀는 여성질환의 치료시 아주 흔히 사용되는 한약이다. 월경불순에 사용되며 월경을 조절하고 통증을 완화시키며 자궁을 이완시킨다. 또한 조혈 작용이 있어서 월경에 따른 빈혈 치료에 사용되며, 혈전성 정맥염 · 신경통 · 관절염 등의 치료에 사용된다. 이질과 간염을 포함한 감염성 질환의 치료에도 사용된다.

36 대추나무

과명 : 갈매나무과(Rhamnaceae)

학명 : *Zizyphus jujuba* var. *inermis* (Bunge) Rehder

영명 : Jujube, Chinese date

생약명 : 조(棗), 목밀(木蜜)

유럽 동남부와 아시아 동남부가 원산지이다. 나무에 가시가 있고 마디 위에 작은 가시가 다발로 난다. 한방에서는 대추는 위장을 튼튼히 하며 경맥을 도와서 그 부족을 보하고 비장을 보하고 진액과 기운 부족을 낫게 하며 온갖 약의 성질을 조화시킨다고 한다.

37 댕댕이덩굴

과명 : 방기과(Menispermaceae)

학명 : *Cocculus trilobus* (Thunb.) DC.

영명 : Japanese snailseed

생약명 : 목방기(木防己)

한국 원산으로 댕강넝쿨이라고도 한다. 들판이나 숲가에서 자란다. 한방에선 해열, 신경통, 류머티즘, 이뇨 등에 약재로 사용한다. 주요 성분인 트릴로빈은 온혈동물의 호흡중추와 심장을 마비시킨다. 또한 이뇨 · 해열 · 혈압강하 작용이 있다.

38 더덕

과명 : 초롱꽃과(Campanulaceae)

학명 : *Codonopsis lanceolata* (Siebold & Zucc.) Trautv.

영명 : Lance asiabell

생약명 : 사삼(沙蔘), 백삼(白蔘)

다년생 덩굴성 초본으로 뿌리는 살이 쪄서 두툼해지고 옆으로 나란히 나 있는 줄무늬가 있다. 백삼은 더덕 뿌리를 7~8월에 캐서 햇볕에 말린 것으로 한방에서는 해열 · 거담 · 진해 등에 쓰고 있다. 뿌리 전체에 혹이 많아 마치 두꺼비 잔등처럼 더덕더덕하다고 해서 '더덕'이라고 부르게 되었다고 한다. 소경불알(*C. ussuriensis*)은 더덕과 비슷한 식물이지만 뿌리가 더덕처럼 길지 않고 둥글며, 잎 뒷면에 하얀색 털이 많은 점이 다르다.

39 도라지

과명 : 초롱꽃과(Campanulaceae)

학명 : *Platycodon grandiflorum* (Jacq.) A. DC.

영명 : Chinese bellflower

생약명 : 길경(桔梗)

도라지속에 속하는 단 하나의 종으로 동아시아산 다년생 초본으로 풍선처럼 생긴 꽃눈이 자라 꽃이 된다. 한방에서는 뿌리를 캐서 껍질을 벗기거나 그대로 햇볕에 말린 것을 길경(桔梗)이라고 하는데, 인후통 · 치통 · 설사 · 편도선염 · 거담 · 진해 · 기관지염 등에 쓰고 있다. 특히 백도라지는 각혈에 사용한다.

40 돌나물

과명 : 돌나물과(Cracculaceae)

학명 : *Sedum sarmentosum* Bunge.

영명 : Sedum, Stonecrop

한자명 : 석채(石菜), 수분초(垂盆草)

들이나 산기슭에서 자라는 다년생 다육 식물로 돌에 살면서 번진다 하여 돌나물이란 이름으로 불린다. 특히 식물성 에스트로겐이 포함되어 있어 갱년기 극복에 효과가 있는 것으로 알려져 있다. 또한 돌나물은 약리 효과도 있어서 피를 맑게 하며 담석증, 고혈압, 대하증에 효과가 있다. 요즈음에는 강장 보호, 간염, 간경화증과 같은 간질환에 특별히 효력이 있다고 하여 생즙을 내어 마시기도 한다. 그리고 잎의 즙은 해독 및 화상 등에 사용한다.

41 두릅나무

과명 : 두릅나무과(Araliaceae)

학명 : *Aralia elata* Seem

영명 : Japanese angelica tree

한자명 : 총목(楤木), 총근(楤根)

활엽 관목으로 야산에 자생한다. 어린 싹에는 아스파라긴산과 글루탐산 등의 아미노산이 많이 포함되어 있다. 어린순은 식용으로 주로 사용하며, 나무껍질과 뿌리는 약제로 쓰여 건위 · 이뇨 · 진통 · 거풍 · 강정 · 신장염 · 각기 · 수종 · 당뇨 · 신경쇠약 · 발기력 부족 · 관절염 등의 치료약으로 쓰인다.

42 둥굴레

과명 : 백합과(Liliaceae)

학명 : *Polygonatum odoratum* var. *pluriflorum* (Miq.) Ohwi

생약명 : 황지(黃芝)

한국 · 일본 · 중국에 분포하며 산과 들에 자라는 다년생 초본이다. 봄철에 어린잎과 뿌리줄기를 식용한다. 생약의 위유는 뿌리줄기를 건조시킨 것이며, 한방에서는 뿌리줄기를 번갈 · 당뇨병 · 심장쇠약 등의 치료에 사용한다. 민간에서는 노화 방지 · 체력증강 · 정신허약 · 성 기능 강화 등에 쓴다.

43 들깨

과명 : 꿀풀과(Laviatae)

학명 : *Perilla frutescens* (L.) Britt.

영명 : Perilla

생약명 : 백소(白蘇), 임(荏)

동부아시아 지역이 원산지로 주로 중국과 한국에서 재배하며, 그 독특한 향취를 즐기는 우리 민족의 고유작물이라고 할 수 있다. 들깨는 주로 기름을 얻는 작물로 재배되어 왔으나 근래에는 잎채소로 이용하고 있다.

44 마

과명 : 마과(Dioscoreaceae)

학명 : *Dioscorea batatas* Decne.

영명 : Yam

생약명 : 산약(山藥)

중국 원산으로 한국 및 일본, 타이완, 중국 각지에 분포한다. 덩굴성 다년생 초본으로 식물체에 자줏빛이 돌고 뿌리는 육질이며 땅 속 깊이 들어간다. 괴근을 한방에서는 산약(山藥)이라고 하며, 덩이뿌리는 식용 · 약용(강장 · 강정 · 지사)으로 이용한다.

45 마늘

과명 : 백합과(Liliaceae)

학명 : *Allium sativum* L.

영명 : Garlic

한자명 : 산(蒜), 대산(大蒜), 호(葫), 호산(胡蒜)

중앙아시아 지역이 원산지로 알리신이 주성분이다. 강정 · 강장 · 순환계 질환 · 해독 · 살균 · 항암 · 정장 · 아토피 등에 효과가 있다.

46 마디풀

과명 : 마디풀과(Polygonaceae)

학명 : *polygonum aviculare* L.

생약명 : 편축(萹蓄)

북반구 온대지방의 길가에서 자라는 1년생 초본이다. 어린순은 식용하며, 건조된 지상부를 약용으로 쓴다. 이뇨 · 항균 및 구충 효과가 있어서 요도염 · 결석 · 유미뇨(乳糜尿) 등을 치료하는 데 사용된다. 이질과 이하선염에 효과적이며, 도한 및 회충의 구충약으로도 사용된다. 유럽에서는 이뇨제, 지혈제, 신장 및 방광결석 · 소화기출혈 · 위궤양 · 십이지장궤양 · 기관지천식에, 중국에서는 민간약으로서 신장결석 · 방광결석 · 어린이 호열자 · 종기 · 치질 및 피부병에, 일본에서는 구충제 · 황달 · 복통에 사용한다.

47 마타리

과명 : 마타리과(Valerianceae)

학명 : *Patrinia scabiosaefolia* Fisch.

생약명 : 야황화(野黃花)

한국 및 일본 · 타이완 · 중국 · 시베리아 동부에 분포하며 다년생 초본으로 산이나 들에서 자란다. 뿌리에서는 장 썩은 냄새가 난다 하여 패장초(敗醬草)이라는 속명을 가지고 있다. 연한 순을 나물로 이용한다. 간을 보호하며 진정 작용이 있어서 신경쇠약증이나 급성간염으로 인한 불면증의 치료에 효과적이며 항균 작용도 있다고 한다. 부작용으로는 약간의 호흡 억제와 장운동을 저하시킨다.

48 망초(望草)

과명 : 국화과(Compositae)

학명 : *Erigeron annuus*

북미가 원산지인 귀화 식물이다. 묵은 밭이나 길가, 빈터에서 자란다. 어린잎은 식용하며 퇴비로도 쓴다. 한방에서는 감기 · 학질 · 림프선염 · 전염성간염 · 위염 · 장염 · 설사 등에 처방한다.

49 매화나무

과명 : 장미과(Rosaceae)

학명 : *Prunus mume* Sieb. et Zucc.

영명 : Japanese apricot

한자명 : 매(梅)

매화나무는 매실나무라고도 하며 원산지는 중국의 사천성과 화북성의 산간지로 알려져 있으며, 한국 · 일본 및 대만에 야생종이 분포하고 있다. 해독 작용이 뛰어나 배탈이나 식중독 등을 치료하는 데 도움이 되며, 신맛은 위액을 분비하고 소화기관을 정상화하여 소화불량과 위장 장애를 없애 준다. 변비와 피부미용에도 좋고 산도가 높아 강력한 살균 작용을 한다. 최근에는 아그마달린 성분에 의한 항암 효과가 관심을 끌고 있다.

50 맥문동

과명 : 백합과(Liliaceae)

학명 : *Liriope platyphylla* F.T.Wang & T.Tang

생약명 : 맥문동(麥門冬)

한국 및 일본 · 중국 · 타이완 등지에 분포하며 그늘진 곳에서 자란다. 짧고 굵은 뿌리줄기에서 잎이 모여 나와서 포기를 형성하고, 흔히 뿌리 끝이 커져서 땅콩같이 된다. 폐결핵이나 만성 기관지염, 만성 인후염 등에 의한 만성 해수에 좋은 약이 된다. 맥문동은 여러 가지 약효를 가지고 있으면서도 부작용은 거의 없어 마음놓고 먹을 수 있다.

51 맨드라미

과명 : 비름과(Amaranthaceae)

학명 : *Celosia cristata* L.

영명 : Cockscome

한자명 : 계두화(鷄頭花)

일년초로서 열대 아시아 원산으로 닭의 볏과 비슷한 꽃부리의 모양 때문에 계두화(鷄頭花) 또는 계관화(鷄冠花)라고도 한다. 한방에서 전초를 충혈되거나 백태가 끼는 안과질환에 쓰며 살균 작용이 있어 장출혈 · 부정자궁출혈 · 토혈 등에 처방된다. 꽃은 지혈 · 지사에 쓰인다. 또한 살균력이 있으며 장출혈 · 자궁출혈 · 토혈 등에 처방된다.

52 메꽃

과명 : 메꽃과(Convolvulaceae)

학명 : *Calystegia sepium* var. *japonicum* (Choisy) Makino

생약명 : 선화(旋花)

한국 · 중국 · 일본에 분포하며 들에 흔히 자라는 다년생 초본이다. 하얀 뿌리줄기가 왕성하게 자라면서 군데군데에 덩굴성 줄기가 자란다. 봄에 땅속줄기와 어린순을 식용 또는 나물로 한다. 뿌리 · 잎 · 줄기 등 전체를 이뇨 · 강장 · 피로 회복 등에 효능이 있어 방광염 · 당뇨병 · 고혈압 등에 사용한다.

53 명감나무

과명 : 백합과(Liliaceac)

학명 : *Smilax china* L.

생약명 : 토복령(土茯苓)

단자엽의 덩굴성 낙엽 관목으로 한국 · 일본 · 중국 · 필리핀 · 인도차이나에 분포하며 산기슭이나 숲속에서 자란다. 청미래덩굴이라고 하며 망개나무라고도 한다. 뿌리줄기는 땅속에서 길게 옆으로 벋어나가며 육질이 딱딱하다. 새순은 식용하며 잎에 떡을 싸면 서로 달라붙지 않고 잘 쉬지 않아 망개떡이라 한다. 열매는 식용으로 사용한다. 한방에서 뿌리는 약용으로 이뇨제 · 해독제 · 거풍제 · 관절염 · 요통 · 종기 등에 사용하며 민간에서는 임질 · 소화 등에 쓴다.

54 모과나무

과명 : 장미과(Rosaceae)

학명 : *Chaenomelis sinensis* (Thouin.) Koehne

영명 : Chinese quince, Common floweringquince

한자명 : 목과(木瓜), 향과(香瓜), 철각리(鐵脚梨), 목이(木李)

모과는 중국이 원산지로서 낙엽관목 또는 소교목이다. 모과는 과실의 모양이 아름답지 않고 생것을 식용하지는 않는다. 소화효소의 분비를 촉진하여 소화 기능을 좋게 하므로 속이 울렁거릴 때나 설사할 때 먹으면 편안해진다. 또한 신진대사를 좋게 하여 숙취를 풀고, 가래를 없애 한방에서는 감기나 기관지염 · 폐렴 등에 약으로 쓴다. 목 질환에도 효과적이나 항이뇨 작용이 있으므로 주의해야 한다.

55 산목련

과명 : 목련과(Magnoliaceae)

학명 : *Magnolia sieboldii* K. Koch

함박꽃이라고도 하며 낙엽 활엽 소교목으로 일본과 중국에도 분포한다. 함경북도를 제외한 전국의 계곡에 자생한다. 민간에서 비염과 축농증 약으로 쓴다.

56 목련

과명 : 목련과(Magnoliaceae)

학명 : *Magnolia kobus* DC.

한국 원산으로 일본 북해도에도 분포한다. 낙엽활엽교목으로 전국 어느 곳에서나 잘 자란다. 꽃봉오리는 신이(辛夷), 꽃은 옥란화(玉蘭花)라 하며 거풍 · 두통 · 축농증에 쓴다.

57 무

과명 : 십자화과(Brassicaceae)

학명 : *Raphanus sativus* L.

영명 : Radish

한자명 : 래복(萊卜), 라복(蘿卜), 라포(蘿蔔)

지중해의 동쪽 연안으로부터 중앙아시아에 이르는 지역이 원산지이다. 디아스타제 같은 전분 소화효소는 물론 단백질 분해효소도 가지고 있어서 소화 작용을 돕는다. 무즙은 지해 · 지혈 · 소독 · 해열 작용이 있으며, 삶아서 먹으면 담석에 효과가 있다. 또한 거담 작용이 있으며, 니코틴 해독 작용과 함께 노폐물 제거 작용 · 소염 작용 · 이뇨 작용이 있으며 혈압을 내려 주는 작용을 한다.

58 무궁화(無窮花)

과명 : 아욱과(Malvaceae)

학명 : *Hibiscus syriacus* L.

영명 : Rose of sharon

생약명 : 목근(木槿)

내한성이 강한 낙엽활엽관목으로 한국 국화이다. 한국 · 싱가포르 · 홍콩 · 타이완에 분포한다. 꽃이 아름답고 꽃피는 기간이 7~10월로 길어서 정원 · 학교 · 도로변 · 공원 등의 조경용과 분재용 및 생울타리로 널리 이용된다.

약용으로는 흰꽃인 백화종을 쓴다. 덜 핀 꽃을 말린 것은 위장염 · 급성, 만성대장염 · 이질 · 설사 · 무좀 · 구토와 구갈을 없애며 해독 작용이 있다. 봄에 물이 오른 뿌리껍질은 월경 전과 해산 후 대하증에 좋으며 몸의 습기를 없애고 지혈과 치질 · 해열에 약효가 있다. 각종 피부질환의 외용약으로는 달인 물로 씻어내고 술에 우려낸 추출액을 바른다. 건조한 나무껍질을 잘게 썬 것 10g에 45도의 독한 술 20cc를 넣어 3개월 이상 묵힌 것을 무좀에 바르면 특효를 본다고 한다. 꽃과 껍질을 달여 차로 마시면 불면증에 좋고 눈병에도 좋다고 한다.

59 무릇

과명 : 백합과(Liliaceae)

학명 : *Scilla scilloides* (Lindl.) Druce

영명 : Chinese squill

다년생초본 식물로 2~3cm 정도 굵기의 알뿌리를 가지고 있다. 아시아 동북부의 온대에서 아열대까지 분포하며 약간 습기가 있는 들판에서 자란다.

옛날에는 4~5월경에 알뿌리를 캐어서 잎과 함께 조청을 만들어 먹었다. 알뿌리를 조금씩 달여 복용하면 팔다리나 허리가 쑤시고 아픈 증세 및 타박상에 효험이 있다. 끓는 가래나 소갈병에도 쓴다.

김치의 양념이나 파와 마늘의 대용품으로 쓰며 약간의 쓴맛과 함께 향미가 있다.

60 무화과

과명 : 뽕나무과(Moraceae)

학명 : *Ficus carica* L.

영명 : Fig tree

낙엽활엽관목으로 아시아 서부 및 지중해 연안 원산으로 한국에서는 남부지방에서 월동이 가능하다. 열매에는 단백질 분해효소(Ficin)가 많이 들어 있어 육식을 한 후에 먹으면 소화가 잘되며 변비에 특효가 있다. 건조된 잎을 욕탕료(浴湯料) 하면 신경통에 효과가 있으며 장염 · 이질 · 변비 · 치질 등에 사용한다.

61 미나리

과명 : 미나리과(Umbelliferae)

학명 : *Oenanthe javanica* (Blume) DC.

영명 : Water dropwort, Water celery

한자명 : 근(芹), 수근(水芹), 수영(水英)

한국 원산의 숙근초로 습기가 있는 땅에서 잘 자란다. 청혈, 해독에 효과가 있을 뿐 아니라 신경통 · 류머티즘 · 혈압 강하에 약효가 있는 것으로 알려져 있다. 최근에는 미나리가 암 예방(면역세포 증가)에도 효과가 있는 것으로 알려져 있다.

62 미모사

과 명 : 콩과(Leguminosae)

학명 : *Mimosa pudica* L.

생약명 : 함수초(含羞草)

자귀나무와 유사하게 생긴 일년생 초본이다. 잎을 건드리거나 자극을 주면 움츠러들고 아래로 늘어진다. 열대지역에 널리 퍼져 있는 잡초이지만 온대지역에서도 귀화 식물로 자라고 있으며 온실에다 심기도 한다. 건조된 줄기를 사용하며 글리코사이드인 리모시드(minoside)를 함유한다. 신경증을 치료하는 데 사용되며 진정 효과가 있다. 또한 타박상과 객혈의 치료에도 사용된다. 임산부에는 금기이며 전탕액은 외상 부위에 외용약으로 사용된다.

63 미역

과명 : 곤포과

학명 : *Undaria pinnatifida*

영명 : Brown seaweed

한국과 일본 근해에 분포한다. 해조류 중 바다 깊은 곳에서 서식하는 갈조류로서 몸길이 1~2m, 폭 50cm 정도이다. 외형적으로는 잎 · 뿌리 · 줄기의 구분이 뚜렷한 엽상체 식물이다. 한방에서는 미역은 성질이 차고 맛이 짜며 독이 없어 열이 나면서 답답한 것을 없애고 배뇨나 각혈에 좋다고 한다. 또한 혹 치료에 사용하며 기가 뭉친 것을 치료한다. 근래에는 미역귀에서 추출한 물질이 암 세포 억제 효과와 성인 T-림프구 백혈병으로 흔히 혈액암인 ATL바이러스 증식 억제 효과가 있다고 한다.

64 민들레

과명 : 국화과(Compositae)

학명 : *Taraxacum platycarpum* Dahlst.

영명 : Dandelion

약재명 : 포공영(蒲公英)

초본으로 한국 · 중국 · 일본에 분포하며 들의 볕이 잘 드는 곳에서 자란다. 줄기는 없고, 잎이 뿌리에서 뭉쳐나며 옆으로 퍼진다. 봄에 어린잎을 나물로 먹는다. 한방에서는 꽃피기 전의 식물체를 약재로 쓰는데, 열로 인한 종창 · 유방염 · 인후염 · 맹장염 · 복막염 · 급성간염 · 황달에 효과가 있으며, 열로 인해 소변을 못 보는 증세에도 사용한다. 민간에서는 젖을 빨리 분비하게 하는 약제로도 사용한다. 민들레 뿌리를 볶아 커피처럼 만들어 수시로 마시면 좋다.

65 밀나물

과명 : 백합과(Liliaceae)

학명 : *Smilax riparia* var. *ussuriensis* (Regel) Hara & T. Koyama

생약명 : 우미채(牛尾菜)

덩굴성 다년초로 원산지가 한국이며 일본, 중국에도 분포한다. 청가시덩굴과 유사하나 수세가 약하며 잎의 색이 엷다. 어린순을 나물로 먹으며 한방에서 뿌리를 약재로 쓰는데, 기가 부족하여 몸이 붓는 증상을 치료하고 근육과 관절의 동통과 사지 마비, 폐결핵에도 사용한다.

66 박주가리

과명 : 박주가리과(Asclepsiadaceae)

학명 : *Metaplexis japonica* (Thunb.) Makino

약재명 : 나마등(蘿麻藤)

박조가리, 새박덩굴, 노아등(老鴉藤), 뢰과(賴瓜), 비래학(飛來鶴), 교등(交藤), 작표자(雀瓢子), 뢰과표(賴瓜瓢), 합자표(蛤刺瓢), 파파침선포(婆婆針線包), 학광표(鶴光瓢)라고도 한다. 다년생 덩굴성 초본으로 한국 · 일본 · 중국 등지에 분포한다. 하수오와 비슷하나 잎과 열매가 작다. 들판의 풀밭에 무리를 지어 자란다. 연한 순을 나물로 먹으며 잎과 열매를 강장 · 강정 · 해독에 약용한다.

67 박하

과명 : 꿀풀과(Laviatae)

학명 : *Mentha piperascens* (Malinv.) Holmes

생약명 : 박하(薄荷)

원산지가 중국으로 한국에는 개박하가 자생한다. 줄기와 잎을 사용하는데 멘톨(menthol)이 주성분으로 위장관 운동을 자극하며 장관 내용물이 앞으로 이동하는 것을 촉진하고 장내 가스를 배출시킨다. 또한 중추신경계를 자극하고 말초혈관을 확장시키며 땀샘 분비를 증가시킨다. 국소적으로 점막이나 피부에 사용하면 한랭감을 일으키며 국소 부위의 혈액 순환을 촉진한다.

68 밤나무

과명 : 참나무과(Fagaceae)

학명 : *Castanea crenata* S. et Z.

영명 : Chestnut

한자명 : 율(栗)

교목성 낙엽 활엽수이다. 탄수화물 · 단백질 · 지방 · 칼슘 및 비타민(A · B · C) 등이 풍부하여 발육과 성장에 좋다. 특히 가식부 100g당 비타민 C가 들어 있어 피부미용 · 피로 회복 · 감기예방 · 술안주로 좋다. 당분에는 위장 기능을 강화하는 효소가 들어 있으며, 저칼로리에 섬유소가 풍부하여 성인병 예방과 신장 보호에도 효과가 있다.

69 배나무

과명 : 장미과(Rosaceae)

학명 : *Pyrus pyrifolia* var. *culta* (Makino) Nakai

영명 : Pear

한자명 : 이(梨)

낙엽교목 또는 관목성이다. 강한 알칼리성 식품이어서 혈액을 중성으로 유지시켜 건강을 유지하는 데 큰 효과가 있다. 가래가 심한 천식이나 백일해에 효과적이며, 소화에 효과가 있고 대변이나 소변을 잘 나오게 하여 몸에 열을 내리게 한다. 갈증이 심하거나 심한 숙취에는 배가 간장 활동을 촉진시켜 체내의 알코올 성분을 빨리 해독시키므로 주독이 풀어지고 갈증도 없애 준다. 또한 배를 많이 먹으면 지라가 냉해져서 설사가 나는데, 껍질과 같이 먹으면 껍질에 배를 소화시키는 효소와 타닌 성분이 많아 설사 방지 효과가 있다 한편, 배는 고기를 부드럽게 하는 연육 효소가 있어 고기를 잴 때 이용되며, 종기의 뿌리를 뺄 때는 생배를 썰어서 환부에 붙인다.

70 배롱나무

과명 : 부처꽃과(Lythraceae)

학명 : *Lagerstroemia indica* L.

중국 원산으로 높이 약 5m로 관상용으로 재배한다. 낙엽성 교목으로 붉은 꽃이 피는 기간이 100일을 간다 하여 목백일홍이라고도 한다. 꽃은 식용하며 지혈 · 소종의 효능이 있어, 한방에서 월경과다 · 장염 · 설사 등에 약으로 쓴다. 특히 방광염 치료에 효과가 있다.

71 백선(白鮮)

과명 : 운향과(Rutaceae)

학명 : *Dictamnus dasycarpus* Turcz.

봉삼(鳳蔘), 백양선(白羊鮮)이라고도 한다. 원산지는 한국이며 높이 90cm에 달하는 숙근성 다년초이다. 관상용 · 약용 · 향료로 이용되며 약으로 쓸 때는 주로 탕으로 하여 사용한다. 주로 피부과, 신경계 질환 등에 효과가 있다.

72 뱀딸기

과명 : 장미과(Rosaceae)

학명 : *Duchesnea indica* (Amdr.) Focke

생약명 : 사매(蛇梅)

한국 · 중국 · 일본 · 말레이시아 · 인도에 분포하며 풀밭이나 논둑의 양지 바른 곳에서 자란다. 덩굴이 옆으로 벋으면서 마디에서 뿌리가 내린다. 위암 · 자궁경부암 · 코암 · 후두암 · 폐암에 효험이 있다고 한다. 그 외에 목안이 아픈 데, 기침 · 감기 · 백일해 등에도 쓰인다.

73 뱀무

과명 : 장미과(Rosaceae)

학명 : *Geum japonicum* Thunb.

다년생 초본으로 원산지는 한국이고 일본 · 중국 등에 분포하며 산과 들에 서식한다. 어린순은 식용하며 뿌리를 강장 · 진경 · 이뇨 · 거풍 · 관절염 및 통증에 사용한다.

74 벚나무

과명 : 장미과(Rosaceae)

학명 : *Prunus sargentii* Rehder

한국이 원산지인 낙엽활엽교목으로 일본 · 중국에 분포하고 산지에서 서식한다. 열매는 식용하며 핵과로 6~7월에 둥근 모양으로 검붉은 색으로 익는다. 껍질은 심장병과 땀띠에 효과가 있다.

75 복수초

과명 : 미나리아재비과(Ranunculaceae)

학명 : *Adonis amurensis*

생약명 : 빙냉화(氷冷花)

한국 및 일본 · 중국에 분포하며 원일초 · 설련화 · 얼음새꽃이라고도 한다. 산지 숲속 그늘에서 자라며 높이 10~30cm이다. 식물체 모든 부위를 건조하여 사용하는데, 심장 질환과 중추신경 기능 저하 치료에 사용된다. 또한 세뇨관에서의 재흡수를 억제하기 때문에 이뇨제로도 사용된다.

76 복숭아나무

과명 : 장미과(Rosaceae)

학명 : *Prunus persica* (L.) Batsch

영명 : Prunus

한자명 : 도(桃)

높이 3m 정도의 낙엽 소교목으로 중국 황하유역의 고원지대와 동북부가 원산지이다. 나무줄기나 가지에 수지가 들어 있어 상처가 나면 분비된다. 씨는 도인이라 하여 여성의 생리불순 · 견비통 · 두통 등에 사용되었다. 민간에서는 복숭아 잎을 벌레 독 해독에 썼으며 꽃을 차로 마시면 변비와 결석에 효과가 있다고 하여 음용하였다. 또 참기름과 함께 미백에 사용하였다.

77 봉선화

과명 : 봉선화과(Balsaminaceae)

학명 : *Impatiens balsamina* L.

봉숭아라고도 한다. 인도 · 동남아시아 원산으로 햇볕이 드는 곳에서 잘 자라나 나쁜 환경에서도 비교적 잘 자란다. 공해에 강한 식물로 도시의 화단에 적합하다. 주부 습진에 잎의 즙액이 효과가 있다. 또한 식도암에는 봉선화씨를 술에 72시간 동안 담갔다가 햇볕에 바짝 말려 가루를 낸 뒤 술로 반죽해서 녹두알만한 환을 지어 1회에 8알씩 따뜻한 술로 먹으면 효과가 있다고 한다.

78 비수리

과명 : 콩과(Leguminosae)

학명 : *Lespedeza cuneata* G. Don

약명 : 야관문(夜關門)

한국 · 일본 · 타이완 · 인도 · 오스트레일리아에 분포하는 다년생 초본으로 산기슭 이하에서 잘 자란다. 여러 가지 남성 질병 · 양기부족 · 조루 · 유정 · 음위증 등에 효과가 있다. 또한 대하 · 설사 · 타박상 · 천식을 낫게 하고 눈을 밝게 하고 혈액 순환이 잘되게 한다. 뱀을 쫓는다고 하여 사퇴초(蛇退草)라고도 한다.

79 사상자(蛇床子)

과명 : 산형과(Umbelliferae)

학명 : *Torilis japonica* (Houtt.) DC.

한국 · 일본 · 타이완 · 중국 · 우수리강 · 아프리카 · 카프카스 · 유럽에 분포하며 풀밭에서 자란다. 높이 30~70cm이다. 어린순은 나물로 먹고, 열매는 강장약으로서 효력이 있다. 음부의 가려움증과 점액 분비물을 없애며 불임증 · 문둥병 · 발기력 부진에 효과가 있다 또한 여러 가지 피부 상처 · 습진 · 종기 · 외치질 · 피부 가려움증에는 열매 달인 물로 자주 씻곤 한다. 민간에서는 잎과 줄기를 소화건위 · 류머티즘 · 이뇨 등에 사용하며 열매는 수렴제 · 소염제 · 살충제로 쓴다.

80 산사나무

과명 : 장미과(Rosaceae)

학명 : *Crataegus pinnatifida* Bunge

한국이 원산지인 낙엽 활엽 소교목으로 일본 · 중국 · 시베리아에도 분포한다. 열매 추출액은 콜레스테롤성 동맥경화를 일으킨 동물에게서 피의 콜레스테린 함량을 줄이고 혈압을 내린다. 민간에선 소화건위 혈액 순환을 돕고 머리를 맑게 해 준다.

81 산수유(山茱萸)

과명 : 층층나무과(Cornaceae)

학명 : *Cornus officinalis* Sieb. et. Zucc.

한국이 원산인 낙엽교목으로 높이 4~7m이다. 나무껍질은 불규칙하게 벗겨지며 연한 갈색이다. 건조된 과육을 사용하며 씨는 유정 작용(遺精作用)이 있다고 하여 제거하여 쓴다. 몸을 보하는 효과가 있어 내과 · 부인 · 소아질환의 허증에 쓰며, 기운을 돕고 몸을 가볍게 하며 머리털이 희어지지 않게 하고 눈을 밝게 한다. 그리고 신허로 허리와 무릎이 시큰거리고 아플 때, 유정 · 빈뇨 · 음위증 · 현기증 · 이명이나 식은땀이 날 때 좋다.

82 삼백초(三白草)

과명 : 삼백초과(Saururaceae)

학명 : *Saururus chinensis*

한국 · 일본 · 중국 등지에 분포하는 한국 남부지방의 숲속 물기가 많은 땅에서 드물게 자라는 다년생 초본이다. 뿌리 · 잎 · 꽃이 흰색이기 때문에 삼백초라고 한다. 한방에서는 식물체 전체를 말려 몸이 붓고 소변이 잘 안 나올 때 쓰고, 변비 · 비만 · 각기 · 황달 · 간염 등에도 사용한다.

83 삼지구엽초

과명 : 매자나무과(Berbedaceae)

학명 : *Epimedium koreanum* N.

생약명 : 음양곽(淫羊藿)

한국 및 중국 동북부 등지에 분포하는 다년생 초본으로 산지의 나무 그늘에서 자란다. 어린잎과 꽃은 식용한다. 성 기능을 높이고 뼈와 근육, 힘줄을 튼튼하게 한다. 음위증 · 조루 · 불임증 · 냉병 · 건망증 · 마비증 · 허약체질 등에 두루 쓴다. 소변을 잘 나오게 하고 혈압을 낮추며 저혈압 · 당뇨병 · 심근경색 · 신경쇠약 등에도 효험이 있다. 특히 기관지염 · 방사선 치료 후유증 · 당뇨병에 효과적이라고 한다.

84 삽주

과명 : 국화과(Compositae)

학명 : *Atractylodes japonica* Koidzumi

한국 및 중국 동북부 · 일본 등지에 분포하는 다년생 초본이며 산지의 건조한 곳에서 자란다. 어린순을 나물로 먹는다. 한방에서는 뿌리줄기를 창출(蒼朮)이라는 약재로 쓰는데, 혈 작용이 뛰어나 빈혈에 특효가 있으며, 당뇨병, 폐결핵, 온몸이 붓고 쑤실 때에도 효과가 있고 두발 보호에 좋다. 또한 소화불량 · 감기 · 발한 · 이뇨 · 진통 · 건위 등에 효과가 있다. 뿌리를 창출이라고 겉껍질을 벗기면 이것을 백출(白朮)이라고 한다. 동일한 식물의 뿌리줄기이지만 창출과 백출의 약효는 다르게 나타난다. 창출은 땀을 내게 하는 작용이 강한 데 비하여 백출은 그 반대이다.

85 상추

과명 : 국화과(Compositae)

학명 : *Lactuca sativa* L.

영명 : Lettuce

한자명 : 천금채(千金菜)

원산지는 유럽, 아프리카 북부 및 아시아 서부 지역으로서 한국에는 오래전부터 중국에서 줄기상추가 도입되어 재배되었으나 1890년경에 잎상추가 일본으로부터 들어와서 널리 재배되었다. 상추의 잎과 줄기의 흰 유액에는 락투신(Lactucin)이 있어 진통 작용과 함께 불면증에 좋다. 민간에서는 해열 · 이뇨 · 치아 미백 및 입 냄새 제거에 사용한다. 씨는 산모의 젖을 잘 나오게 하는 데 탁월한 효과가 있다.

86 생강(生薑)

과명 : 생강과(Zingiberaceae)

학명 : *Zingiber officinale* Rosc.

영명 : Ginger

생강은 고대부터 아시아의 따뜻한 지방에서 재배되어 왔지만 원산지는 밝혀져 있지 않다. 생강은 발한 해열 · 혈행 장해 · 감기 풍한 등에 사용하며, 이러한 약용 외에 디아스타제와 단백질 분해효소가 들어 있어 소화를 돕고 살균 작용 및 항구토 작용도 한다. 또한 건위 · 항균 · 진통 작용이 있으며 관절염에도 효과가 있다.

87 소나무

과명 : 소나무과(Pinaceae)

학명 : *Pinus densiflora* Siebold & Zucc.

겉씨 식물의 상록침엽 교목으로 한국, 중국 북동부, 우수리, 일본에 분포한다. 솔잎과 송진을 주로 약으로 쓰는데 영하 10℃ 정도로 강추위가 계속될 때의 솔잎이 가장 좋다. 한방에서는 솔잎을 약술 형태로 복용하는 경우가 많으며 수렴성 소염 작용과 통증을 진정 시키고 피를 멎게 하며 마비를 풀어 주는 작용으로 인해 다친 데나 · 습진 · 옴 · 신경쇠약증 · 탈모 · 비타민 C 부족 등의 치료에 쓰인다. 송진은 변비 · 고혈압 · 중풍 예방 · 관절염 · 요통 · 장염 · 위궤양과 소갈증 · 대하증 · 혈관벽 강화에도 쓰이며 오장을 편안하게 하고 근육과 뼈를 튼튼히 한다고 한다.

88 소리쟁이

과명 : 마디풀과(Polygonaceae)

학명 : *Rumex crispus* L.

생약명 : 양제근(羊蹄根)

다년생 초본으로 한국 · 일본 · 타이완 · 중국 · 유럽 및 북아프리카에 분포한다. 습지 근처에서 잘 자라며 잎은 식용하며 뿌리는 건위제로 쓴다. 땅속 깊이 박고 있는 굵은 뿌리는 변비에 효과가 있는데, 너무 많은 양을 복용하면 설사를 일으키므로 주의해야 한다. 또한 뿌리는 건위제로서 소화불량에 효과가 있으며 · 습진 · 옴 · 백선 · 가려움증 등의 피부병과 백혈병 등의 암에도 효과가 있다고 한다.

89 쇠무릎

과명 : 비름과(Amaranthaceae)

학명 : *Achyranthes japonica* (Miq.) N.

생약명 : 우슬(牛膝)

숙근초로 한국 · 일본에 분포하며 다소 습기가 있는 곳에서 잘 자란다. 어린순은 나물로 먹고 뿌리로는 술을 담근다. 한방에서 뿌리를 방광염 · 혈뇨 · 산후복통 · 이뇨 · 강정 · 통경에 쓰며, 민간요법에서는 임질과 두통약으로 쓴다. 보정 작용이 있어서 차로 자주 우려 마시면 좋으나 임산부는 체질에 따라 낙태의 위험이 있어 피해야 한다.

90 수박

과명 : 박과(Cucurbitaceae)

학명 : *Citrullus vulgaris* Schrad.

영명 : Watermelon

한자명 : 수과(水瓜), 서과(西瓜), 한과(寒瓜), 시과(時瓜)

수박의 원산지는 남아프리카 지방으로 알려져 있으며 이 지역에는 현재까지도 많은 야생종이 발견되고 있다. 여름에 열이 오르면서 갈증을 느낄 때 좋다. 몸속의 열을 내려줄 뿐 아니라 상쾌하게 소변을 배출해 주기 때문이다. 또한 신장염 · 인후염 · 편도선염 · 방광염 · 고혈압 · 부종 · 구강염 등에도 효과가 있으며, 동맥 속에 이물질이 쌓이는 것도 방지한다.

91 수세미오이

과명 : 박과(Citaceae)ucurb

학명 : *Luffa cylindrica* Roem.

열대 아시아 원산이며 우리나라에는 일본이나 중국에서 도입된 것으로 추정된다. 줄기는 덩굴성으로 녹색을 띠고 가지를 치며 덩굴손이 나와서 다른 물체를 감고 올라간다. 비염 · 젖 부족 · 기관지염 · 천식 및 피부미용에 이용한다.

92 실새삼

과명 : 메꽃과(Convolvulaceae)

학명 : *Cuscuta japonica* Choisy

생약명 : 토사자(菟絲子)

한국 및 일본 · 동남아시아 · 오스트레일리아 밭둑이나 풀밭에서 자라는 덩굴성 기생 식물이다. 종자를 약으로 쓰는데 강정 · 강장 효과가 있고 면역 기능을 개선시키며 혈당대사를 증가시킨다. 간과 신장을 보호하고 눈을 밝게 하며 태반을 안정시키는 데 사용한다. 줄기 말린 것은 토혈 · 각혈 · 혈변 · 황달 · 간염 · 장염 등에 쓴다. 또한 습열로 인한 황달 · 설사 · 이질 · 요통 · 간염 · 당뇨병 · 장염 및 오줌을 자주 누는 데에도 씨와 잎을 달여 마신다.

93 쑥

과명 : 국화과(Compositae)

학명 : *Artemisia princeps* Pamp.

양지 바른 길가, 풀밭, 산과 들에서 자란다. 어린순을 식용하는데, 줄기와 잎을 단오 전후에 캐서 그늘에 말린 것을 약애(藥艾)라고 하여 복통 · 구토 · 지혈에 쓰기도 하며, 잎의 흰 털을 모아 뜸을 뜨는 데 쓰기도 한다. 잎만 말린 것은 애엽(艾葉)이라고 하여 약한 상처에 그 즙을 바르기도 한다. 시열 · 신농 · 복통 · 혈변 · 자궁출혈 · 월경과다 · 강장보혈 · 뜸약 · 경련 · 마비 · 기관지염 · 해열 · 문둥병 · 임질 · 매독 · 치통 · 류머티즘 · 통풍 · 진경 · 기침 · 감기 · 폐결핵 · 폐렴 · 이뇨 · 소화불량 · 만성간염 등이며, 뿌리는 월경불순 · 임신중독 · 설사에 쓴다. 특히 위암에 쓰기도 한다. 독충에 물린 데와 습진 · 상처 등에는 잎을 짓찧어 바르면 효과가 있다고 한다.

94 쑥갓

과명 : 국화과(Compositae)

학명 : *Chrysanthemum coronarium* L.

영명 : Garland chrysanthemum

한자명 : 고(蒿), 봉고(蓬蒿), 구고(歐蒿)

원산지는 지중해 연안설이 유력하나 중국 원산설도 있다. 유럽에는 관상용 꽃으로 재배되기도 하나 식용은 하지 않는다. 한방에서도 소화기, 신경계통의 병에 쓰이고 있으나 심장병에는 많이 먹는 것이 좋지 않다.

95 씀바귀

과명 : 국화과(Compositae)

학명 : *Ixeris dentata* Nakai

한자명 : 고채(苦菜), 황과채(黃瓜菜), 소과채(小瓜菜)

씀바귀는 고채로도 불리는 국화과 식물로 자르면 흰 유액이 나오며 쓴맛이 강하다. 늦가을부터 봄까지 입맛을 돋우는 데 꼭 필요한 나물로 식용한다. 한방에서는 기침약으로 널리 쓰고 있으며, 해열 · 건위 · 폐렴 · 간염 · 종기의 치료제로 쓰고 있다. 또한 오장의 독소와 한기를 제거하고 심신을 편하게 할 뿐 아니라 춘곤증을 풀어 주는 등, 노곤한 봄철에 정신을 맑게 해 주며 부스럼과 같은 피부병에 좋다고 한다. 민간에서 항암 약초로 사용한다.

96 아주까리

과명 : 대극과(Euphorbiaceae)

학명 : *Ricinus communis* L.

생약명 : 피마자(皮麻子)

우리나라에서는 1년생 초본이나 원산지에서는 나무처럼 단단하게 자라는 다년초로서 가지가 나무처럼 갈라지며, 잎은 방패 모양이거나 손바닥 모양의 복엽이다. 씨를 피마자라고 하여 피마자유는 사하제로 흔히 사용하며 민간에서는 잎을 창상이나 화농에 사용한다.

97 양파

과명 : 백합과(Liliaceae)

학명 : *Allium cepa* L.

영명 : Onion

한자명 : 옥총(玉蔥), 총두(蔥頭), 양총(洋蔥)

서아시아 또는 지중해 연안이 원산지라고 추측되고 있으나 아직 야생종이 발견되지 않아 확실하지 않다. 양파에는 칼슘과 철분이 많고 마늘과 마찬가지로 알리신과 황화알린이 풍부하나 마늘과는 달리 냄새가 적으면서도 강정 및 소화 작용에 매우 좋으며, 양파 겉껍질에는 마늘에는 없는 색소 퀘르세틴 성분이 있어 고혈압과 동맥경화에 유용하다. 또한 인슐린 분비를 촉진시켜 혈당을 내리는 효과가 있으며 당뇨병의 예방, 치료에 도움을 준다. 항알레르기 작용이 있어 기관지천식 · 두드러기 · 피부발진에 효과가 있다. 대머리 방지 및 불면증에 효과가 있다고 한다.

98 엉겅퀴

과명 : 국화과(Compositae)

학명 : *Cirsium japonicum* var. *maackii* (Maxim.) Matsu

생약명 : 대계(大薊), 자계(刺薊), 야홍화(野紅花), 산우방(山牛旁)

대부분 다년초풀이나 월년초풀도 있다. 독은 없으며 맛은 달고 이뇨, 해독, 소염 작용이 있으며 열이 혈액의 정상 순환을 방해하지 않도록 다스린다. 지혈 작용이 있어 각종 출혈 · 토혈 · 코피 · 잇몸출혈 · 대변출혈 · 소변출혈 · 자궁출혈 등에 응용되며, 타박상이나 부스럼, 종기 등을 비롯한 악성종양에도 효과가 아주 좋다. 이 밖에도 혈압을 떨어뜨리는 작용이 있어 고혈압에 응용되며, 각종 대하증도 효과가 있다.

99 연꽃

과명 : 수련과(Nymphaeaceae)

학명 : *Nelumbo nucifera* Gaer

생약명 : 연자심(蓮子心), 연엽(蓮葉)

다년생 초본 수생 식물이다. 백련의 뿌리, 잎, 꽃 열매 등이 식용 · 약용으로 주로 쓰이며 홍련은 주로 연근만 식용으로 쓴다. 연근은 어혈을 풀어 주고 신선한 피를 생기게 한다. 소염 · 지혈 작용이 있어 점막 부위의 염증을 가라앉히고 피를 멎게 하므로 위염 · 위궤양 · 십이지장궤양 등, 소화기성염증이 있거나 코피가 잦은 사람에게 좋다. 연 잎은 해열 · 지열 · 지사 및 피로 회복 등에 효과가 있는데, 혈중 콜레스테롤 수치를 낮추고 지방 분해를 돕는다. 연잎 삶은 물은 피부를 부드럽게 하며, 연꽃차도 피부 미용에 효과가 있으며 술독을 풀어 주며 신경과민 · 스트레스 등으로 인한 불면증 · 우울증에 효과가 있다.

100 오미자나무

과명 : 오미자과(Schizandraceae)

학명 : *Schizandra chinensis* Baill

한자명 : 오미자(五味子)

다년생 덩굴성 목본으로 오미자의 모양에 따라 오미자(북오미자) · 남오미자 · 흑오미자 등이 있다. 오미자는 강심 · 기침가래 · 심근쇠약 · 신경쇠약 · 고혈압 · 폐결핵 · 기관지염 · 기관지 · 천식 · 유정 · 야뇨증 · 설사 · 식은땀 · 당뇨병 및 불임증 등에 쓰며 강장 작용의 보약으로도 쓴다. 그러나 운동과민증 · 간질 발작 때, 뇌압이 높을 때, 동맥압이 몹시 올랐거나 빨리 변동하는 경향이 있는 고혈압 등에는 쓰지 말아야 한다.

101 용담

과명 : 용담과(Gentianaceae)

학명 : *Genitiana scabra* Bunge for. *scabra*

생약명 : 용담(龍膽)

다년생 초본으로 산기슭에서 자란다. 가을에 뿌리를 캐어 흙을 씻어 없앤 다음 말렸다가 약재로 쓴다. 소화불량, 위장병에 특효약이며 여러 가지 통증, 염증에 효험이 있다. 그러나 너무 많은 양을 복용하면 오히려 위액 분비를 억제하고 구토가 난다. 위액이 적어 소화가 안되면서 밥맛이 떨어졌을 때에 용담 뿌리를 달여 마시면 정상으로 회복된다. 용담은 맛이 몹시 쓰고 성질이 매우 차다. 열을 내리고 염증을 삭이는 작용이 상당히 강하다. 특히 간에 열이 성할 때 열을 내리는 작용이 탁월하다. 또한 염증, 암, 류머티즘성 관절염, 팔다리 마비 등에도 쓴다.

102 우엉

과명 : 국화과(Compositae)

학명 : *Arctium lappa* L.

영명 : Edible burdock, Great burdock, Harlock

중국명 : 우방(牛蒡), 월년초(越年草)

우엉의 원산지는 지중해 연안으로부터 서부아시아에 이르는 지대이다. 우엉은 야생종이 유럽, 시베리아, 중국 동북부에 6종이 분포하고 있으나 구미에서는 식용으로 이용하지 않고 있다. 우엉은 한국과 일본에서만 식용한다. 섬유질이 많고 칼슘과 인이 많아 다이어트 식품으로 알맞다. 정력 증진 효과가 있어서 허약한 사람에게 좋다고 하며, 종기 등의 피부 질환에도 효과가 있다고 한다.

103 유자나무

과명 : 운향과(Rutaceae)

학명 : *Citrus junos* Siebold ex Tanaka.

영명 : Orange

한자명 : 유자(柚子)

상록관목으로 원산지는 중국 양쯔강 상류이다. 뇌혈관 장애와 풍을 막아 주며, 배농 및 배설 작용을 해서 몸 안에 쌓여 있는 노폐물을 밖으로 내보낸다. 또한 항암 · 항알레르기 · 항염증 · 항균 작용 · 고혈압 예방 및 간 해독 작용을 하며, 기관지 천식과 기침 · 가래를 없애는 데 효과가 있다. 또한 칼슘이 많이 함유되어 있어서 어린이의 골격 형성과 성인의 골다공증 예방에 매우 유익하다.

104 율무

과명 : 벼과(Poaceae)

학명 : *Coix lachryma-jobi* var. *mayuen* Stapf.

영명 : Adlay

한자명 : 의미(薏米)

1년생 초본으로 현재 재배되고 있는 율무는 단일 품종이다. 율무차는 껍질이 붙은 열매를 달인 것으로 허약 체질에 보양식품으로 이용된다. 한방에서는 율무 열매를 의주자 · 인미 · 이의인이라 하여 소염, 이뇨, 배농, 진통, 부종에 이용되고 자양 · 강장제로도 쓰인다. 또한 피부가 거칠어지거나 물사마귀 제거에 차로 끓여 복용하며, 열을 꺼 주고 습을 제거하는 성질이 있기 때문에 변비가 있거나 마른 사람이나 임신부는 복용을 자제해야 한다.

105 으름덩굴

과명 : 으름덩굴과(Lardizabalacee)

학명 : *Akebia quinata* (Thunb.) Dcne.

생약명 : 목통(木通)

우리나라(황해도 이남) 및 일본 · 중국에 분포하는 덩굴성 관목이다. 건조된 줄기를 사용한다. 이뇨 작용 및 심근 자극 효과와 항균 작용이 있으며, 또한 급성 요도염, 신증후군성 부종과 유선 폐색을 치료하는 데도 사용된다. 콩팥염으로 인해 몸이 붓는 경우, 임산부의 부기, 심장병으로 인해 역시 몸이 붓는 등, 여러 가지 원인으로 몸이 부석부석 붓는 증세에 이 약재를 달여 마시면 부기가 가라앉아 정상으로 돌아온다. 그 외에도 요도염 · 방광염 · 관절염 · 젖 분비 부족 · 월경불순 · 소변곤란 · 수면불량 등에 줄기와 열매를 함께 쓰면 좋은 효과를 본다고 한다. 그러나 과량 복용하면 콩팥 기능의 장애가 일어날 수 있으며 임산부는 약용하지 않는 편이 좋다.

106 은행나무

과명 : 은행나무과(Ginkgoaceae)

학명 : *Ginkgo biloba* L.

영명 : Ginkgo

한자명 : 은행(銀杏), 공손수(公孫樹), 행자목(杏子木), 압각수(鴨脚樹)

중국이 원산지인 나자 식물의 활엽 교목이다. 잎에는 징코라이드가 함유되어 있어서 말초혈관 장애, 노인성치매 등을 치료하고 예방하는 데 획기적인 효과가 있는 것으로 알려져 있다. 특히 한국 은행잎의 유효 성분 함량이 다른 나라의 것보다 20~100배에 달한다고 한다. 열매는 호흡 기능을 활발하게 하여 폐결핵이나 기침에 좋고 가래를 삭이는 역할을 한다. 또한 숙취, 전신피로 회복, 성욕감퇴, 여성대하증, 어린이 야뇨증에 탁월한 효과가 있는 것으로 알려져 있으며, 은행 과즙은 심장 기능과 혈액 순환을 좋게 하고 폐를 튼튼하게 한다고 한다.

107 익모초

과명 : 꿀풀과(Laviatae)

학명 : *Leonurus sibiricus* L.

생약명 : 익모초(益母草)

한국 및 일본 · 중국에 분포하는 다년생 초본으로 육모초라고도 한다. 건조된 지상부를 사용한다. 자궁수축을 항진시키는데, 다량 투여는 심장을 억제하나 소량은 심장을 흥분시킨다. 익모초는 혈관확장제이며 혈압을 저하시킨다. 또한 월경불순과 산후출혈을 치료하고, 출산 후 자궁수축제로 사용하며 또한 급성신염이나 이뇨와 부종 치료에 사용한다.

108 인삼

과명 : 두릅나무과(Araliaceae)

학명 : *Panax ginseng* C. A. Meyer

생약명 : 인삼(人蔘)

인삼은 한국과 중국이 원산지로 추정되며, 뿌리의 형태가 사람을 닮아 인삼이라고 부른다. 약리학적으로 인삼은 생리적 장애가 아주 적은 무해한 약재로 원기 회복 효과가 있는데, 조혈 · 항암 · 면역계를 보강시켜 주며, 정신장애 · 학습 · 기억 · 감각 기능의 개선 효과도 있다.

109 자귀나무

과명 : 콩과(Leguminosae)

학명 : *Albizzia julibrissin* Durazz.

영명 : Silk tree

생약명 : 합환피(合歡皮)

한국(황해도 이남) · 일본 · 이란 · 남아시아에 분포하며 합환목 · 합혼수 · 야합수 · 유정수라고도 한다. 껍질은 요통 · 타박상 · 어혈 · 골절통 등을 치료하는 훌륭한 약재이다. 봄이나 가을철에 껍질을 벗겨 흐르는 물에 5일쯤 담가 두었다가 약으로 쓴다. 물에 담그면 대개 약성이 약해지거나 순해지지만 자귀나무 껍질은 반대로 약성이 더 강해진다. 꽃은 진정약, 건위약으로 쓰며 배당체인 알비토신은 자궁수축 작용이 있으며 껍질 달인 물은 출산을 유도하는 최산 작용이 있다.

110 자작나무

과명 : 자작나무과(Betulaceae)

학명 : *Betula platyphylla* var. *japonica* (Miq.) Hara

생약명 : 백화피(白樺皮)

한국(중부 이북) · 일본에 분포하는 낙엽 활엽 교목으로 깊은 산 양지에서 자란다. 한방에서는 껍질을 이뇨 · 진통 · 해열 · 유종 · 상한 · 유행성 열독창 · 위병 · 피부병 · 자양 강장에 쓴다. 자작나무 수액은 건위 · 이뇨 · 식욕촉진 · 신경안정 · 위장병 및 여성 산후증 등에 효과가 있다 하여 민간요법으로 널리 애용되어 왔다.

111 작약

과명 : 미나리아재비과(Ranunculaceae)

학명 : *Paeonia lactiflora* Pall.

생약명 : 백작(白芍)

한국 및 몽골 · 동시베리아 등지에 분포하는 다년생 초본으로 산지에서 자란다. 보혈 강장약으로도 쓰이는데 혈액이 부족하여 생기는 원기쇠약 · 식은땀 · 현기증 · 지나친 피로 · 잘 먹지 못해 생기는 원기부족 · 노쇠하여 일어나는 신체허약증 등에 효과가 있다. 그 외에 월경불순 · 자궁출혈 · 월경이 멈추지 않는 증세 · 대하증과 같은 부인들의 골치 아픈 증세를 고치는 데 약용한다. 진통 작용이 강하다.

112 잔대

과명 : 초롱꽃과(Campanulaceae)

학명 : *Adenophora triphylla* var. *japonica* Hara.

생약명 : 사삼(沙蔘)

한국 · 일본 · 중국 · 타이완 등지에 분포하며, 뿌리가 도라지 뿌리처럼 희고 굵다. 뿌리에는 해독 작용이 있어서 약물에 의한 중독, 음식물에 의한 중독, 뱀에 물렸을 때 해독에 쓴다. 또한 폐결핵성 기침과 가래를 삭여 주며 강장 효과도 크다. 또한 여성들의 산후풍 · 자궁염 · 생리불순 · 자궁출혈 등 온갖 부인병에도 효과가 있다.

113 장구채

과명 : 석죽과(Caryophyllaceae)

학명 : *Melandrium firmum* (Siebold & Zucc.) Rohrb.

한자명 : 여루채(女婁菜)

원산지는 한국으로 일본 · 중국 · 시베리아 등지에 분포하는 2년생 초본이다. 전초는 여루채, 종자는 왕불류행(王不留行)이라 하며 약용한다. 월경불순 · 젖 부족 · 쇠약 · 인후종양 통증 및 중이염을 치료한다.

114 전호

과명 : 미나리과(Umbelliferae)

학명 : *Anthriscus sylvestris* (L.) Hoffm.

생약명 : 전호(前胡)

한국 · 일본 · 캄차카반도 · 시베리아 · 유럽에 분포하며, 주로 숲 가장자리와 같이 약간 습기가 있는 곳에서 잘 자란다. 건조된 뿌리를 사용하며 주로 진해, 거담제로서 항균 효과와 유행성 독감바이러스에 대해서 항바이러스 작용이 있으며, 관상 혈관을 확장시킨다.

115 절굿대

과명 : 국화과(Compositae)

학명 : *Echinops setifer* Iljin

다년초로 음행초라고도 하며 양지바른 풀밭에서 자란다. 전초를 사용하며 황달 · 타박상에 의한 병증 · 혈리 · 냉 · 대하 · 월경불순 · 적취 · 산후의 어혈정지에 의한 복통을 치료한다.

116 제비꽃

과명 : 제비꽃과(Violaceae)

학명 : *Viola mandshurica* W. Becker

다년초로 한국 · 일본 · 중국 · 시베리아 동부에 분포한다. 불면증이나 변비 · 만성 간염 및 항암 작용이 있으며 각종 화농성 피부 질환에 효과가 있다. 설사 · 오줌이 잘 나오지 않는 증세 · 임파선염 · 황달 · 간염 등에 약초로 쓰인다. 비타민이 풍부한 식물이어서 봄철 춘곤증에 좋다. 무침 · 튀김 · 샐러드로도 이용한다.

117 제비쑥

과명 : 국화과(Compositae)

학명 : *Artemisia japonica* Thunb.

생약명 : 청호(靑蒿), 초호(草蒿)

한국이 원산지이며 일본, 중국에도 분포한다. 다년초로서 백화호(白花蒿), 토자호(土紫蒿)라고도 한다. 강경변 · 간열 · 감기 · 부종 · 설사 · 구내염 · 습진 등에 효과가 있으며, 쇠붙이로 상처가 난 데에 찧어 바르면 통증이 감소하고 새 살이 돋아나게 하는 데 도움을 준다.

118 조

과명 : 벼과(Poaceae)

학명 : *Setaria italica* Beauvos

영명 : Foxtail millet, Italian millet

한자명 : 속(粟)

원산지가 남부아시아의 중국 부근으로 척박하고 강수량이 적은 지역에서 대체작물로 많이 재배되고 있다. 차조의 전분은 대부분 아밀로펙틴으로 조성되어 있다. 꿀 · 떡 · 엿 · 술 등을 만들고 가축사료로도 이용되고 있다.

119 쥐똥나무

과명 : 물푸레나무과(Oleaceae)

학명 : *Ligustrum obtusifolium* Siebold &Zucc.

한국 · 일본 등지의 산기슭이나 계곡에서 자라는 낙엽활엽수이다. 도시 공해에 강하여 흔히 생울타리용으로 심고 한방에서는 열매를 수랍과(水蠟果)라 하여 허약 체질 · 식은땀 · 토혈 · 혈변 등에 사용한다.

120 질경이

과명 : 질경이(Plantaginaceae)

학명 : *Lantago asiatica* L.

한자명 : 차전초(車前草)

한국 · 일본 · 사할린 · 타이완 · 중국 · 시베리아 동부 · 히말라야에 분포하며 풀밭이나 길가, 또는 빈터에서 자란다. 어린잎은 식용한다. 한방에서는 잎을 차전(車前), 종자를 차전자(車前子)라는 약재로 쓰는데, 차전자는 이뇨 작용이 있고, 설사를 멈추게 하며, 간 기능을 활성화하여 어지럼증 · 두통에 효과가 있고, 폐열로 인한 해수에도 효과가 있다. 차전초는 이뇨 작용이 있어 신우신염 · 방광염 · 요로염에 사용한다.

121 찔레나무

과명 : 장미과(Rosaceae)

학명 : *Rosa multiflora* Thunb. var. *multiflore*

덩굴성 낙엽관목으로 한국 · 일본 등지에 분포하며 산기슭이나 볕이 잘 드는 냇가와 골짜기에서 자란다. 한방에서는 열매를 영실(營實)이라는 약재로 쓰는데, 불면증 · 건망증 · 성 기능 감퇴 · 부종에 효과가 있고 이뇨제로도 쓴다. 악창 · 옴 · 버짐 · 습진 등에 내복과 외용을 동시에 하면 큰 효과가 있으며 관절염에도 잘 듣는다.

122 참취

과명 : 국화과(Compositae)

학명 : *Aster scaber* Thunb.

한국이 원산지이며 일본, 만주, 중국 등지에 분포한다. 다년생 초본으로 잎을 식용한다. 전초는 동풍채, 뿌리는 동풍채근(東風菜根)이라 하며 약용한다. 동풍채는 타박상, 독사에 물린 데 쓴다. 뿌리는 활혈 · 장염 · 복통 등에 효과가 있다.

123 천궁(川芎)

과명 : 산형과(Umbelliferae)

학명 : *Lingusticum chuanziang* Hort.

궁궁이라고도 하며 중국 원산의 다년생 초본이다. 심근 수축력을 증가시키고 심박수를 감소시킨다. 한방에서는 뿌리줄기를 진정 · 진통 · 강장에 효능이 있어 두통 · 빈혈증 · 부인병 등에 사용한다. 방향성 식물이며 민간에서는 좀을 예방하기 위해 옷장에 넣어 둔다.

124 천남성(天南星)

과명 : 천남성과(Araceae)

학명 : *Arisaema amurense* var. *serratum* (Nakai) Kitag.

다년초로 한국, 중국에 분포한다. 산지의 그늘지고 습한 곳에서 자란다. 뿌리는 납작한 구슬줄기이고 그 위에 얇은 인편(鱗片)이 줄기를 감싸고 윗부분에서 수염뿌리가 사방으로 퍼진다. 유독성 식물이며, 구경은 진해 · 거담 · 진정, 그리고 구토를 막고 간질병 등에 약재로 쓰인다. 또한 어린이 경풍, 가래가 끓는 심한 기침, 풍증으로 어지러움이 있을 때와 파상풍 · 뼈마디의 통증 · 뇌졸중에 의한 마비에 효과가 있다.

125 칠엽수

과명 : 칠엽수과(Hippocactanaceae)

학명 : *Aesculus turbinata* Blume

일본 원산으로 낙엽 활엽 교목이다. 잎이 일곱 갈래 정도로 갈라져 있는 장상복엽이다. 과실 또는 종자를 사라자(娑羅子)라 하며 약용한다. 살충, 말라리아, 이질에 사용한다.

126 칡

과명 : 콩과(Leguminosae)

학명 : *Pueraria thunbergiana* (Willd) Ohwi

생약명 : 갈근(葛根)

다년생 덩굴성 목본으로 산기슭의 양지에서 자란다. 갈근은 관상동맥 혈류를 증가시키고 심근의 산소 소비량을 감소시킨다. 또한 뇌혈관의 저항을 감소시켜 뇌혈류를 증가시키며 특히 신성고혈압에서의 혈압 강하 효과가 있어서 협심증이나 고혈압의 치료에도 사용되고 구갈을 해소시키는 데 사용하기도 한다. 술을 많이 마신 후의 갈증에 좋고 주독을 풀어 준다.

127 파

과명 : 백합과(Liliaceae)

학명 : *Allium fistulosum* L.

영명 : Welsh onion

한자명 : 총(蔥), 대총(大蔥)

중국의 서부가 원산지라고 알려 있다. 알리신이 비타민 B_1을 활성화하여 특정 병원균에 대해 강한 살균력 작용이 있으며, 또한 건위 · 살균 · 이뇨 · 발한 · 정장 · 구충 · 거담 등의 효과가 있다.

128 팥

과명 : 콩과(Leguminosae)

학명 : *Phaseolus angularis* (Willd.) Ohwi & H.Ohashi

영명 : Red bean

한자명 : 소두(小豆), 적소두(赤小豆)

중국 원산으로 생육 기간이 짧아 흉작기의 구황작물, 대파작물로서 중요한 단백질 식품원으로 이용되어 왔다. 팥은 소장을 통하게 하고, 종양을 없애고, 고름을 배출하고, 해독하는 작용이 있으나 오랫동안 먹으면 몸을 마르게 한다고 한다. 소변을 통하게 하고 몸속의 습기를 제거해 준다. 신장염에 의한 부종에 많이 사용되며, 율무나 질경이 씨와 함께 달여 먹으면 더욱 효과가 좋다. 간경화증이나 복수(腹水)에 좋고 황달에도 효과가 있다.

129 패랭이

과명 : 석죽과(Caryophyllaceae)

학명 : *Dianthus sinensis* L.

생약명 : 구맥(瞿麥)

들녘에 나는 다년생 초본으로 잎과 꽃의 모양이 카네이션과 비슷하다. 건조된 지상부를 사용하며 정유는 해열과 이뇨 작용이 있다. 요로 감염을 치료하고 배뇨 곤란을 경감시키는 데 사용하며, 항균과 항암 효과도 나타낸다. 탄산칼슘과 함께 전탕하면 식도암과 직장암의 치료에 효과가 있다고 한다. 뿌리를 너무 많이 약용하면 유산 가능성이 있으므로 임산부는 삼가야 한다. 민간에서는 잎과 줄기를 강심약 · 자궁출혈 · 살충 · 강장약으로 썼으며, 꽃과 씨는 진통 · 산통 · 두통 · 신경증에 사용하여 왔다.

130 패모(貝母)

과명 : 백합과(Liliaceae)

학명 : *Fritillarina ussuriensis* Maxim.

한국 원산으로 만주에도 분포한다. 북부지방의 산지에 자생하며 중부지방에서 대부분 재배하고 있는 다년초이다. 인경을 패모라고 하며 약용한다. 청열 · 진해 · 해독 효과가 있다.

131 표고버섯

과명 : 송이과

학명 : *Lentinus edodes* (Berk.) Pegler

내한성 · 내염성(內鹽性)이 강하며 강우량이 많고 온난한 지방의 산야에서 자생한다. 한국을 비롯하여 아시아권 해발 1,000미터에서 1,500미터의 고랭지대가 산지로 알려져 있다. 뼈와 장기 발육에 필요한 비타민 D와 단백질 및 철 · 인 등 필수 미네랄이 다량 함유되어 있다. 또한 간장질환 · 고혈압에 좋다. 최근 암 예방에 효과가 있다고 알려져 있다.

132 해바라기

과명 : 국화과(Compositae)

학명 : *Helianthus annuus* L.

영명 : Sunflower

한자명 : 향일규(向日葵)

북미 온대가 원산지인 해바라기는 1년생 초본 또는 다년생 초본으로 키가 12m 되는 관목형도 있다. 해바라기 씨는 고름과 이질을 치료하며, 뿌리는 장을 부드럽게 하여 변을 잘 보게 하고, 타박상을 치료한다. 수액은 임질과 요로결석, 배뇨곤란에 효과가 있고, 꽃은 눈을 밝게 하며, 거풍한다. 꽃받침은 눈이 침침한 데나 두통 · 치통 · 복통 · 월경통을 치료하며, 깍지는 귀울림에 사용한다.

133 현삼

과명 : 현삼과(Scrophulariaceae)

학명 : *Scrophularia buergeriana* Miq.

생약명 : 현삼(玄蔘)

한국 · 중국 · 일본 등지에 분포하며 다년생 초본이다. 항균 및 해독 효능이 있으며, 이 외에도 담즙 분비를 촉진하며 모세혈관 투과성을 감소시킨다. 영양제나 보양제로도 작용되며, 항균 작용이 있어서 인후염 · 종기 · 림프선염에 사용한다. 그 외에 편도선염 · 인후염 · 기관지염 · 뇌염 · 변비 등에도 쓰인다. 민간에서는 생잎을 짓찧어서 찜질용으로 썼고 피부병에 붙였다고 한다. 잎 줄기를 달여서 후두염, 잇몸병, 결막염에 써 왔다. 그러나 너무 많이 쓰면 심근이 마비될 염려가 있으며 구토 설사가 일어난다.

134 호박

과명 : 박과(Cucurbitaceae)

학명 : Cucurbita spp.

영명 : *Gourd, Pumpkin*, Squash

한자명 : 남과(南瓜)

호박은 중앙 · 남아메리카에 현재 30여 종 분포하고 있는 것으로 알려져 있으나 크게 1년생과 다년생이 있다. 씨 속의 지방은 질이 좋은 불포화지방으로 되어 있으며, 머리를 좋아지게 하는 레시틴과 필수아미노산이 많이 들어 있다. 또한 아미노산과 비타민 B군이 풍부한데, 아미노산은 비타민 B_1 · B_2와 합해지면 추진력이 생기고, 비타민 B_6 · 판토텐산이 합해지면 억제력이 더욱 강해져서 학습에 능률이 오른다고 한다. 호박씨는 혈압, 촌충 구제 및 천식 치료에도 쓰여 왔으며 기침이 심할 때 구워서 설탕이나 꿀과 섞어 먹으면 효과가 있고 최유 작용이 있어서 젖이 부족한 산모에게 좋다고 한다.

IV. 허브와 향기요법

1. 허브의 어원과 역사

1) 허브의 어원과 의미

(1) 허브의 어원

허브(herb)는 원래 초본 식물을 의미하는 푸른 풀이라는 라틴어 헤르바(herba)에서 유래되었으나 냄새가 나는 초본 식물이라는 의미가 강하다. 고대에는 향과 약초라는 의미로 사용되었다. 기원전 4세기경 그리스의 아리스토텔레스(Aristoteles, BC 384~322)의 식물원 원장으로 기원전 4세기경 문헌상에 나타나 있는 아리스토텔레스의 제자인 테오프라스토스(Theophrastos, BC 372~288)가 그의 저술 『식물지(Historia Plantarum)』에서 식물을 쌍자엽 식물과 단자엽 식물로 분류하면서 이들 식물들을 교목(tree), 관목(shrub), 초본(herb)으로 나누어 초본이라는 의미로 처음 '허브(herb)'를 사용하였다. 그러나 현대에는 꽃 · 종자 · 줄기 · 잎 · 뿌리가 약 · 요리 · 향료 · 살균 · 살충 등에 이용되는 인간에게 유용한 식물을 광범위한 의미로 허브라고 한다.

(2) 허브의 의미

건강과 미용의 의미를 강조하여 허브(herb)의 알파벳인 HERB를 풀어서 건강(Health), 식용(Edible), 원기 회복(Refresh), 미용(Beauty)에 이용하는 식물이라는 의미로 생활 속에서 이용하고 있다. 허브요법(herbtherapy)은 주로 수용성 성분을 치료에 이용하는 것이며 향기요법(aromatherapy)은 지용성 성분을 이용한다.

2) 허브의 역사

(1) 고대

허브는 고대인들에게 약초로서 큰 힘을 발휘하였다. 중국에서는 기원전 5,000년경부터 허브를 사용하였으며 이집트에서는 기원전 2,800년경에, 그리고 바빌로니아에서는 기원전 2,000년경에 허브를 사용하였다.

BC 1,700년경에 만들어진 바빌론의 함무라비(Hammurabi) 법전에 "만약 환자를 죽음에 이르게 한 책임이 외과의사에게 있다고 인정될 때는 그 수술한 외과의사의 손목을 절단한다"고 정하고 있어서 대개의 의사들이 외과수술을 피하고 식물을 약으로 써서 치료하게 되어 많은 유용 식물들이 개발되는 계기가 되었다. 이집트에서 발견된 BC 1550년에 쓰인 파피루스에는 약 800여 종의 약초가 열거되어 있었다.

고대의 메소포타미아 문명이나 이집트 문명이 고대 그리스에서는 더욱 찬란한 꽃을 피웠다. 허브에 대한 지식은 그리스에 계승되면서 발전을 거듭했다. BC 500~400년경의 의술의 아버지라고 불리는 "히포크라테스"는 400여 종의 약초 치료법을 기술하였는데 지금도 그 절반 이상이 향기요법으로 이용되고 있다. BC 330년경에는 마케도니아의 알렉산더대왕에 의하여 동양의 스파이스(spice)가 유럽에 전해지게 되었다. 로마시대의 학자 디오스코링데스가 BC 1세기에 저술한 약학, 의학, 식물학의 원전인 『약물지』에는 600여 종의 허브가 기록되어 있다.

(2) 중세

중세의 시작이라고 하는 게르만족의 이동은 허브의 세계에 새로운 전기를 열었다. AD 4세기경에 동부, 북부, 서부로 나뉘어 진출하였는데 그들이 생활했던 중부유럽의 음울하고 한랭다습한 고층습원의 삼림지대는 식용 식물이나 채소, 과일 등이 거의 없는 열악한 자연 조건이어서 주식인 고기의 방부보존이 중요한 과제였다. 그래서 여기에 쓰인 허브나 스파이스의 역할은 어느 지역보다도 중요했고 또한 절대적이어서 그들의 이동에 따라 많은 향신료들이 유럽으로 들어오게 되었다. 그리스인에 의해 상품화된 동양의 허브나 스파이스는 그 후 십자군, 로마인, 아랍상인들의 손을 거치면서 실크로드를 따라 유럽의 구석구석까지 퍼져 갔는데 이때는 약초나 향초의 영역에서 약용채소와 향신료의 역할도 컸던 것을 알 수 있다.

로마제국이 멸망하고 중세의 암흑시대에도 허브만은 그들이 퍼트린 곳에서 쇠퇴하지 않고 성채의 장원이나 수도원에서 약초로서 재배되어 점차 일반 민가에서도 가꾸어지게 되고 일상생활에 이용하게 되면서 일상생활에 빠질 수 없는 중요한 위치를 굳히게 되었다. 당시의 유럽이나 지중해연안, 서남아시아 등의 모든 허브가 식용을 위해 재배되었다.

(3) 근대

근대의 막을 연 항해시대와 그 뒤를 이은 식민지 획득 경쟁시대에는 허브의 역사가 바로 스파이스의 역사라고 할 수 있다. 유럽에서 스파이스의 대표는 후추(pepper)이다. 후추는 인도가 원산지로서 수천 년 전부터 조미료로 사용하고 있었다. 인도에서 실크로드를 따라 전해진 후추는 그리스, 로마시대부터 유럽에서는 보석처럼 귀하게 여겼는데 순은제 항아리에 넣어서 소중하게 다루었다. 유럽 사람들은 후추를 얻기 위하여 막대한 투자와 목숨을 건 모험도 서슴지 않았다. 후추를 비롯한 여러 가지 스파이스를 얻고자 시작된 유럽 열강의 대항해는 동양을 지배하는 식민지 획득으로 변하였고 뜻밖의 미지의 대륙을 발견하는 계기가 되었다. 콜럼버스가 미대륙을 재발견하고 스페인 원정대가 멕시코를 식민지화하면서 미대륙 원주민의 허브와 스파이스에 대한 지식과 새로운 식물 자원이 유럽에 전해졌으며 이 식물들이 다시 전 세계로 퍼져나갔다.

(4) 현대

르네상스 이후 그리스에서 허브의 약리 연구가 시작되면서 식물 성분의 분석 기술이 발달하게 되고 유효 성분을 합성하려는 연구가 시작되었다. 18세기부터 시작된 합성화학공업, 약품 제조공업이 발전하면서 산업혁명의 물결을 타고 화학과 공업이 눈부시게 발전하여 도시생활이 크게 변모하면서 자연에 바탕을 둔 허브는 서서히 잊혀져 갔다. 그러나 20세기 후반 월남전을 계기로 인간성 회복이 주장되면서 경제 최우선, 과학 만능이 만들어 놓은 합성 신약, 합성 조미료, 합성 방부제, 보존제, 첨가제 등에서 파생되는 부작용과 공해 등의 문제가 빈발하자 뉴에이지 운동 등, 자연으로 돌아가자는 의식에 편승하여 허브가 다시 각광을 받게 되었다. 그 결과 유럽 각국은 물론 이웃 일본에서도 허브의 재배와 이용이 일반화되었다. 근래에 허브는 고대로부터 전승되어 온 치료목적의 약초라는 역할도 크지만 요리나 미용, 장식 등 다양한 방법으로 건강 증진을 위한 신체적, 정신적 스트레스 해소와 웰빙을 위한 일상의 식물로 각광받고 있다.

2. 허브의 이용

허브는 주로 꿀풀과 · 지치과 · 국화과 · 미나리과 · 백합과 식물들로 지구상에 약 2천 5백여 종으로 대부분 지중해 지역을 중심으로 한 외국산이지만 창포 · 마늘 · 파 · 고추 · 쑥 · 익모초 · 향유 · 방아풀과 같은 한국 각종 토종 산야초들도 새로운 관심이 되고 있다.

1) 약용 허브

(1) 약용 허브

허브는 약초이다. 각종 질환에 치료 효과를 발휘하는 약효 성분을 지니고 있는 허브는 차나 술로 담가 그 성분을 우려내 건강에 도움을 얻고 있는데 이러한 방법을 보통 허브요법이라고 하며 최근에는 지용성 정유를 추출해 치료에 이용하는 향기요법이 관심을 끌고 있다. 약용으로 사용하는 방법으로는 차, 탕, 습포, 목욕, 공기 흡입법 등 다양하다.

(2) 방충 허브

허브가 가지고 있는 천연 성분 중에는 방충, 방부 및 해충 구제와 식료품 및 의류 보존에 이용되는 것들도 있다. 허브들 중에는 사람에게는 거부감이나 건강상 해가 없는 방향성 물질을 분비하여 해충을 침범하지 못하게 하거나 심지어는 죽게까지도 하는 것들이 있다. 월계수 잎은 곤충을 퇴치하며 페니로열은 벼룩을 침범하지 못하게 한다. 라벤더 · 커스트마리 · 탄지 · 서던우드 · 웜우드 · 머그우드 등은 나방을 퇴치하며, 민트는 파리를 퇴치해 준다. 특히 라벤더 꽃은 모기를 쫓는 데 효과적이다. 독특한 향으로 모기의 접근을 차단하기 때문에 라벤더 오일을 바르면 모기에 물리는 것을 예방할 수도 있다. 또한 라벤더 꽃과 소금을 섞어 만든 가루를 목욕물에 풀어 사용하면 향이 몸에 배어 야외에서의 모기 접근을 막을 수도 있다. 특히 근래에는 구문초라 하여 잎을 만지면 강한 향기가 퍼지는 제라늄이 모기 퇴치에 큰 역할을 하여 각광을 받고 있다. 탄지의 진녹색 잎에는 강렬하면서도 산뜻한 방향 물질이 있어서 파리와 모기의 접근을 막는 데 효과가 있다. 타임의 말린꽃은 향기가 옷장 안에 스며들어 좀약과 같은 효과를 낸다.

2) 식용 허브

허브는 일반 야채와 마찬가지의 영양적 가치가 있지만 특히 향신채로서의 그 가치가 높다. 허브는 예부터 요리 재료의 잡맛을 제거하고 독특한 향을 부여하는 용도로 사용되어 왔다. 예전에는 말린 허브 형태로 주로 사용되어 왔지만 시설재배가 가능해지면서 신선한 허브를 사시사철 이용하게 되었다.

(1) 식용 허브

기본적으로 식용 허브는 식품의 변질 방지와 보존과 함께 육류와 생선의 누린내, 비린내를 제거하는 데 사용하였다. 또한 샐러드 및 각종 요리에 독특한 향미를 부여할 뿐만 아니라 근래에는 허브 특유의 기능성이 주목받고 있다.

① 향신료 허브

향신료는 스파이스(spice)라고 하는데 식물의 꽃, 열매, 씨, 잎, 수피, 뿌리 등에서 얻어지며 대표적인 것이 후추이다. 향신료는 방향 자극과 풍미에 의하여 식욕을 촉진한다. 향이 잘 없어지지 않아 고온이나 오랜 시간의 조리를 요하는 요리에는 타임 · 파슬리 · 월계수 · 히숍 · 펜넬 · 로즈

〈표 4-1〉 향신료 허브의 용도와 종류

용도	허브 종류
기초양념, 후추대용	썸머세이보리 · 바질 · 나스터춤
설탕대용, 단맛	스테비아 · 앤젤리카 · 레몬밤 · 레몬타임
소금대용	마조람
비린내 제거	로즈메리
요리 장식용	나스터춤 · 보리지 · 애플민트 · 차이브 · 딜 · 파슬리 · 타임 · 로즈메리

메리 · 세이보리 · 오레가노 · 세이지 · 샐러리 등을 사용하며, 향이 오래가지 않아 요리가 끝날 때 쯤 첨가하거나 열을 가하지 않는 요리에는 딜 · 민트 · 코리안더 · 타라곤 · 차빌 · 차이브 · 레몬버베나 등을 사용한다(〈표 4-1〉).

② 요리 허브

허브는 채소이다. 허브는 음식의 맛과 향을 내는 향신료로서만 아니라 그 자체로서 요리의 주 재료가 되는 것도 많다. 일반적으로 영양분이 들어 있어서 식용으로 재배하는 풀이 채소지만 허브도 비타민과 무기질을 비롯한 각종 미량 영양소를 풍부하게 가지고 있어 적당히 사용하면 요리 시 향과 맛은 물론, 영양을 더하므로 두루 이용된다. 샐러드로 이용될 수 있는 한련화, 민들레 그리고 치커리 등을 들 수 있고 또한 뿌리를 요리해서 먹을 수 있는 것으로는 펜넬이 있다. 냉이와 질경이, 양파도 대표적인 채소 허브 중의 하나기도 하다(〈표 4-2〉, 〈표 4-3〉).

〈표 4-2〉 요리 종류와 향신료 허브

용도	허브 종류
쇠고기 요리	로럴 · 세이지 · 타임 · 파슬리 · 민트 · 로즈메리 · 차이브 · 월계수 · 히솝
돼지고기 요리	오레가노 · 세이지 · 타임 · 바질 · 로즈메리 · 차이브 · 월계수
양고기 요리	코리안더 · 타임 · 바질 · 로즈메리
닭고기 요리	타임 · 타라곤 · 파슬리 · 로즈메리 · 로럴 · 타임 · 타라곤 · 파슬리 · 로즈메리 · 월계수
내장류 요리	윈터세이보리 · 오레가노 · 세이지 · 샐러리 · 파슬리 · 로럴
생선 요리	스위트마조람 · 샐러리 · 타임 · 타라곤 · 딜 · 펜넬 · 파슬리 · 차이브
계란 요리	코리안더 · 타라곤 · 차빌 · 이브 · 딜 · 바질 · 파슬리
야채 요리	세이보리 · 샐러리 · 타임 · 차이브 · 딜 · 바질 · 파슬리 · 민트 · 로즈메리 · 오레가노 · 세이지 · 나스터춤
쌈	워터 크레스
감자 요리	딜 · 로즈메리
샐러드	바질 · 민트 · 보리지 · 파슬리 · 샐러리 · 로켓 · 러비지 (샐러드소스: 펜넬 · 딜)
쿠키	라벤더 · 사프란 · 캐모마일 · 로즈메리 · 민트 · 타임
피자	바질 · 오레가노
피클	월계수 · 딜
수프/스튜	고기 수프(펜넬 · 딜) · 야채 수프(파슬리) · 토마토 수프(바질)

〈표 4-3〉 허브와 요리 종류

요리 허브	요리 종류
바질	계란 · 쇠고기 · 토마토
캐러웨이	당근 · 양배추 · 돼지고기 · 샐러드
차빌	닭요리 · 생선요리
차이브	계란 · 치즈 · 토마토 · 샐러드
딜	생선요리 · 계란 · 피클
펜넬	생선요리 · 샐러드 · 수프
히솝	돼지고기 · 샐러드
레몬밤	생선요리 · 닭요리
러비지	샐러드 · 스튜 · 수프
마조람	생선요리 · 쇠고기 · 토마토 · 감자 · 피자
민트	양고기 요리 · 닭고기 요리
파슬리	생선요리 · 닭요리 · 감자 · 수프
로즈메리	양고기 · 닭고기 요리
세이지	돼지고기 요리 · 오리고기 요리 · 양파
세이보리	콩요리
소렐	샐러드 · 수프
타라곤	생선 · 닭요리 · 토마토 · 채소
타임	쇠고기 · 생선 · 닭요리 · 채소
커리웨이	커리 원료
오레가노	피자

③ 임산부가 주의해야 할 허브

임산부가 주의해야 할 허브에는 펜넬 · 레이디스 맨틀 · 로만 캐모마일 · 야로우 · 루바버 · 페퍼민트 · 피버퓨 · 유칼리 등이 있는데 많이 먹지 않는다면 문제가 되지 않지만 주의하는 것이 좋다. 그러나 류 · 패션프루트의 잎 · 허니서클의 열매 · 컴프리의 뿌리 등은 피하여야 한다.

(2) **식용화(食用花)**

식용화는 좁은 의미로는 음식의 맛, 모양, 빛과 향기를 돋우기 위해 사용되는 꽃을 말하며 넓은 의미로는 초본에서 목본까지의 꽃 중에서 식용이 가능한 모든 꽃을 말한다.

① 식품적 가치

꽃에는 일반적으로 꽃가루 속에는 35%의 단백질, 22종의 필수 아미노산, 12종의 비타민, 16종의 미네랄을 함유하고 있다. 또 꽃잎 자체에도 갖가지 영양소가 들어 있는데 금잔화의 경우 100g당 칼륨 410mg, 카로틴 1,900mg 정도 들어 있으며, 하와이 무궁화나 국화 등의 경우에는 식물성 섬유질이 다량 함유되어 있어 변비를 방지하거나 개선하는 효과가 있다.

② 요리의 풍미와 미적 가치

식용화는 식품적 영양 가치 이외에 요리에 향기를 더해 주기 때문에 요리의 풍미를 더해 준다. 또 아름다운 꽃을 이용하기 때문에 요리의 미적인 가치를 더욱 향상시켜 식욕을 북돋우는 장점이 있다.

③ 식용화의 역사

한국은 꽃을 생활 속에서 식용으로 다양하게 이용하였다. 진달래꽃을 따먹고 송화주, 국화주를 담그며, 화전을 만들어 먹었다. 또 남부지방에서는 동백꽃 잎을 튀겨 먹거나 설탕에 재어 먹기도 하고 원추리 꽃을 간장에 무친 후 기름에 볶아 소금으로 간을 맞추어 식용하거나 국거리로 이용해 왔다.

중국은 꽃을 식품에 이용한 역사가 길며 품목도 다양한 편이다. 당(唐)대 측천무후 때 궁녀에게 백화를 채집하여 쌀을 빻아 쪄서 백화 떡을 만들어 신하에게 나누어 준 이후 화찬(花饌)이 유행되었다는 일화가 유명하다.

서양에서 꽃을 식용으로 이용한 것은 중세 유럽의 경우 일반적인 일이었다. 주로 음식에 향을 내거나 약용으로 많이 이용하였다. 이 외에도 꽃을 캔디로 만들거나 음료, 샐러드에 이용한 예가 많이 있다.

④ 식용화의 종류

일반적으로 맛과 향에 거부감이 없는 것이 식용화로 이용되고 있다. 그러나 실제 이용할 때는 검증된 꽃만 쓰는 것이 좋으며 꼭 새로운 것을 이용하고 싶으면 패치테스트로 확인한 후 소량 섭취하여 재확인하도록 한다. 나물처럼 우려내어 사용하는 것이 아니므로 식용화의 범위는 좁다. 진달래꽃은 먹을 수 있지만 철쭉꽃은 독이 있다. 톡 쏘는 매운맛이 있는 한련화 꽃은 가장 많이 사용되는 식용화로 비빔밥이나 샐러드, 또는 샌드위치에 사용하는데 색과 맛, 모양이 좋고 잎도 이용이 가능하다. 황색의 금잔화 꽃은 요리를 해도 변색이 적고 맛이 좋다. 거친 피부를 부드럽게 하고, 발한, 정화 작용이 있다. 금어초 꽃은 모양이 특이하고 색이 다양하여 요리를 장식하기에 좋다. 또한 맛과 향기가 담백하여 용도가 다양하며 계절에 따라 약간 쓴맛이 나기기도 한다. 데이지 꽃은 단맛이 나고 씹는 맛이 있으며 베고니아는 빨강이나 흰색, 분홍색의 꽃으로 강한 신맛이 있어서 샐러드 · 마요네즈 · 소스 · 잼 등에 사용하면 좋다. 수량은 적지만 매운맛이 나는 할미꽃의 붉은 꽃잎도 색다른 풍미를 낸다(〈표 4-4〉).

〈표 4-4〉 식용화의 종류와 특징

종류	특징	용도
한련화	꽃의 색과 맛 · 모양 · 잎 이용	비빔밥 · 샐러드 · 샌드위치
금잔화	황색 · 변색 적음 · 맛	피부 미용 · 발한 · 정화 작용
금어초	금붕어 모양 · 꽃색 다양,	요리 장식
데이지	단맛	비빔밥 · 샐러드
베고니아	다양한 꽃색 · 신맛	샐러드 · 소스 · 잼 · 마요네즈
보리지	푸른색 꽃	샐러드 · 과자 · 음료 · 인후염증 · 기침 · 강장
바이올렛	향제비꽃	다양한 허브 요리
앵초	보라색 · 분홍색	다양한 허브 요리
임파첸스	아프리카 봉선화	과자 · 샐러드
장미	긴 역사 · 색 · 맛 · 향기	잼 · 허브차 · 젤리 · 술
제라늄	독특한 향기	과자 · 음료수 · 빵
주리안	풍부한 색 · 향기 · 맛	다양한 요리
콘플라워	가열 탈색 · 생 꽃잎	기관지 질환
팬지	삼색제비꽃 · 향기 · 꽃색 불변	다양한 요리
금송화	매리골드 · 독특한 향	샐러드
할미꽃	매운맛	샐러드 장식

(3) 음료 허브

음료에 사용되는 허브는 와인을 비롯한 많은 알코올 음료와 펀치 등의 청량음료에 이용되고 있으며, 특히 보리지는 음료 허브의 여왕으로 알려져 있다. 매리골드의 꽃은 여러 가지 음료를 만들 수 있으며, 이 밖에 파슬리 · 클라리 세이지 · 앤젤리카 · 레몬밤 · 레몬버베나 · 민트 · 로즈메리 등은 와인의 향을 내는 데 사용된다. 펀치를 만드는 데는 민트 · 레몬버베나 · 레몬밤 등이 애용된다.

3) 허브차

허브는 약효 성분이 있어서 목적에 맞추어 차로 이용하여 왔다. 주로 허브의 잎이나 꽃으로 만드는 허브차는 식물에 포함되어 있는 유효 성분을 따뜻한 물에 녹여 낸 자연적인 건강음료이다.

(1) 만드는 방법

① 용기와 재료

허브차를 위한 물은 빛과 향의 보존을 위하여 철분이 없는 유리나 도자기 또는 법랑으로 만든 포트를 이용하도록 한다. 1인분을 기준으로 할 때 생잎은 보통 2~4장, 생화는 2~3송이, 마디인 경우 2~3마디 정도면 된다. 드라이 허브의 경우는 생잎의 1/2이나 1/3 정도 적당하여 건조 허브는 작은 스푼 1개, 생잎은 큰 스푼 1개 분량이 적당하나 허브 향의 강약에 따라 양을 조절한다. 허브의 양이 결정되면 100°C 정도의 뜨거운 물을 부어 우려내는데, 뚜껑을 덮어 향기와 성분이 날아가지 않도록 한다. 신선한 허브는 4~5분, 건조한 허브는 3분 정도 우려내면 된다.

② 허브차의 블렌딩(blending)

허브차는 효과나 개성에 있어서 블렌딩의 차별화가 좋은 아이템이 될 수 있다. 블렌딩의 기본은 비슷한 약효를 가진 허브끼리 적절히 섞으면 시너지 효과를 얻을 수 있으며 민트류, 로즈힙, 신맛이 강한 히비스커스, 레몬류와 같이 맛이 좋아지는 허브를 조합하여 기능과 맛의 조화시킨 다음, 개인의 취향에 따라 꿀, 설탕, 스테비아 등을 첨가하여도 좋으며 커피, 홍차, 주스 등도 이용 가능하다.

(2) 허브차의 효과

허브차는 피로를 감소시키고 사유와 기억력 강화에 도움을 주며 신진대사를 촉진시켜 심장, 혈관, 위장 등의 기능을 정상화한다. 혈관 내 플러그가 쌓이는 것을 방지하여 동맥경화, 고혈압과 뇌경색이 오는 것을 방지할 수 있으며 중추신경을 흥분시켜 운동능력을 증강시킨다. 또한 조혈 기능이 있으며 컴퓨터나 텔레비전을 시청할 때 차를 마신다면 텔레비전에서 나오는 유해파 복사를 막는 성분이 있어서 시력을 보호해 주며 백내장 예방에도 도움을 준다.

허브차는 다양한 이온 성분과 카페인, 디오필린, 디오브로민 같은 생리 활성 물질들이 들어 있는 양질의 알카리성 음료로 체내에 신속히 흡수되어 산성체질 개선에 도움을 준다. 허브차 가운

데는 인체에 유익한 아연과 같은 미량원소가 적지 않게 포함되어 있고 항산화 물질이 풍부하여 항암 작용과 노화 억제 작용이 탁월하다. 또한 미용에도 효과가 있으며 여름철에는 체온을 낮추어 더위를 이겨내게 한다.

(3) 허브차 음용 요령

허브차는 대부분이 독성이 없고 해롭지 않기 때문에 양을 정확하게 재지 않아도 큰 문제는 없다. 그러나 일반적으로 지나치게 많은 것보다는 약간 적은 용량으로 허브를 이용하는 것이 좋다.

① 허브차를 마시는 적당한 시간과 방법

허브차는 아침 일찍 공복에 마시고 저녁 때 잠자기 전에 한 잔 마시는 것도 좋다. 정오, 특히 점심을 먹고 몇 시간이 지난 오후에 추가로 마시면 더욱 좋다. 특별한 이유가 없는 경우에는 차를 빈속에 마시면 차에 들어 있는 유용 성분의 흡수에 좋다. 또한 허브차는 한여름에 꼭 필요할 때가 아니고서는 따뜻하게 마시는 것이 흡수나 신진대사에 좋다. 약용으로 마시는 차는 조금씩 한 모금씩 천천히 마시도록 하여 허브의 성분이 몸과 마음이 조화를 이루어 병에 대한 방어력을 강화하는 데 도움이 되도록 한다.

② 유의 사항

허브의 강한 약효 성분이 몸에 영향을 미칠 수 있으므로 수면에 도움을 줄 수 있는 타임류 외에는 피하는 것이 좋다. 또한 식사 직후에도 마시지 않는 것이 좋다. 허브는 자신의 기호에 맞게 2~3종류의 허브를 블렌딩하면 상승 효과가 있지만 처음 마실 때는 한 종류씩 마셔서 자기 몸에 맞는 차를 찾도록 하여야 한다. 허브차는 재탕이 가능하며 찌꺼기는 건조시켜 포푸리(potpourri)용으로 사용해도 좋다.

(4) 허브차의 주요 물질과 작용

① 비타민과 미네랄

허브차 속에는 에너지원이 되는 영양 성분보다는 생체 내 기능을 조절하는 비타민과 미네랄 같은 영양소가 함유되어 있다. 이들 물질들은 신진대사를 활발히 하며 면역체계 강화에 도움을 준다. 허브 중에 금잔화에는 비타민 A가 많고, 페퍼민트에는 비타민 B가 그리고 들장미 열매에는 비타민 C가 많이 있다. 한편 미네랄이 많은 허브 중에 넷틀은 철분, 세이지는 아연 그리고 속새는 규소를 많이 함유하고 있다.

② 알칼로이드(Alkaloid)

알카로이드는 염기성 물질로서 '치료하는 독약'이라고 불려지기도 한다. 알카로이드의 효과는 다양하여 아코니틴이나 스트리키니네 같은 독성 물질이나 코데인, 모르핀 같은 치료 물질도 있지만 일반적으로 허브에 있는 카페인과 니코틴은 신경체계와 근육체계 내에서 작용을 하여 혈액 순환과 호르몬 분비를 촉진한다.

③ 고미실(Amara)

'아마라(amara)'라고 하는 허브의 쓴맛 물질인 고미질은 구성 성분에 따라서 세 부류로 분류된다. 순수 아마라라고 불리는 아마라 토니카 허브에는 센토리와 용담이 있다. 두 번째 부류인 아마라 아로마티카는 웜우드와 같이 고미질 이외에 항균 작용을 하는 정유를 포함하는 허브를 말하며 세 번째 부류인 아마라 아크리아는 생강과 같이 쓴맛과 매운맛이 함께 있는 복수의 맛이 나는 것이 특징이다. 이들 아마라의 공통점인 쓴맛은 식욕을 돋우어 소화를 촉진하며 신경쇠약과 잘 지치고 자주 병에 걸리는 사람들에게 효과가 있다.

④ 타닌(Tanning agent)

타닌은 피부나 점막의 단백질을 응고하게 하여 저항력이 강하고 용해되지 않는 물질로 변화시켜 미생물의 먹이가 되는 기질은 감소시키고 피부는 더 많은 저항력이 생기게 하여 세균과 진균류에 방어 작용을 한다. 그래서 염증과 습진 그리고 가려움증과 관련이 있는 피부병에 도움을 준다. 또한 수렴 작용 때문에 과도한 땀의 분비와 설사에도 효과가 있다. 그러나 잘못 이용하면 피부나 점막에 자극을 주는 경우가 수 있다.

⑤ 배당체(Glycoside)

배당체는 당과 결합되어 있는 유기물을 말하는데 당 성분이 아닌 아글리콘이 유용한 작용을 한다. 식용화인 한련화의 시니그린은 항균 작용이 있어서 식중독을 방지하며 외용으로는 겨자고약으로 피부 질환에 사용한다.

⑥ 플라빈(Flavin)

플라빈류는 화학적 기본구조에서는 서로 비슷하지만 화학적, 물리적 특성은 서로 달라서 다양한 효과가 있다. 플라빈의 전형적인 효능은 경련 해소, 항생 작용, 완화 작용, 항산화 작용, 항암 작용 및 항우울 작용 등 다양하다.

⑦ 사포닌(Saponin)

비누풀이라고 불리는 소프워트는 옛날에 피부나 옷을 씻는 데 사용하였는데 사포닌은 이처럼 거품이 나는 천연 유기성분이다. 사포닌은 건강과 관련된 다양한 약성을 지니고 있어서 기침, 정혈, 류머티즘과 피부병 등에 효과가 있다. 그러나 사포닌은 미세량의 작용 요소들이 작용성이 높아져 위장 점막을 자극하므로 적은 양을 알맞게 사용하여야 한다.

⑧ 쿠마린(Coumarin)

벤조-α-피론이라고도 하며 미량이지만 각종 식물, 특히 열매에 함유되어 있다. 풀이 마를 때 나는 냄새를 지녀 향료로 사용된다. 쿠마린 중에는 응고를 억제하는 작용을 하기도 하고, 또 어떤 것들은 벌레를 쫓는 작용도 한다.

⑨ 점액질(Mucilage)

점액질을 함유하고 있는 식물은 대단히 많으나, 그중에서 치료용으로 이용되는 허브는 많지 않다. 많은 점액질을 함유하고 있는 것에는 마시 말로우와 아마 씨가 있다. 점액질을 물과 혼합하면 끈적끈적한 액체가 생성되는데 화학적 성분은 탄수화물류이다. 점액질은 마치 제2의 피부처럼 염증이 난 부위에서 피부나 점막을 보호하여 치료에 도움을 준다.

⑩ 솔라닌(Solanin)

솔라닌은 가지과 식물의 주로 푸른 부분에 함유되어 있는데 소화 작용을 억제하는 독성 기능이 있지만 진정 작용과 습진 치료에 효과가 있다.

⑪ 식물성 호르몬

식물성 물질 중에서는 동물의 호르몬과 유사한 성질이 있는 것이 있는데 이러한 물질들을 식물성 호르몬 즉 파이토호르몬(phytohormone)이라고 한다. 이들 파이토호르몬 중에는 마황의 에페드린(ephedrin)이 있는데 에페드린은 아드레날린과 유사한 작용을 한다. 혈압이 상승되는 속도는 늦으나 아드레날린보다 지속적이다. 또한 승마나 석류에는 여성호르몬인 에스트로겐과 유사한 작용을 하는 물질이 있어서 여성의 노화 억제에 도움이 된다.

⑫ 규산

규산은 속새과 식물들에 많이 포함되어 있는데 동맥경화의 진행을 지연시키고 완화하는 효과가 있으며 염증을 억제하는 효과가 있다. 규산은 이뇨 작용에도 도움을 준다.

(5) 허브차 종류

향기가 나는 허브차가 마음을 안정시키고 장기적으로 건강에도 도움이 될 뿐만 아니라 피부건강에도 좋은 경우도 많다. 아침에는 활기를 주는 레몬그라스와 페퍼민트가 적당하며, 저녁에는 마음을 안정시키는 캐모마일 종류가 좋다(〈표 4-5〉, 〈표 4-6〉, 〈표 4-7〉).

① 감성 및 정신 허브차

〈표 4-5〉 감성 및 정신 안정에 좋은 허브차

증상	허브
초조할 때	저먼캐모마일 · 레몬밤 · 라벤더
잠이 안 올 때	라벤더 · 캐모마일 · 세인트존스워트
집중력이 요구될 때	로즈메리 · 페퍼민트
긴장했을 때	라벤더 · 페퍼민트
무기력할 때	세이지 · 오렌지플라워 · 페퍼민트

② 건강 허브차

〈표 4-6〉 건강에 좋은 허브차

증상	허브
두통	라벤더 · 페퍼민트 · 레몬그라스
기침 · 코막힘	말로우 · 타임 · 민트
소화기 장애 · 설사	에키나세아 · 저먼캐모마일 · 페퍼민트 · 타임
변비	다마스커스로즈 · 로즈힙
냉한 체질	터메릭
꽃가루 알레르기	엘더플라워 · 네틀 · 스위트마조람 · 캐모마일
아토피성 피부염	저먼캐모마일 · 네틀
갱년기 장애	세인트존스워트 · 네틀 · 라즈베리 · 펜넬시드 · 로즈
방광염 · 요도염	에키나세아 · 히스 · 쇠뜨기 · 말로우

고혈압	린덴 · 야로우(꽃) · 라벤더 · 은행잎 · 뽕잎
위궤양	저먼캐모마일 · 네틀
졸음이 올 때	로즈메리 · 페퍼민트 · 스피아민트 · 레몬그라스
식욕이 없을 때	저먼캐모마일 · 페퍼민트 · 히비스커스
숙취로 괴로울 때	페퍼민트 · 린덴 · 레몬밤
더위로 잠을 못 이룰 때	히비스커스 · 로즈힙

③ 미용 허브차

〈표 4-7〉 미용에 좋은 허브차

증상	허브
여드름	에키나세아 · 단델리온 · 히비스커스 · 네틀
비만	주니퍼베리 · 레몬그라스 · 로즈힙 · 린덴 · 캐모마일 · 엘더플라워
거친 머리카락	레틀 · 로즈메리 · 쇠뜨기

4) 허브 화장품

허브는 미용 효과가 있는 식물이다. 허브에는 미용에 유용한 성분이 많이 들어 있어 화장수나 팩을 만들 때 넣으면 효과가 있다. 근래에는 천연화장품이 관심의 대상이 되면서 개인은 물론 상업적으로도 허브가 많이 이용되고 있다.

(1) 허브 화장품의 피부 유형에 따른 허브 선택

미용에 주로 이용되고 있는 허브에는 로즈메리 · 레몬밤 · 타임 · 린덴 · 민트 · 라벤더 · 로즈 · 캐모마일 · 세이지 · 마조람 · 제라늄 등이 대표적이다. 허브는 잘 이용하면 피부와 머리카락을 부드럽고 윤기 있게 해 주며 노화 방지에도 효과가 있지만 잘못 사용하면 독이 될 수도 있다. 또한 피부 타입에 따라 허브의 효능이 제각각 다르므로 피부가 민감한 사람이나 거칠고 트러블이 많은 사람에게는 맞지 않는 경우도 있다. 그러므로 직접 사용하기 전에 패치테스트를 하여 이상 유무를 확인한 후 사용하도록 한다(〈표 4-8〉).

〈표 4-8〉 미피부 유형에 따른 정유의 선택

피부유형	정 유
정상피부	
베이스 오일	호호바 · 스위트아몬드 · 윗점 · 마카다미나너트
에센셜 오일	라벤더 · 로즈 · 로즈우드 · 제라늄
플로럴 워터	라벤더 · 로즈
건성피부	
베이스 오일	호호바 · 스위트아몬드 · 아보카도 · 달맞이꽃씨 · 살구씨 · 올리브 · 마카다미아너트 · 캐롯 · 시어버터
에센셜 오일	라벤더 · 로즈 · 로즈우드 · 로즈제라늄 · 캐모마일로먼 · 샌달우드 · 재스민
플로럴 워터	라벤더 · 로즈 · 네롤리 · 캐모마일
지성피부	
베이스 오일	호호바 · 살구씨 · 포도씨 · 홍화씨 · 헤이즐너트
에센셜 오일	일랑일랑 · 베르가모트 · 싸이프리스 · 레몬 · 제라늄 · 주니퍼베리
플로럴 워터	라벤더 · 헤이즐너트 · 콘플라워
민감성피부	
베이스 오일	호호바 · 로즈힙 · 아보카도 · 달맞이씨 · 스위트아몬드 · 햄프씨 · 카렌듈라
에센셜 오일	캐모마일로먼 · 라벤더 · 네롤리
플로럴 워터	라벤더 · 캐모마일
노화피부	
베이스 오일	보리지 · 스위트아몬드 · 아보카도 · 달맞이씨 · 로즈힙 · 아르간
에센셜 오일	오렌지 · 펜넬 · 로즈우드 · 프랑킨센스 · 네롤리
플로럴 워터	네롤리 · 로즈메리
여드름 피부	
베이스 오일	호호바 · 포도씨 · 살구씨 · 차나무씨 · 헤이즐너트 · 님
에센셜 오일	라벤더 · 트리티 · 베르가모트 · 로즈 · 시다우드 · 제라늄 · 레몬그라스
플로럴 워터	라벤더 · 트리티
아토피 피부	
베이스 오일	호호바 · 모리지 · 동백씨 · 살구씨 · 달맞이씨 · 스위트아몬드 · 캐롯씨
에센셜 오일	라벤더 · 캐모마일 · 로즈메리 · 로즈우드 · 티트리 · 프랑킨센스 · 샌달우드 · 팔마로사
플로럴 워터	라벤더 · 캐모마일

(2) 허브 팩(Herb pack)

① 허브 팩 만들기

신선한 허브를 소량의 물이나 우유에 넣고 삶아서 진한 액체로 만든다. 드라이 허브를 사용할 경우에는 끓는 물에 허브를 넣고 우려낸 침출액을 사용한다. 팩의 베이스가 되는 밀가루나 요구르트, 꿀 등에 허브 용액을 넣고 섞어 팩을 완성한다.

② 효과

팩은 무엇보다 지친 피부에 휴식을 주어 피부의 피로를 회복시키는 효과가 있다. 팩은 피부와 팩의 수분이 보습 작용을 하여 거칠어진 피부를 부드럽게 하고 영양을 공급한다. 이러한 팩의 작용은 피부의 혈액 순환과 신진대사를 활성화시켜 거친 피부에 활력을 되찾게 해 주며, 피부의 노화를 방지하고 피부를 탄력 있게 만들어 준다. 허브 팩은 스팀을 한 뒤에 하면 더 효과적이다.

③ 주의 사항

팩은 각질 제거 작용도 있으므로 1주일에 두 번 정도를 넘지 않도록 한다. 1회 소요 시간은 20~30분 정도로 하며 피부형에 맞는 재료를 사용하며 기름기와 수분은 알맞게 보완하면서 각질만 가볍게 제거하여 생기 있는 피부를 유지할 수 있도록 한다. 남은 팩은 5일 이내에 사용하도록 한다.

④ 허브 팩의 종류

〈표 4-9〉 허브 팩의 종류와 특징

팩의 종류	특징
지성피부	
구기자 팩	붉은 피부에 효과적(플라보노이드)
오렌지 팩	탄 피부와 기미에 효과적, 보습 작용(플라보노이드)
건성피부	
모과 팩	건성 및 지성 피부에 효과적
딸기 팩	여드름, 기미에 효과적
밀가루 팩	각질, 피지 제거에 효과적
당근 팩	여드름에 효과적
양배추 팩	피지 흡수(비타민 C, 지성 피부에도 효과적)

오이 팩	미백 및 진정 효과
녹말 팩	지성 피부에 효과적
중성피부	
장미 팩	노란 장미 꽃잎을 이용한 자연향
청포도 팩	피부 탄력과 미백(기미에도 효과적)
오트밀 팩	영양 보급과 세정 효과
살구 팩	피부 탄력
민감피부	
시금치 팩	피부 보호와 회복
삼사 팩	자외선 노출 피부 회복 및 미백 효과
꿀사과 팩	약한 피부에 효과적
노쇠피부	
두유 팩	피부 회복에 효과적(비타민 E 및 레시틴 함유)
율무 팩	노화 피부에 효과적
기미피부	
오렌지 팩	미백 · 기미 · 보습(플라보노이드 및 비타민 C 풍부)
감자 팩	소염 진정(비타민 C, 칼륨)
녹차 팩	미백 및 피지 제거

식물성 팩은 잘 알려져 있는 재료인 경우에는 별 문제가 없으나 새로운 재료로 시도할 경우는 각자의 피부 민감성을 고려하여야 한다. 얼굴 피부는 지성피부, 건성피부 및 중성피부로 나누나 민감성 피부나 노후피부는 각별한 주의가 필요하다(〈표 4-9〉).

(3) 허브 화장수(Herb skin)

① 허브 화장수 만들기

화장수는 클렌징과 함께 피부의 탄력과 윤기 있게 하는 수분과 유분의 균형을 맞춰 준다. 대부분 15% 정도의 알코올이 포함된 주류를 기본으로 하지만 경우에 따라서는 증류수만으로 여러 가지 효능이 있는 과채류와 과일 및 허브의 성분을 블렌딩하여 각자에게 맞는 화장수를 만들어 사용할 수 있다.

② 허브 화장수의 효과

허브 화장수는 피부에 수분과 청량감을 주고 모공 수축을 도와 부드럽고 탄력 있는 피부를 만들어 준다.

③ 사용 요령

만들어진 화장수는 광감성 성분이 포함되어 있는 것이 보통이므로 갈색병이나 사용하고 난 스킨로션 병에 담아 냉장고에 보관하여 사용하는 것이 좋다. 이러한 천연 화장수를 사용할 때는 별도의 스킨이나 로션을 함께 사용하여도 무방하다.

④ 천연 식물성 화장수의 종류

〈표 4-10〉 천연 식물성 화장수의 종류와 특징

화장수의 종류	특징
장미꽃 화장수	보습 효과 · 미백 효과 · 염증 진정 작용
로즈메리 화장수	노화 방지에 효과적(헝가리 워터)
캐모마일 화장수	피부 세정 효과
라벤더 화장수	부드러운 피부
오이 화장수	미백 · 피부 청량감(건성 피부에 부적합)
키위 화장수	피부 탄력 · 미백 · 보습 효과(당분 · 미네랄 · 비타민 C 풍부)
알로에 화장수	피부 수렴 효과(근육세포 수축)
사과 화장수	부드러운 피부 및 보습 작용
포도 화장수	미백과 보습 및 각질제거 효과
양파 화장수	자외선에 의한 기미주근깨에 효과
레몬 화장수	미백 효과(유기산 · 비타민 C · P 성분), 살균 · 피부 유연
청주 화장수	피로 회복 · 기미 · 주름살에 효과
매실절임 화장수	모공 수축 · 여드름에 효과 · 각질 제거
참깨 화장수	노인성 반점 축소(피부 신진대사 원활)
앵두 화장수	보습, 미백 효과
면포 화장수	각질 분해 효과
율무 화장수	여드름 · 건성 · 지성 피부 등(모든 피부 유형에 적합)
인삼 화장수	보습 · 기미 · 주름 제거(파나긴산)
녹차 화장수	진정 효과(비타민 · 칼슘 · 마그네슘 · 불소 함유)

(4) 천연 식물성 크림(Cream)

① 천연 식물성 크림의 특징

살구씨 기름 · 코코넛유 · 피마자유 · 라놀린 · 봉밀과 같은 기름류나 기름에 녹는 물질에 수용성인 트리에탄올아민이나 지용성인 스테아르산유화제를 이용하여 천연 식물성 재료를 함께 유화시켜 만든다.

② 천연 식물성 크림의 종류

〈표 4-11〉 천연 식물성 크림의 종류와 특징

크림 종류	특징
현미 크림	미백 효과
연근 크림	연화 · 보호 · 균형의 효과 · 아기피부 · 민감성피부 · 건성피부
스위트 오렌지	에센셜 오일 크림
독소 제거 기능	복합성 피부에 적합(비타민 E · 로즈 워터 포함)

(5) 천연 식물성 스크럽(Scrub)

① 천연 식물성 스크럽의 특징

스크럽은 묵은 각질을 제거하고 모공을 닦아내는 딥 클렌징 과정에 천연 식물성 재료를 이용한다. 피부가 너무 건조해 일어나는 각질의 경우는 알갱이를 이용한 스크럽은 피하는 것이 좋다. 피부 각질세포 사이는 피부 지질이 채워져 있는데 건성 피부는 이 지질이 부족해 피부 속 수분 함량이 떨어지기 때문에 수분크림을 이용하여 피부에 수분을 보충할 필요가 있다.

② 천연 식물성 스크럽의 종류

〈표 4-12〉 천연 식물성 스크럽의 종류와 특징

화장수 종류	특징
살구씨 스크럽	묵은 각질 · 피지 제거
감초 스크럽	투명하고 유연한 피부
콩가루 스크럽	각질 제거 · 신진대사 촉진
파인애플 스크럽	각질 제거(브로멜린 효소), 부드러운 피부
아몬드 스크럽	각질 제거 · 세정력(건성용과 지성 피부용 구분 제작 가능)

(6) 천연 식물성 샴푸와 린스

허브를 이용한 샴푸나 린스는 모발에 윤기를 주며 머리카락의 생장을 촉진하고 비듬, 가려움증 및 탈모 방지에 효과가 있다. 천연 린스는 천연 샴푸와 함께 사용하여야 부작용이 없다.

① 천연 식물성 샴푸

천연 식물성 샴푸는 지방을 유리시키는 비누와 같은 역할을 한다. 샴푸는 비누처럼 계면활성제 역할을 하며 물보다 무거워 가라앉는다. 창포 · 소프워트 · 서던우드와 세이지는 그 잎을 끓여서 천연 샴푸로 이용할 수 있다(〈표 4-13〉).

② 천연 식물성 린스

린스는 모발을 코팅하여 유수분을 빼앗기지 않도록 하는 역할을 하며 유분이 많아 물 위에 뜬다. 보통은 증류수에 식초 등으로 산성화한 후 글리세린을 넣고 잘 섞어 만든다. 로즈메리의 잔가지, 레몬바베나와 레몬밤 등을 넣으면 향기 나는 린스를 만들 수 있다.

〈표 4-13〉 허브의 모발 효과

효과	허브의 종류
탈모 방지	웜워드, 파슬리
모발 생장 촉진	웜워드, 파슬리
가려움증	야로우, 컴프리, 쇠뜨기, 자작나뭇잎
비듬	우엉 뿌리
모발 윤기	파슬리, 펜넬, 로즈메리, 엘더, 타임

(7) 허브 공예

① 허브 비누

허브의 잎이나 줄기를 이용하여 만든 비누는 은은한 향을 즐길 수 있고, 소재에 따라 약효와 미용 효과가 높아 매우 인기 있는 제품이며 누구나 간단히 만들 수 있다. 비누 만드는 방법은 크게 HP, MP, CP, 리베칭(rebatching)이 있는데 HP 비누(hot process soap)는 비누 제작 과정에서 고온을 가하여 완전히 비누화한 후 알코올과 글리세린, 설탕을 추가하여 만드는 비누로 글리세린비누, 또는 투명비누라 불리기도 한다. MP 비누(melt & pour soap)는 이미 만들어진 비누 베이스를 이용하는 방법으로 우리말로 녹여 붓기 비누라고 한다. CP 비누(cold process soap)는 가열하지 않고 주로 상온에서 만들며, 리베칭 비누(rebatched soap)는 기존에 만들어진 CP 비누 등을 다시 녹여 새로운 비누를 만드는 방법으로 비누소지를 사용하여 만드는 MP 비누와는 차이가 있다.

비누 배합에 적합한 허브에는 캐모마일 · 로즈메리 · 라벤더 · 민트 · 세이지 · 로즈 등이 있다.

② 허브 양초

장식용 양초를 만들 때에는 양초에 압화를 붙여 코팅하는 방법과 양초를 중탕할 때 허브를 넣어 장식하는 방법이 있다. 주로 라벤더 · 로즈 · 보리지 · 캐모마일 · 말로우 · 로즈제라늄 · 펜넬 · 타라곤 · 타임 등의 꽃이나 꽃봉오리를 사용하며, 야로우 · 레몬밤 · 펜넬 · 탄지 · 히솝 등은 잎을 이용한다.

③ 드라이 허브

향기가 제일 풍부한 개화 직전의 허브를 오전에 베어서 여러 줄기를 한 다발로 묶어 그늘지고 통풍이 잘되는 벽면이나 천장에 뿌리 쪽을 위로 하여 매달아 말린다. 온도와 습도에 따라 완성된 색깔이 달라진다.

④ 허브 포푸리

향기 좋은 허브나 스파이스 등의 소재를 섞어 만든 혼합향을 포푸리(potpourri)라 한다. 오래 전부터 유럽에서는 실내에 향기를 감돌게 하고 싶을 때 호리병에 포푸리를 넣어 마개를 열어두거나 아름다운 접시에 담아서 방향과 색채를 즐겼다. 또 포푸리를 가득 채워 넣은 향기 나는 주머니를 서랍이나 옷장 등에 넣어 은은한 향을 이용하였다.

허브의 꽃이나 잎을 아침 이슬이 마른 뒤에 잘라서 작은 다발로 모아 통풍이 좋은 응달에서 말린다. 좋아하는 허브향을 주재료로 하고, 그 다음에 향기를 한층 더 진하게 하기 위해 부재료의 향기를 정해 조화시키면 실패가 적다. 향기를 오랫동안 보존하고 특출한 향의 효과를 얻기 위해 유황이나 안식향 등의 보류제를 넣기도 한다.

⑤ 허브 압화

책갈피 등에 끼워 말려서 표본 등에 이용하는 꽃을 압화라고 한다. 허브의 꽃이나 잎으로 압화를 만들면 자연의 색채나 형태를 그대로 보존하여 다양하게 이용할 수 있다.

⑥ 인테리어 리스(Interior wreath)

리스는 크리스마스 때 전나무나 서양호랑가시나무 등의 가지에 리본을 묶어 문에 거는 장식품에서 유래되어 근래에는 인테리어 리스라 하여 다양한 소재로 만들어 실내 장식용으로 사용한다. 드라이플라워를 이용한 리스는 직접 만드는 즐거움뿐만 아니라 분위기를 편안하게 만들어 주는 대표적인 실내 장식용 소품이다.

허브는 말라도 강한 향기를 내기 때문에 리스의 소재에 가장 적합하다. 리스에 적합한 드라이 허브의 종류에는 보리지 · 라벤더 · 니겔라 · 로즈메리 · 야로우 · 세이지 · 로즈 등이 있다. 리본이나 장식을 바꿔서 식물만이 아니라 나무 열매 등의 다른 재료를 이용하여 새로운 리스를 만들 수도 있다.

⑦ 허브 포맨더(Herb pomander)

방향성 조미료나 약초로 만든 알갱이를 담는 데 사용하는 작은 금속(또는 도자기) 용기를 말하며, 질병의 전염이나 악취를 막아 준다고 생각하여 목이나 허리띠에 매달거나 반지 형태로 손가락에 끼고 다녔으나 근래에는 방향성 허브를 이용하여 포맨더를 만들어 향 냄새를 맡는 데 사용한다.

⑧ 허브 액자

독특한 허브의 꽃과 잎을 이용하여 인테리어용 액자를 만들 수 있다. 꽃을 주제로 한 액자에는 라벤더 · 로즈 · 보리지 · 캐모마일 · 말로우 · 로즈제라늄 · 펜넬 · 포피 · 스위트바이올렛 · 타임 등을 이용하는 것이 좋다. 또 잎을 주제로 한 것에는 야로우 · 레몬밤 · 펜넬 · 탄지 · 히솝 · 아티초크 등이 좋다.

(8) 허브 가든

허브 가든은 유럽 중세의 수도원에서는 정원에 약용 식물, 과수류와 함께 허브를 재배하였는데 이것이 시초라고 할 수 있다. 허브 가든은 처음에는 단순히 실용적 목적이었으나 점차 정원의 형태인 플라워 가든(flower garden)이나 식용을 목적으로 한 키친 가든(kichen garden)으로 세분화되었고 뒤에는 식물원(botanical garden)으로 발전하였다. 허브 가든은 이처럼 관상, 실용 및 보존 목적으로 나누지만 근래에는 규모에 관계없이 테마 별로 운영하면서 종합적으로 관리한다. 국내에는 1980년대 후반부터 허브에 대해 알려지기 시작 했으며, 1990년대 이르러 국민소득 향상과 함께 허브에 대한 관심이 고조되면서 허브관광농원 중심으로 다양한 허브 소재의 산업이 발달하게 되었다.

① 관상용 허브 가든

관상을 위한 허브 가든은 꽃이나 형태가 아름다워 재배하기 쉽고, 정원으로서 조화가 갖춰져 허브뿐 아니라 다른 식물을 심어도 좋다. 각기 꽃이나 잎 색깔의 조화를 고려해 배치하고, 넓은 면적을 단일 종류의 허브만으로 심는 것도 개성이 있는 방법이다.

② 전시 및 보존을 위한 테마 가든

허브 종류의 전시나 보존을 위한 테마 가든은 일종의 작은 식물원이라 볼 수 있는데 허브를 용도별, 또는 학문적으로 분류하여 전시 공간이나 보존 시설을 조성한다. 경우에 따라 환경적 차이에 의하여 재배가 곤란한 종류는 보호 시설을 만들어 관리한다.

③ 실용 허브 가든

실용적 목적에 위한 허브 가든으로 요리용, 허브차용, 정유 추출용, 포푸리용 등이 있는데, 가공 및 수확을 목적으로 하는 경우는 체계 있는 허브의 선정과 관리 및 규모 선정이 필요하다.

(a) 리빙 가든

실내에서의 일상생활 속에 몸 가까이에 생활공간으로서의 허브 가든이다. 꽃꽂이와 같이 자라나는 잎이나 꽃을 관상하고, 차에 띄워 향기를 즐기며 요리에도 이용한다. 리빙 가든에서는 몸 가까이 두고 허브가 자라는 과정을 관찰하고, 채취하여 요리나 차에 넣어 사용하는 것이 주목적이다. 허브에 이상적인 환경을 조성해 주는 것은 어려우나 웃자란다든가 연약하게 되면 밖에 내놓아 충분히 햇볕을 쪼이고 원기를 회복시켜 주는 것이 중요하다.

(b) 테이블 가든

실내의 어떤 테이블 위에도 놓을 수 있고 허브를 신선하게 즐길 수 있는 것이 특징이다. 테이블 위에서 기르고 꽃과 향기를 즐기며 요리에도 손쉽게 이용할 수 있는 것도 이 허브 가든의 매력이다. 그러나 실내에 오래 두는 것은 허브에 아주 좋은 환경은 아니므로 연약해지기 쉬운 허브를 될 수 있는 한 햇볕을 쪼이도록 한다. 햇볕이 적은 실내에서도 기르기 쉬운 음지성 허브를 선택하도록 한다. 차이브 · 펜넬 · 소렐 · 타임 · 차빌 · 콘플리 · 코리안더 · 민트류 · 파슬리 · 나스터춤 · 딜 등이 알맞다.

④ 테마 허브 가든

허브 가든 자체가 허브를 주제로 한 일종의 테마 가든이라고 할 수 있는데 근래에는 규모에 관계없이 실용, 예술, 치료, 학술 등의 다양한 테마에 의한 복합적인 허브 가든이 출현하고 있다. 대규모 허브 가든은 물론 가정에서도 소규모의 특정 테마에 의한 개성 있는 허브 가든이 가능하다.

가정용 테마 허브 가든의 경우는 요리용 허브(타임 · 차빌 · 타라곤 · 오레가노), 허브차용 허브(캐모마일 · 민트) 등, 실용적 허브를 목적에 맞춰 구성한 다음, 이들과 조화되도록 꽃과 잎의 색, 향기가 있는 허브(라벤더 · 보리지 · 나스터춤 · 샌트리너)를 배치하고, 벽면에는 넝쿨 같은 식물류(재스민 · 허니서클)나 거는 바구니(레몬밤 · 파슬리)로 꾸며 전체적으로 아름답고 편안한 공간을 만들 수 있도록 한다. 가정 허브 가든의 경우는 공간이 제한되므로 너무 커지는 허브는 일반적으로 피하는 것이 좋다.

(9) 염료 허브

식물에 따라 꽃이나 잎 · 줄기 · 뿌리 등을 모두 염색 재료로 이용된다. 일반적으로 쉽게 염색되는 소재는 비단 등의 동물성 섬유이며, 목면 등의 식물성 섬유나 화학섬유는 물들이기 어렵다.

염색에 사용하기 적합한 허브에는 야로우(노랑) · 매리골드(노랑) · 워드(하늘색) · 매더(붉은색) · 탄지(노랑 · 오렌지) 등이 사용되며 이 밖에 타임 · 레몬밤 · 캐모마일 · 보리지 · 오레가노 · 바질 · 민트 · 세이지 등이 사용된다.

3. 향기요법(Aromatherapy)

Aromatherapy란 aroma(향) therapy(치료)의 합성어로 향기요법이라고 한다. 향기요법은 허브에서 추출한 아로마 오일, 즉 정유를 이용하여 질병을 예방, 치료하여 건강한 삶을 얻고자 하는 자연요법으로 정유를 이용하여 심리적 안정과 함께 정신과 신체의 질병을 치료한다.

1) 향기요법의 특징과 역사

(1) 향기요법의 특징

향기요법은 사람들의 정서에 부담감이 없는 향기를 이용하므로 부담감이 없으며 부작용이 거의 없고 사용 방법이 간편하다. 향기요법은 주사나 침과 같이 시술시 통증이 없으며 면역력을 증가시켜 치료하는 근원적인 치료 방법으로 향기 즉 아로마(aroma)를 이용하여 마음과 몸의 치료를 함께하는 전인적 치료법이다.

(2) 향기요법의 역사

① 고대의 향기요법

향기요법의 역사는 기원전 5,000년 뒤로 거슬러 갈 만큼 매우 오래되었다. 파키스탄의 북부에서 기원전 5,000년 전에 이미 정유를 증류하는 데 사용한 도자기로 된 기구가 발견되었다. 또한 향기요법에 대한 기록은 4,000년 전 이집트 시대로 거슬러 올라가는데 그때의 식물 향은 종교적인 행사나 화장품으로 사용하였다. 그리고 인도의 리그베다와 중국의 황제내경에도 정유를 치료에 사용에 관한 기록이 남아 있다. 인도의 아유르베다 의학에서는 허브를 주로 마사지 요법에 사용하였으며 중국에서는 약초의 연구와 함께 20여 가지의 정유를 사용한 기록이 있는데 로즈 오일, 재스민 오일, 캐모마일 오일 등을 치료에 사용하였으며 생강 오일을 기침과 말라리아에 사용하였다.

② 그리스시대

유럽에서 정유를 이용한 치료는 그리스시대부터이다. 이집트인들로부터 향기요법을 전수받은 헤로도토스나 데모크라테스 그리고 히포크라테스와 같은 그리스인들도 정유 사용에 관한 많은 기록을 남겼다. 히포크라테스는 목욕법과 마사지법을 이용한 향기요법으로 치료를 하였는데 이 시대에는 이미 마조람을 수면제로 이용하였으며 주니퍼 오일을 이뇨제로, 싸이프리스는 지혈제로 사용하였다.

③ 중세시대

중세에는 의학이 발달하지 않은 반면 정유 이용은 종교적 의식과 함께 치료에도 이용하였다. 기존에 식물성 기름이나 술에 약초를 넣어서 오일을 추출했던 것과는 달리 수증기 증류법을 이용하여 정유를 대량 추출하여 척사와 치료에 사용하기 시작하였다.

④ 근대

르네상스 이후 근대로 오면서 이슬람 의학의 유입과 과학의 발달로 정유 성분들이 과학적으로 증명되고 효과가 입증되면서 프랑스를 중심으로 향기요법에 관한 연구가 진행되었다.

⑤ 현대

아로마테라피라는 용어는 화학자이자 향수제작자인 프랑스의 가트포세(R. M. Gattefoss)가 1928년에 처음 사용하면서 알려지게 되었다. 또한 프랑스인 알버트(Albert)도 가트포세에 이어 향기요법에 관한 책을 서술하기도 하였다. 지금 사용되고 있는 일반적 아로마 마사지 기술은 1959년 미첼라인(Micheline)에 의하여 체계화되었다. 본격적으로는 1964년 프랑스의 의사인 발네(J. Valnet)가 『향기요법』이란 책을 출판하면서 향기요법은 점차 대중에 알려지기 시작하였다. 발네는 가트포세의 책에 영향을 받아 제2차 세계대전에 위생병으로 참가하여 부상병들의 상처를 소독하고 치료하는 데에 아로마 오일을 사용하였다. 발네로부터 향기요법에 대한 지식을 전수받은 프랑스의 화학자 모리(M. Maury)와 알시어(M. Arcier)가 향기요법을 영국으로 도입하였다. 특히 모리는 향기요법을 일종의 미용요법으로 응용하여 최초의 아로마 클리닉을 영국과 프랑스 그리고 스위스에 개설하였다. 독일에서는 그간 향기요법과 정유에 대한 기초연구를 많이 하여 많은 연구 성과를 내기는 하였지만 의학계나 민간 차원에서 정유를 본격적으로 사용하게 된 것은 비교적 최근의 일이다.

향기요법이 본격적으로 세계에 알려지게 된 것은 영국의 로버트 티셔랜드(R. Tisserand)가 1977년 영어로 처음 저술한 *The Art of Aromatherapy*가 출간되면서부터이다. 그의 연구와 노력으로 현대의 향기요법은 영국을 중심으로 발달되어 유럽은 물론 미국, 호주, 뉴질랜드, 일본 등에서 대체의학으로 알려졌고 정유(essencial oil)에 대한 과학적인 연구가 체계 있게 행해지고 있다.

한국의 향기요법은 한의학에서 이용되었을 것으로 보이나 본격적인 향기요법은 역시 티셔랜드의 저술과 함께 일본과 미국의 향기요법이 소개되면서 본격적으로 시작되어 연구와 함께 상업적으로도 꽃을 피우고 있다.

2) 향기요법 원리

향기요법에 사용되는 많은 정유들은 허브에서 추출되는 경우가 많다. 그러나 많은 오일들이 허브로 전혀 사용되지 않는 식물에서 추출되는 경우도 많으며 또한 허브에서 오일로 추출되는 경우에도 독이 되어 향기요법에 사용되지 않기도 한다.

(1) 향기요법의 원리

향기요법의 원리는 향기가 다른 감각보다 더 빠르게 뇌로 전달되는 후각신경을 자극하는 데 있다. 호흡기나 피부를 통해 흡수된 향기 분자는 후각신경을 통해 대뇌 구피질인 변연계에 직접 작용하여 성 기능, 감정, 장기 기억, 내장 기능 등을 자극하여 신체적, 정신적으로 영향을 주면서 치료 효과를 낸다.

① 후각 작용

향기요법은 후각을 통하여 식물의 각종 화학 물질로 이루어진 향기를 흡입하여 치료에 이용하는 것이다. 향기 물질인 정유 성분은 각 식물마다 종류가 다르고 효과도 다르다. 후각은 어느 다른 감각보다 예민하며, 코로 전달된 냄새는 후각세포를 흥분시켜 그 자극이 신경을 통해 대뇌로 전달되어 냄새를 느끼게 된다. 후각기관은 10,000가지 이상이나 되는 다른 향을 구분해 내지만 쉽게 피로해져 냄새를 지각하지 못하게 된다.

② 기억 능력

향기가 인체에 미치는 영향 중 가장 독특한 것은 기억의 연상 작용이다. 특정 향에 대해 객관적 또는 경험에 의한 독특한 반응을 보인다. 향기는 아주 오래 기억되기 때문에 처음 향기요법을 접하는 사람에게는 긍정적 느낌이 차후 효과에 크게 영향을 미친다. 향기는 뇌 안에서 기억에 관여하는 해마로 전달되는데 해마에 형성된 과거 기억이 현재의 정서와 행동에 영향을 미친다. 또한 감성적 이미지와 연결되어 있어서 향기에서 따뜻함, 차가움, 밝음, 어두움 등의 느낌을 가지게 되어 향기는 심리적으로 작용하여 치료에 이용될 수도 있다.

③ 주관성

후각은 냄새를 인지하는 감각이지만 사람에 따라 같은 향기에 대하여 서로 다른 반응을 보이기 때문에 같은 향수를 사용하더라도 사람마다 조금씩 다르게 느낀다. 이는 개개인이 지닌 후각에 대한 미세한 개인차가 있기 때문인데 그 원인은 각 향기에 대한 역치가 다르고 페로몬(pheromone)이나 각 사람의 체취가 다르기 때문이다.

④ 특정 향에 대한 후각 상실

사람에 따라 어떤 특정 향에 대하여 전혀 반응을 보이지 않기도 한다. 이런 현상을 특정 후각 상실(specific anosmia)이라고 하는데 특이한 것은 후각을 통한 특정 향기는 지각하지 못하나 피부는 그 향기에 대해서 반응을 보이는 것으로 EEG(Electroencephalagram)를 이용한 뇌파 검사에 의해 밝혀졌다.

(2) 아로마의 흡수 경로

아로마는 대부분 코의 후각상피세포의 흥분에 의하여 뇌에 전달되나 피부의 모공이나 호흡을 통하여 흡수되어 혈액을 통해 온몸을 순환하면서 면역 기능을 높여 알레르겐이나 병원체에 대한 저항력을 가지게 한다.

① 후각을 통한 흡수

흡입은 가장 빠른 정유의 인체 흡수 방법이다. 각각의 향기 입자들은 다른 모양을 하고, 그 모양에 따라 각기 다른 자극을 뇌에 전달한다. 코로 들어온 향기 물질의 기체 분자는 코 점막의 후세포를 흥분시켜 후신경에 전기 자극을 전하게 된다. 이 전기적 신호는 뇌의 후각뇌라고도 부르는 대뇌변연계에 전해져 향기 입자는 분석이 이루어진 후, 감성과 생리적 기능을 조절하는 신경화학 물질(neurochemical)을 생성한다. 이렇게 생성된 신경화학 물질이 시상하부에 전달되어 뇌하수체에서 각종 호르몬이 분비되고 이 호르몬들이 자율신경계를 조절하여 각종 내장기관과 생식계에 영향을 미치며 감정적 행동을 조절하기도 한다.

정유 ⇒ 흡입 ⇒ 실리아(Cilia) ⇒ 후각구 ⇒ 후각신경 ⇒ 뇌의 변연계에 전달 ⇒ 뇌피질 ⇒ 시상하부 ⇒ 뇌하수체 ⇒ 호르몬 ⇒ 자율신경계의 작용 ⇒ 전신

② 호흡을 통한 흡수

정유의 성분은 휘발성 기체로서 코나 입을 통하여 비강과 구강에 흡입되어 대부분 후각을 통하여 대뇌변연계에 자극이 전해지나 상당량의 정유의 기체 분자는 기도를 거쳐 폐에 이르게 되고 폐의 폐포에 퍼져 있는 혈관으로 들어가 혈액과 함께 전신을 순환하면서 특정 작용을 한다.

정유⇒ 코 ⇒ 부비강 ⇒ 기관지 ⇒ 폐포 ⇒ 혈관 ⇒ 전신

③ 피부를 통한 흡수

피부를 통한 정유 흡수 방법은 후각을 이용한 흡수법과 함께 가장 보편적인 정유 이용법이다. 정유의 미세한 분자는 모낭과 한선을 통해 피부로 침투하며 지용성이어서 지질과 함께 진피로 이동한다. 피부에 바른 대부분의 아로마 오일은 20~60분이 지나면 혈액과 배출 호흡에서도 확인이 된다고 한다.

피부의 진피층에는 모세혈관과 림프관이 분포하고 있어서 이 속으로 들어온 정유 성분은 순환계를 통하여 몸 전체로 운반되며 특별히 친화력이 있는 특정기관에 머물기도 한다. 정유 성분은 인체 내에서 짧게는 몇 시간에서 길게는 며칠 동안 머물면서 신체의 리듬에 영향을 미친다.

정유 ⇒ 표피 ⇒ 진피 ⇒ 체액 ⇒ 림프계 ⇒ 혈액 ⇒ 전신

④ 섭취

정유의 가장 빠른 흡수법이나 복용 시 의사의 직접적인 감독이 있어야 한다. 액상의 정유를 먹으면 대부분 입 조직에서 흡수되므로 캡슐 형태로 먹게 복용한다. 정유를 규칙적으로 복용하는 것은 간에 손상을 줄 수 있다. 복용은 위험하고 효과적이지 않아서 잘 시행하지 않지만 30분에서 1~2시간 안에 신속히 전신에 흡수된다.

(3) 아로마의 작용

동물의 뇌라고 불리는 대뇌변연계는 본능의 뇌 또는 감성의 뇌라고도 불린다. 하등 포유류의 뇌 부분에서 가장 오래된 부위이자 핵심 부위로 이성적 의지가 아닌 본능과 감성의 뇌로 자율신경을 지배한다. 정유의 향기는 감성적으로, 또는 분자 구조에 의하여 이 과정에 작용하여 건강에 크게 도움을 준다. 향기가 영향을 미치는 대뇌변연계는 본능적이고 동물적인 원초적 생명력을 관장하기 때문이다.

① 아로마의 생리 작용

자리가 바뀌면 잠이 잘 오지 않는 것은 평소의 잠자리 환경과는 다른 냄새 때문에 자율신경의 부조화에 의하여 신경계, 멜라토닌 분비 및 호흡, 맥박, 혈압 등의 조화가 되지 않는 데에도 영향이 있다. 또 공복 시 음식 냄새가 후각을 통하여 식욕을 일으키는가 하면 불쾌한 냄새는 식욕을 떨어드리고 소화도 잘 되지 않게 한다.

② 아로마의 심리 작용

냄새는 뇌 안에서 기억을 다스리는 해마로 전달되는데 해마의 냄새에 대한 과거 기억에 의하여 현재의 정서와 행동에 영향을 받는다. 또한 향기는 감성적 이미지와 연결되어 있어서 향기에서 따뜻함, 차가움, 밝음, 어두움 등의 느낌을 가지게 되어 향기는 심리적으로 작용하여 치료에 이용될 수도 있다.

③ 생체리듬의 조절 작용

라벤더의 향기를 병실에 사용한 결과 환자들이 수면제 복용한 것과 거의 같은 효과를 보였다고 한다. 스트레스 속의 현대인들은 불면증이나 우울증 등에 의한 생체리듬의 불균형을 초래하기 쉬운데 라벤더 향이 신체의 고장난 주간 생체시계의 리듬을 회복시킨 것으로 생각된다. 생체리듬은 생리적 항상성을 유지하여 노화 방지나 면역력을 유지하는 등, 복합적 상승 작용이 있다는 것이 화학제재의 의약품과 다르다고 할 수 있다.

④ 항균 및 제초 작용

식물의 향기 중에는 살균, 살충 작용을 하는 성분도 있다. 이들 향기 물질을 피톤치드라고 하며 주변의 다른 식물의 생장을 억제하는 물질인 살초성 물질은 파이토알렉신이라고 한다. 정유에 따라서는 항균력이 강하여 그 향기를 공기 중에 확산시키는 것만으로 포도상구균이나 살모넬라균과 같은 세균류와 백선균 등의 진균 발육을 완전히 억제하기도 한다. 또한 항생 물질에 효과가 없는 바이러스류에도 효과가 있어서 유칼립투스 향은 인플루엔자 바이러스에 효과가 있다고 한다.

(4) 향기요법의 효과

향기요법은 각 정유의 치료적 성질에 따라 거의 모든 병, 모든 증세에 높은 치료 효과를 기대할 수 있다. 특히 감기 · 기관지염 · 천식 등의 호흡기계통 질환과 여드름 · 습진 · 무좀 및 피부 질환과 알레르기에 효과가 있으며 비만 · 고혈압과 같은 성인병과 불면증 · 긴장 · 불안과 같은 심인성 질환에도 좋은 효과를 나타낸다.

① 피부

정유는 100% 순수한 자연 성분으로 마사지 등의 방법으로 피부에 직접 사용하면 피부의 재생효과가 뛰어나다. 정유 중에는 새 세포의 생성을 촉진할 뿐만 아니라 멜라닌이 축적된 세포를 만들지 않도록 세포의 배열을 올바르게 고쳐 기미를 방지하기도 한다. 또한 여러 가지 적절한 정유를 알맞게 배합하여 사용하면 시너지 효과가 있어서 피부 미용에 매우 효과적이다. 대부분의 정유들은 알코올과 기름에 녹거나 분산되므로 일반 기초 화장품이나 다른 화장품류에도 적절히 혼합하여 다양한 기능성을 낼 수 있다.

② 혈액 순환, 근육 및 관절

정유는 점막과 피부를 통해 혈류에 쉽게 흡수되어 순환계에 약리적 효과를 나타낸다. 발적성(發赤性), 발열성 오일들은 국소 혈액 순환뿐 아니라 내부 장기에도 영향을 미친다. 정유 중에는 진통과 진경 작용으로 통증을 경감시키기도 하며, 혈관을 확장시켜 혈액의 흐름이 촉진하여 부종을 가라앉히기도 한다. 히솝은 전체적인 순환계의 균형을 잡고 조절하는 기능이 있어서 혈압을 낮춰 주며, 혈액 순환을 원활하게 한다. 또한 대뇌의 신경 전달 명령에 의해 신체 각 부위별 기능 정상화에 도움을 주고 자율 신경계와 조화를 이루게 하여 각종 신체 증상과 기능 장애의 치유에 도움을 준다.

③ 호흡계

정유의 아로마는 신속히 코로 흡입되어 호흡기관에 전해져 코, 목, 폐 등의 염증에 대해 매우 효과적이다. 아로마는 직접적으로 호흡기관에 흡입되어, 유익한 기관지 분비물의 분비를 촉진시키기 때문이다. 흡수된 아로마는 대부분 폐를 거쳐 배설되며 소량이 소변으로 배설된다.

④ 소화계

소화기관의 증상에 적절한 정유를 피부에 외용으로 사용하면 좋은 효과를 내기도 한다. 담낭과 간의 증상에는 단델리온, 마시 말로우, 캐모마일, 메도우스위트 등이 사용되는데 다른 성분들과 적절한 배합으로 사용하면 휘발성 오일만 사용하는 것보다 효과가 있는 경우도 있다.

⑤ 비뇨생식계 및 내분비계

정유는 피부에 외용으로 사용하면 생식기관과 내분비계에도 작용한다. 로즈나 재스민 같은 정유들은 생식계에 친화력이 있어서 생식계를 강화시킬 뿐만 아니라 월경 장애, 생식기 감염, 성적 장애 등과 같은 특정 증상을 치료하기도 한다. 홉, 세이지, 펜넬의 정유에는 식물성 여성호르몬 즉 파이토에스트로겐이 있어서 생리주기, 유즙분비, 이차 성징에 영향을 주기도 한다.

다수의 정유들은 갑상선(성장과 신진대사를 조정), 부신 수질(스트레스 반응과 관련), 부신 피질(에스트로겐과 안드로겐, 남성 성호르몬 등의 생성을 조절)을 포함하는 여러 내분비선의 호르몬 분비에 영향을 주는 것도 알려져 있다.

⑥ 면역계

정유는 백혈구의 증가를 촉진시킴으로써 감염증의 예방이나 치료에 효과가 있다. 이러한 이유 때문에 방향성 식물이나 정유가 열대지방에서 말라리아 같은 풍토병에 사용하였다. 일반적으로 정유를 상용하는 사람들은 병에 대한 저항력이 강하고 회복도 빠르다고 알려져 있다.

⑦ 신경계

정유가 신경계에 영향을 미치는 것은 옛날부터 잘 알려져 있었다. 라벤더 · 캐모마일 · 베르가모트 · 샌달우드 · 마조람 등은 중추신경계 진정 효과가 있다. 반면에 페퍼민트 · 재스민 · 바질 · 클로브 · 일랑일랑 등은 사람을 자극하는 효과가 있다. 이처럼 상당한 종류의 정유들이 "조화를 이루어 내는 물질(adaptogens)"로 작용하여 상황에 따라 서로 상반된 작용을 하는데 제라늄 · 로즈우드 등은 각각의 개별적 상황에 따라 진정제 혹은 자극제로 쓰인다. 또한 레몬밤 · 베르가모트 · 레몬 등과 같은 정유는 신경을 안정시키면서 활력을 불어넣으며, 재스민 · 일랑일랑 · 네롤리 등은 신경을 자극시키면서도 감정을 안정시키거나 이완시킨다. 또한 정유 중에는 성호르몬 생성을 자극하여 성적인 활력을 일으켜 주고 성기나 생식 기관을 자극하거나 강화시켜 신체적 원인에 의한 불감증이나 성 기능 장애 또는 심인성 성적 장애에 도움을 준다.

⑧ 정서

향이 사람의 감성과 정신에 영향을 미친다는 것을 오래전부터 알려져 있었다. 정유의 향이 정신세계에 영향을 주어 몸을 이완시키고 깊은 명상에 몰입하도록 도와준다고 믿었기 때문에 옛날부터 종교의식이나 제례에서 향을 사용하였다.

정유의 향은 일반적인 화학적 방향제와는 달리 담배 냄새, 화장실 냄새 등의 각종 악취 제거에 효과적일 뿐만 아니라 종류에 따라서는 감정을 안정시키고 긴장을 풀어 주며 피로 회복과 스트레스로 해소에 도움을 주어 각종 정신질환 치료에도 효과가 있다. 이러한 향기 효과는 과학적으로 명확하게 설명하기 어렵지만 아마도 향의 화학적 구조에 의한 자극이 대뇌변연계의 감성 중추를 자극하여 사람의 기분을 변화시키기 때문으로 짐작된다.

3) 정유(Essential oil)

(1) 정유의 특징

정유(精油)는 에센셜 오일 또는 아로마 오일이라고도 하는데 대체로 식물의 2차 대사산물로 향기가 강한 휘발성 액체로서 피톤치드(phytoncide)도 이들 정유에 속한다. 대체로 테르펜 및 이들의 알코올 알데히드 · 케톤 · 에스테르 화합물로서 대부분 물보다 가벼우며, 소독 및 방부 효과가 있다. 정유는 많은 식물의 조직이나 기관에서 만들어지는데 약 1,500종 이상이나 되며 그중 100

여 종이 천연향료 및 합성향료의 원료로 사용된다.

(2) 정유의 성분

정유를 구성하고 있는 성분들은 2차 대사산물로서 그 성분에 따라 기능과 효과가 달라진다. 정유 성분은 크게 테르펜(terpene)과 페닐프로판(phenylprophane)으로 구분된다.

① 테르펜

테르펜은 정유 성분 중에서 가장 많은 물질이다. 테르펜 중 모노테르펜이 가장 중요하며 그 다음이 세스큐테르펜이다. 정유 구성 물질 중 90%가 모노테르펜과 세스큐테르펜이다. 모노테르펜은 작용하는 방식에 따라서 테르펜(mono-terpene) · 페놀(phenol) · 알코올(alcohol) · 에스테르(ester) · 알데히드(aldehyde) · 케톤(ketone) · 옥사이드(oxide) 등으로 세분된다. 모노테르펜은 레몬이나 오렌지 등의 과피와 소나무나 잣나무 같은 침엽수의 잎, 그리고 허브에서 채취되는 거의 모든 정유의 성분이다. 색깔이 비교적 투명하고 점도가 낮으며 휘발성이 강하고 비중이 낮다. 모노테르펜은 정신을 맑게 하고 집중력을 높여 주며 흥분 작용과 강장 작용도 한다. 또한 강력한 방부 작용과 함께 종류에 따라서는 항균 및 항바이러스 작용을 하기도 하는 피톤치드의 주성분이다. 대표적인 물질로는 리모넨(limonen) · 피넨(pinen) · 캄펜(camphen) · 카르벤(carven) · 키멘(cymen) · 미크렌(mycren) · 테르피넨(terpinen) 등이 있다.

식물성 페놀은 암을 유발하는 독성 페놀과는 달리 인체에 유용한 작용을 하는 것이 많다. 페놀은 강한 항균, 항바이러스 작용 및 방부 작용을 하며, 또한 혈액 순환을 촉진하고 혈압을 상승시키는 작용을 하기도 한다. 대표적인 페놀성 정유에는 티몰(thymol)과 카르바크롤(carvacrol)이 있다. 페놀이 함유되어 있는 오일을 장기간 또는 용량을 과다하게 이용하면 간에 손상을 줄 수 있다. 또한 피부와 점막을 자극할 수 있으므로 피부에는 희석하여 사용하여야 한다. 어린이와 임신 여성은 페놀이 함유되어 있는 오일을 이용하지 말아야 한다. 알코올성 정유는 부드럽게 작용하기 때문에 인체에 가장 안전하고 유용한 오일이다. 알코올이 함유되어 있는 정유는 강력한 살균 작용을 하나 인체에는 무해하여 특히 피부 관리나 몸을 청결하게 하는 데 좋다. 또한 대개가 매우 좋은 향기가 있어서 신경 강화와 기분 전환 작용을 한다. 대표적 물질로는 멘톨(methol) · α-테르피네올(α-terpineol) · 리날올(linalol) · 시트롤넬올(citronellol) · 테르피네올-4(terpineol-4) 등이 있다. 에스테르 정유는 과일향이 강하게 나는 것이 특징으로 식료품에 과일향을 추가하는 데 사용한다. 에스테르 정유는 신경을 안정시키고 긴장을 완화시키기 때문에 마사지 오일로 애용된다. 에스테르 정유는 독성이 없고 피부에도 무해하다. 대표적인 물질로는 벤질아세타트

(benzylacetat) · 리날릴아세타트(lynalylacetat) · 게라닐아세타트(geranylacetat) 등이 있다. 알데히드 정유는 레몬밤과 같이 레몬 향 같은 냄새가 나는 것이 특징이다. 알데히드 정유는 신경안정 작용과 염증완화 작용이 있는데, 특히 농도가 낮으면 효과가 큰 반면 농도가 높으면 오히려 효과가 없다. 알데히드는 항바이러스 작용과 혈압을 낮추는 작용을 하며 벌레 퇴치에 이용되기도 한다. 알데히드 정유는 독성이 없지만 경우에 따라서 피부를 자극할 수도 있으며, 안압을 높이므로 레몬그라스와 레몬밤은 사용을 금해야 한다. 대표적인 물질에는 시트랄(citral)과 시트로넬랄(citronellal)이 있다. 케톤은 여러 종류의 오일에 함유되어 있으나 그 양은 극히 미미한 편이다. 알데히드와 마찬가지로 케톤은 산화된 알코올에서 생성된다. 케톤은 용량을 과다하게 하거나 장기적으로 사용하면 신경체계에 해로운 작용을 하며 유산과 간질을 유발할 수 있다. 그러므로 특히 어린이와 임신 여성은 케톤이 함유되어 있는 아로마 오일의 사용을 금해야 한다. 반면에 용량을 적게 하여 사용하면 세포의 생성이나 재생에 대단히 좋은 효과를 가지고 있다. 또한 가래를 삭이고 가래를 없애는 데에도 뛰어난 효과가 있다. 케톤의 양이 극히 미미한 유칼립투스와 로즈메리는 사용을 해도 큰 문제가 되지 않는다. 케톤에 속하는 것으로 피노캄폰(pinocamphon) · 피노카르본(pinocarvon) · 캄퍼(kamphor) · 버베논(verbenon) · 피페리톤(piperiton) · 카르본(carvon) · 투존(thujon) 등이 있다. 옥사이드에 속하는 대표적인 정유는 유칼립톨(eucalyptol)이라고도 불리는 시네올(cineol)은 거담 및 항바이러스 작용이 뛰어나다. 세스큐테르펜은 여러 종류의 식물에 함유되어 있으며 함유량은 미량이지만 염증 완화와 알레르기에 대한 효과가 뛰어나다. 대표적인 물질은 카마줄렌(chamazulen)과 β-카리오필렌(β-caryophyllen)이 있다. 세스큐테르펜알코올(sesquiterpenealcohol)은 역시 세스큐테르펜처럼 양은 적지만 여러 종류의 식물에 함유되어 있다. 일반적으로 세스큐테르핀알코올은 간을 활성화하고 염증을 억제하며 알레르기에 효과가 좋으며 근육과 신경계에 강화 작용을 한다. 대표적인 물질은 α-비사볼올(α-bisabolol) · α-산탈올(α-santanol) · 징기베르올(zingiberol) · 파초울리알코올(patchouli-alcohol) 비리디플로로올(viridiflorol) 등이 있다.

② 페닐프로판

페닐프로판은 단백질 분해를 위해서 중요한 아미노산 대사산물이다. 방향성 아미노산인 페닐알라닌(phenylalanin)이 분해될 때 계피산이 생성되고 이 계피산(cinnamic acid)으로부터 페닐프로판이 생성된다. 가령 정향나무(clove tree) 오일의 주요 작용 물질인 유게놀(eugenol)과 계피오일의 주요 작용 물질인 시나몬알데히드(cinamonaldehde)는 자극적이고 흥분을 유발시키는 작용을 한다. 에스트라골(estragol)과 아네톨(anethol)은 자율신경계가 균형을 이루도록 도와주는 작용과 소화기관의 경련을 해소하는 작용을 한다.

(3) 추출 부위

〈표 4-14〉 허브의 추출 부위와 허브의 종류

추출 부위	허브 종류
꽃	네롤리 · 재스민 · 오렌지꽃 · 장미 · 일랑일랑
꽃 · 잎	로즈메리 · 라벤더 · 민트 · 멜리사 · 바질
줄기 · 껍질	마늘 · 시다우드 · 샌달우드
열매	향나무 · 딜
과일	베르가모트 · 너트메그 · 오렌지 · 레몬

(4) 추출법

정유 축출하는 방법은 여러 가지가 있으나 가장 대표적인 것은 무거운 것을 올려 놓아 정유를 짜내는 압착법, 뜨거운 수증기를 이용하는 수증기 증류법 및 화학 용매를 이용한 용매 추출법 등이 있다.

① 압착법(Pressing)

가장 오래되고 간단한 방법으로 껍질이나 과일에서 정유를 추출할 때 보통 이 방법을 사용한다. 단순히 눌러서 짜내는 방법이다. 레몬, 오렌지, 베르가모트 등과 같은 감귤류 껍질에서 추출하는데 정유가 열에 매우 약하기 때문에 열을 가하지 않고 직접 압착하여 추출한다. 과실의 껍질을 잘게 썰어서 약간의 물과 함께 섞은 후 기계로 즙을 짜서 원심분리기를 이용하여 정유를 분리한다.

② 수증기 증류법(Steam distillation)

정유를 얻는 가장 일반적인 방법으로 압착식과는 달리 열을 이용한다. 스팀이 통과할 수 있도록 고안된 용기에 시료를 넣고, 높은 압력을 가해 스팀이 식물을 통과하도록 하고 식물 내에 있는 정유 성분이 스팀에 용해되어 관을 통하여 냉각기를 통과하면, 두 물질의 밀도 차이로 물과 정유가 분리 추출된다.

③ 용매 추출법(Solvent extraction)

용매 추출법은 열에 의해서 영향을 받는 정유를 추출할 때 이용되는 방법이다. 헥산(hexane)이나 에탄올 등의 용매와 시료를 혼합하여 서서히 열을 가하여 정유가 용매와 섞이게 한다. 정유와 용매의 혼합액을 증류하면 크림과 같은 콩크레(concrete)가 생긴다. 콩크레에는 약 50%의 식물성 왁스와 50%의 아로마 오일이 함유되어 있다. 콩크레를 알코올로 다시 처리하면 왁스가 거의 제거된 압솔루(absolue)를 얻어낼 수 있다. 압솔루는 대개의 경우 여러 차례 알코올을 용매로 하여 처리하지만 용매가 찌꺼기로 섞어 있기 때문에 향기요법용으로 사용되지는 않는다.

④ 흡수법(Enfleurage)

커다란 유리판에 지방을 얇게 깔고 그 위에 꽃잎을 얇게 깐 다음 다시 지방이 깔린 유리판에 한 층의 꽃잎을 까는 식으로 층층이 놓는다. 꽃잎의 정유 성분이 지방으로 녹아 나올 때까지 수회 반복한 후, 정유 성분을 알코올을 이용하여 지방으로부터 분리하여 정제한다. 이러한 방법으로 추출되는 정유들은 가격이 비싸고 질이 좋다.

(5) 정유의 특수성

① 공동상승 작용(Synergy)

두세 종류의 정유를 혼합해서 사용할 때 각각의 오일만 따로따로 사용하는 것보다 더욱 효과가 커진다. 단, 네 종류 이상을 혼합하면 오히려 효과가 떨어진다.

② 적응성(Adaptation)

자연적으로 신체의 밸런스를 찾아 준다. 한 가지 오일이 경우에 따라서는 상반되는 작용을 하기도 한다. 신체 리듬에 따라 때로는 이완제로 때로는 자극제로 작용하기도 한다.

③ 화학적 유형(Chemotype)

같은 종류의 식물일지라도 생육 조건이나 환경에 따라 정유의 성분이나 효능이 다를 수 있게 된다. 그러므로 허브는 적절한 생장 조건을 유지시켜 줘야만 최상의 효능을 가진 정유를 추출할 수 있다. 국가나 지역에 따라서 최적의 허브 재배 여건에 따라 최상의 품질을 자랑하는 명품 정유가 생산된다.

(6) 정유의 휘발도와 블렌딩

정유의 휘발도를 노트(note)라고 하는데 정유의 향은 휘발성과 성질에 따라서 탑노트(상향), 미들노트(중향), 베이스노트(하향)로 분류한다. 가장 좋은 향을 만들고 향기를 오래 지속하기 위해서는 이 세 가지 향을 적절히 혼합하는 것이 중요하다. 또한 방향법을 사용하거나 향수를 만들 때에도 휘발도를 알아야 한다.

① 상향

상향은 휘발도가 높아서 3시간 이내에 증발한다. 처음 맡게 되는 향으로 오래 가지는 못하지만 배합에 매우 중요하여 블렌딩된 배합 향의 성격을 결정짓는 역할을 한다. 탑 노트인 상향은 통찰력이 있고 극단적이며 차갑거나 혹은 뜨겁다. 여기에 속하는 정유는 대개 꽃, 잎사귀, 과일 등의 식물에서 추출되며 20~40% 정도만 사용한다.

감귤계, 민트계가 주종으로 페퍼민트 · 타임 · 바질 · 레몬 · 라임 · 오렌지 · 레몬그라스 · 베르가모트 · 페티그렌 · 네롤리 · 시트러스 · 시나몬 · 유칼립투스 등의 정유가 상향에 속한다.

② 중향

중향은 정유의 주요 부분을 차지하는 향으로 대개의 정유가 여기에 속한다. 중향은 미들노트라고 하며 상향과 하향의 중간으로 6시간~3일 정도 그 향이 유지된다. 중향은 따뜻하고 부드럽고 둥글고 매끄럽게 향을 다듬어주므로 "혼합 강화제"라고 불린다. 가장 많이 배합하여 50~80%를 차지한다.

꽃과 허브계가 주종으로 라벤더 · 캐모마일 · 마조람 · 로즈우드 · 제라늄 · 파인 · 팔마로사 · 히솝 · 진저 · 카르다몸 등의 정유가 중향에 속한다.

③ 하향

하향은 휘발도가 낮아서 2일 이상~1주일까지 향을 유지한다. 베이스 노트인 하향은 정유의 전체 배합을 안정되고 지속적으로 유지시켜 주는 역할을 한다. 피부에 고정이 잘 되고 인간의 영적이고 정신적인 부분에까지 작용한다. 향이 약하나 오래 가며 심오하다. 보통 하향을 감지하기 쉽진 않지만 예민한 사람은 희미하게 하향을 느낀다. 하향은 가장 소량 배합하여 전체의 10~20% 정도 이내에서 배합한다.

수목(樹木), 수지(樹脂), 스파이스계가 주종으로 벤조인 · 파추울리 · 시다우드 · 샌달우드 · 클라리세이지 · 프랑킨세스 등의 정유가 하향에 속한다.

④ 고정액

하향보다 향이 짙고 강하며 따로 분류된다. 향을 피부에 흡수, 정착시켜 오랫동안 남도록 하여준다. 고급 향수 제조 시 사용하며 5% 정도 사용한다. 몰약, 파추울리, 베티버 등이 이에 속한다.

⑤ 복합향

복합향은 탑에서 베이스에 이르기까지 여러 휘발도를 함께 가지고 있는 균형이 잡혀 있는 최상급의 정유이다. 자연이 만들어 놓은 탑~미들~베이스 노트로 화학 구성도 복잡하다. 휘발도가 균형이 있으며 고급 향수 제조 시에 사용한다. 재스민, 일랑일랑, 네롤리, 로즈 등이 이에 속하며 최고가의 정유들이다.

(7) 정유의 보관과 사용시 주의사항

① 정유의 보관

정유는 지방성 물질이므로 온도가 높지 않은 시원하고 그늘진 곳에 보관하며 용기는 직사광선을 차단할 수 있는 짙은 갈색을 사용한다. 정유 보관 기간은 오일의 종류에 따라서 각각 다르다. 수증기 증류법으로 축출된 정유는 날씨와 토질 및 재료의 유형과 증류 기술에 따라서 보관할 수 있는 방법이 각각 다르다. 대부분 최소 3년은 변질되지 않고 보관할 수 있으나 역시 정유의 종류와 추출 방법에 따라 다르다.

② 정유 사용 시 주의사항

정유는 일반적으로 한 방울에 0.05ml가 떨어지도록 조정하며 향을 맡을 때에는 병에서 직접 맡지 말고 병에서 20cm 쯤 떨어져 조금 흔들어서 코 끝으로 향을 맡든지 시향지에 묻혀서 확인한다. 그리고 정유는 자극적인 성분을 가지고 있어서 눈에 들어 가면 해로우므로 원액이 눈에 들어가지 않도록 주의하여야 한다. 눈에 들어 가면 물보다는 우유로 씻어 내는 것이 좋다. 쓰다가 남은 오일들은 산화 방지를 위하여 작은 용기에 보관하는 것이 좋으나 일 년 안에 모두 사용할 경우는 원래 용기에 두어도 무관하다. 하향의 베이스노트는 산화가 빨리 되는데 산화 방지를 위하여 위점(wheat germ) 베이스 오일을 전체 베이스 오일 양의 10% 비율로 블렌딩하여 보관하면 산화를 방지할 수 있다.

정유 중에는 계속 사용하면 간에서 해독되기 전에 몸에 축척되어 부작용이 생기는 경우도 있는데 이때에는 1개월 혹은 3개월의 간격을 두고 사용하는 것이 좋다. 특별한 목적을 위한 바디 오일을 블렌딩하기 위해서는 1개월 기준으로 베이스 오일 50ml를 기준으로 블렌딩하는 것이 좋으며 그 오일을 다 사용한 후에 목적의 성분이 들어 있는 다른 오일을 다시 똑같은 양의 베이스 오일에 블렌딩하여 다음 달에 사용하는 것이 좋다. 3개월을 주기로 사용한다면 베이스 오일 150ml을 기준으로 블렌딩하면 된다.

4) 정유의 사용 방법

(1) 정유 사용시 안전 지침

일반적으로 통용되는 정유는 향기요법 용도로 안전하게 사용할 수 있지만 경우에 따라서 주의할 사항이 많다. 새로운 오일을 사용하기 전에 정확한 안정성에 관한 자료를 참조한다. 기본적으로 정유는 내복용으로 사용하지 않는다. 이는 IFC(International Federation of Aromatherapy) 즉, 국제아로마협회에서 권하는 안전 지침에 해당하는 사항이다. 정유는 물과 혼합되지 않으며 사용시는 캐리어 오일에 희석하여 사용하는 것을 원칙으로 한다. 내복하는 경우라도 희석하지 않은 상태에서 복용하면 소화기를 손상시킬 수 있고, 독성을 발휘하는 것들도 있으므로 각 정유의 특성을 면밀히 살펴야 한다.

(2) 정유 사용의 원칙과 사용량

① 정유 사용의 일반적 원칙

향기요법이란 인공적 물질이 아닌 식물의 정유만을 이용하는 것이지만 순수한 정유 중에도 건강에 해로운 독소를 포함하고 있는 것도 있어서 신중을 기하지 않으면 안 된다. 또한 정확한 용량이나 이용 시간, 횟수 등 사용 수칙을 반드시 지켜야 한다. 그러므로 정유를 치료적 목적으로 사용할 경우에는 먼저 대상자의 증세에 대해서 정확하게 파악하여 치료에 확신이 들지 않거나 위중한 증세일 경우에는 의사의 치료를 받아야 한다. 향기요법은 가벼운 증세에만 치료적 목적으로 사용하는 것을 원칙으로 한다.

② 정유 사용량

정유 사용시 증세의 중함이나 신속한 회복을 위하여 정유 양이나 횟수를 과도하게 사용하기 쉽다. 그러나 반드시 증상에 따라서 제시되는 정유의 용량을 정확하게 지켜야 한다. 정유의 용량 척도를 ml 또는 방울로 표현하는데 정유 1ml는 대략 20~30방울의 오일과 상응한다.

보통은 직접 정유 원액을 사용하지 않고 호호바 오일과 같은 캐리어 오일에 희석하여 사용한다. 일반적으로 10ml의 캐리어 오일에 정유를 희석할 때 보통 1방울(drop)을 단위로 하여 정유의 양을 증가시킨다. 1~3살 어린이는 정유 1방울, 3~7살 어린이는 2방울, 7~12살 어린이는 3방울, 그리고 12세 이상의 어린이는 4방울을 사용한다. 성인의 경우 임신한 여성, 정유 민감 체질이나 쇠약한 사람은 3방울을 사용하는 것이 적합하며 건강한 성인의 경우는 6방울의 정유를 10ml의

캐리어 오일에 희석하여 사용한다(〈표 4-15〉).

〈표 4-15〉 향기요법 제품의 용량 표준

용량	환산 용량
25mg	1방울
5ml	100방울
5ml	1티스푼
15ml	1/2온스
15ml	1테이블스푼
30ml	1온스

(3) 정유의 혼합과 사용 방법

사용 목적에 따라 정유를 혼합하는 것을 블렌딩(blending)이라고 한다. 블렌딩은 향기요법에서 가장 중요한 향기요법의 꽃이라고 할 수 있다. 물론 블렌딩은 전문가의 식견도 중요하지만 일반인은 개인적으로 좋아하는 향을 선택하는 것도 좋다. 자신의 성격, 증상에 따라 적절한 정유를 배합하여 사용하면 된다. 단, 전문가의 조언과 도움을 받아야 부작용 등의 문제를 사전에 예방할 수 있다.

① 정유 혼합의 기본 원리

블렌딩은 각 정유를 목적에 맞게 적절히 혼합하는 것으로 블렌딩은 단순히 정유를 혼합하는 것만을 의미하지 않는다. 커피 블렌딩을 과학적으로 설명할 수 없는 것과 마찬가지로 정유의 블렌딩에는 명확한 공식이 없다.

정유 블렌딩의 가장 중요한 의미 중의 하나는 시너지 효과이다. 각각의 오일들을 적절하게 혼합하면 그 효과가 증폭되어 엄청난 시너지 효과가 생긴다. 블렌딩의 원칙은 적용 증세에 대한 음양, 한열을 고려하여 블렌딩하여야 한다는 것이다. 그러기 위해서는 블렌딩 비율을 정확하게 지키는 것은 물론 각각의 오일에 대한 깊은 지식과 이해, 그리고 경험과 감각이 어우러져야 비로소 원하는 블렌딩이 이루어진다. 블렌딩은 하나의 창조 과정으로 향기요법의 가장 매력적인 부분이다.

② 치료를 위한 정유의 혼합 방법

정유 블렌딩의 기본 원칙은 처음부터 3~4개 이상 혼합하지 않으며 자극적이고 서로 상반되는 정유는 피하도록 하고, 대상자의 증상에 맞는 정유를 선택하여 적절한 비율로 블렌딩하는 일이다. 이를 위하여 먼저 대상자의 증상을 파악하여 관리의 우선순위와 관리 방향을 설정한다. 그리고 증상에 맞는 정유의 화학적 성분, 휘발도, 향의 특성 등을 고려하여 적절한 정유를 선택하고 처치 방법을 선정한다. 그리고 이렇게 선택한 정유가 대상자의 치료 용도로 맞는지 기본적인 감성적, 생리적 테스트를 하여 적용할 정유를 확정한다.

적용할 정유는 단방 또는 혼합하여 사용하는데 블렌딩 시에는 하향, 중향, 상향 순으로 혼합한다. 치료를 위한 블렌딩은 치료 목적을 이룰 수 있는 향의 종류, 양, 대상자의 연령, 성별, 성격 등을 고려하여야 한다. 또한 적용 시의 기분, 향에 대한 선입관과 특정 향에 대한 후각 상실이나 후각 장애 여부도 조사하여야 한다. 이러한 과정을 통하여 블렌딩이 완성되면 역시 대상자에게 테스트해 본 후 사용한다.

③ 패치테스트(Patch test)

희석하지 않은 새로운 오일들을 피부에 적용하기 전에 개인의 적정성을 검정하기 위하여 항상 패치테스트를 하여야 한다. 방법은 손목 안쪽에 오일 몇 방울을 떨어뜨리고, 반창고 등을 붙인 후 한 시간 이상 지나서 적정성 여부를 확인한다. 피부가 가렵거나 붉어지는 등의 피부 반응에 따라 농도를 반으로 희석하여 사용하거나 다시 블렌딩해야 한다.

(4) 사용 방법

① 흡입법(sniffing)

(a) 단순흡입법 : 두통이나 감기 등 필요할 때마다 증상에 맞는 오일을 선택하여 냄새를 맡거나 1~2방울 손수건이나 베개 위에 떨어뜨려 흡입한다.

(b) 증기흡입법 : 대야에 뜨거운 물을 담아 오일을 2~3방울 떨어뜨린 후 머리를 타월로 덮어 증기가 새어 나가지 않게 한 후 눈을 감고 약 25cm 간격을 띄고 10분 정도 흡입한다. 흡입 시 답답하면 잠깐 휴식을 취하고, 절대 눈에 들어가지 않도록 주의한다. 가습기에 적당량 오일을 떨어뜨려 가습기 작동과 함께 흡입하도록 한다.

(c) 확산법 : 방향법의 대표적인 방법이다. 아로마 램프(향 확산기)에 램프를 켠 후 물을 7/10 정도 부은 다음 2~3방울 오일을 떨어뜨려 향을 맡는다. 램프는 10~15분 정도만 켜 두면 된다. 실내 공기 정화에도 좋은 방법이다.

(d) 포푸리 이용 : 포푸리를 이용하여 필요할 때 수시로 향을 흡입할 수 있다.

② 목욕법(Bathing)

욕조에 오일을 떨어뜨려 코와 피부로 흡수되게 하는 방법으로 꾸준히 실천하면 탁월한 스트레스 해소와 미용 효과, 노폐물 제거, 혈액 순환, 피로 해복에 도움을 준다. 6~12방울 오일을 떨어뜨린 욕조 물 속에 15~30분 정도 시행하며 목욕이나 좌욕도 같은 요령이다. 수욕(hand bath), 족욕(foot bath)도 같은 요령이며 목이나 입안을 세척하는 가글링법도 있는데 가글링 시 삼키지 않도록 한다.

③ 마사지법(Massage)

식물성 오일 · 로션 · 크림 마사지 · 화장품 · 향수를 이용하며 정유를 호호바유(jojoba oil)나 올리브유에 적당량 희석하여 사용한다. 반드시 2~3방울 희석 오일과 2% 농도로 혼합하여 패치 테스트(patch test)한 후 사용하여야 한다. 주로 미용에 많이 이용되는데 피부의 노폐물을 빠르게 배출하여 혈액 순환과 피부 재생 효과가 있으며, 조직 세포에 산소와 영양분을 공급함으로써 면역 기능을 향상시켜 준다. 마사지 시간은 20분 정도로 하며, 마사지 후에는 휴식을 취한다. 1회 사용량은 얼굴 5ml, 유방 8ml, 전신은 25ml 정도가 적당하다.

5) 응용 향기요법

향기요법은 의학적 치료 방법이라기보다는 민간요법의 일종으로 각종 증상들에 대한 개선 효과와 완화 효과가 나타나는데 적절하게 사용하면 질환 예방과 건강 유지에 도움이 된다.

(1) 생활 속의 향기요법

① 직장인 향기요법

〈표 4-16〉 직장인을 위한 정유의 종류

적용	적용 정유명	사용 방법
피로 회복/ 스트레스	페퍼민트 · 유칼립투스 · 로즈메리 · 제라늄 · 라벤더 · 캐모마일 · 네롤리 · 로즈	마사지 · 목욕 · 확산
맑은 머리로 작업능률 향상	레몬 · 유칼립투스 · 로즈메리 · 파인	흡입 · 확산
컴퓨터 작업	레몬 · 로즈메리	흡입 · 확산

② 운전자 향기요법

〈표 4-17〉 운전자를 위한 정유의 종류

적용 정유명	방법
페퍼민트 · 유칼립투스 · 파인 · 페추리 · 제라늄 · 레몬 · 로즈메리	흡입 · 확산

③ 건강 향기요법

〈표 4-18〉 건강을 위한 정유의 종류

적용	정유명	사용방법
여드름	캐모마일 · 베르가모트 · 파인 · 티트리 · 주니퍼 · 네롤리 · 캐러웨이	마사지 · 증기흡입
습진 · 건선	캐모마일 · 샌달우드 · 라벤더	마사지 · 목욕 · 흡입
가려움증	벤조인 · 캐모마일 · 라벤더 · 제라늄 · 베르가모트 · 싸이프리스 · 스피아민트 · 마조람 · 히솝 · 타임	마사지 · 목욕
피부 노화	프랑킨센스 · 재스민 · 만다린 · 라벤더 · 네롤리	마사지 · 목욕
주름살 제거	네롤리 · 캐롯 · 로즈 · 재스민 · 프랑킨센스	마사지 · 목욕
무좀	라벤더 · 티트리 · 타게트	마사지 · 족욕
건조한 손	로즈 · 샌달우드 · 제라늄	마사지 · 수욕
튼 손	벤조인 · 몰약 · 프랑킨센스	마사지 · 수욕
손에 땀날 때	싸이프리스 · 티트리	마사지 · 수욕
모발성장촉진	로즈메리 · 베이 · 시다우드 · 라벤더 · 야로우	두피 마사지
탈모 방지	로즈메리 · 라벤더 · 캐롯 · 멜리사 · 차빌 · 타임	두피 마사지
비듬	로즈메리 · 시다우드 · 싸이프리스 · 티트리	두피 마사지
방광이 나쁠 때	바질 · 라벤더 · 파인 · 유칼립투스 · 시나몬	마사지 · 좌욕
변비	로즈메리 · 레몬 · 페퍼민트	마사지 · 좌욕
고혈압	클라리세이지 · 라벤더 · 베르가모트	목욕 · 흡입 · 확산
저혈압	싸이프리스 · 로즈메리 · 레몬	목욕 · 흡입 · 확산
치질	제라늄 · 싸이프리스 · 라벤더	목욕 · 좌욕
관절 통증	샌달우드 · 진저 · 너트메그 · 라벤더 · 로즈메리 · 프랑킨센스 · 마조람 · 펜넬 · 싸이프리스	마사지 · 목욕 · 흡입
신경통	제라늄 · 페퍼민트 · 라벤더 · 유칼립투스	마사지 · 목욕 · 흡입
근육통	로즈메리 · 마조람 · 라벤더 · 레몬 · 캐모마일 · 주니퍼베리	마사지 · 목욕 · 흡입

④ 미용 향기요법

〈표 4-19〉 미용 및 여성을 위한 정유의 종류

적용	적용 정유명	사용방법
빈혈	캐모마일 · 라벤더 · 제라늄 · 레몬 · 싸이프리스 · 로즈메리	마사지 · 목욕 · 확산
변비	로즈메리 · 레몬 · 페퍼민트	좌욕
생리통	로즈메리 · 주니퍼 · 제라늄 · 라벤더 · 캐모마일 · 마조람	마사지 · 목욕
여드름	티트리 · 라벤더 · 베르가모트 · 레몬 · 호호바	마사지 · 증기흡입
기미 · 주근깨	네롤리 · 레몬 · 캐모마일	마사지 · 증기흡입
민감성 피부	캐모마일 · 로즈 · 라벤더	마사지 · 목욕 · 확산
지성 피부	베르가모트 · 시다우드 · 제라늄	마사지 · 목욕 · 확산
건성 피부	샌달우드 · 로즈 · 제라늄	마사지 · 목욕 · 확산
염증성 피부	프랑킨센스 · 로즈 · 캐롯시드	마사지 · 목욕 · 확산
피부/가슴	라벤더 · 로즈 · 네롤리 · 일랑일랑 · 재스민	마사지 · 목욕
탄력 증가	제라늄 · 샌달우드 · 로즈메리	
비만	라벤더 · 그레이프후르츠 · 바질 · 싸이프리스 · 주니퍼베리 · 주니퍼 · 페추리	마사지 · 목욕 · 흡입
생리 늦어질 때	체리세이지 · 마조람 · 페퍼민트 · 로즈 · 라리 세이지	골반욕 · 질 세척
생리가 길 때	싸이프리스 · 프랑킨센스 · 로즈	골반욕 · 질 세척
일반적 질염	티트리 · 라벤더	목욕 · 좌욕
냉증	클라리세이지 · 주니퍼베리 · 타임레드	마사지 · 좌욕

⑤ 수험생 향기요법

〈표 4-20〉 수험생을 위한 정유의 종류

적용	적용 정유명	사용 방법
우울할 때	라벤더 · 캐모마일 · 제라늄 · 재스민 · 베르가모트 · 클라리세이지 · 바질 · 로즈우드	목욕 · 확산
초조할 때	라벤더 · 캐모마일 · 제라늄 · 샌달우드 · 레몬	목욕 · 확산
산만할 때	바질 · 베르가모트 · 라벤더 · 유칼립투스 · 레몬 · 페퍼민트 · 로즈메리	목욕 · 확산
기억력/집중력 향상	로즈메리 · 유칼립투스 · 페퍼민트	목욕 · 확산

⑥ 어린이 향기요법

〈표 4-21〉 어린이를 위한 정유의 종류

적용	적용 정유명	사용 방법
신생아방	라벤더 · 캐모마일	확산
잠을 자지 않을 때	라벤더 · 캐모마일	확산
피부보호	캐모마일	목욕
감기	유칼립투스	확산
습진	라벤더 · 캐모마일	마사지 · 확산

⑦ 사랑 향기요법

〈표 4-22〉 사랑을 위한 정유의 종류

적용	적용 정유명	사용 방법
행복한 감정	로즈 · 제라늄 · 베르가모트 · 로즈우드	확산 · 흡입 · 목욕
사랑의 감정	재스민 · 일랑일랑 · 그레이프 프루트 · 샌달우드	확산 · 흡입 · 목욕
성 기능 장애 (임포텐트·불임냉감증)	일랑일랑 · 샌달우드 · 재스민 · 베르가모트 · 로즈 · 네롤리	목욕 · 마사지

⑧ 감정 향기요법

〈표 4-23〉 감정조절을 위한 정유의 종류

적용	적용 정유명	사용 방법
활력의 감정	로즈메리 · 레몬 · 타임 · 클로브	흡입 · 확산
행복의 감정	로즈 · 제라늄 · 베르가모트 · 로즈우드	흡입 · 확산
위로의 감정	라벤더 · 오렌지 · 시나몬 · 클로브 · 너트메그	흡입 · 확산

⑨ 응급 향기요법

〈표 4-24〉 응급 상황시 정유의 종류

적용	적용 정유 명	사용 방법
타박상	히숍 · 네롤리 · 캐러웨이	마사지 · 목욕 · 습포
화상	라벤더 · 캐모마일 · 제라늄	마사지 · 습포
헛배	페퍼민트	흡입 · 확산
설사	타임 · 라벤더 · 티트리 · 캐모마일 · 유칼립투스	마사지 · 흡입 · 확산
메스꺼움	페퍼민트 · 블랙페퍼 · 로즈메리 · 라벤더	마사지 · 흡입 · 확산
속쓰림	레몬 · 페퍼민트 · 샌달우드	마사지 · 흡입 · 확산
감기	라벤더 · 로즈메리 · 멜리사 · 타임 · 페퍼민트 · 유칼립투스 · 레몬그라스 · 히숍	목욕 · 흡입 · 확산
축농증	유칼립투스 · 페퍼민트 · 라벤더마사지 · 흡입	
우울증	제라늄 · 네롤리 · 너트메그	마사지 · 목욕 · 확산
불면증	클라리세이지 · 라벤더 · 제라늄 · 레몬 · 오레가노 · 캐모마일 · 베르가모트 · 재스민 · 로즈메리	마사지 · 목욕 · 확산
편두통	제라늄 · 레몬 · 라벤더 · 캐모마일 · 로즈메리	목욕 · 흡입 · 확산
불안	라벤더 · 제라늄 · 샌달우드 · 일랑일랑	목욕 · 확산 · 흡입
빈혈	싸이프리스 · 로즈메리 · 레몬 · 캐모마일 · 제라늄 · 라벤더	마사지 · 목욕 · 흡입
벌레 물린 데	라벤더 · 티트리 · 페추리	마사지
발열	페퍼민트 · 유칼립투스 · 블랙페퍼	목욕
소화불량	클라리세이지 · 캐모마일 · 바질 · 로즈메리 · 펜넬 · 페퍼민트	마사지 · 흡입 · 확산
멍든 데	제라늄 · 로즈메리 · 라벤더	마사지 · 습포
삔 데	로즈메리 · 유칼립투스 · 페퍼민트	마사지 · 습포
코피 날 때	레몬	찬 습포
종기	라벤더 · 티트리 · 캐모마일	찬 습포
식욕부진	코리안더 · 라벤더 · 캐모마일 · 딜 · 펜넬 · 진저 · 페퍼민트 · 스위트바질	목욕 · 확산 · 흡입
발 냄새	세이지 · 티트리	족욕
쥐가 날 때	스위트마조람 · 만다린 · 캐모마일	마사지
전신 피로	로즈메리 · 마조람 · 라벤더 · 캐모마일 · 페퍼민트 · 샌달우드 · 멜리사 · 유칼립투스	마사지 · 목욕
숙취 제거	주니퍼 · 로즈메리 · 로즈	목욕

(2) 특정 증상에 대한 금기

일반적으로 아로마 마사지는 매우 부드럽기 때문에 안전하다. 그러나 진행된 심장 질환, 진행된 천식, 급성의 질환이 있을 때에는 피하는 것이 좋으며 진행성 암에도 의사의 허락 없이 사용해서는 안 된다. 특히 암의 경우 임파선을 통해 전이될 가능성이 있기 때문이다.

정맥류가 돌출되어 있다면, 그 부위는 피하여야 하며 피부 질환 처치 이외에는 상처를 건드리지 말아야 한다(〈표 4-25〉).

〈표 4-25〉 특정 증상에 대한 금기 정유

특정증상	금기 정유
임신부	너트메그 · 딜 · 로즈메리 · 마조람 · 미르라 · 바질 · 버베나 · 세이지 · 샐러리 · 시더 · 싸이프리스 · 아니스 · 야로우 · 오레가노 · 주니퍼 · 캐러웨이 · 코리안더 · 타임 · 파슬리 · 프렌치라벤더 · 히솝
어린이	너트메그 · 로즈메리 · 바질 · 서던우드 · 세이지 · 시더 · 쑥 · 웜우드 · 유칼립투스 · 장뇌 · 캣트민트 · 파슬리 · 펜넬 · 프렌치라벤더
알레르기	너트메그 · 레몬그라스 · 로즈메리 · 바질 · 버베나 · 세이보리 · 스피아민트 · 아니스 · 아르니카 · 오레가노 · 정향 · 타임 · 티트리 · 페퍼민트 · 펜넬 · 기타 레몬향 오일
감광성 오일	버베나 · 베르가모트 · 쁘띠그랭 · 세이지 · 앤젤리카 · 야로우 · 파슬리 · 펜넬 · 기타 레몬향 오일
복통	클로브
천식	야로우 · 마조람 · 오레가노 · 로즈메리
녹내장	타임 · 히솝 · 싸이프리스 · 타라곤
출혈	라벤더(항응고제와 병행 금지)
종양	펜넬 · 아니스 · 캐러웨이
비뇨기 감염	주니퍼 · 유칼립투스
피부 질환	클로브 립 · 펜넬 비터 · 오레가노 · 파인
간질 환자	너트메그 · 로즈메리 · 세이지 · 시더 · 장뇌 · 펜넬 · 히솝
고혈압 환자	레몬 · 로즈메리 · 세이지 · 타임 · 히솝
저혈압 환자	일랑일랑
안압 환자	레몬그라스 · 레몬밤
천식 환자	로즈메리 · 마조람 · 야로우 · 오레가노
불면증 환자	스톤파인 · 페퍼민트 · 파인
신장병 환자	주니퍼
종양 환자	아니스 · 캐러웨이 · 펜넬
월경 장애	세이지 · 싸이프리스 · 아니스 · 앤젤리카 · 캐러웨이
갑상선 환자	펜넬
암 유발	자작나무 · 창포
전립선 암 환자	싸이프리스 · 앤젤리카 · 타임 · 히솝
유방암 환자	세이지 · 싸이프리스 · 아니스 · 앤젤리카 · 캐러웨이 · 클라리세이지 · 펜넬

(3) 정유 사용시 유의점

① 제독 반응

향기요법은 몸의 독성 성분을 제거하는 기능이 있다. 심한 독성 상태에 있을 때 정유는 제독하여 몸을 정상 상태로 회복시킨다. 이때 독성 성분은 소화기와 비뇨기관, 혹은 피부를 통해 배설된다. 이 과정에서 부작용이 생길 수 있는데 두통 · 오심 · 현기증 · 오한 · 심한 발한 · 설사 · 경한 발진 · 점액 분비 · 구강의 이상 감각 · 심한 피로감 등이 생기며 어떤 사람들은 흉몽의 경험도 하나 향기요법 수칙에 따른 경우라면 부작용은 아니고 일종의 명현 현상이나 오랜 기간 계속되면 전문가와 상담하도록 한다.

② 정유의 독성

정유 중 독성이 있어서 사용 시 조정하거나 희석하여 사용하며 2주 이내 사용해야 하는 정유도 있다.

타라곤 · 화이트 타임 · 투베로스 투메릭 · 스페니시 세이지 · 타게티스 · 아요완 · 아나이스 스타 · 아나이시드 · 엑조틱 바질 · 칼라민타 · 화이트 캄포어 · 카스카릴라 바크 · 카시에 · 버지니아 시다우드 · 시나몬 리프 · 클로브 버드 · 코리안더 · 유칼립투스 · 스위트 펜넬 · 홉스 · 히솝 · 주니퍼 · 너트메그 · 파슬리 · 블랙페퍼 · 터펜틴 · 베이 로렐 · 웨스트 인디언 베이 · 발레리안 등이 여기에 속한다.

③ 과민 반응

극도로 민감한 피부나 알레르기가 있는 사람들에게 일부 정유들은 피부 자극을 유발한다. 재스민과 같이 평범한 오일들도 사람에 따라서는 과민 반응을 일으킬 수 있다. 그러므로 민감성 피부인 경우 새로운 정유를 사용하기 전에 항상 먼저 패치테스트를 한다. 민트 · 오렌지 · 페루 발삼 · 파인 · 스티렉스 · 티트리 · 화이트 타임 · 리트시아 쿠베바 · 러비지 · 메스틱 · 톨루 발삼 · 투메릭 · 터펜타인 · 발레리안 · 바닐라 · 버베나 · 바이올렛 · 야로우 · 프렌치 바질 · 베이 로렐 · 벤조인 · 케이드 · 카난가 · 버지니아 시다우드 · 캐모마일 · 시트로넬라 · 갈릭 · 제라늄 · 진저 · 홉스 · 재스민 · 레몬 · 일랑일랑 · 그래스 · 레몬밤 등은 과민 반응을 일으킬 수 있어서 주의를 요한다.

④ 광독성

정유들 중에는 광독성이 있어 정유 마사지 후 직사광선에 노출하면 피부에 색소 침작이 생길 수 있다. 진저 · 레몬 · 라임 · 앤젤리카 루트 · 베르가모트(버갑텐이 없는 형태는 제외) · 쿠민 · 러비지 · 만다린 · 오렌지 · 버베나 등은 특히 광독성이 심하므로 햇빛에 노출될 가능성이 있을 때에는 사용하지 않도록 한다.

(4) 허브의 학명과 케모타입

① 학명의 중요성

식물의 학명은 표기하고 기억하기 힘들지만 만국 공통의 식물 이름이므로 외래 식물이 많은 허브와 정유의 품질 관리를 위하여 학명의 이용이 필요하다. 학명은 속명, 종소명 및 명명자 순으로 표기하나 허브나 원예 식물의 경우는 변종이나 품종에 따라 품질이 현격히 다를 수 있기 때문에 허브로부터 추출하는 정유는 품종에 따른 엄격한 관리를 하여야 한다.

② 케모타입(Chemotype)

같은 품종의 허브라도 생육 환경에 따라 정유의 화학 조성에 따라 효능이 다를 수 있다. 이러한 종류의 정유를 구분하여 화학형 즉 케모타입(chemotype)이라고 하여 CT1, CT2 등으로 표현하여 구분한다.

③ 정유의 품질

정유는 허브의 품종이나 추출 방법, 재배 방법 및 생산국에 따라 화학 조성이나 효능이 다른 경우들이 있다. 먼저 식물학적으로 품종이 다른 경우가 있는데 같은 캐모마일이더라도 저먼캐모마일(german chamomile), 로만캐모마일(Roman chamomile), 보데골드캐모마일(Bodegold chamomile), 다이어스 캐모마일(Dyer's chamomile) 등이 있는데 저먼캐모마일과 로만캐모마일이 가장 대표적이며, 이 중에서 쓴맛이 가장 덜한 저먼캐모마일이 허브차의 원료로 주로 사용된다. 또한 추출 방법에 따라 다를 수 있는데 특히 이산화탄소 추출법으로 정유의 임의의 부분만을 추출한 '엑스트라'와 '셀렉트'는 일반적인 증류법으로 추출된 오일과는 다른 특성을 나타낸다. 이 밖에 유기재배 등의 재배 방법에 따라 품질이 다르며 생산지의 토양과 기후에 따라 다르다. 한국은 대규모 재배가 어려워 대부분 수입에 의존하고 있는데 생산국에 따라 품질이 차이가 있는 경우도 있다.

4. 허브의 종류

1 감초

과명 : 콩과(Leguminosae)

학명 : *Glycyrrhiza uralensis* Fisch.

시베리아 · 몽골 · 중국 동부와 북부 등에서 자라는 다년생 초본으로 줄기는 곧추서고 털이 덮여 있다. 잎은 7~17장의 소엽으로 이루어진 복엽이다. 연한 보라색 꽃은 7~8월에 잎겨드랑이에서 핀다. 열매는 협과로 열리며 활처럼 구부러지고 밤색 털로 덮여 있다. 뿌리를 햇볕에 말린 것을 감초라고 하는데 맛이 달고 특이한 냄새가 나 한약의 성분을 중화하고 독성을 약하게 하는 데 쓴다. 가을 또는 이른 봄에 길게 뻗은 뿌리줄기와 땅속 깊이 들어간 뿌리를 캔 다음, 잔뿌리와 줄기는 다듬어 버리고 물로 씻은 뒤 말린다. 한방에서는 해열에 날것을 그대로 쓰며, 비장과 위장을 덥게 해 주고 보신할 때는 누렇게 볶아서 쓴다. 주로 뿌리를 나누어 심는다.

2 구절초

과명 : 국화과(Compositae)

학명 : *Chrysanthemum zawadskii* subsp *latilobum* (Maxim). kitag.

영명 : Siberian chrysanthemum

한자명 : 구절초(九折草)

한국 및 일본 · 만주 · 중국 · 시베리아에 분포하는 높이 50cm 정도의 다년생 초본으로 전체에 털이 있거나 없으며 줄기는 곧게 나고, 한 줄기이거나 가지가 갈라진다. 뿌리 잎과 밑동 잎은 2회 우상으로 깊게 갈라진다. 두화는 가지 끝에 하나 나고 지름 약 8cm 내외이며, 총포 조각은 긴 타원형이고 갈색이고 가장자리가 건피질이다. 열매는 수과이며 꽃은 엷은 홍색 혹은 흰색으로 7~9월에 핀다. 줄기와 잎은 약용으로 하고 관상용으로 재배한다. 부인병에 보온용으로 탁월한 효과가 있다 하여 선모초(仙母草)라고도 한다. 부인냉증 · 위장병 · 치풍 · 기관지염 · 인후염 · 만성 기침 등에 사용한다.

이 밖에 정혈 작용이 있으며, 지방질 분해 작용이 강해 다이어트에 좋다. 호르몬 작용으로 강력한 정력제이며, 진통소염 작용이 강하나 내성은 없고, 꽃은 정신적 안정과 두통, 탈모예방에 좋다.

3 금잔화

과명 : 국화과(Compositae)

학명 : *Calendula arvensis* L.

원산지 지중해연안과 유럽 남부지방 원산으로 원산지에서는 2년생 초본이다. 높이 10~20cm, 재배종의 경우 높이 30cm이며 잎은 호생하고 긴 타원형으로서 부드러우며 가장자리에 톱니가 있다. 꽃은 7~8월에 피고 붉은빛이 도는 황색으로서 원줄기와 가지 끝에 두상화가 1개씩 달리며 가장자리의 것은 설상화이고 안쪽 것은 통상화로서 지름 1.5~2cm이다. 열매는 수과로 겉에 가시 모양의 돌기가 있다.

관상용으로 재배하며 약용으로 이용한다. 금잔초(金盞草)라고도 하며 이뇨 · 발한 · 흥분 · 완하 · 통경 작용에 쓴다. 또한 장출혈이나 치질 출혈이 멈추지 않을 때 쓰며 혈압 강하 작용이 있다.

4 단델리온

과명 : 국화과(Compositae)

학명 : *Taraxacum officinale* L.

영명 : Dandelion

한국명 : 서양민들레

유럽이 원산지로 민들레와 잎의 거치만 다소 다른 다년생 초본이다. 잎은 뿌리에서 나오고 흰색 또는 노란색의 두상화가 핀다. 단백질 · 지방 · 탄수화물 · 철분 · 회분 · 칼슘 · 칼륨 · 인산 · 비타민 A · B · C · 섬유질 등이 풍부하다. 뿌리에는 이눌린 · 팔미틴 · 세르친 등의 특수 성분이 함유되어 있어서 건위 · 강장 · 이뇨 · 해열 · 이담 · 완하 작용 등이 인정되고 간장병 · 황달 · 담석증 · 변비 · 류머티즘 · 노이로제 · 야맹증 · 천식 · 거담 · 오한 · 배뇨곤란 · 열병 · 종기에 잘 듣는다. 꽃으로 술을 빚어 정혈제로 쓰며 차로 음용하여 우울증, 수종 등에 쓰고, 볶은 것은 카페인이 없는 커피 대용으로 이용하면 간장, 신장 등에 좋다. 단델리온은 1년 내내 꽃이 피는 밀원 식물이기도 하다.

5 데이지

과명 : 국화과(Compositae)

학명 : *Bellis perennis, Chrysanthemum balsamita*

영명 : Daisy

유럽이 원산지인 다년생 초본으로 잎은 뿌리에서 나오고 도란형으로 가장자리가 밋밋하거나 약간 톱니가 있다. 뿌리에서 꽃대가 나오는데 길이 6~9cm이고 그 끝에 1개의 두화가 달리며 밤에는 오므라든다. 두화는 설상화가 1줄인 것부터 전체가 설상화로 된 것 등, 변종에 따라 다양하다. 꽃은 봄부터 가을까지 피며 흰색 · 연한 홍색 · 홍자색이다. 유럽에서는 잎을 식용한다. 종자로 번식시키고 가을이나 봄에 관상화로 널리 심는다.

데이지는 보통 *Chrysanthemum leucanthemum*과 *Bellis perennis*를 가리킨다. *C. leucanthemum*를 보통 샤스타 데이지(Shasta daisy)라고 하며 유럽과 아시아가 원산지이지만 미국에서도 흔히 볼 수 있는 야생화이다. 이 종은 다년생 식물로 키가 60cm 정도까지 자란다. 잎은 긴 타원형이며 가장자리가 갈라져 있고 잎자루가 길다. 꽃은 가지 끝에서 한 송이씩 피는데 지름이 2.5~5cm이고 설상화는 흰색이다.

6 딜

과명 : 미나리과(Umbelliferae)

학명 : *Anethum graveolens* L.

영명 : Dill

지중해 연안 · 인도 · 아프리카 북부가 원산지인 1년생 초본으로 1m 이상 자란다. 개화기는 5~7월이며 노란색 꽃이 핀다. 정유는 비누 향료로, 잎 · 줄기는 잘게 썰어서 생선 요리에 쓴다. 씨는 소화 · 구풍 · 진정 · 최면에 효과가 뛰어나며 구취 제거 · 동맥경화의 예방에 좋고 당뇨병 환자나 고혈압인 사람에게는 소금기 적은 감염식의 풍미를 내는 데 긴요하게 쓰인다. 불면증에는 취침 전에 차로 마셔도 되고 잎이나 씨를 말려서 속을 넣고 베개를 만들어 베고 자면 잠이 잘 온다. 어린이 소화 · 위 장애 · 장 가스 해소 · 변비 해소에 좋다.

7 라벤더

과명 : 꿀풀과(Laviatae)

학명 : *Lavendula angustifoia* L.

영명 : Lavender

한국명 : 훈의초(薰衣草)

지중해 연안, 프랑스남부가 원산지인 라벤더는 1m까지도 자란다. 상록소관목으로 키는 40~70cm 정도이다. 개화기는 6~8월로 짙은 보라색 또는 흰색꽃이 피며, 핑크향의 여왕 또는 성처녀 마리아의 식물로 불린다. 라벤더 에센셜 오일에는 심신을 안정시키고 스트레스 해소와 피로를 회복시켜 준다. 또한 높은 혈압을 낮추고 심장의 박동을 늦추며 불면증에 특히 효과가 좋다. 피곤하고 과로한 근육 · 요통 · 근육 경직을 풀어 주며 일광욕으로 인한 화상 치유 · 감기 · 두통 · 생리통 해소 등에 좋다. 라벤더는 그리스 · 로마시대부터 입욕제로 쓰였으며 중세에는 세탁물의 향을 내는 데도 사용되었다. 임신 초기에는 사용을 금한다.

8 레몬그라스

과명 : 벼과(Poaceae)

학명 : *Cymbopogon Citratus*

영명 : Lemon grass

인도 · 스리랑카 · 아프리카 중남미가 원산지인 상록다년생 초본으로 키 90cm에 달하는 억새풀 모양의 허브로 개화기는 8~9월이다. 말려서 포프리 · 목욕제로 쓰며 파리 · 모기 · 벼룩 · 진드기 퇴치용으로도 쓰여서 흔히 개집 주위에 심으며 정원용으로도 심는다. 잎 · 뿌리 · 줄기와 근경을 약으로 쓰는데, 살균 작용이 있어서 설사 · 두통 · 복통 · 무좀에 좋으며 인도에서는 감염증과 열병 치료제로 수천 년 사용해 온 약초이다. 에센셜 오일에는 강한 소독 작용과 치유 작용에 있어서 특히 스트레스와 연관되는 지성 피부 증상에 좋고 습진 · 마른버짐 · 여드름에도 효과가 있다. 피부를 팽팽하게 하는 힘이 있으며 무좀을 포함한 기타 진균 감염증에도 효과가 있다.

9 레몬밤

과명 : 꿀풀과(Laviatae)

학명 : *Melissa officinalis*

영명 : Lemon balm

지중해 연안과 남부 유럽이 원산지이며 멜리사라고도 한다. 다년초로서 키 40~70cm, 개화기는 6~8월로 유백색에서 엷은 청색으로 변하는 꽃이 핀다. 레몬향이 나는 밀원 식물로 역사가 오래된 약초이다. 잎 · 꽃 · 줄기를 이용하는데, 차는 뇌 활동 강화와 기억력 증진에 효과가 있어 공부하는 수험생에게 좋다. 또한 우울증을 해소시키며 해열 · 발한 작용이 있어 감기 초기에 조석으로 마시면 효과적이다. 체력 소모가 많은 여름철의 청량음료로도 좋다. 에센셜 오일은 우울증 · 신경성 두통 · 신경통 · 소화불량 · 피부의 노화 방지, 특히 감기와 피로 회복에 탁효가 있다. 상처를 빨리 낫게 하고 습진 · 알레르기성 체질에도 좋고 신경계통 · 호흡기계통 · 심장 순환기계통의 약으로 쓰인다.

10 레몬버베나

과명 : 마편초과(Verbenaceae)

학명 : *Aloysis triphylla* Ritt

영명 : Lemon verbena

레몬버베나는 남미의 칠레 · 아르헨티나가 원산지로 향이 좋아서 향수목이라고도 한다. 4~8m로 자라는 낙엽성 관목으로 7~9월에 흰색 또는 연분홍색 꽃이 피며, 레몬향이 있어 분화초로 심어 실내에 두면 상쾌한 향기와 함께 공기를 정화한다. 레몬버베나 차는 소화 촉진 · 진정 · 진경 · 이뇨 작용 등이 있고 감기의 발열 · 기관지염 · 코의 충혈을 진정시키며 가슴의 두근거림이나 메스꺼움을 완화시켜 준다. 잎의 침출액은 눈의 부기를 가라앉혀 주고, 잎을 달인 물이나 꽃의 비네거(vinegar)는 피부를 매끄럽게 해 주는 효과가 있다. 그 외에 향수 · 비누 · 바디 로션 등에 사용한다. 에센셜 오일로 목욕을 하면 피부가 매끄럽고 윤기가 난다.

11 레이디스 맨틀

과명 : 장미과(Rosaceae)

학명 : *Alchemilla vulgaris*

영명 : Lady's mantle

유럽 및 서부 아시아가 원산지인 다년생 초본으로 6~8월에 황록색의 꽃이 피고 30~60cm로 자란다. 부인병에 잘 듣는 약초 허브이다. 잎과 뿌리를 이용하며, 식용은 어린잎이 약간 쌉쌀하지만 강한 향이 있어 샐러드에 넣어 먹는다. 허브티는 수렴 화장수로 부스럼 · 여드름 · 피부염증에 효과가 있으며, 산후 회복 촉진 · 생리 불순 회복 · 갱년기 장애 및 폐경기의 월경과다 개선과 임신 중의 입덧 등에도 효과가 있다. 생잎의 추출액은 주근깨, 거친 살결에 효과가 있으며, 말린 잎 침출액은 여성 음부의 가려움증 제거, 찰과상과 발치 후의 지혈 및 종기나 환부의 소염치료제로 외용한다.

12 로켓 샐러드

과명 : 십자화과(Brassicaceae)

학명 : *Eruca sativa*

영명 : Rocket salad

지중해 연안이 원산지의 1년초로 키는 80cm까지 자라며 8~9월에 자색꽃이 핀다. 샐러드용으로 도톰한 잎을 씹으면 참깨 같은 향기와 톡 쏘는 겨자 같은 매운 맛이 난다. 비타민 C · E가 많은 미용용 채소다. 씨는 지방유가 함유되어 있어서 기름을 짜서 식용하며, 이집트에서는 지금도 티히니라 하여 버터처럼 빵에 발라 먹는다고 한다. 기름은 겨자유를 만들기도 하며, 등유로도 사용한다. 약용으로도 쓰이는데 이뇨 작용과 위통 진정 효과가 있다. 그러나 주된 용도는 채소로서 샐러드용으로서 다른 채소와 섞어서 이용한다.

13 로즈메리

과명 : 꿀풀과(Laviatae)

학명 : *Rosmarinus officinals* L.

영명 : Rosemary

중국명 : 미질향(迷迭香)

지중해 연안이 원산지인 다년생 상록저목으로 키가 1~2m까지 자란다. 좁고 가는 솔잎 모양의 잎은 가죽처럼 질기고 윤이 나며 특유의 강한 방향이 있는 서양의 약초로 4~6월에 연보라 · 청자색 · 연분홍 · 흰색 꽃이 핀다. 잎 · 꽃 · 줄기 등을 이용한다.

에센셜 오일은 피부 노화 방지 · 신경통 · 우울증 · 피로 회복 · 비만 등에 효과가 있으며, 머리를 맑게 하고 기억력과 집중력을 향상시켜 수험생들이 늦게까지 공부할 때 잠을 쫓는 효과가 있다. 또한 두피의 비듬을 억제하고 모발을 성장시키는 효과도 있다. 또한 뇌 신경자극 · 혈행 촉진 · 치매 방지 · 스트레스 해소에 좋으며, 술이나 차 · 입욕제 · 화장수 · 향수 원료로 사용하기도 한다. 에센셜 오일은 노화가 시작되는 피부나 주름이 생기는 피부에 목욕재로 효과적이다.

14 류

과명 : 운향과(Rutaceae)

학명 : *Ruta graveolens* L.

영명 : Rue

지중해 연안이 원산지인 다년초로서 운향이라고도 한다. 키는 50~90cm로 줄기가 곧게 자라며 밑쪽은 목질화하며, 8~9월에 자색꽃이 핀다. 고대 로마에서는 은총의 풀이라 하여 사제가 류의 줄기로 성수를 뿌리는 관습이 있었다. 류에는 루틴이 함유되어 있어 고혈압의 치료제로 썼으며, 히스테리 같은 신경질환 · 복통 · 기침 · 류머티즘 등에 달여서 먹었다. 다량 사용하면 유해하므로 남용하면 안 된다. 류는 꽃다발로 묶어 두면 파리를 막을 수 있고 책갈피에 넣으면 좀이 쓸지 않는다.

15 말로우

과명 : 아욱과(Malvaceae)

학명 : *Malva sylvestris* L.

한글명 : 당아욱

영명 : Mallow

유럽 동부가 원산지인 다년생 초본으로 키 60~100cm 정도이며 5~8월에 진분홍색의 꽃이 핀다. 꽃이 아름답고 뿌리 · 잎 · 꽃 · 전체를 사용한다. 채소로서 요리에 사용하는데 어린잎과 싹은 샐러드와 수프에, 다육질 뿌리와 비타민이 풍부한 잎은 데쳐서 볶음이나 나물로도 쓰인다. 꽃은 샐러드나 포프리로 사용한다. 잎과 뿌리는 통증을 완하시키는 진정 작용이 있어 위장 장애, 변비에 효과가 있으며, 염증에도 효과가 있어서 기관지염, 인후통 등의 호흡기 계통과 소화기 계통의 염증에 사용한다. 말로우 차는 기침 · 감기에 좋으며 신경을 진정시키는 효과가 있다. 벌레에 물렸을 때 통증을 완화시킨다.

16 마조람

과명 : 꿀풀과(Laviatae)

학명 : *Origanum majoram* L.

영명 : Marjoram

지중해 동부 연안 · 인도 및 아프리카북부가 원산지인 다년생 초본으로 30~40cm로 비교적 키가 작은 허브로서 5~7월에 노랑색 꽃이 핀다. 잎 · 꽃 · 줄기 · 열매를 이용하는데, 에센셜 오일에는 항바이러스 작용과 피부의 산화 방지 효과가 있어 피부 노화 방지 · 화장품 · 향수 등에 쓰이고 향베개는 최면 효과가 있어 불면증에 좋다. 오일로 목욕을 하면 경직된 몸을 풀어 주며 격한 운동으로 인한 근육통을 진정시키고 혈관을 확장시켜 주므로 어깨의 통증 해소에 좋다. 또한 하부요통 · 관절 · 류머티즘에 효험이 있고, 피부에 탄력을 주며 피부 노화 방지에 좋다.

17 마시 말로우

과명 : 아욱과(Malvaceae)

학명 : *Althea officinalis*

영명 : Marsh mallow

유럽 · 서아시아가 원산지인 다년생 초본으로 키 1~2m 정도이며 7~8월에 연분홍 꽃이 피는 관상용 화초로서 포기 전체에 향긋하고 연한 향기가 나며 끈적이는 점액이 20~30% 함유되어 있으나 독이 없고 약으로 쓰인다. 잎 · 꽃 · 뿌리 · 씨 등을 사용하며, 점액 물질은 약용 외에 거칠어진 피부의 화장품으로 쓰이며 차로도 이용한다. 잎에는 모든 아픔을 완화시켜 주는 효과가 있다. 잎은 소염 · 완화 작용이 있어 기관지염이나 호흡기 계통의 소염제로 쓰이며 기침 · 폐에서 생기는 염증이나 방광염 · 요로결석 같은 비뇨기 계통에 잘 듣고 상처 난 곳, 화상 벌레 물린 곳에도 도포제로 약용한다. 뿌리로 만든 차는 소화기 계통에 좋다. 위궤양 · 십이지장궤양 · 위염 · 장염뿐 아니라 구내염 · 비염 · 기침 · 삔 데 · 인후염 · 불면증 등에 잘 듣는다.

18 멀레인

과명 : 현삼과(Scrophulariaceae)

학명 : *Verbascum thapsus* L.

영명 : Mullein

지중해 연안 · 북아메리카가 원산지인 내한성이 강한 2년초로서 키 1~2m 정이며, 7~8월에 노란색 꽃이 핀다. 생울타리용으로 좋으며 꽃은 드라이플라워로 사용하면 좋다.

부드러운 잎과 굵고 긴 꽃대가 특징적이다. 큰 키에 잎과 줄기에 솜털이 두툼하게 밀생하여 회록색으로 흡사 융이나 벨벳 같은 부드러운 촉감이 있다. 그러나 이 솜털에 접촉하면 매우 가렵다. 멀레인에는 사포닌 · 점액 · 고무질 · 정유 등이 함유되어 있으며, 거담 · 진해 작용이 있어서 기침 · 기관지염 · 천식 · 백일해 · 쉰 소리 등에 매우 유용한 약초이다. 꽃을 이용한 허브차는 진정 효과 · 이뇨 작용이 있고 잎은 종기나 짓무르는 데 도포제로 쓴다

19 바질

과명 : 꿀풀과(Laviatae)

학명 : *Ocimum basilicum* L.

영명 : Basil

열대 아시아 · 인도 · 아프리카가 원산지이며 힌두교에서 가장 신성시하는 허브이다. 1년생 초본으로 키 60cm 정도로 7~9월에 흰색 꽃이 핀다. 잎과 꽃을 사용하며, 잎에서 정유를 채취하여 향수 · 약용 · 실내 공기 정화에 쓰이고 잎과 꽃은 차 · 향낭 · 포프리 · 꽃다발 · 요리에 사용한다. 토마토 · 마늘과 잘 어울려서 이탈리아에서는 없어서는 안 되는 허브이다. 고기 · 생선 · 조개 · 샐러드 · 수프 · 비네거 · 오일 · 허브티 등에도 사용한다. 두통 · 신경과민 · 구내염 · 강장 · 건위 · 진정 · 살균 · 젖을 잘 나오게 하는 효능이 있으며, 졸림을 방지하여 수험생이 이용하면 좋다. 또한 신장의 활동을 촉진시키며 벌레 물린 데 효과가 있다.

20 바이올렛(향제비꽃)

과명 : 제비꽃과(Violaceae)

학명 : *Viola odorata* L.

영명 : Sweet violet

유럽 남부 · 서아시아 · 북아메리카가 원산지인 다년생 초본으로 키 10~25cm로 3~4월에 보라색 꽃이 핀다. 잎과 꽃을 이용하며 유럽에서는 장미 · 라벤더와 함께 대표적인 향수 원료 식물로 쓰이는 허브이다. 잎과 꽃에 비타민 C가 많고 거담 작용을 하는 사포닌이 함유되어 있어 기관지염 · 후두염 · 구내염 · 거담제 · 이뇨 작용 · 정혈 작용 · 완화 작용 · 신경 피로 흥분의 진정 작용에 좋고 잎으로 만든 차는 불면증 치료에 효과가 있으며 폐나 소화기 계통의 항암제로도 쓰인

다. 바이올렛은 향수 · 화장품의 부향제 · 차(잎)요리 · 고기 요리 · 리큐어의 풍미 조미료 · 샐러드 · 과자 · 허브 오일 · 비네거 · 약용 · 포프리 · 염색 · 설탕 절임 등에도 쓰인다.

21 버베나

과명 : 마편초과(Verbenaceae)

학명 : *Verbena officinalis*

영명 : Vervain common, Verbena, Holy Herb

아시아 · 유럽 · 아프리카 북부가 원산지인 다년생 초본으로 키 30~80cm로 6~9월에 연보라색 꽃이 핀다. 기독교에서는 모든 재난을 물리치고 몸을 정결케 해주는 약초로 믿었다. 통경 · 황달 · 설사 · 수종 · 부인병 등에 약용하며 민간약으로는 잎을 비벼 그 즙을 피부병에 바르기도 한다. 상처 난 데, 개나 뱀에 물린 데에 소독용으로 사용했다고 한다. 일반적으로 소염 · 지혈 · 진정 작용을 하는 것으로 알려져 있고 스트레스나 우울증, 긴장감을 풀어 줘 진정시킬 뿐 아니라 경련을 진정시키는 효과도 있다. 발한 · 강장 · 이뇨 · 최유 작용이 있으며, 생잎은 상처나 피부병에도 소독제로 쓰인다. 신경을 안정시키는 목욕재로 좋다.

22 베고니아

과명 : 베고니아과(Begoniaceae)

학명 : *Begonia* spp. (*B. rex*)

영명 : Begonia

아메리카 원산으로 800종 내외가 열대와 아열대에 널리 퍼져 있는 상록 다년생 초본이다. 옛날부터 관엽 식물로 애용되어 왔으며 많은 개량종이 있다. 높이 15~30cm 정도로 줄기는 곧게 자라는 것과 덩굴성이 있다. 잎은 어긋나고 잎 밑의 좌우가 비대칭이며 대개 턱잎이 없다. 꽃은 단성화로 취산화서를 이루며 많은 종자가 생긴다. 구근종(球根種), 근경종(根莖種) 및 섬근종(纖根種) 3가지가 있으며, 잎을 관상용으로 하는 것으로는 베고니아 렉스(*B. rex*)가 대표적이고, 그 외에 관엽 베고니아라고 불리는 것이 있는데, 잎이 크고 모양이나 색채도 다양하다. 목베고니아(tree begonia)는 잎이 연두색을 띠고 있어 아름답다. 크리스마스 경 꽃집 앞을 장식하는 크리스마스 베고니아(*B. chelmantha*)는 케이만타라고 부른다.

23 범부채

과명 : 붓꽃과(Iridaceae)

학명 : *Belamcanda chinensis* (L.) DC.

영명 : Blackberry-lily

한자명 : 사간(射干)

한국이 원산지이며 중국 · 일본 · 소련 · 인도 등지에 분포한다. 근경을 가진 다년생 숙근초로 높이 50~100cm 정도로 잎은 호생하고 좌우로 납작하며 2줄로 부채살 모양으로 펴져서 자라고 녹색 바탕에 약간 분백색이 돌며 길이 30~50cm, 나비 2~4cm로서 끝이 뾰족하고 밑부분이 서로 감싸고 있다. 꽃은 7~8월에 황적색 바탕에 짙은 반점이 있으며 원줄기 끝과 가지 끝이 1~2회 갈라져서 한 군데에 몇 개의 꽃이 달리고 밑 부분에 4~5개의 포가 있다. 열매는 삭과로 도란상 타원형이다.

근경에는 belamcandin · iridin · tectoridin · tectorigenin이 함유되어 있고 꽃과 잎에는 mangifrein이 함유되어 있다. 해독 및 소염 작용이 있으며 구취에 효과가 있다 한다.

24 베르가모트

과명 : 꿀풀과(Laviatae)

학명: *Monarda didyma* L.

영명: Bergamot, Beebalm, Oswego tea

북아메리카가 원산지인 다년생 초본으로 키 60~80cm로 6~8월에 다양한 색의 꽃이 화려하게 피는 허브로 잎은 약용 · 허브차 · 향료로 쓴다. 또한 부향제로 와인 · 칵테일 · 음료 샐러드 · 순대 등에 사용하며, 기름에 담가서 헤어 오일로도 쓴다. 꽃은 샐러드 · 목욕제 · 포프리 · 드라이플라워 · 절화 · 화단초화로 쓰이고 베르가모트차는 방향성이 있으며 건위약 · 구풍제 · 진정제 · 피로 회복 등에 좋고 메스꺼움을 진정시키고 피로 회복에도 좋다. 감기에 증기흡입제로도 쓰이며 두통 · 고열에도 쓴다. 잎에는 살균성 티몰이 함유되어 있어서 부스럼 · 여드름 치료와 방부 작용도 한다.

25 베이

과명 : 녹나무과(Lauraceae)

학명 : *Laurus nobilis*

영명 : Bay

한자명 : 월계수(月桂樹)

지중해 연안 남유럽이 원산지인 키 10m 정도의 상록 소교목으로 자웅이주이다. 5~6월에 청색이나 백색의 꽃이 핀다. 요리의 부황제로 불릴 만큼 드레싱 · 소스 · 소시지 · 수프 · 생선 요리 · 육류 요리, 특히 양고기 요리 · 조류 요리 등에 많이 쓴다. 또한 차 · 비네거 · 포프리 · 약용 · 부케 · 리스에도 사용하며, 에센셜 오일은 향수 · 로션 · 토닉 등 화장품에 쓴다. 스치거나 찢으면 달콤하고 고상한 향기가 나며 꽃도 향기롭다. 또 방충 효과가 있어 쌀독에 말린 잎을 3장 정도 넣어 두면 벌레가 안 생긴다. 불면증에 좋으며 열매에 지방유와 정유가 함유되어 있어 차나 베이 오일은 신경통 류머티스의 마사지나 도포제로 진통 효과가 뛰어나며 방부제로도 쓴다.

26 보리지

과명 : 지치과(Boraginaceae)

학명 : *Borage officinalis* L.

영명 : Borage

지중해 연안이 원산지인 1년생 초본으로 키 50~90cm 정도이며 5~8월에 청색과 백색의 꽃이 핀다. 별 모양을 한 다섯 개의 꽃잎은 약간 고개를 숙인 듯이 청초하게 핀다. 와인이나 맥주에 잎을 썰어 넣어 풍미를 즐기는데 오이 같은 향이 있어 샌드위치에 넣으며 청량음료로도 만든다. 칼슘 · 칼륨 · 마그네슘 같은 미네랄이 풍부하게 함유되어 있어 혈액 정화 · 만성 신장염 · 류머티즘에 효과가 있으며, 건조한 피부의 연화 작용도 한다. 차는 감기나 유행성 독감 등 호흡기 질환에 효과가 있다. 보리지의 씨는 월경 전의 조급증과 습진, 피부병 등에 효과가 있다.

27 산토리나

과명 : 국화과(Compositae)

학명 : *Santolina chamacyparissun* L.

영명 : Lavender cotten. Cotton lavender

유럽 남부가 원산지인 상록다년초 또는 소관목으로 잎 · 꽃 · 줄기를 쓴다. 키 40~60cm 정도로 7~8월에 노란색 꽃이 핀다. 상록 다년초로 가지를 잘 치기 때문에 옛날부터 유럽에서는 궁전이나 귀족들의 정원의 기하학 무늬를 만드는 경계용의 낮은 생울타리에 사용하였으며, 아랍인들은 잎 추출액을 세안 재료로 썼으며, 뱀에 물린 데에 해독제로 썼다. 향기로운 잎과 꽃에 구충 효과가 있어서 촌충의 구충제로 쓰였다. 또한 방충 효과가 뛰어나서 옷장의 방충제로 이용하며 향수의 원료로도 쓰인다. 향기와 색조가 뛰어나 관상용 분화나 조경용 식물로 인기가 있다.

28 샐러드 버닛

과명 : 장미과(Rosaceae)

학명 : *Poterium sangnisorba*

영명 : Salad burnet

원산지가 유럽인 다년생 초본으로 내한성이 강하고 키 30~60cm 정도로 5~6월에 빨간색 꽃이 핀다. 옛날 사람들에게는 귀한 약초 중의 하나였는데 강장 효과가 있으며, 우울증에도 효과가 있다. 타닌이 함유되어 있어서 지혈제 · 수렴제로 사용하기도 한다. 잎에서 오이 같은 상쾌한 냄새가 나 샐러드에 이용하는 향채로서 특히 뛰어나 샐러드 버닛이란 영명이 붙여졌다. 샐러드 버닛으로 버닛 비네갈이나 버닛 와인을 만들기도 하고 잎을 썰어서 버터 · 치즈 등에 섞어서 쓰기도 하며 프루트 펀치나 요리의 장식용으로도 쓰는데 찬 음식에 잘 어울린다.

29 세이보리

과명 : 꿀풀과(Laviatae)

학명 : *Saturejas hortensis*

영명 : Savore

남부 프랑스가 원산지로 페퍼허브(pepper herb)라고도 한다. 1년생 초본으로 키 30~50cm 정도로 6~8월에 연분홍색 작은 별모양의 꽃이 핀다. 벌에 쏘여 부은 데 효과가 있고, 욕조에 넣어 목욕을 하면 정신이 맑아지고 피로 회복에도 도움이 되며 흥분 작용이 있어 미약으로도 사용되었다. 줄기나 잎에는 방향 성분이 있어 식욕을 증진시키고 침출액은 가래를 없애 주는 거담제로도 쓰인다. 또한 중풍 · 이뇨 · 구충에도 효과가 있고 방부 작용이 있어 방부성의 입가심약으로 사용한다. 차는 거담 작용과 함께 피로한 몸에 원기를 북돋아 주며 여성의 냉증을 비롯하여 갱년기 장애에도 효과가 있다.

30 세이지

과명 : 꿀풀과(Laviatae)

학명 : *Salvia officinalis* L.

영명 : Sage

한국명 : 약용 살비아

지중해 연안 · 남유럽이 원산지인 상록 소관목으로 키 50~70cm 정도로 5~8월에 자주색 꽃이 핀다. 밀원 식물로 많이 심는다. 로마시대부터 많은 사람들에게 만병통치약으로 이용되었다. 차 · 향수 원료 · 약용 · 목욕제 · 화장품(린스 · 로션) · 포프리 · 염색 · 비네거에 사용했으며, 육류 가공 부황제로 맛을 좋게 하는 데에도 쓰인다. 강장 효과 · 방부 · 항균 · 소화기 계통에 뛰어난 효과가 있다. 정유는 강한 이완 작용으로 특히 스트레스로 인한 근육 긴장과 통증을 완화시키며 피부를 진정시키고 염증을 가라앉히는 작용을 한다. 또한 피부를 촉촉이 유지시키는데, 어떤 피부에도 잘 맞으나 특히 건성 피부나 노화 피부에 효과적이다. 모발의 성장을 촉진하고 두피의 여러 가지 장애를 호전시키며 기름기가 많은 모발에 좋다.

31 센티드 제라늄

과명 : 쥐손이풀과(Geraniaceae)

학명 : *Pelargonium graveolens*

영명 : Scented geranium

국어명 : 향제라늄

남아프리카가 원산지인 다년초 또는 반소관목으로 키 30~100cm 정도로 4~7월과 9~10월에 분홍색 · 흰색 · 빨강 꽃이 핀다. 주로 잎과 줄기에서 장미꽃과 같은 향기가 난다. 수용성 향료(화장수 · 크린싱 크림)나 향수로 쓰이며 차 · 소스류 · 목욕제 · 포프리 · 베개 속 · 약용으로 쓰인다. 수렴성이 있어 이질 · 궤양에 효과가 좋고 소화 촉진 · 기관지염 · 피부염증 · 습진 · 포진 · 건조한 피부에 좋다. 정유를 이용한 목욕은 건조한 피부에 효과가 있다.

32 셀필룸

과명 : 꿀풀과(Laviatae)

학명 : *Thymus Serpyllum*

영명 : Wils thyme, Creeping thyme

유럽 · 북아프리카 · 아시아가 원산지인 다년생 초본으로 키 10cm 정도로 6~8월에 분홍색 또는 연보라색 꽃을 피우는 타임의 일종으로서 밟을 때 잎에서 아주 향기로운 향기가 나므로 잔디처럼 지피 식물로 심는다. 정유 성분 속에 티몰 · 칼피쿠롤 · 페놀 · 리나놀 · 타닌 · 사포닌 · 플라보노이드 등이 함유되어 있어서 고대 그리스시대부터 공기 정화제로 이용하였다. 또한 살균력 · 구충 작용 등이 있어서 소독 및 보존제로도 쓰였으며, 발한 구풍 및 진해제로 약용하였다. 목욕재로 이용했으며 자궁 기능 장애 치료제로도 쓰여서 마더 타임(mother time)이라는 별명도 있다. 요리의 부향제로 쓰며 소화 불량에도 좋고 식욕을 증진시킨다. 향료의 원료로도 쓰이며 건조시킨 잎은 허브차로 강장 효과가 뛰어나 피로 회복에도 좋다. 장시간 끓여도 향이 그대로 있으므로 육류 요리의 수프 · 스튜 · 소스 등에 쓰인다.

33 소프워트

과명 : 석죽과(Caryophyllaceae)

학명 : *Saponaria officnalis*

영명 : Soapwort

유럽 · 서아시아가 원산지인 연보라색 꽃이 피는 다년초로 60~90cm이다. 유럽에서는 소프워트의 줄기나 잎을 물에 넣고 30분 이상 끓이면 거품이 일면서 비누액처럼 되므로 이것을 걸러서 받은 액을 물비누처럼 사용했다. 중세에는 세탁소의 풀이라는 애칭으로도 불리었다. 지금도 섬세한 고대의 직물인 태피스트리의 세탁용으로 화학 세제보다 실을 손상시키지 않으므로 즐겨 이용한다고 한다. 소프워트의 비눗물은 양털뿐 아니라 사람의 머리를 씻는 순한 샴푸로도 쓰인다. 최근에는 고미술품 세척에 사용한다. 과거에는 뿌리의 살균 작용으로 매독과 피부병 · 상처 등의 외용약으로 썼다고 한다. 과거에는 뿌리의 살균작용으로 매독과 피부병 · 상처 등의 외용약으로 썼다고 한다.

34 수국

과명 : 범의귀과(Saxifragaceae)

학명 : *Hydrangea macrophylla for. otaksa* (S. et Z.) Wils.

영명 : Japanese Hydrangea · Hortinsia

한자명 : 자양화(紫陽花), 수구화(繡毬花), 수국화(繡菊花)

일본 원산으로 우리나라 중부 이남 지역에 널리 식재한다. 낙엽 활엽 관목으로 높이 1m 정도에 달한다. 잎은 대생하며 난형 또는 넓은 난형이다. 꽃은 6~7월에 줄기 끝에서 피고 크고 두상화로서 구형이며 지름 10~15cm이다. 중성 토양에서 잘 자라며 강한 산성토양에서는 푸른 꽃을, 알카리성 토양에서는 붉은 꽃을 피운다. 반음지 식물로서 습기가 많고 비옥한 곳을 좋아하며 공해에 강하고 병충해가 없어 관리하기가 쉽다.

항말라리아 알칼로이드가 함유되어 있고 꽃에는 루틴이 함유되어 있으며 잎에는 기능성 물질인 스키민이 함유되어 있다. 말라리아와 심장병에도 이용되었다.

35 스테비아

과명 : 국화과(Compositae)

학명 : *Stevia rebaudiana*

영명 : Stevia

남미 파라과이가 원산지의 다년생 초본으로 키 60cm 정도로 8~9월에 백색의 꽃이 핀다.

설탕의 300배에 달하는 단맛을 가진 저칼로리 천연감미료이다. 잎에서 추출 정제한 스테비오사이드(stevioside)라는 감미 성분은 무색무취의 결정체로 1g의 열량이 4칼로리로 매우 낮아서 스테비아는 당뇨병 환자나 다이어트 식품의 감미료로 널리 쓰인다. 물이나 알콜에 잘 녹으며 내열성이 있으며 독성이 없으므로 각종 음료와 식품 및 약품의 설탕 대신 감미료로 쓴다. 당뇨병 외에 심장병 · 비만의 저혈당제 감미료로 쓰며 충치 예방에도 도움이 된다.

36 스위트 시슬리

과명 : 미나리과(Umbelliferae)

학명 : *Myrrhis odorata* L.

영명 : Sweet cicely

유럽 · 러시아가 원산지인 다년생 초본으로 키 80~150cm이고 5~6월에 흰색 꽃이 핀다. 잎 · 뿌리 · 씨 모두 이용하며 아니스(anise)와 같은 향기와 강한 감미가 있어서 약용 및 식용으로 쓰인다.

녹색 미숙과는 생식 외에 프루트 샐러드 · 애플파이 · 아이스크림에 넣으며 리큐어의 부향제로 쓴다. 생잎은 오믈렛 · 수프 · 스튜 등 요리에 쓰고 뿌리는 껍질을 벗겨 샐러드 · 피클 설탕 절임 등을 만든다. 설탕 절임은 전염병 예방의 강장제가 되며 기름이나 식초와 함께 먹으면 기력이 쇠퇴한 노인의 원기를 회복시키는 강장식품이다.

잎의 침출액은 노인성 빈혈에 좋으며 신맛 나는 과일로 잼 · 파이 등을 만들 때 함께 넣으면 신맛이 감소되고 설탕을 적게 넣어도 되므로 당뇨병 환자나 다이어트용으로도 적합하다. 약효로는 건위 · 식욕증진 · 건담 · 진해 · 이뇨 · 강장 · 방부 작용이 있다. 뿌리는 방부력이 뛰어나 다린 물로 뱀이나 미친개에 물린 상처의 치료에 쓴다.

37 스피아민트

과명 : 꿀풀과(Laviatae)

학명 : *Mentha* spp.

영명 : Spiamint

유라시아 대륙이 원산지인 다년생 초본으로 키 20~100cm로 6~11월에 흰색 · 연분홍 · 연보라 꽃이 핀다. 크게 서양종과 동양종으로 나뉘는데 허브로 쓰이는 것은 서양종이다. 생육이 튼튼한 허브 가운데 하나로서 잎을 스치기만 해도 상쾌함과 청량감이 느껴지는 향기가 난다. 스피아민트는 유럽 원산의 서양 박하 중의 하나로 페파민트와 함께 수요가 가장 많다. 동양의 박하나 페퍼민트와는 전혀 다른 달콤하고 상쾌한 향기가 난다. 정유는 신경근육의 이완 작용 · 진정진통 효과가 크고 딸국질을 멎게 하며 소화불량 · 배멀미의 진정 효과가 있다. 방충 · 살균 효과가 뛰어나 실내방향제 · 옷장방충제 · 쥐 퇴치용으로도 쓰인다.

38 아티초크

과명 : 국화과(Compositae)

학명 : *Cynana Scolymus* L.

영명 : Artichoke

지중해 연안이 원산지인 다년생 초본으로 키 1.5~2m 정도이고 7~8월에 진분홍색의 꽃이 핀다. 꽃봉오리는 육질이 연하고 맛이 담백할 뿐 아니라 영양가도 많아서 단백질, 비타민 A · C, 칼슘, 철, 인, 당규, 이눌린 등이 함유되어 있고 특히 당뇨병 환자에 인슐린 같은 작용을 하는 당류가 있어서 약용으로도 중요하다. 식용으로는 개화 직전의 봉오리를 채취하여 삶아 먹는다.

잎이나 뿌리 등에 있는 시나린 성분이 담즙 분비를 촉진하며 기능이 저하된 간장이나 쇠약해진 소화기의 치료에 쓰일 뿐 아니라 혈액 중의 콜레스테롤 수치를 내리는 것이 증명되고 있어서 유럽에서는 동맥경화의 치료제로 널리 쓰이고 있다. 또, 이뇨 작용과 정혈 작용이 있어서 간장병, 신장병, 요단백에 사용한다. 쌉쌀한 맛을 우려내고 끓는 소금물에 살짝 삶아서 요리하며 생선 · 육류 · 채소 등과도 잘 조화된다.

39 앤젤리카

과명 : 미나리과(Umbelliferae)

학명 : *Angelica archangelica* L.

영명 : Angelica

국어명 : 서양 당귀

유럽 북부 또는 시리아가 원산지인 2년초~다년생 초본으로 키 1~2m로 6~7월에 황록색 꽃이 핀다. 천사의 음식(angel's food)라고도 불리는데 강장 · 소화 촉진에 탁월한 효과가 있으며, 빈혈증 · 이뇨 · 발한 · 구풍에 사용하며 구강 청결제로 쓰인다. 또한 뿌리와 씨에서 정유를 추출하여 리큐어주 · 브랜디 등의 부향제로 쓰이며, 줄기는 즙이 많기 때문에 설탕절임을 만들며 잼이나 마멀레이드(marmalade)를 만들고 생선 요리의 부향제로도 쓰인다. 잎은 향기가 좋아 포푸리로 쓰이며 레몬과 꿀을 섞어서 감기에 걸렸을 때 허브차로 마신다. 진경 · 진정 · 불면증이나 히스테리에 쓰이며 향기가 좋기 때문에 향수로도 쓰인다.

40 야로우

과명 : 국화과(Compositae)

학명 : *Achillea millifolium*

영명 : Yarrow

국어명 : 서양톱풀

유럽이 원산지인 다년생 초본으로 키 60~90cm이고 6~10월에 흰색 · 핑크색 · 빨간색 · 노랑색의 꽃이 피며, 잎이 톱 모양이어서 서양톱풀이라고 불리운다. 약용이나 차 · 요리는 비타민과 미네랄이 풍부하여 어린잎을 썰어서 샐러드에 넣고 나물로도 먹으며 꽃과 함께 리큐어주의 부향제로 쓴다. 목욕제 · 포프리 · 로션 등에도 쓰이며 달인 물로 머리를 감으면 대머리 예방 효과가 있다고 한다. 꽃은 강장 작용과 고혈압에 효과가 있으며 알레르기성 습진과 카타르에도 효과가 있다. 꽃에서 추출한 정유는 감기 · 관절염에 효과가 있고 뿌리는 다려서 근육강화제로 사용하나 과용은 위험하며 특히 임신 중에는 사용하지 말아야 한다.

41 앵초

과명 : 앵초과(Primulaceae)

학명 : *Primula veris*

영명 : Cowslip

우리나라 및 일본 · 중국 동북부 · 시베리아 동부에 분포하는 다년생 초본으로 꽃줄기 높이 15~40cm로 6~7월에 맑은 보라색 꽃이 핀다. 학명 Purimula veris는 '첫째' 를 의미하는 primus와 '봄' 을 뜻하는 veris에서 유래하는 것으로 앵초가 봄에 가장 일찍 나오고 꽃을 피우기 때문에 붙여진 이름이다.

뿌리에 5~10%의 사포닌이 들어 있어 유럽에서는 뿌리를 감기 · 기관지염 · 백일해 등에 거담제로 사용하여 왔으며, 신경통 · 류머티즘 · 요산성 관절염에도 사용한다.

42 오데코롱 민트

과명 : 꿀풀과(Laviatae)

학명 : *Mentha piperita* var. *citrata* L.

영명 : Orangemint

잎이 자주빛을 띤 진한 녹색으로 민트 중에서 가장 향이 진하다. 오데코롱(Eau De Cologne)이라고도 하며 향수로 사용되고 있다. 약용으로는 별로 쓰이지 않으며 화장품 · 목욕재 · 포푸리 등의 향료로 주로 쓰인다.

43 오레가노

과명 : 꿀풀과(Laviatae)

학명 : *Oreganum Vulgare* L.

영명 : Oregano Wild Marjoram

국어명 : 꽃박하

남유럽과 서아시아가 원산지인 다년생 초본으로 키 60cm 정도이고 5~7월에 보라에서 홍색의 꽃이 피는 생명력이 강한 허브로 향과 맛이 뛰어나다. 고대부터 관상용 허브로 이용되었는데 줄기와 잎, 꽃은 요리나 목욕재 · 포프리 · 염색 · 장식품 등에 다양하게 쓰인다. 고대 그리스 때부터 약초로 이용된 침출액은 강장 · 이뇨 · 건위 · 식욕 증진 · 진정 · 살균 작용이 있어 차를 끓여 마시거나 목욕제 등으로 사용한다. 배 멀미에도 효과가 있으며, 살균과 해독 작용이 있어 뱀이나 전갈 등에 물렸을 때 해독제로 유명하고 집안에 개미가 침입하는 것을 방지할 수 있다.

정유는 거친 피부나 염증을 정화시켜 주고 재생 효과가 있으며 수건에 묻혀 흡입하면 신경성 두통이나 불면증 치료에 도움이 된다.

44 엘레캠패인

과명 : 국화과(Compositae)

학명 : *Inula helenium* L.

영명 : Elecampane, Scabwort, Yellow-starwort

유럽 · 북아시아가 원산지인 다년생 초본으로 키 2m 정도이고 5~9월에 노랑색 꽃이 핀다. 고대 그리스 · 로마시대부터 월경불순, 빈혈증 치료에 사용하였다. 지금은 주로 건위 및 호흡기계통 질환의 치료제로 쓰이며, 항균 · 항진균 작용과 담즙의 분비를 촉진한다. 또한 몸을 따뜻하게 해주고 거담 작용이 있으므로 천식 · 기관지염과 그 밖에 폐의 감염증의 치료제로도 쓰인다. 뿌리에서 뽑은 정유는 방부 및 살균 작용이 있어서 외과용 치료제로도 쓰이는데, 옴뿐만 아니라 헤르페스, 여드름 치료에도 효과가 있다. 뿌리에 함유된 이눌린은 단맛과 익은 바나나 같은 향기가 있어 설탕 절임을 만들고 캔디나 리큐어 · 베르가모트 등의 부향제로 쓴다.

45 오리스

과명 : 붓꽃과(Iridaceae)

학명 : *Iris florentina* L.

영명 : Orris

국어명 : 향붓꽃

남유럽 · 스페인 · 아라비아 · 서아시아가 원산지인 다년생 초본으로 키가 40~60cm로 자라며 잎은 칼처럼 날렵하고 5~6월에 흰색 꽃이 핀다. 오리스는 마른 뿌리가 강한 바이올렛 같은 달콤한 향을 지닌다.

뿌리에 철분 · 전분 · 수지 · 타닌 · 당류 등이 함유되어 있는데, 뿌리를 말려 가루로 만든 것은 지금도 병으로 아파서 머리를 감을 수 없을 때나 머리 감을 시간이 없을 때, 이 가루를 드라이 샴

프로 사용한다. 휘발성인 향기를 고정시키는 작용이 있어서 포푸리나 포만타의 보유제로 중요하게 쓰이는데 다른 향기와도 잘 어울린다.

46 유칼립투스

과명 : 도금양과(Myrtaceae)

학명 : *Eucalyptus globulus* Labill

영명 : Blue gum tree, Silver-dollar tree

오스트레일리아가 원산지인 상록교목으로 코알라의 먹이이다. 수고 60~100m로 거대한 수목으로 세계에서 가장 키가 큰 나무 중의 하나이다. 오스트레일리아의 원주민인 미보리족은 이 식물을 모든 병의 만능약으로 쓰고 있다.

소염 · 청량 · 방부 등의 작용이 있어서 신경통 · 류머티즘 · 화상 · 피부병 등의 도포나 마사지용으로 쓰며, 거담 작용도 있어서 기침 · 기관지염 등에 증기흡입요법으로 효과가 있다. 목욕제로 감기나 편두통 · 신경통에 효과가 있으나 고혈압 · 간질 환자는 사용하지 말아야 한다. 벼룩 · 이 등에 대한 살충 효과도 있으며, 잎에는 유칼립투스유, 수피에는 타닌, 수액에서 기노가 얻어지며 목재는 우수한 건축재 · 펄프재이다. 최근에는 석유 식물로서 주목받고 있다.

47 임파첸스

과명 : 봉선화과(Balsaminaceae)

학명 : *Impatiens walleriana* Hook

영명 : Busy lizzy, Patience plant, Zanzibar balsam

국어명 : 아프리카 봉선화

열대 아프리카가 원산지인 1년생 초본으로 5월~11월에 다양한 색깔의 꽃이 핀다. 반음지에서도 꽃이 잘 펴서 화단용과 분화용으로 이용한다. 속명은 라틴어의 impatience(참을 수 없는)에서 유래하였다. 이는 열매가 참을 수 없을 만큼 빨리 터져 종자를 내는 것에서 붙여졌다고 한다. 꽃요리의 재료로 쓰인다.

48 일랑일랑

과명 : 아노나과(Anonaceae)

학명 : *Cananga odorata*

영명 : Ylang Ylang, Ilang Ilang

열대 아시아가 원산지인 상록교목으로 높이 20m 정도 자란다. 가지는 버드나무처럼 늘어지며,

잎은 둥글게 구부러지면서 자란다. 반야생나무로 목질이 약하며, 모리셔스 · 타히티섬 · 마다가스카르 · 필리핀 · 코모로 등지에서 자란다. Ylang Ylang은 말레이어로 '꽃 중의 꽃' 이라는 뜻으로 모두 3종류이다. 꽃은 분홍색, 연한 자주색, 노란색이 있는데, 노란색 꽃의 경우는 처음에는 녹색이던 꽃이 변한 것이며 1년 내내 피었다가 진다. 라벤더에 필적하는 최고급 향료로 쓰인다. 싱가포르 가로수로 유명하다. 정유는 소독 · 진정 · 최음 · 항우울 · 혈압 강하 · 혈액 순환에 효과가 있으며 호르몬 분비의 평형을 유지시켜 주고, 생식기관의 장애에도 도움을 준다.

49 재스민

과명 : 물푸레나무과(Oleaceae)

학명 : *Jasminum* spp.

영명 : Jasmine

열대와 아열대에서 자라는 약 300종의 향기가 나는 상록 관목으로 북아메리카를 제외한 모든 대륙이 원산지이다. 대부분 덩굴손이 없이 기는 가지로 된 것이 특징적이다. 꽃은 흰색 · 노란색 또는 드물게 분홍색이며 나팔꽃 모양의 통꽃이지만 위쪽이 갈라져 바람개비처럼 생겼다. 열매는 대개 두 갈래로 갈라진 검은 장과이다.

재스민(*J. officinale*)은 이란이 원산지이며 향기가 나는 흰색 꽃에서 향유를 얻어 향수를 만드는 데 쓰인다. 이 식물은 반짝거리는 잎과 여름에 무리지어 피는 꽃을 보기 위해 널리 재배된다. 소형화(*J. officinale* var. *grandiflorum*)는 히말라야 원산이며 흰색 꽃이 피고 향료를 채취한다. 청향등(*J. paniculatum*)으로 재스민차를 만들며, 만리화(*J. sambac*)의 향기가 나는 말린 꽃은 재스민차를 만드는 데 쓰인다.

우리나라에 자생종은 없으나 중국 원산지인 영춘화(*J. nudiflorum*)가 서울 근처에서 월동하는데, 노란색의 꽃이 1송이씩 피며 언덕배기에 지피 식물로 심고 있다.

50 차이브

과명 : 백합과(Liliaceae)

학명 : *Allium schoenoprasum* L.

영명 : Chives

유럽 · 시베리아가 원산지인 다년생 구근초화로 키 20~30cm이고 6~7월에 분홍색에 가까운 작고 귀여운 꽃이 반원형으로 피어난다. 작은 파같이 생겼는데 요리의 향신료(치즈 · 오믈렛 · 드레싱 · 샐러드 · 허브믹스 · 비네거 · 수프)나 염색 · 드라이플라워 · 화단의 악센트 · 사과 과수원의 부패병 예방의 용도로 즐겨 쓰인다.

소화 촉진 · 강장 작용 · 혈압 강하 · 방부 작용 · 빈혈 예방 · 정혈 작용이 있다. 칼슘 성분이 많아 손톱 및 치아 성장에 효과가 있다. 꽃과 뿌리는 건조시켜 보존하며 잎은 잘게 썰어서 냉동 보관하여 사용한다.

51 창포

과명 : 천남성과(Araceae)

학명 : *Acorus calamus* var. *angustatus* Bess.

영명 : Sweet flag

한자명 : 菖蒲

우리나라가 원산지이며 일본 · 중국 · 동부아시아 · 시베리아에 분포한다. 다년생 초본으로 잎의 길이가 70cm 정도이다. 잎은 근경 끝에서 총생하며 길이 70cm, 나비 1~2cm로서 선형이고 평행맥으로 중앙 엽맥이 뚜렷하다. 대검 같은 밑부분이 꽉 끼어서 2줄로 나열된다. 꽃잎이 없는 수상화서가 6~7월경에 비스듬히 옆으로 달린다.

햇볕이 잘 드는 30cm 미만의 얕은 물속이나 물가 · 습지 등에서 자란다. 종자 번식은 거의 불가능하다. 좋은 환경에서 분주에 의한 증식율이 좋은 식물이므로 겨울철을 제외하고는 언제나 분주가 가능하다. 잎이 시원스럽고 특이한 녹색으로 관상가치가 높다.

연못 주변에 식재하여 조경용 식물로 이용하는데. 잎에는 특이한 향기가 있어 욕실용 향수나 입욕제 · 화장품 · 비누 등에 이용한다.

근경을 백창(白菖)이라 하며 약용한다. 연중 채취 가능하나 8~10월에 채취한 것이 좋다. 근경에는 정유 · 타닌 · 비타민 C · 전분 · 팔미틴산 등이 함유되어 있다.

52 차빌

과명 : 미나리과(Umbelliferae)

학명 : *Anthriscus cerefolium*

영명 : Chervil

유럽 중동부와 서아시아가 원산지인 1년생 초본으로 키 30~60cm길이로 자라며, 5~6월에 흰색꽃이 핀다. 그늘진 곳에서도 잘 자란다.

잎에서 짠 즙은 진통 완화와 소염 작용이 있어 목욕제나 습포제로 이용하면 상처나 염증을 치료하는 데 도움이 된다. 벌레 물린 데 바르기도 하고 특히 피부를 청결하게 해주므로 거친 피부에 세정 효과를 볼 수 있다. 또한 탈모 방지나 주름살 방지에도 유용하다. 정혈 · 이뇨 작용 · 흥분 작용이 있어 저혈압에 좋다. 줄기에서 나오는 침출액은 수렴 작용이 있어서 피부미용에 쓰며 관절염의 찜질약으로도 쓴다.

53 캐러웨이

과명 : 미나리과(Umbelliferae)

학명 : *Carum carvi* L.

영명 : Caraway

서아시아 · 유럽 · 북아프리카가 원산지인 2년생 초본으로 키 60~70cm로 5~6월에 백색 꽃이 핀다. 여름의 무더위에는 약한 편이며 이식을 싫어한다. 캐러웨이 씨는 아니스의 씨처럼 맛을 더하고 소화를 돕기 위해 빵 · 케이크 · 비스킷 · 쿠키 등을 구울 때 함께 넣는다. 영국에서는 캐러웨이 씨 케이크가 애플파이와 맞먹는 전통 과자라고 한다.

캐러웨이 씨는 소화 촉진 작용이 있으며 잎과 뿌리에는 내분비선, 신장 기능을 강화하는 성분이 있다. 빵이나 과자 외에 양배추의 소금 저림에도 넣고 감자 · 호박 · 시금치 · 당근 · 콩 · 양파 등에 부향제로 즐겨 쓰며, 시럽 · 조림 · 수프 · 화이트소스 등, 용도가 다양하다.

54 캐모마일

과명 : 국화과(Compositae)

학명 : *Matricaria recutita (chamomilla)* L.

영명 : Chamomile

인도와 유럽이 원산지인 1년생 초본으로 키 50~80cm 정도이고 5월경에 흰색 꽃이 핀다. 꽃은 달콤한 사과향이 나는데 노지나 정원에 심는다. 꽃이 꽃꽂이 · 포프리 · 목욕제 등에 다양하게 쓰이는데 목욕재로 쓰면 심신의 긴장을 풀어 주며 전신미용에 효과가 크다. 불면증에 차로 마시면 좋고 감기 · 신경통 · 류머티즘 · 여성의 냉증에도 좋으며, 식후나 취침 전 뜨거운 물 한 컵에 꽃 3~5송이를 넣고 몇 분간 우렸다가 건져낸 후 마시면 미용에 좋다.

55 캐트닙

과명 : 꿀풀과(Laviatae)

학명 : *Nepeta cataria* L.

영명 : Catnip

고양이가 좋아하는 식물이라 하여 catnip이라고 한다. 유럽 · 북미 · 서아시아 · 중국이 원산지인 다년생 초본으로 키는 50~100cm로 6~7월에 노랑색 꽃이 핀다. 개박하라고도 하며 중국이나 인도에서 홍차가 전해지기 전까지는 유럽에서 허브차로서 즐겨 마셨다.

특히 꽃봉오리가 약효가 많아 최면 작용 · 발한 작용 · 해열 작용 · 진통 작용 등이 뛰어나고, 정신 불안정 · 신경쇠약 등에 좋다. 불임증에도 효과가 있으며 위장 장해 특히 어린이의 설사에 잘 듣는 지사제로도 알려져 있다. 어린 싹으로 만든 잼은 악몽을 막아 준다고도 전해 온다. 캐트닙 술은 우울한 기분을 전환시켜 준다고 한다. 이 뿌리를 씹으면 순한 사람도 거친 성격으로 바뀐다고 하여 옛날 유럽 사형 집행인은 이것을 먹고 형을 집행하였다고 한다.

56 코리안더

과명 : 미나리과(Umbelliferae)

학명 : *Coriandrum sativum*

영명 : Coriander

차이니스 파슬리라는 별명이 있는 고수풀로 지중해 연안, 시리아가 원산지이다. 1년생 초본으로 키 40~60cm로 봄에 흰색 또는 분홍색 꽃이 핀다.

중국에서는 이 씨를 먹으면 불로불사한다는 전설이 있다. 한방에서는 호유실이라 하여 장건이 서역에서 씨를 가져왔다고 전하며 입을 향기롭게 한다고 했다. 씨는 건위소화 · 구풍 · 진해 등의 약효가 있으며 중세에는 미약이나 최음제로도 이용했다. 탄수화물의 소화 작용이 뛰어나 고대 로마 때부터 빵이나 케이크를 구울 때 함께 넣고 구웠으며, 복통 치료제로도 썼다. 또한 강장 효과가 뛰어나 유럽에서는 차나 수프로 만들어 병후의 환자에게 마시게 하였다. 씨에서 뽑은 정유는 향수 · 캔디 · 빵 제품 · 소시지 · 비스킷 · 쿠키 · 수프 및 리큐어 · 진 같은 주류의 부향제로 쓰며 오이 피클에도 뺄 수 없는 부향제이다.

57 타임

과 명 : 꿀풀과(Laviatae)

학 명 : *Thymus vulgaris* L.

영 명 : Thyme

한자명 : 사향초(麝香草) · 백리향(百里香)

지중해 연안과 유럽이 원산지이다. 상록성 저목으로 줄기는 15~30cm까지 자라며 5~7월에 연분홍 꽃이 핀다. 풀 전체에서 향이 나는데 잎과 잎 달린 가지를 이용한다.

타임의 정유는 살균 · 방부 강장 · 소화 촉진 · 항균 작용이 있으며, 차는 수면 · 두통 · 우울증 · 빈혈 및 피로에 좋다. 감기 · 기침의 진해제와 함수제, 외과 소독약으로도 이용된다. 잠이 오지 않을 때는 정유 한두 방울을 베개에 뿌리고 자면 잠이 잘 온다고 한다.

58 타라곤

과명 : 국화과(Compositae)

학명 : *Artemisia dracunculus* L.

영명 : Tarragon

남유럽이 원산지인 다년생 초본으로 키 50~60cm 정도이고 7~8월에 노랑색 꽃이 핀다. 타라곤 잎은 향이 강하여 소량을 사용하며 후추와 비슷한 향이 있어 버터 · 비네거 · 오일 · 피클 등에 다채롭게 이용된다. 잎은 소스나 샐러드 · 수프 · 생선 요리 등에도 사용하며 올리브유나 비네거에 넣어 요리의 향을 내기도 한다. 타라곤 차는 식욕증진 · 건위 · 소화불량 또는 체한 데나 복부팽만에 효과가 있다. 잎의 침출액은 통풍 · 류머티즘 · 관절염 등에 좋고 목욕재로도 효과가 있다. 또한 산화 방지와 살균 작용이 있고 불면증에도 좋으며 목욕재로 쓰면 혈행을 좋게 한다.

59 탄지

과명 : 국화과(Compositae)

학명 : *Tanacetum vulgare* L.

영명 : Tansy

영국과 북유럽이 원산지인 다년생 초본으로 키 60~90cm 정도이며 6~7월에 노란색 꽃이 핀다. 잎과 꽃을 사용하며, 이 식물에 불로장수의 효험이 있다고 하여 관 속에 함께 넣었다고 한다. 또한 잎을 주머니에 담아 옷장 서랍에 넣어 두어 방충제로 썼으며 식품 창고와 부엌의 창이나 문 위에 매달아 놓으면 파리의 접근을 막을 수 있고 침대 속에 넣어 두면 벼룩을 퇴치하며, 또한 잎을 육류의 표면에 문질러 두면 파리가 꼬이는 것을 막을 수 있다.

음용하면 히스테리 · 신경쇠약 · 피부병에 효과가 있으며 외용하면 미용 효과가 있어서 주근깨 · 기미 · 여드름 및 햇볕에 그을린 데에 좋으며 잎에서 추출한 정유는 향수나 목욕재로 쓴다.

60 팬지

과명 : 제비꽃과(Violaceae)

학명 : *Viola wittrockiana*

영명 : Pansy, Heartsease

국어명 : 삼색제비꽃

유럽 원산인 야생 팬지(*Viola tricolor*)가 그 조상으로 가장 오래된 꽃피는 재배 식물 중 하나이다. 1년생 또는 다년생으로 키가 15~30cm 자란다. 벨벳 같은 꽃은 대개 푸른색 · 노란색 · 흰색이 서로 섞여 있으며 지름이 2.5~5cm이고 5장의 꽃잎으로 되어 있다. 우리나라에는 1912~1926년경에 들어온 것으로 알려져 있는데, 봄에 화단이나 길가에 널리 심고 있다.

식물체 전체를 삼색근이라 하여 약용하는데 기침에 효과가 있다. 꽃에는 정유 외에 루틴 · 사포닌 · 비타민 A · C · E가 함유되어 있다. 또한 카로테노이드 성분의 리코펜 · 루테인 · 파이토플루언이 함유되어 있는 식용화로서 샐러드의 재료로 쓴다. 추출물의 우쿠아-포린이라는 단백질이 세포에 보습 작용을 한다.

61 페튜니아

과명 : 가지과(Solanaceae)

학명 : *Petunia hybrida* hort. Vilm-Andr.

영명 : Petunia

남아메리카 원산의 가지과 초본으로 원산지에tj는 다년생 식물이나 우리나라에서는 노지에서 월동이 불가능하여 춘파 일년초로 취급하고 있다. 페튜니아는 팬지와 더불어 우리나라에서 화단이나 가로변 등을 장식하는 대표적인 초화이다. 페튜니아는 브라질의 원주민들이 담배꽃과 닮았다 하여 피튠(담배라는 뜻)이라고 부른 데서 그 이름이 생겼다고 한다.

꽃은 나팔꽃을 연상시키고 초장 30cm 미만으로 홑겹 · 반겹꽃 · 완전 겹꽃이 있고 꽃색은 흰색 붉은색 등, 다양한 색상을 지니며 화단이나 거는 바구니(hanging basket)로 이용하기에 알맞다.

62 한련화

과명 : 한련화과(Tropaeolaceae)

학명 : *Tropaeolum majus* L.

영명 : Nastertium

중남미 · 페루 · 콜롬비아가 원산으로 원산지에서는 다년생이지만 우리나라에서는 1년생 초본으로 취급한다. 유럽에서는 승전화라고 하며 화분과 화단에 심는다. 꽃잎은 나팔 모양이 특징이며 겹꽃도 있으며, 꽃은 온도가 적당하면 주황 · 노랑 · 빨강색 꽃이 연중 피므로 허브 가든을 꾸미는 데 좋다. 종자로 번식하지만 덩굴을 잘라서 꺾꽂이를 해도 뿌리가 잘 내린다.

잎이 연잎을 닮았다 하여 한련화라고 한다. 잎에 비타민 C와 철분이 다량 함유되어 있어서 크래손처럼 괴혈병 예방에 효능이 있어서 즐겨 식용하며 감기에 걸렸을 때 차로 먹으면 좋다. 또 살균 효과가 있어서 즙을 내어 바르기도 하고 소화제 강장제 및 혈액 순환제로 쓰인다. 식물 곁에 심어 두며 병충해를 예방하는 효과도 있으므로 유럽에는 흔히 감자나 래디시 곁에 심는다. 꽃은 독특한 향기가 있고 열매는 매운 맛이 있어서 덜 여문 녹색일 때 따서 피클로 만들고 고운 강판에 갈아서 향신료로 쓴다. 씨도 후추처럼 갈아서 향신료로 이용한다.

관상용 · 식용(요리 · 차) · 약용으로 사용되며 강장제 · 소화 촉진 · 살균 · 항균 · 감기에 사용하며, 또한 머리카락 · 두피 보호 작용이 있다. 잎 · 꽃 · 미숙과는 그대로 먹을 수 있어서 대표적인 식용 꽃으로 샐러드나 샌드위치 등에 이용한다. 차로서 단독으로 음용하지 않고 특히 기관지염이나 요도염을 치료하는 혼합차의 재료로 이용된다. 위와 장의 궤양이 있는 사람은 피해야 한다.

63 헬리오트로프

과명 : 지치과(Boraginaceae)

학명 : *Heliotropium arborescens* L.

영명 : Heliotrope

남미가 원산지인 1년생 또는 다년생 초본으로 키 30~50cm 정도로 5월경에 짙은 보라색 또는 흰색의 꽃에서 바닐라 같은 달콤한 향기가 나는 식물이다. 학명은 그리스어의 태양과 회전하다의 합성어로서 꽃이 태양을 따라 회전한다는 뜻으로 그리스 신화에서 비롯된 이름이다. 헬리오트로프는 독특하고 달콤한 향기로 영국의 빅토리아 시대에는 향수의 원료 식물로서 많이 재배하였다. 지금은 건조시킨 포푸리나 꽃다발에 즐겨 이용되는 향료 식물로 지금도 고급 향수로 귀히 여긴다.

64 펜넬

과명 : 미나리과(Umbelliferae)

학명 : *Foeniculum Vulgare*

영명 : Fennel

지중해 연안이 원산지이며 중국명이 회향(茴香)이다. 다년생 초본으로 키 1.5~2m 정도로 6~8월에 노란색 꽃이 핀다. 역사가 오래된 재배 식물로서 약초인 동시에 향신료로 쓰였다. 생약으로 방향성 건위제 · 구충제로 위통 · 위확장 · 복통 등의 치료제로 쓰며, 젖이 부족할 때 최유제로도 이용된다. 또한 이뇨 작용이 있어서 체중 감량 · 비만 방지에 이용하고 있다. 특히 과식의 소화 촉진과 어린이의 복통약으로 쓰며 진해 거담과 감기에 쓴다.

펜넬유는 어린이의 기관지염 · 백일해의 거담제제로 쓰이며 소스 · 빵 · 카레 · 피클 · 리큐어 · 진 · 도주 등의 부향제로 큰 비중을 차지하고 있으며, 생선 비린내, 육류의 느끼함과 누린내를 없애는 데 쓴다.

65 피버휴

과명 : 국화과(Compositae)

학명 : *Tanacetum parthenium*

영명 : Feverfew

서아시아 · 발칸반도 · 남유럽이 원산지로 다년생 초본으로 국화를 닮아서 네덜란드 국화라고도 한다. 키 45~60cm로 5~8월에 노랑색 꽃이 핀다. 그리스어로 불꽃이라는 어원을 가지고 있는데 뿌리가 맵기 때문이다. 몇 천 년 전부터 약초로 쓰였으며 아스피린처럼 두통에 효과가 있어 가정상비약으로 쓰인다. 살균제 · 강장제 · 진정제 · 소화제 · 하제 등으로도 이용되며 열병 · 두통 · 편두통 · 월경이상 · 임신통 · 유산 · 치통 · 위통 · 벌레 쏘인 데 쓰이고 고질화된 편두통이나 관절염에 효과가 있다.

강한 약 냄새 같은 향기와 쓴맛이 있어 살충제 및 구충제로 주머니에 넣어 옷장 서랍에 넣어 두기도 한다. 목욕재로 피로 회복 · 진통 작용이 있다.

66 히솝

과명 : 꿀풀과(Laviatae)

학명 : *Hyssous officinalis* L.

영명 : Hyssop

지중해 연안과 남유럽 및 중앙아시아가 원산지이며 다년생 상록 초본으로 키 40~60cm 정도로 7~9월에 청자 · 핑크 · 백색 꽃이 핀다. 버드나무 잎과 닮았고 향은 박하향처럼 강하다. 약용 및 차로 쓰며 지방질이 많은 육류 요리에 향신료로 쓴다.

강장 · 건위 · 거담 · 구풍 · 발한 · 이뇨 · 수렴 · 진경 · 진해 작용이 있다. 침출액은 호흡기계통의 질환인 기관지염 · 감기 · 인후통 등의 진정 진해 거담제로 쓰인다. 차는 소화불량 · 천식 · 감기에 잘 듣고, 히스테리 · 류머티즘에 효과가 있다. 정유에는 살균 작용 · 항바이러스 작용이 있으며, 염증 · 위통증 · 혈액정화 · 감기 · 기침 · 목염증 · 식욕 억제 · 집중력 향상에 좋다. 고혈압이나 임산부는 주의를 요한다.

V. 색과 컬러 푸드

1. 색과 건강

1) 색의 특징

(1) 색의 3요소

색은 사람이 감각할 수 있는 가장 진동수가 높은 파장의 물리적 자극으로 색과 색채를 함께 일컫는다. 원래 색(色; light)은 빛의 색을 말하며, 색채(色彩; color)는 이 빛이 사물을 투과하거나 반사되어 보이는 물체의 색으로, 색과 색채를 함께 일컬을 때에는 색이라고 표현한다. 색은 광원으로부터 사물에 조사되어 흡수되거나 반사되어 시각을 통하여 뇌에 전달되어 지각하게 된다. 혼합광인 햇빛의 경우 모든 파장의 빛이 다 흡수되면 흑색으로 지각되고 반면에 모든 파장이 반사되면 백색으로 지각되며 단독 또는 일부의 파장이 혼합되어 반사되면 그에 따른 색으로 감각하게 된다.

색상 · 명도 및 채도를 색의 3요소라고 하는데 색상은 빨강 · 노랑 · 파랑 등과 같이 다른 색과 구별되는 색의 고유한 명칭을 말한다. 색상은 채도와 함께 유채색의 특징으로 색의 3요소 중 사람의 정서와 건강에 가장 큰 영향을 미친다. 빛은 광원과 피사체에 따라 사람의 감각이 달라서 빨강 · 노랑 · 파랑을 물감의 삼원색이라고 하고 빨강 · 초록 · 노랑을 빛의 삼원색이라고 한다. 명도는 특정 색의 밝고 어두운 정도를 말하는 것으로 유채색과 무채색에 모두 있다. 색을 혼합하는 경우 흰색이 많을수록 명도가 높아지고 검정색이 많을수록 명도가 낮아진다. 명도는 검정(명도 0)에서 흰색(명도 10)까지 11단계로 분류된다. 채도는 색의 맑고 탁한 정도를 말하는데 유채색에만 있다. 채도는 '순도' 라고도 하며 한 색상에서 채도가 가장 높은 색을 원색 또는 순색이라고 한다. 채도는 가장 탁한 1에서 가장 맑은 14로 분류한다.

(2) 색의 분류

색은 색상이나 채도에 따라 무채색과 유채색으로 나눈다. 무채색은 색상이나 채도가 없는 흰색 · 회색 · 검정색 등을 말하며 이들 무채색은 명도의 단계로서 구별한다. 유채색은 무채색 이외의 모든 색을 말하며, 색의 3요소를 모두 가지고 있다. 유채색은 순색 · 청색 · 탁색으로 분류한다. 특정 색상 중에서 가장 채도가 높은 색을 순색이라고 하는데 가장 깨끗하고 순수한 색이다. 반면에 청색(靑色)은 원색에 흰색이나 검정색을 섞은 맑은 색이며, 탁색은 원색에 회색을 섞은 색이다. 컴퓨터에서 사용하는 색은 1,600만 컬러 이상이지만, 실제 인간이 구별할 수 있는 색은 3만 컬러 정도라고 한다.

(3) 색의 감정

색은 색상 · 명도 · 채도에 따라 느낌이 다르다. 색상은 온도감을 다르게 느끼게 하는데 빨강 · 주황 · 노랑 등은 난색(따뜻한 색)으로 불이나 태양과 같은 따뜻한 느낌을 주며, 파랑 · 청록 · 남색 등은 한색(차가운 색)으로 물이나 바다와 같은 시원하거나 차가운 느낌을 준다.

색은 명도에 따라서 무게감을 느끼게 하는데 노랑 · 하늘색 등 명도가 높은 밝은 색은 가벼운 느낌을 주며, 검정 · 남색 등과 같이 명도가 낮은 어두운 색은 무거운 느낌을 준다. 또한 채도와 명도가 함께 작용하여 난색 계통의 채도와 명도가 높은 색은 비교적 화려한 느낌을 주는 반면, 무채색이나 무채색이 혼합되어 채도와 명도가 낮은 색이 소박한 느낌을 준다. 한편, 명도가 높고, 따뜻한 느낌의 채도가 높은 깨끗한 색은 앞으로 진출하고 팽창해 보이는 반면, 명도가 낮고 차가운 느낌의 채도가 낮은 색은 뒤로 후퇴되고 수축되어 보이는 느낌을 준다.

2) 색의 파동성

모턴 워커 박사의 저서 『컬러 오브 파워』에 인용된 R. B. 엠버의 1964년 저서 『색채치료법』의 근간은 뉴에이지(new age) 운동의 논리로 참고할 만하다. 우주는 파동의 세계라는 것이다. 즉, 물질은 파동으로 이루어져 있으며 이 물질들로부터 고유의 파동이 나오고 각 파동은 서로 영향을 주어 증폭, 감소 또는 소멸된다는 것이다. 인체도 예외가 아니어서 살아 있는 모든 세포와 조직, 기관은 각각의 고유한 진동 주파수를 지니며 질병은 신체 내외부의 원인에 의하여 정상적 파동이 변형된 것으로 모든 질병 또한 고유한 주파수를 지닌다. 음식이나 약 · 운동 · 색채 · 소리 그 밖의 물리 치료 장치 등은 이러한 왜곡된 파동을 정상적인 항상성 패턴으로 돌아가게 하는 데 도움을 주는 것으로 이해된다. 이러한 파동 중에 색은 가지광선(可知光線)이라는 가시적인 물리적 파동이다.

사람의 눈을 통해 받아들여진 빛은 뇌의 사상하부에 전달되어 자율신경계와 뇌하수체, 송과선의 호르몬 분비에 영향을 주어 수면 · 체온 조절 · 항상성 유지 및 생식 작용과 대사 영향을 주어 인간의 정신과 육체를 조절한다. 한방에서의 치료법은 그 논리가 이미 파동적 치료요소로 이해되어 왔다. 한방에서의 팔강은 음양오행의 일련의 파동론을 기초로 하고 있으며, 침구술(鍼灸術)은 인체의 물리적 파동을 조절하는 메커니즘으로 이해된다. 또한 기미론(氣味論)은 약물의 특성을 화학적 물질의 파동으로 이해한 것으로 보인다.

이러한 의미에서 파동으로서의 색채적 특징은 전통적인 치료법을 보조하는 매개로 이용되고 있으며 그 응용 범위도 확장되고 있다. 근래에 이용되는 색채요법 · 원예요법 · 컬러 푸드 및 숲요법도 각 색채의 파동적 에너지와 연관지을 수 있을 것이다.

3) 색의 종류와 특징

색은 물리적 파동으로 자연 태양광은 무지개 색을 기본으로 한 다양한 스펙트럼을 나타내며 이 스펙트럼의 각 파장 빛들은 고유의 파장에 따른 에너지에 따라 생물에 영향을 미친다. 열에너지를 가지고 있는 적외선과 가장 가까운 빨강은 따뜻한 느낌을 주며, 가시광선 중 가장 파장이 길다. 반면에 자외선과 가장 가까운 보라는 차가운 느낌을 주며 가시광선 중 파장이 가장 짧다. 실제로 식물의 경우는 이 두 계열의 빛을 주로 흡수하여 광합성에 이용하며, 초록 계통의 중간 파장의 빛은 반사하여 그것을 보는 동물은 안정감을 얻는다.

색은 그 파장에 따라 에너지를 지니고 있는데 그 파장에 따라 인체에 영향을 미친다. 시각을 통하여 뇌에 전달되는 색에너지는 신경계 · 내분비계에 영향을 미쳐 감성에 영향을 미치고 생리적 변화를 수반하여 건강에 직접 영향을 미친다. 색은 온도성 감성에 따라 따뜻한 난색(暖色) 계열과 차가운 한색(寒色) 계열 그리고 중간색 계열과 무채색 계열로 나눠진다. 난색 계열은 외향적이며 한색 계열은 내향적 느낌을 준다. 각 색들은 상대적이지만 건강과 이미지 측면에서 긍정적인 면과 부정적인 면이 함께 있다.

사람은 식물과 같이 빛을 직접 이용한다는 과학적 근거는 충분하지 않지만 옷 · 벽지 · 꽃 · 식품 등의 색깔은 각 사람에 따라 정서와 건강에 영향을 미치며, 특히 활동과 수면에 따른 세로토닌(serotonin)과 멜라토닌(melatonin) 분비에 영향을 미친다.

(1) 난색 계열

빨강 · 주황 · 노랑 등은 모두 파장이 긴 색들이며 태양이나 불을 암시하기 때문에 심리적으로 따뜻하게 느끼게 한다. 빨강 등 장파장의 색은 우울증에 효과를 나타내어 우울증 치료제 알약은 빨강색 계열로 만들기도 한다. 또한 난색 계열의 색은 식욕을 돋우기 때문에 음식이나 식기 또는 주방의 색은 다이어트를 위해서는 피해야 하나 식욕 부진에는 오히려 효과적이다.

① 빨강(Red)

빨강은 난색 계열의 대표적인 색으로 태양과 피로 상징된다. 그래서 빨강은 생명과 힘 · 흥분 · 기쁨 그리고 사랑과 관련된 따뜻하고 자극적인 색이다. 반면에 이 색은 과도한 욕망, 극도의 분노 그리고 폭력과 관련되어 있다. 또한 빨강은 움직임과 결정을 촉진시키는 힘이 강력한 에너지가 있으나, 침착성이 부족하고 공격적인 성향이 강하다. 빨강을 좋아하는 사람은 대체로 외향적이고 정력적이며 적극적이다. 순색의 빨강을 좋아하는 사람은 감정의 기복이 심하며, 순색이 아닌 빨강을 선호하는 사람들은 온순하고 소심하다.

빨강은 그 강렬한 색상 때문에 우울증 치료에 효과가 있고, 몸을 따뜻하게 해 주고 고통을 줄여주기도 한다. 그리고 장시간 붉은색에 노출되면 매우 화를 내거나 공격적이 될 수 있다. 빨강은 오행의 화로 빈혈이나 순환계 약화와 지구력 회복에 효과가 있으나 고혈압이나 불안증은 오히려 악화시킨다. 일반적으로 상처 부위를 완화시켜 주며, 충혈된 부위를 풀어 주고 혈액의 흐름과 맥박을 자극할 수 있어 빈혈 · 저혈압에 좋고 지구력 회복이 빠르다. 손과 발이 차가운 사람, 무력감이 있는 사람에게 좋다. 소극이고 내성적인 사람의 방이나 물건 또는 옷 색깔로 좋다.

직업의 경우 빨간색을 좋아하는 남성의 경우 실업가, 정치가, 지도자, 매스컴종사자 등이 알맞으며 여성의 경우도 남성과 유사하여 지도자의 길로 나가며 그렇지 않은 경우는 건축가, 음악가, 무용가 등도 적합하다.

빨강은 매우 자극적인 색으로 식욕을 느끼게 하므로 빨강 계열의 음식 · 식기 · 식당 분위기는 다이어트를 위해서라면 피하여야 하나 식욕을 잃은 사람에게는 매우 좋은 자극이 된다.

② 분홍(Pink)

분홍은 따뜻하면서도 부드럽고 감성적인 사랑의 색이다. 자기애를 가지게 하며 침착해지고 자제력에 도움을 준다. 분홍은 부드러움 · 수줍음 · 낭만 · 애정 · 화사함 · 우아함 · 호기심과 긍정적인 사고, 섬세함과 책임감 등의 이미지 색인 반면, 강하게 인정받기를 원하는 양면성도 지니고 있다. 분홍은 침착성과 자제력을 가지게 해주며, 스트레스 해소와 자립심 강화, 대인관계 등에 효과가 있다. 성격이 거친 사람의 방이나 물건 또는 옷 색깔로 좋다

분홍색을 좋아하는 남성의 경우 다른 사람 일을 책임지며 일의 활력을 불어넣는 역할을 하며 온화하다. 교육자 · 요리사 · 재봉사 · 디자이너를 비롯하여 무용가 · 미용사 등 여성적 직업에서 성공한다. 여성의 경우는 가장 여성적인 성격의 소유자이다. 감성적이며 따뜻한 감정의 소유자로 상처받기 쉬울 수도 있다. 본능적으로 남자를 남자답게 이끈다. 다도가 · 무용가 · 그래픽 디자이너 · 패션 디자이너 등 인내와 섬세함을 요하는 직업이 적합하며, 교육자 · 작가 등에도 알맞다.

분홍은 달콤한 맛과 새콤한 맛을 주는 색이다. 빨강이나 주황보다 달콤한 느낌을 강하게 주는 색이어서 다이어트에는 반드시 피해야 할 색이다.

③ 주황(Orange)

주황색은 빨강색의 외향적이고 충동적인 성질과 노랑의 직관적인 성질이 혼합되어 있는 에너지의 색이다. 주황은 밝음과 따뜻함 그리고 풍부함이 있는 열정과 활기의 색으로 건강 · 온정 · 약동 · 환희의 적극적 색인 반면 의혹 · 질투 · 초조를 연상하게 하는 색이다.

주황을 좋아하는 사람은 사교성이 뛰어나고, 화려한 것을 좋아하며 활동적이다. 외로움을 싫어하고 감수성이 예민하며 개방적이다. 주황은 면역과 성적 능력을 증가시키는 데 유용하며, 무기력증 · 원기 회복 · 빈혈 · 에너지 발생 등에 효과가 있다. 모든 소화기병, 흉부의 병과 신장병에 도움이 되나 신경이 예민하거나 쉽게 성을 내는 사람에게는 좋지 않다. 포기를 잘하는 사람의 방이나 물건 또는 옷 색깔로 좋다.

남성의 경우 부드러운 편으로 이야기를 잘하며, 원만한 성격으로 너무 지나치게 활달하여 문제가 될 수도 있다. 스포츠맨 · 희극배우 등이 성격적으로 적합하며 건축가 · 디자이너도 잘해 나갈 수 있다. 여성의 경우는 따뜻한 성격의 소유자로 친화력이 강하다. 스포츠우먼이 적합하나 건축가 · 디자이너 · 엔지니어도 해낼 수 있다.

주황은 빨강보다는 덜 자극적이지만 역시 식욕을 촉진시키고 포만감을 잊도록 하여 과식하게 한다.

④ 노랑(Yellow)

노랑은 황금의 색으로 희망 · 명랑 · 경박 · 팽창의 느낌과 지혜와 이해 · 직관과 기쁨을 나타내지만 위험과 불안을 느끼게 한다. 서양에서는 비겁 · 편견 · 박해를 상징하기도 하다. 노랑은 지성의 색으로 혼탁한 머리를 맑게 해 주며 명철함과 인지를 높여 주고 흥미와 호기심을 유발하여 사고력에 도움을 준다. 노랑은 신경계 · 우울증의 치료에 효과가 있고 어린이일 경우 좌뇌를 자극하여 학습 효과를 높여 주고 지적 발달에 도움이 된다. 오행의 토(土)로 복부와 창자 · 간 · 비장과 쓸개에 긍정적인 효과를 갖고 있으며 우울증에도 효력이 있다. 일반적으로 운동 능력을 증가시키며 소화 장애 · 당뇨 · 습진 · 탈진 · 반신불수 · 간질환 · 우울증 · 중풍 · 손발마비 등에 효과가 있다. 창의력이 부족한 사람의 방이나 물건 또는 옷 색깔로 좋다.

노랑을 좋아하는 사람은 외향적인 성격으로 정열적이고 적극적인 면이 있으나 단순하며 냉정하지 못하고 감상적이다. 남성의 경우 뛰어난 상업적 재능이 있으며 밝은 성격으로 주위 사람들을 즐겁게 한다. 영업직이 어울리며 카운슬러나 컨설턴트에도 적합하다. 희극배우 · 만화가도 유망하다. 여성의 경우 명랑하고 사교적이어서 영업직이나 스포츠 · 댄서 등이 적합하다.

노랑은 따뜻한 분위기와 즐거움을 주며 새콤함과 달콤함을 느끼게 하므로 다이어트에는 피하여야 한다.

⑤ 베이지(Beige)

베이지는 편안하고 이성적이고 안정감을 느끼게 한다. 베이지를 좋아하는 사람은 부드럽고 가정적이며 원만한 성격으로 건실 · 성실한 보수적 성향을 나타낸다. 베이지는 스트레스 해소나 신경 안정에 도움이 된다.

수줍음이 많지만 따뜻한 마음씨의 소유자 · 가정적이고 원만한 인물 · 항상 약한 자의 편이다. 불굴의 정신을 가진 건실한 성품 · 순수한 취미를 자랑한다. 남성의 경우 내성적이지만 성실하고 원만하며 심성이 따뜻하면서 가정적이다. 의사 · 오퍼레이터 · 학자 · 원예가 · 요리사 · 숙련공 · 도예가 · 예술가 · 농장 경영자 등으로 다양한 직종에 무난하다. 여성의 경우 건실하고 꾸준하며 책임감이 강하다. 감정에 치우치는 일이 없어서 상사에게 신뢰받는다. 책임감이 강하고 모성본능이 있으며 영업에도 뛰어나다. 남성과 같이 다양한 직종에 무난하며, 보모 · 간호사에 적합하다.

(2) 한색 계열

파랑 · 남색 · 보라 등 파장이 짧은 것들로 물 · 하늘 · 얼음 등을 암시하여 차갑게 느끼게 한다. 진정 효과를 나타내어 수면제나 진정제의 경우 파란색이나 녹색으로 알약을 만들기도 한다. 또한 파랑을 비롯한 한색 계열의 색은 식욕을 저하시키므로 음식이나 식기 또는 주방의 색이 한색 계통이면 다이어트에 효과적이나 식욕 부진의 경우는 피해야 할 색이다.

① 파랑(Blue)

파랑은 한색 계열의 대표적인 색으로 바다와 물로 상징되는 후퇴색으로 진실 · 성실 · 조화 · 침착 및 희망의 색이다. 파랑은 정신적인 긴장을 풀어 주는 색이며 진리와 고요의 색이기도 하다. 파랑색을 좋아하는 사람은 냉정하고 이기적이며 리더십이 강하고 보수적으로 책임감과 자립심이 강하다. 파랑은 오행의 목으로 간의 작용을 도우며 피로 회복, 불안감 해소의 효과가 있으나 지나치면 맥박이 낮아지고 생리 기능이 저하되며 우울해지기 쉽다. 좌불안석하는 사람의 방이나 물건 또는 옷 색깔로 좋다.

남성의 경우 뛰어난 경영 능력이 있고 인맥 형성을 잘한다. 생각이 깊으면서도 과감하다. 충동적이지만 이성으로 억제한다. 실업가 · 비즈니스맨 · 정치가이나 교육자 · 예술가로도 성공한다. 여성의 경우는 냉정하며 독립성이 강하나 헌신적이고 사려 깊다. 교육자 · 지적인 직업이나 변호사 등이 좋다.

파랑은 식욕을 감퇴시켜 음식이나 식기 또는 주방 색깔이 파랑이면 다이어트에 효과가 크다

② 자주색(Purple)

자주색은 숭고 · 심원 · 고독 · 냉철한 이미지를 가지고 있으며 사람을 긴장하게 하고 열기를 식힌다. 자주색은 혈액을 정화하고 백혈구의 생성을 도우며, 호흡기 기능을 증진시키고 특히 감각을 예민하게 한다. 충수염 · 귀 질환 · 청력상실 · 목 질환 · 호흡기 질환 · 경련 · 폐렴 · 코피 · 기관지염 등에 효과가 있다. 자주색이 부족하면 얼굴이 상기되고, 눈이 충혈되며 피로해지고 가슴이 답답하면서 두근거리며 심하면 숨이 차기도 한다.

남성의 경우 직관력과 감성이 뛰어나고 한 가지 일에 몰두하여 예술가적 기질이 있다. 숭고함을 추구하여 맹신론자가 되기 쉽다. 서양음악가 · 화가 · 디자이너 등의 예술가나 목사 · 신학자 · 철학자와 같이 진리를 추구하는 일에 의미를 둔다. 여성 역시 직관력이 있고 감수성이 풍부하며 기품이 있고 밝다. 오페라의 프리마돈나 발레의 주역 · 피아니스트 · 성악가 · 화가 등의 예술성이 높고 영적인 일에도 밝다.

③ 보라(Violet)

보라는 창조 · 우아 · 예술 · 불안 · 신비 · 영원의 의미가 있으며 보라를 좋아하는 사람은 감수성이 풍부하고 섬세하며 소극적이다. 또한 직관력과 예술성이 있으며 신경질적이고 자만심이 강

하다. 가장 높은 진동의 파장으로 신진대사에 균형을 잡아 주고 심장활동을 편안하게 해 주며, 식욕억제로 비만치료에 치료에 도움을 준다. 또한 비장과 뇌와 뼈에 작용하여 정신질환과 신경통 등에 효과가 있다. 감수성이 예민한 사람의 방이나 물건 또는 옷 색깔로 좋다.

남성의 경우 감수성이 풍부하고 자신은 남들과 다르다고 생각하며 변덕이 심하다. 연극 배우 · 고전 예술가 · 화가 · 다도 전문가가 적합하다. 여성 역시 예술적 재능이 있어 무용가 · 컬러아티스트 · 음악가 등이 적합하다.

보라색은 신비롭고 독특하지만 음식의 색으로는 달콤함보다는 쓴맛과 상한 음식이라는 느낌을 주므로 음식이나 식기가 보라색이면 식욕을 감소시킨다.

(3) 중간색 계열

난색 계열과 한색 계열의 중간 지점에 위치하는 색으로 물리적으로 인간이 가장 많이 보는 가시광선 파장이다. 이 중간색 계열은 초록 계통인데 연한 색의 연두와 중간인 초록 그리고 진한 색인 녹색이 있다. 이 계열의 색 중에서 연두색은 신선한 야채나 과일을 연상시키고 초록은 상큼하여 식욕을 느끼게 하나 짙은 색인 녹색은 쓴맛을 느끼게 하므로 이들 계열의 색에 적절히 균형을 맞추어 다이어트에 이용할 수 있다.

① 초록(Green)

초록은 식물이 햇빛을 받아 자연에 되돌려 주는 색으로 동물이 자연에서 가장 안정감을 느끼는 원시적 색이다. 초록은 평화 · 성장 · 건강 · 젊음 · 안정감 · 희망 · 휴식과 더불어 마음을 진정시키는 정적인 색이기도 해서 균형 · 사랑 · 자아 통제의 상징이기도 하다. 초록은 오행의 목으로 담 즉 쓸개의 기능을 돕는다. 뇌하수체를 자극해서 감정의 균형을 잡아 주고 지친 신경과 심장을 도와주며 안정시켜 준다. 근육과 뼈 등의 세포를 재생시키며 해독 · 살균 작용 및 악성 종양 제거 작용이 있다. 항상성 유지 작용이 있어서 체액의 산도와 혈압을 정상적으로 유지시켜 준다. 또한 초록은 고요하고 조용한 분위기를 만들어 내기 때문에 스트레스 · 긴장 · 불안 · 불면증에 효과가 있어서 특히 임산부에게 좋은 색이며 눈의 피로 회복 · 정신집중 효과가 있어서 학생들에게도 좋은 색이다. 반면 지나친 초록의 환경은 우울 · 질투 · 게으름 · 이기심을 유발하기도 한다.

초록색을 좋아하는 사람은 참을성이 많고 온순하며 감정을 자제할 줄 알고 적응성이 강하며 상상력이 풍부하고 노력형이지만 감정의 결여로 도피적 경향이 농후하다. 때로는 이러한 중간적 입장 때문에 피곤하고 힘들다는 표현으로 휴식을 원할 때 초록색을 좋아하기도 한다. 다혈질인 사람의 방이나 물건 또는 옷 색깔로 좋다.

남성의 경우 나서기를 싫어하고 겸손하며 차분하고 끈기가 있다. 고상한 취미를 가지고 있으며 예의 바르다. 독립적이고 이성적인 의사 · 과학자가 좋으며 문학가 · 시인 · 여행가 · 교육가 · 레저 스포츠 애호가 등에서 끈기로 성공할 수 있다. 여성의 경우 기품 있고 멋있으며 예의 바르고 딱딱해 보이지만 사교적이고 성실하다. 도시생활보다는 전원생활을 더 좋아한다. 음식을 좋아해 살이 찌기 쉽다. 교육자 · 의사 · 과학자 등이 적합하다.

② 녹색(Dark green)

신한 초록인 녹색은 벽색(碧色)으로 산속 숲이 녹음, 벽계수와 심해의 짙푸른 물색이다. 녹색은 중간 계열의 색 중에서 차가운 느낌의 색이다. 초록의 성격이 깊어진 색으로 심원을 상징하며 이지적임, 냉철함을 의미한다.

③ 연두(Light green)

연두는 초록의 시작으로 새싹을 연상하게 한다. 중간 계열의 색으로 따뜻한 느낌을 주며 새로운 인생 · 성장 · 부흥 · 활력 · 기쁨을 의미하며 균형과 자아 통제를 의미하기도 한다.

(4) 무채색 계열

무채색 계열의 색은 감성적이기보다는 이성적이다. 양적인 흰색과 음적인 검정 그리고 그 중간의 회색이 있다. 흰색은 정갈한 느낌을 주지만 회색이나 검정은 쓴맛과 부패한 느낌을 주어 식욕을 저하시킨다.

① 흰색(White)

자연의 흰 눈빛으로 상징되는 결백, 소박, 순결의 색으로 흰색은 고급스럽고 모던한 분위기를 연출하는 색이기도 하다. 개성이 강하고 이기적이며 자기만의 세계를 고집하는 보수적이고 독립심이 강한 차분한 성격의 사람이 좋아한다. 반면에 이성적이고 이지적이어서 타협을 몰라 외롭고 허무하며 압박감에 눌리고 공포에 불안하다. 흰색은 경건한 분위기를 연출하고 심리적인 기능을 억제하나 어떤 색에도 첨가될 수 있는 색으로 상상력을 풍부하게 하는 색이기도 하다. 피부에 빛을 차단 없이 통과시키므로 자율신경이 활발하게 되어 건강에 좋다. 오행의 금으로 폐와 대장 등에 유용한 색이다. 강한 흰색의 방은 감각적이지만 예민한 사람에게는 두통과 신경질을 유발할 수 있으므로 피하는 것이 좋다.

흰색을 좋아하는 남성의 경우 순수한 정신을 존중하는 완벽주의자로 실업가 · 학자 · 요리사 등이 적합하며, 여성의 경우 기품이 있으며 원숙하지는 않아도 항상 완전한 것을 추구하여 힘들기도 하다. 실업가 · 국제적 정치가 · 비행기 조종사 · 미용사 등의 직종이 적합하다. 흰색은 짠맛을 느끼게 하나 흰색의 깨끗하고 신선한 분위기와 흰색 식기는 식욕을 돋운다.

② 검정(Dark)

검정은 차분하고 소극적인 느낌의 색으로 엄숙함과 죽음 · 침묵 · 안정감 · 신비함의 의미와 달리 지루함을 주며 수동적이고 에너지가 부족한 느낌을 준다. 검정을 좋아하는 사람은 자립심이 강하고 성실하나 융통성이 부족하다. 오행의 수에 해당하여 인체의 화기를 억제하고 신장과 방광 기능을 도와 성 기능을 강화시키며 호르몬 작용을 돕는다. 항산화 작용과 면역력을 증가시켜 주고 노화를 지연시키는 효과가 있다. 고급스럽고 세련된 색이지만 경직된 사고를 가져올 수 있어서 부분적인 포인트 색 이외에는 피하여야 한다.

남성의 경우 지극히 남성적이고 적극적인 행동력이 있어서 리더가 되고자 한다. 권위적이나 의리가 있고 예의 바르다. 학자 · 작가가 맞으며 독재자도 이 부류이다. 여성의 경우 신비하게 보이길 좋아하고 남에게 지길 싫어한다. 학자 · 디자이너 · 스포츠우먼에 적합하다. 검정은 고급스럽고 모던한 분위기를 내나 음식의 색은 쓴맛과 부패한 느낌을 주며 또한 주변의 검정색 식기와 환경은 채도를 함께 떨어뜨려 식욕을 억제하므로 다이어트에 좋다.

③ 회색(Gray)

회색은 중성적 색으로 온화 · 겸양 · 우울함을 느끼게 한다. 솔직하고 보수적이며 이성적이다. 회색을 좋아하는 사람은 차분하며 감정 표현력은 약하나 감수성이 예민하고 인내심과 책임감이 강하다. 긍정적 사고와 저항력을 필요로 한다. 방이나 물건 또는 옷 색깔로 좋다. 남성의 경우 성실하고 균형이 있으며 사리에 맞게 살아간다. 경영능력이 뛰어나며 인정을 받는다. 기업경영인 · 지적 직업인 · 비즈니스맨에 적합하다. 여성의 경우는 세련되고 고상하다. 일에 균형 감각이 있으며 경영 능력도 있다. 공동경영자 · 공인회계사 · 비서 · 세무사 · 변호사 · 문학가 등이 적합하다.

2. 컬러 푸드

외과 의사였던 셀서스(A. C. Celsus BC 25～AD 50, 로마)는 처음으로 조직화된 의학서(De Medicin)에서 치료할 때 다양한 꽃(제비꽃 · 붓꽃 · 수선화 · 장미 · 백합)을 사용해 흑 · 녹 ·

적 · 백의 네 가지 색으로 된 고약을 이용하여 치료하였다고 한다. 동양에서는 음양오행설을 이용하여 환자를 치료하였는데 약재를 목화토금수(木火土金水)의 오행에 따라 청적황백흑(青赤黃白黑)의 오색으로 분류하여 치료에 사용하였으며 약식동원(藥食同原)이라 하여 음식도 오행에 따른 오색으로 분류하여 영양 생활과 질병 치료에 이용하였다. 특히 이제마(李濟馬)의 사상체질의학이 현대화되면서 식품과 체질에 대한 연구가 최근 영양학에서 일고 있는 컬러 푸드 붐과 함께 과학적 체계화가 시작되고 있다.

1) 미각(味覺, Taste sense)

(1) 동물과 사람의 미각

일반 동물들은 위험으로부터 자신을 보호하고 먹이를 얻기 위하여 후각과 청각이 발달했지만 인간은 이러한 감각은 퇴화하고 안정된 생활을 하면서 미각이 발달하여 맛을 즐기는 생활을 하게 되어 동물 중에서 가장 미각이 발달하였다. 대부분 후각이 발달한 동물은 미각과 후각을 구별하기 힘든 경우가 많다. 물고기의 경우는 미뢰가 주로 머리의 표면에 있는데 먼 곳으로부터 물에 녹아 흘러오는 물질에 반응하므로 미각과 후각을 구별하기 힘들다. 포유동물의 경우 고양이를 비롯하여 설탕에 반응을 나타내지 않는데 설탕이나 사카린에 반응하는 것은 사람과 원숭이뿐이라고 한다.

사람에게는 음식에 대한 욕구가 생기는 본능적 선택 식욕이 있으며 미각의 반응에 있어서도 개인차가 크다. 사람들의 미각 예민성은 개인차가 큰데 유전적 요인도 관여되는 것으로 보인다. 둘신(dulcin)과 유사한 구조식을 가진 페닐티오요소(phenylthiourea: PTC)에 대하여 쓴맛을 느끼는 사람과 거의 느끼지 않는 사람이 있는데 이러한 사람을 PTC 미맹이라 하며, 서양인에서는 약 30% 정도나 되지만 동양인은 약 10%밖에 되지 않는다. 미맹은 멘델의 우열의 법칙에 따라 유전하며 열성인자이다.

(2) 미각의 경로

① 미각 수용기

미각의 수용기는 혀로서 유두 속에 존재하는 미뢰가 그 직접적인 수용체로 미뢰의 미세포는 수용성 화학 물질에 반응하는 화학수용체이다. 혀의 유두에는 미세포가 분포하는 꽃봉오리 모양의 미뢰가 산재하는데 미뢰는 높이 약 80㎛, 너비 약 40㎛로 연구개나 후두의 상피에도 다소 존재하여 이곳에서도 맛을 느낄 수 있다. 미뢰 속에는 각각 20~30개 정도의 미세포가 있고, 미뢰의 위쪽에는 미공(味孔)이라는 구멍이 있어 표면과 통해 있다. 이 미세포가 수용성 화학 자극에 흥분되어 그 자극을 전기 신호로 바꾸어 미각신경에 전한다. 성인의 혀에는 약 1만 개의 미뢰가 존재한다.

② 미각의 경로

미뢰에 연결되어 있는 미신경으로부터 고삭신경 · 설신경 · 설인신경 · 미주신경의 신경섬유들은 고속로(solitary tract)를 지나 고속핵(nucleus of tractus solitariu)에 이른다. 이 고속핵에서 출발하는 2차 신경원들은 제5뇌신경이라 불리는 가장 큰 뇌신경인 3차 신경을 거쳐 시상을 거쳐 측두엽에 있는 미각 중추에 이른다.

(3) 미각의 분포와 미각 물질

① 미각의 분포

사람의 기본 미각은 단맛 · 신맛 · 짠맛 · 쓴맛의 네 가지로 나누어진다. 혀의 각 부분에 있는 미뢰들은 구조적으로 비슷하나 기본 미각에 대한 감수성이 서로 다르며 매운맛은 미각이 아니라 통각의 일부이다. 맛 인식 미뢰는 혀의 부위에 따라 분포가 다른데 혀의 끝 부분은 단맛, 앞부분은 짠맛, 옆 부분은 신맛, 뒷부분은 쓴맛에 민감하지만 이러한 구분은 다소 불명확하며 실제로 맛을 느끼는 데에는 이러한 기본 미각 외에 후각 · 촉각 · 온도 등이 복합적으로 작용한다. 대부분의 미뢰는 한 가지 이상의 기본 미각에 반응한다. 혀의 선단은 모든 미각에 가장 민감하지만 특히 단맛과 짠맛의 역치가 낮아서 단맛과 짠맛에 대하여 가장 민감하다. 그리고 혀의 측면은 신맛에 민감하며 짠맛도 느끼며 혀의 뒷부분인 설근부는 주로 짠맛을 느낀다.

② 미각 물질

쓴맛은 유기물의 자극에 대한 것으로 quinine · strychnine 및 morphine이 있다. 특히 쓴맛을 내는 유기물은 $-NO_2$(아질산기), =N=을 갖고 있는데 분자 중에 두 개의 $-NO_2$가 있으면 대부분 쓴맛을 지니며 세 개의 $-NO_2$가 있으면 틀림없이 쓰다. 그 밖에 −SH(thiol), −S(thioether), −S−S, −CS기를 지니고 있는 유기물에도 쓴 것이 있으며 무기물질에는 Mg^{++}, $-NH_2^+$ 및 Ca^{++} 염 등이 쓴맛을 낸다.

단맛은 −CHO(알데히드기), −CN(시아노기), $-NH_2$(아미노기), triazin핵, −CH=NOH(옥심기), $-SO_3H$(술펀기), $-SO_2NH_2$(술파아미드기), −OH(히드록시기), $-NO_2$, 등을 가지고 있는 유기물이 많으며 짠맛은 물에 녹는 염류의 음이온인 Cl^- · Br^- · SO_4^- · HCO_2^- · NO_3^- 등과 양이온인 $NH4^+$ ·

$K^+ \cdot Ca^+ \cdot Na^+ \cdot Li^+$ 등에 의한다. 그리고 신맛은 주로 수소이온인 H^+의 자극에 의하는데 강산은 약산보다 더 신맛이 강하고 유기산이 무기산보다 신맛이 강하다.

(4) 미각의 종류

① 쓴맛

쓴맛은 사람의 생명을 위협하는 물질의 대표적인 맛으로 대부분의 독성 물질들이 쓴맛을 지닌다. 대표적인 정미 물질(呈味物質)에는 키니네가 있으며 미각 테스트에는 염산키니네가 사용된다. 쓴맛은 주로 혀의 뒷부분에서 감지하며 무기염류 중에는 마그네슘이나 칼슘, 유기물 중에는 알칼로이드 · 글리코시드 · 담즙산 등이 있다. 쓴맛을 내는 물질들은 물에 잘 녹지 않는 것이 대부분이며 다른 맛에 비하면 반응 시간이 길고, 오랫동안 지속된다. 쓴맛의 뒷맛을 없애는 데는 단맛이 효과적이다. 쓴맛은 다른 맛에 소량을 첨가하면 맛이 달라지는데 맥주 · 커피 · 차의 쓴맛은 다른 맛과 상승 작용하여 독특한 맛으로 느껴진다. 쓴맛은 10℃ 정도에서 가장 쓰게 느껴지며 한약은 식으면 쓴맛이 더하고 반대로 맥주는 너무 차거나 온도가 높아지면 풍미가 떨어진다.

② 단맛

단맛은 많은 동물들이 느끼는 미각으로 에너지원 물질인 탄수화물의 기본 맛이다. 단맛 이외의 맛은 일반적으로 과도하면 불쾌하게 느껴지지만 단맛만은 예외로 특히, 설탕의 경우는 과도하여도 나쁜 느낌이 크게 없다. 단맛을 가진 식품을 감미료라고 하며 일반적으로 천연감미료와 인공감미료로 크게 나뉜다. 천연감미료에는 당류가 대부분으로 그 기준은 설탕이 감미도 100(%)으로 단맛의 기준이 된다.

천연당의 당도는 과당 120～180 · 전화당 130 · 자일리톨 100 · 포도당 70 · 소비톨 50～70 · 맥아당 40 · 젖당 20이며 스테비아의 스테비오시드는 열량은 없이 감미도 20,000이며, 인공 감미료인 사카린은 35,000～50,000이다.

③ 짠맛

짠맛은 중성의 소금에 의하여 느껴지는데 순수한 짠맛은 식염만이 나타내는 맛으로 다른 염류는 모두 쓴맛, 떫은맛 등과 복합된 맛이다. 짠맛은 체액의 삼투압을 조절하는 물질로 조미상 필수이다. 신장병 등으로 식염의 섭취량을 제한하면 식욕을 잃기 때문에 식염의 맛을 내는 염으로 암모늄염이나 칼륨염 등을 섭취하게 한다. 생리적 식염수는 0.9%의 염화나트륨 용액을 말하는데 여기에 염화칼륨 0.03%과 염화칼슘 0.033% 및 포도당 0.1%를 더 첨가하면 체액의 농도와 거의 같아진다.

④ 신맛

신맛은 수소 이온에 대한 미각으로 신맛을 가지고 있는 물질은 산이다. 산에는 무기산 · 유기산이 있는데 유기산 중에 젖산 · 시트르산 · 타르타르산 등은 상쾌한 맛이 있어서 청량음료를 만드는 데 사용된다. 그리고 숙신산 · 이노신산 등은 신맛 외에 특별한 다른 맛이 있는데 이것은 함께 포함된 음이온의 작용에 의한 것이다.

2) 영양학적 컬러 푸드

(1) 파이토케미컬과 식물 색소

① 파이토케미컬

식물의 화학적 물질 성분인 파이토케미컬(phytochemical)은 식물을 뜻하는 영어 파이토(phyto)와 화학을 뜻하는 케미컬(chemical)의 합성어로 식물생리활성영양소 또는 식물내재영양소라고도 하며 식물 속에 포함되어 있는 모든 종류의 화학 물질을 의미하기도 한다.

② 식물 색소

식물의 2차 대사산물 중에 색깔을 지니는 물질을 식물 색소라고 한다. 식물 색소는 곤충의 유인이나 자기 방어 작용을 하는데 이 식물 색소 중에는 인체에서 항산화 작용을 비롯한 항염 · 해독 · 항암 등의 작용이 있는 물질들이 많이 포함되어 있다. 이들 식물 색소들은 채소와 과일 또는 꽃에 많이 포함되어 있는데 그 색상이 화려하고 짙을수록 많이 함유되어 있으며, 대부분 자외선에 많이 노출될수록 증가하며 비타민이나 무기염류도 더 많아진다. 식물 색소에는 카로틴이나 리코펜과 같이 지용성인 것도 있으며 안토시아닌이나 안토크산틴과 같이 수용성인 것도 있어서 조리 시 주의를 요한다.

(2) 컬러 푸드(Color food)

색소를 지닌 식품 특히 식물 중에서 색을 지닌 식품을 컬러 푸드라고 한다. 컬러 푸드의 색은 주로 섭취하는 식물 부위의 색이 기준이 된다. 기본적으로 채소나 꽃의 경우는 육안으로 보이는 부분의 색이 기준이 되며 과실의 경우는 사과와 같이 껍질째 채 먹는 경우는 껍질색이 기준이 되며 바나나와 같이 껍질을 벗겨서 먹는 경우는 과육색이 기준이 된다(〈표 5-1〉).

컬러 푸드는 동의학에서는 오색 식품이라 하여 각 색깔의 식품들이 오래전부터 중요하게 생각되어 왔으나 서양에서의 컬러 푸드 개념은 1989년 미국 캘리포니아주에서 하루 다섯 가지 색의 야채와 과일을 섭취하자는 '5 A Day 운동'이 계기가 되어 1991년 미국 전역으로 확대되었다.

① 적색 식품(Red food)

적색을 띠는 딸기 · 토마토 · 사과 · 고추 · 파프리카 등에는 적색 계통의 색소인 리코펜 · 안토시아닌 · 폴리페놀 등이 많이 포함되어 있어 인체 체내의 활성산소를 감소시켜 항산화 작용을 함으로써 노화와 질병 예방 효과를 가진다.

토마토의 리코펜은 활성산소를 억제하여 고혈압과 동맥경화를 예방하고 암을 예방하며 폐질환을 완화시키고 남성의 성 기능 향상에 도움을 준다. 사과는 장 청소에 좋은 펙틴이 풍부하며 특히 껍질은 캠페롤과 퀘르세틴을 비롯한 각종 항암 성분이 가득하다. 붉은 고추에는 비타민 C가 가득하며 매운성분인 캡시신은 기분을 좋게 하고 체온을 높여 준다.

사과와 같은 붉은색 과일은 아침에 먹는 것이 가장 좋다. 과일의 비타민 B군과 C군이 간에서 활성화하는 데 최소 4~5시간 걸리고 위와 장의 운동을 촉진하는 펙틴이 효과를 내는 데에도 시간이 걸리기 때문이다. 반면에 아침에 공복시 먹는 토마토의 리코펜은 혈압을 낮추는 데 도움이 된다.

대표적인 적색 컬러 푸드에는 토마토 · 사과 · 딸기 · 수박 · 자두 · 석류 · 붉은 고추 · 대추 · 오미자 · 구아바 · 파파야 · 핑크색 자몽 · 적포도 · 블루베리 · 체리 · 붉은 양배추 등이 있다.

② 황색 식품(Yellow food)

황색 식품은 대부분 식욕을 돋우는 색과 달콤한 맛으로 인하여 식욕 촉진 효과가 있다. 항산화 작용을 하는 카로티노이드 · 비타민 C · 미네랄 등이 풍부하게 들어 있으며 독소를 제거하는 역할을 한다. 카로티노이드 중 β-카로틴은 비타민 A로 바뀌는 프로비타민으로서 항산화 작용과 면역력 증가 작용이 있어서 노화 억제와 항암 효과가 뛰어나다.

고구마는 셰익스피어 시절 가장 인기 있는 정력제였는데 특히 양파와 고구마의 퀘르세틴은 LDL의 작용을 억제하여 심장병과 고혈압 예방에 좋으며 폐암에도 효과적이다. 또한 항암 물질인 강글리오사이드와 항산화 물질인 비타민 C · 브로멜린 · 카로틴이 풍부하며 섬유질이 풍부하게 들어 있어 대장운동을 촉진하여 변비 예방에 좋다. 고구마의 유용한 성분은 고구마 껍질에 많으므로 껍질째 먹는 것이 좋다.

호박의 속살과 씨에 많이 들어 있는 B_{12}는 악성 빈혈에 좋고 늙은 호박에 많은 칼륨은 이뇨 작용을 도우며 비타민 C와 B_2도 풍부하고 식이섬유가 많이 들어 있어 장운동을 활성화시킨다. 감자는 필수 아미노산인 라이신이 풍부하며 항암 · 항바이러스 성분도 들어 있는데 오렌지 껍질 속의 리모노이드는 유방암에 효과가 있다.

바나나에 풍부한 칼륨은 고혈압을 예방하며 면역력을 증강시키고 암을 예방한다. 콩의 이소플라본은 유방암과 골다공증 예방에 좋으며 풍부한 사포닌은 강력한 항암 작용까지 한다. 또한 옥수수에는 신경시스템에 필요한 티아민이 정서를 안정시키며 루테인과 제악산틴은 눈 건강에 좋다.

파인애플에는 연육소 성분인 브로멜린이 들어 있으며 카레에는 커민 · 터메릭 · 코리안더 등의 성분이 있어서 위장을 튼튼하게 해 주고 강력한 항산화 작용을 한다. 또한 노란색 자몽은 인슐린 분비를 적절히 조절하여 혈당을 낮춘다.

대표적인 황색 컬러 푸드에는 당근 · 호박 · 감 · 귤 · 복숭아 · 살구 · 망고 · 노랑 파프리카 · 카레 등이 있다.

③ 녹색 식품(Green food)

초록색 식품에는 무기질과 비타민 · 폴리페놀 등이 함유되어 있어 인체 기능을 활성화시킨다. 녹색 채소의 풍부한 엽록소는 적혈구의 헤모글로빈 구조와 유사하여 조혈 작용과 세포 재생 작용을 하며 항산화 기능이 있어서 노화 방지와 면역력을 증가시킬 뿐만 아니라 해독 작용과 함께 콜레스테롤을 감소시켜 혈압 강하에 따른 고혈압 · 동맥경화 등의 성인병을 예방하는 데에도 효과가 있다.

녹색 채소의 대표격인 시금치는 암을 억제하는 β-카로틴과 눈 질환을 예방하는 루테인이 풍부하다. 또한 황색을 띤 녹색 야채나 과일에는 루테인과 제아잔틴이 풍부해 역시 눈 건강에 좋다. 키위의 초록색 과육에는 빈혈과 세포 재생에 효과가 있는 엽산이 풍부하며 연육소인 악티니딘도 풍부하다. 배추 · 양배추 · 케일 등의 잎에는 설포라펜과 인돌이 다량 함유되어 항암 작용과 함께 간의 독소를 제거하는 작용을 하는데, 특히 10대 장수 식품 중 하나로 일컬어지는 브로콜리에는 설포라펜과 위궤양을 억제하는 비타민 U, 그리고 산후 비만을 억제하는 요오드와 항암 작용을 하는 셀레늄이 풍부하며, 비타민 C와 비타민 E가 풍부하여 노화 방지와 피부 미용에 좋다. 고춧잎과 깻잎에는 칼슘이 풍부하고 부추에는 비타민 C · 칼륨 · 비타민 K와 β-카로틴이 다량 함유되어 있다. 또한 쑥에는 무기질과 비타민이 많고, 특히 세균에 대한 저항력을 길러주는 비타민 A가 상당히 많이 함유되어 있으며 칼슘과 철분도 다량 들어 있다.

브로콜리 · 양배추 · 키위 등에 있는 설포라펜은 혈압과 혈중 콜레스테롤을 낮추며 위염을 일으키는 헬리코박터 파이로리균을 억제한다. 배추 · 양배추 · 케일 등에 있는 인돌 성분은 발암 억제 작용을 하고, 완두콩 · 아보카도 · 키위 · 시금치 등에 있는 루테인과 제아잔틴은 시력을 보호한다. 또한 올리브유의 초록빛은 올레인산 때문인데 올레인산은 HDL로서 동맥경화를 예방한다.

녹두는 노폐물 배설 효과가 뛰어나 의약품 · 농약 · 중금속 및 알코올의 해독과 배설 작용이 탁월하다.

대표적인 녹색 컬러 푸드에는 시금치 · 브로콜리 · 양배추 · 오이 · 근대 · 아욱 · 피망 · 샐러리 · 아스파라거스 · 아보카도 · 키위 · 올리브유 · 녹차 · 매실 등이 있다.

④ 자주색 식품(Purple food)

보라색 채소에는 안토시아닌계 색소들이 많이 들어 있다. 안토시아닌계 색소들은 항산화 작용이 뛰어나 혈전 형성을 억제하여 심장 질환과 뇌졸중 위험을 감소시킨다. 또한 안토시아닌은 아스피린보다 소염 · 살균 효과가 뛰어나지만 위에 부작용이 없으며 로돕신의 생성을 도와 눈의 피로를 감소시킨다. 자주색 식품은 항암 효과 · 시력 보호 · 노화 방지 · 불면증 · 편두통 등에 치유력이 있는데 특히 자주색 포도 껍질에 함유된 색소 플라보노이드는 혈전을 억제하여 심장병과 동맥경화 예방에 효과적이다.

대표적인 자주색 식품인 가지에는 스코폴레틴과 스코파론이라는 물질이 들어 있어서 경련을 억제하여 신경통에 효과가 있으며 나스닌과 히아신은 지방을 흡수하는 성질이 있어 혈중 콜레스테롤 상승을 억제하고 또한 폴리페놀이 풍부하여 항노화 및 항암 작용도 강력하다. 보라색 감자와 고구마는 샐러드로 이용할 수 있고 열량이 적어 다이어트에도 효과적이다. 블루베리 추출물은 신생혈관 생성을 막음으로써 암의 성장을 막고 암세포의 전이를 억제하는 작용이 있다.

대표적인 자주색 컬러 푸드에는 가지 · 블루베리 · 체리 · 적색 포도 · 붉은 양배추 · 붉은 양파 · 망고스틴 등이 있다.

⑤ 흑색 식품(Black food)

흑색 식품은 안토시아닌 색소계 색소가 다량 함유되어 있어서 강력한 항산화 작용에 의하여 노화를 억제하고 면역력을 향상시켜 각종 성인병과 암을 예방한다. 안토시아닌은 자주색 식품과 흑색 식품의 성질을 좌우하는데 자주색 식품보다 안토시아닌이 많이 함유되어 있는 검은색 곡류와 해조류 등에는 셀레늄 · 레시틴 및 각종 비타민과 미네랄도 많이 들어 있어서 안토시아닌과 함께 시너지 효과를 내어 항산화 작용이 더욱 강력하다.

검정콩 · 검정쌀 · 검정깨가 대표적인 흑색 식품이다. 검정콩은 양질의 단백질과 지질 · 비타민 B_1와 B_2가 많이 들어 있는 우수한 영양식품으로 식물성 여성 호르몬으로 알려진 이소플라본이 일반 메주콩보다 4배 이상 함유되어 있으며 에스트로겐과 비슷한 작용을 하기 때문에 골다공증 등 여성의 갱년기 증상을 개선하는 데 효과가 있다. 또한 검은콩은 우리 몸의 수분대사를 관장하는 신장과 관련돼 있어서 소변을 원활하게 하여 잘 붓거나 식은땀을 흘리는 사람들에게 좋으며 몸이 냉해서 혈액 순환이 되지 않을 때도 효과가 있다. 검정콩에는 콜라겐과 비슷한 성분이 다량 함유되어 있어서 주름살 예방에도 좋다.

검정쌀은 검은콩보다 안토시아닌이 4배 이상 많고 아연 · 철 · 셀레늄 등 미네랄 성분이 많아 항산화 · 항암 효과가 매우 뛰어나나 과하게 먹으면 신장에 무리를 줄 수도 있다. 검정깨는 레시틴이 다량 함유되어 있어 신진대사와 혈액 순환을 도우며 동맥경화는 물론 탈모를 방지하는 효과가 있다. 또한 비타민 E가 풍부하여 노화 방지 · 정력 증진 · 신장 기능 강화에도 효과가 뛰어나다. 검정깨에는 머리카락의 주성분인 케라틴이 풍부하여 머리카락에 윤기를 내고 탈모 예방에도 효과가 있다. 검정쌀 · 검정콩 · 검정깨의 안토시아닌 색소는 수용성이어서 물에서 오래 씻어내지 않도록 한다.

다시마와 미역 같은 해조류는 풍부한 섬유소와 함께 알긴산이 배변을 촉진하고 악성 종양의 원인 물질을 흡착, 배출함으로써 암 발생을 예방한다.

대표적인 검정 컬러 푸드에는 검정콩 · 검정쌀 · 검정깨 · 흑자두 · 김 · 미역 · 다시마 · 목이버섯 · 오징어 먹물 등이 있다.

⑥ 백색 식품(White food)

흰쌀 · 흰설탕 · 밀가루 · 소금 등은 비만과 성인병의 주범으로 꼽히는 네 가지 식품이라 하여 건강에 좋지 않다는 인식이 지배적이었다. 그러나 흰색의 화이트 푸드 중에는 몸에 이로운 식품이 많다. 백색 색품은 다양한 건강 기능이 있으며 마음을 안정시키고 감정 기복을 완화시켜 주는 기능도 있다.

대부분의 백색 식품이 함유하고 있는 색소 성분은 플라보노이드 계열의 안토크산틴(anthoxanthine)으로서 체내의 산화 작용을 억제하며 유해 물질을 배출하고 균과 바이러스에 대한 면역력을 길러 준다. 또한 혈중 콜레스테롤의 수치를 낮춰서 동맥경화와 심장병을 예방하는 효과가 있다. 안토크산틴은 이소플라본의 한 종류로 여성 호르몬인 에스트로겐과 동일한 효과를 내기 때문에 안면 홍조 등 폐경기 초기 증상을 완화시킬 수 있다.

안토크산틴은 수용성 색소로 산성에서는 백색이나 알칼리에서는 연황색으로 변하므로 백색 식품을 조리할 때 중의를 요한다.

백색 식품 중 세계 3대 장수 식품으로 꼽히는 양배추는 브로콜리 못지않은 항암 효과가 있는 채소로 비타민 U는 항궤양 성분으로서 위염 · 위궤양에 효과가 있으며 무에는 비타민 C가 많이 들어 있다. 마늘과 양파에는 알리신이 많이 들어 있어서 혈중 콜레스테롤 수치를 내려 주고 고혈압과 동맥경화 예방에 큰 도움을 주며 날 감자에는 바이러스와 발암성 물질을 중화시키는 프로테아제가 풍부하다. 무에는 베타인 성분이 들어 있어서 단백질의 대사과정에서 생기는 독성 단백질인 호모시스테인(homocystein)을 해독하여 간을 보호하고 숙취를 해소하는 데 효과가 있다.

마늘은 대표적인 백색 식품으로 강정 · 항암 효과로 주목을 받아 왔다. 마늘의 유기성 게르마늄 · 셀레늄 성분은 암세포 증식을 억제하며 두뇌와 신경세포를 보호한다. 또 노화 방지에도 효과가 있으며 생으로 먹으면 비타민 B_1의 흡수가 좋아져 신진대사가 활발해지고 피로 회복이 빨라져 스태미나가 증강된다. 또한 표고버섯과 느타리버섯에 포함되어 있는 글루칸은 항암 작용이 있으며 암 치료 중의 구토 · 설사에도 좋다. 새송이버섯은 요통 · 알레르기 · 저혈압 및 종양에 효과가 있으며 항바이러스 작용이 있다.

대표적인 백색 컬러 푸드에는 배추 · 무 · 마늘 · 양파 · 감자 · 버섯 · 도라지 · 콩나물 · 콜리플라워 · 인삼 · 도라지 · 더덕 · 마 등이 있다.

〈표 5-1〉 식품의 색과 효과

식품색	대표적인 식품	효 과
적색	토마토 · 파프리카 · 사과 · 딸기 · 붉은 고추	과산화지질 억제 · 장 청소 · 전립선암 예방 · 암세포 제거
적황색	당근 · 호박 · 오렌지 · 감 · 고구마	노화 억제 · 심장병과 폐암 예방 · 정력 증강 · 유방암 억제 · 악성 빈혈 치료 · 유해 성분 제거
녹색	시금치 · 브로콜리 · 부추 · 고춧잎 · 깻잎 · 키위	빈혈 치료 · 산후 비만 억제 · 암 억제 · 칼슘 제공
자주색	가지 · 블루베리 · 체리 · 적색 포도 · 망고스틴	항암 효과 · 심장병 · 동맥경화 · 시력 보호 · 노화 방지 · 불면증 · 편두통
흑색	검정콩 · 검정쌀 · 검정깨 · 흑자두 · 김 · 미역 · 다시마 · 목이버섯	항산화 작용 · 노화 억제 · 면역력 향상
백색	배 · 바나나 · 콩 · 파인애플 · 콩나물 · 밤 · 옥수수	고혈압 예방 · 면역력 증강 · 유방암과 골다공증 예방 · 항암 작용 · 정서 안정 · 눈 건강 · 단백질 분해

3) 동의학적 오행 식품

우리의 전통적 음식 문화 속에는 동의학적인 음양오행 사상이 짙게 깔려 있다. 약물과 마찬가지로 식품도 음양오행의 논리에 근거하여 체질과 질환에 따라 식품의 기미와 오미 · 오취 및 오색을 고려하여 섭취하는 것이 좋으나 체질과 병증에 맞게 먹기 힘들 때에는 골고루 섭취하는 것이 무탈하다.

(1) 식품의 기미

① 식품의 기미

약식동원은 약과 식품의 근간 즉 그 작용이 같다는 것으로 식품의 음적(陰的)인 면은 몸을 이루는 것이고 양적인 면은 기능을 조절하는 것이라고 한다면 약은 식품의 양적(陽的)인 면에서는 같은 기능을 하는 것으로 이해된다. 즉 약은 인체 구성 요소는 아니지만 그 작용 속도가 상대적으로 식품보다 빨라서 질병 치료에 효과적인 물질이다.

약이나 식품의 입 안에서의 맛이 아닌 인체 내에서의 작용 성질을 기미(氣味)라고 하는데 이 기미가 인체의 생리적인 반응을 조절한다. 약이나 식품의 기미 중 기는 사기(四氣)라 하여 한열온량(寒熱溫凉)으로 나누며 미는 오미(五味)라 하여 산고감신함(酸苦甘辛鹹)으로 나눈다. 특히 식품은 오미와 함께 오취로 나누어지고 이들은 각 오행에 따른 기관에 영향을 미친다(〈표 5-2〉).

② 식품의 사기와 평성

일반적으로 오행기(五行氣에) 의한 사기(四氣)는 한열온량을 말하며 평성은 사기에 속하지 않는 평이한 기를 말하는데 양성(陽性)의 열성(熱性) 식품은 오행 중 화(火)에 속하는 식품으로 특히 한성 체질과 병증에 매우 효과가 있으나 열성 체질과 병증에는 해가 될 수 있는 식품이다. 고추 · 마늘 · 건강(乾薑) · 후추 · 겨자 · 계피 · 산초 · 회향 · 소주 · 양주 등이 있다. 온성(溫性) 식품은 목(木)에 속하는 식품으로 한성의 체질과 병증에 적합한 음식으로 생강 · 파 · 갓 · 부추 · 달래 · 대추 · 호박 · 밤 · 고수 · 닭고기 · 소고기 · 개고기 · 붕어 · 미꾸라지 · 뱀장어 · 새우 · 찹쌀 · 찰옥수수 · 찰수수 · 참깨 · 흑임자 · 잣 · 호두 · 밀감 · 유자 · 모과 · 매실 · 인삼 · 황기 · 만삼 · 녹각 · 꿀 · 포도주 등이 있다.

음성(陰性)의 한성(寒性) 식품은 수(水)에 속하는 식품으로 특히 열성 체질과 병증에 매우 효과가 있으나 한성 체질과 병증에는 해가 될 수 있는 식품이다. 민들레 · 씀바귀 · 고들빼기 · 쇠비름 · 죽순 · 소금 · 돼지고기 · 배 · 딸기 등이 있다. 양성(凉性) 식품은 금(金)에 속하는 식품으로 열성 체질과 병증에 적합한 음식으로 미나리 · 가지 · 도라지 · 잔대 · 치커리 · 오이 · 수박 · 참외 · 사과 · 복숭아 · 동아 · 연근 · 더덕 · 연잎 · 밀 · 보리 · 메밀 · 율무 · 녹두 · 녹차 · 가물치 등이 있다.

평성(平性) 식품은 토(土)에 속하는 식품으로 체질과 병증에 큰 구애 없이 먹어도 되는 식품으로 배추 · 무 · 상추 · 감자 · 토란 · 냉이 · 버섯(표고 · 양송이 · 송이 · 영지 · 느타리 · 아가리쿠스) · 멥쌀 · 콩류(대두 · 흑두 · 완두콩 · 강낭콩 · 팥 · 땅콩) · 은행 · 연밥 · 무화과 · 계란 · 잉어 · 명태 · 오징어 · 해삼 · 꽃게 등이 있다. 그리고 어패류나 야채류는 대체로 평성이나 경계가 분명하지 않은 경우가 많다.

이제마의 사상체질에 의한 적용 식품은 오행기와 마찬가지로 양성과 음성의 한열온량에 대체로 따르나 평성의 식품은 사상체질의 태음 · 소음 · 태양 및 소양의 각각 배속된다.

〈표 5-2〉 신체와 오행 감각

五行(오행)	木	火	土	金	水
五色(오색)	青(청)	赤(적)	黃(황)	白(백)	黑(흑)
五味(오미)	酸(산)	苦(고)	甘(감)	辛(신)	鹹(함)
五臭(오취)	臊(조)	焦(초)	香(향)	腥(성)	腐(부)
五官(오관)	目(목)	舌(설)	口(구)	鼻(비)	耳(이)
五主(오주)	筋(근)	血脈(혈맥)	肌肉(기육)	皮毛(피모)	骨(골)
五臟(오장)	肝(간)	心(심)	脾(비)	肺(폐)	腎(신)
五腑(오부)	膽(담)	小腸(소장)	胃(위)	大腸(대장)	膀胱(방광)

(2) 식품의 오미

식품의 맛은 오미라 하여 산(酸, 신맛) · 고(苦, 쓴맛) · 감(甘, 단맛) · 신(辛, 매운맛) · 함(鹹, 짠맛)으로 나누고 삽(澁, 떫은맛)을 더하여 육미라고 한다.

동의학은 오행에 따른 맛이 이에 관련된 장부에 영향을 미친다고 본다. 열성(熱性)의 신맛은 목(木)에 속하며 간(肝)과 담(膽)을 이롭게 하고 목보다 열성이 강한 쓴맛은 화(火)에 속하며 심장과 소장을 이롭게 한다. 또한 냉성(冷性)의 매운맛은 금(金)에 속하며 폐(肺)와 대장을 이롭게 하고 가장 냉성이 강한 짠맛은 수(水)에 속하며 신(腎)과 방광을 이롭게 한다. 평성인 단맛은 토(土)에 속하며 비(脾)와 위(胃)를 이롭게 한다.

① 신맛

신맛은 목(木)으로 간(肝)과 쓸개의 기능을 돕는다. 간접적으로는 화에 속하는 심장을 도우나 지나치면 토에 속하는 비위(脾胃)를 상하게 한다. 신맛은 수렴 작용과 진액을 생성하여 갈증을 해소시킨다. 따라서 과도한 발한 · 만성 설사 · 소변빈삭 등에 의하여 탈진되고 갈무리가 잘 안 되어서 오는 병증이나 조루 · 유정 · 몽정 등의 원인에 의하여 진액이 고갈되어 입이 마르거나 갈증이 있을 때에 좋다(〈표 5-3〉).

〈표 5-3〉 신맛에 속하여 간과 담을 이롭게 하는 식품

곡식	보리 · 팥 · 메밀 · 귀리 · 완두콩 · 동부 · 강낭콩
채소	부추 · 깻잎 · 신 김치
과일	포도 · 딸기 · 사과 · 귤 · 앵두 · 모과 · 매실 · 유자
육류	동물의 간과 쓸개 · 닭고기 · 개고기 · 메추리 · 계란
차류	매실차 · 유자차 · 오미자차 · 산수유차 · 들깨차 · 땅콩차 · 오렌지 주스
조미료	참기름 · 들기름
건과	참깨 · 들깨 · 호도 · 땅콩 · 잣

② 쓴맛

쓴맛은 화(火)로 심장과 소장의 기능을 돕는다. 진정시키는 작용과 열을 내리고 습(濕)을 말려주는 작용이 있다. 따라서 상기(上氣)되거나 상열(上熱)하여 흥분될 때 또는 염증이 있을 때에 좋다. 심장을 도우며 간접적으로는 비위를 돕고 과하면 폐를 상하게 한다(〈표 5-4〉).

〈표 5-4〉 쓴맛에 속하여 심장과 소장을 이롭게 하는 식품

곡식	옥수수
채소	풋고추 · 상추 · 쑥갓 · 냉이 · 쑥 · 고들빼기 · 씀바귀 · 도라지 · 더덕
과일	살구
육류	동물의 염통과 피 · 곱창 · 염소 · 칠면조 · 메뚜기
차류	홍차 · 작설차 · 커피 · 영지차 · 쑥차
조미료	술 · 면실유
건과	은행 · 해바라기 씨

③ 단맛

단맛은 토(土)로 위와 비의 기능을 돕는다. 직접적으로는 같은 토에 속하는 비위(脾胃)의 기운을 도와 몸을 보하고 긴장을 풀어 주며 기분을 좋게 한다. 또한 통증이나 경련 등을 완화시키는데 좋다. 간접적으로는 폐를 도우나 과하면 신장을 상하게 하여 당뇨병 등의 원인이 된다. 그러므로 성장기 아동들의 경우 과도한 단맛의 섭취는 비만과 나태의 우려가 있다. 단맛은 중화 · 해독 · 진통 기능이 있으며 음식이 짜거나 매울 때 쓰기도 한다(〈표 5-5〉).

〈표 5-5〉 단맛에 속하여 비와 위를 이롭게 하는 식품

곡식	기장쌀 · 피쌀
채소	시금치 · 고구마 줄기 · 마 · 연근 · 고구마
과일	참외 · 감 · 대추
육류	동물의 위장 과 지라 · 췌장 · 쇠고기 · 닭고기
차류	인삼차 · 대추차 · 칡차 · 꿀차 · 황정차 · 용안육차
조미료	설탕 · 꿀 · 엿 · 포도당
근견과	갈근

④ 매운맛

매운맛은 금(金)으로 폐의 기능을 돕는다. 발열 · 발한 및 발산의 작용이 있으므로 매운 음식을 먹으면 땀을 내어 풍한(風寒)의 사기(邪氣)를 몰아내거나 막힌 것을 소통시켜 기혈과 진액을 잘 돌게 해 주는 작용을 한다. 몸에 습이 많아 비만하거나 몸이 냉한 사람에게 도움이 된다. 매운맛은 폐를 튼튼히 하고 간접적으로는 신장을 도우나 지나치게 많이 섭취하면 간의 기운을 상하게 한다. 담배가 매운맛에 해당하여 지나치면 폐를 상하게 한다(〈표 5-6〉).

〈표 5-6〉 매운맛에 속하여 폐와 대장을 이롭게 하는 식품

곡식	현미 · 율무
채소	파 · 양파 · 달래 · 배추 · 마늘 · 무 · 양파
과일	배 · 복숭아
육류	동물의 허파 및 대장 · 말고기 · 생선 · 조개류
차류	무차 · 생강차 · 수정과차 · 계피차
조미료	고추 · 생강 · 후추 · 겨자 · 박하

⑤ 짠맛

짠맛은 수(水)로 신장의 기능을 돕는다. 체내의 뭉친 것을 풀어 주고 대변의 완화 작용과 약물의 작용을 신장으로 귀속시키는 작용을 한다. 짠맛은 직접적으로는 수에 속하는 신장을 돕고 간접적으로는 간을 돕지만 과하게 섭취하면 심장의 기운을 상하게 하여 혈압의 위험이 있다(〈표 5-7〉).

〈표 5-7〉 짠맛에 속하여 신장과 방광을 이롭게 하는 식품

곡식	콩 · 쥐눈이콩
채소	다시마 · 김 · 미역 · 파래 · 함초 · 콩잎 · 마
과일	수박
육류	동물의 신장 · 방광 및 생식기 · 돼지고기 · 젓갈류
차류	두향차 · 두유조미료소금 · 된장 · 간장
근건과	밤

⑥ 기타

담담한 맛은 대부분 단맛의 범위에 포함시키는데 소변을 잘 배출하게 하여 습기를 제거하는 작용이 있다. 수박 껍질 · 동아 · 복령 · 옥수수 수염 · 율무쌀 등이 이에 속한다. 떫은맛은 신맛에 포함시키는데 정(精)을 모으는 작용이 있다. 복분자(신맛+떫은맛) · 석류피 등이 이에 속한다.

(3) 오색 식품

오색은 청색 · 적색 · 황색 · 백색 및 흑색을 말하는데 녹색 · 적색은 양이고 백색과 흑색은 음이며 황색은 음양의 조화 색이다. 오색은 각 색이 지닌 의미와 상징에 따라 우리의 의 · 식 · 주에 다양하게 영향을 미치고 있어서 방위 · 계절 · 정서 · 맛 등으로 표현되고 있다. 식품의 색은 식품의 기미와 오미와 함께 인체의 각 장기와 정서에 영향을 미치는 중요한 요인으로 그 작용은 약보다 더디나 지속성이 강하다.

① 녹색 식품

녹색은 목(木)에 해당되며 · 간(肝) · 담(膽) · 근육에 연결된다. 녹색(청색)은 동쪽 · 봄으로 맛으로는 신맛에 해당된다. 교감신경에 작용하여 호흡 · 맥박 · 체온 증가 등의 작용에 영향을 미친다. 간과 쓸개의 기운을 돋우어 식욕을 나게 하고 피로 회복 · 빈혈 예방 · 간 기능을 강화하며 목(木)에 해당하는 눈을 밝게 한다. 엽록소인 클로로필은 조혈 작용을 도와 빈혈 예방에도 좋다. 올리브유의 녹색은 몸에 나쁜 저밀도 지단백질인 LDL을 낮춘다.

시금치 · 쑥갓 · 케일 · 브로콜리 · 키위 · 녹차 · 셀러리 · 양상추 등이 대표적인 녹색 식품이다.

② 적색 식품

적색은 오행에서 화(火)에 해당되며 심장 · 소장 · 혀 등과 연결된다. 적색은 남쪽 · 여름으로

맛으로는 쓴맛에 해당된다. 기쁨을 느끼게 하고 피를 맑게 하며 심장의 기능을 강화한다. 혀가 건강 상태를 말해 주며 화기가 과하면 설태와 설염이 나타난다.

토마토 · 딸기 · 감 · 자몽 · 대추 · 구기자 · 오미자 · 붉은 고추 · 비트 등이 대표적인 적색 식품이다.

③ 황색 식품

황색은 토(土)에 해당되며 비(脾) · 위(胃) · 입 등에 연결된다. 황색은 중앙을 나타내며 맛으로는 단맛에 해당된다. 황색 식품은 소화력 증진과 항염 효과가 있으며 천식 · 호흡기 질환 · 소화장애 · 근육 수축증 · 의욕 저하 등의 증상에 효과적이다. 호박은 체내에 과도하게 쌓여 부기를 야기하는 수분을 밖으로 배출시키는 역할을 한다. 호박은 항이뇨 호르몬의 분비를 억제해 소변량이 늘어나게 되어 우리 몸의 필요 없는 수분이 빠져 나가도록 돕는다. 단호박은 위장 기능을 높인다. 당근의 카로티노이드 성분은 면역력을 증진시키고 혈당 강하 · 노화 방지 효과도 있다.

감귤 · 오렌지 · 망고 등은 비타민 C의 보고이며 카레에는 항암 효과가 있다. 당근 · 파인애플 · 감 · 약호박 · 벌꿀 · 카레 · 치자 등이 대표적인 황색 식품이다.

④ 백색 식품

백색은 금(金)에 해당되며 폐 · 대장 · 코에 연결된다. 백색은 서쪽 · 가을을 나타내며 맛으로는 매운맛에 해당된다. 백색 식품은 폐나 기관지가 약한 사람에게 도움이 된다. 백색 식품에 포함되어 있는 안토크산틴은 강력한 항산화 작용과 면역력을 증강시키며 유해 물질 배출 작용이 있다. 또한 혈중 콜레스테롤의 수치를 낮춰 주어 동맥경화와 심장병을 예방하는 데에도 효과가 있다. 백색 채소와 감자 등은 항알레르기 · 항염증 기능이 탁월하다. 양파의 퀘르세틴은 고혈압을 예방하며 · 양배추의 설포라펜 등은 항암 효능이 있는 것으로 밝혀져 있다. 도라지나 더덕의 사포닌은 기침에 좋다.

마늘 · 무 · 도라지 · 더덕 · 배 · 연근 · 콩나물 · 감자 등이 대표적인 백색 식품이다.

⑤ 흑색 식품

흑색은 수(水)에 속하며 · 신장 · 방광 · 귀 · 뼈 등과 연결된다. 흑색은 북쪽 · 겨울을 나타내며 맛으로는 짠맛으로 귀속된다. 호르몬 분비를 촉진하고 소변을 걸러낼 뿐 아니라 정(精)을 갈무리하고 수기를 상승시키고 화기는 내리는 수승하강(水乘下降)의 역할을 한다.

흑색 식품은 조혈 · 발육 · 생식 등을 관장하는 신장 기능을 강화하는 효과가 있다. 검은 색 계통의 안토시안은 검정콩 · 흑미 · 검정깨(흑임자) 등에 풍부하며 노화의 원인인 활성산소를 중화시키는 항산화 효과가 있다.

검정깨 · 검정콩 · 흑미 · 목이버섯 등이 대표적인 흑색 식품이다.

(4) 체질에 따른 식품의 조화

체질이나 질환에는 열성과 냉성이 있으며 사상체질 및 팔체질 등으로 나누기도 한다. 그러나 일상적으로 자신의 체질이나 질환에 따라 항상 체질에 맞는 음식만을 선택해 먹기 어렵다. 또한 체질의 감별도 그리 만만한 일이 아니다. 그러므로 체질이 잘 확인되지 않는 경우는 객관적이고 신뢰할 수 있는 체질 감별법으로 확인될 때까지는 여러 가지의 음식을 골고루 먹는 것이 현명할 수도 있다. 온열성 음식이라도 한랭성의 음식이 적절히 섞이면 문제가 덜 될 수 있으며, 반대로 한랭성 음식이더라도 온열성 음식이 적절히 섞이면 역시 심각한 부작용은 면할 수 있을 것이다. 이처럼 여러 가지의 음식을 고루 섞어 먹으면 음식의 한열온량에 따른 불확실성을 어느 정도 보완할 수 있으며, 영양소도 골고루 섭취하게 되어 건강 균형에 도움을 줄 수 있을 것이다.

VI. 식물 환경과 건강

1. 원예요법

1) 원예요법의 정의 및 목적

(1) 원예요법의 정의

원예요법(Horticultural therapy)이란 원예 활동을 통하여 사회적 · 교육적 · 심리적 적응력을 기르고 이로 말미암아 육체적 · 정신적 회복을 추구하는 전반적인 활동을 의미하는 것으로 사회적 · 교육적 · 심리적 · 신체적 적응력 향상에도 도움을 주는 종합적 대체의학이다.

(2) 원예요법의 목적

원예요법의 목적은 적절한 원예 활동을 통하여 육체적 · 정신적 건강에 도움을 주는 데 있다.

(3) 원예요법의 메커니즘

① 원예요법에 의한 변화 메커니즘

원예 활동을 하게 되면 대상자 상호의 작용과 활동에 의하여 생물학적 요인과 심리학적 요인에 의하여 반응이 나타나게 되는데, 환경 변화를 인지하게 되고 원예 활동에 따른 집중력과 창조성이 증가되며 책임감과 인내심이 증진되어 치료 효과가 나타나게 된다.

② 원예요법의 치료 메커니즘

신체의 감각과 운동의 중심은 대뇌인데 대뇌는 좌우의 두 반구로 되어 있다. 좌측의 감각은 우측 뇌로, 우측의 감각은 좌측 뇌로 전달되며, 좌뇌의 명령은 우측 신체로 전달되고 우뇌의 명령은 그 반대로 전달된다. 또한 좌뇌는 언어중추가 있는 언어와 숫자에 의한 이성적 뇌이고, 우뇌는 이미지 뇌로 예술, 습관화된 운동 및 정서를 담당하는 감성의 뇌이다. 원예 활동은 식물의 색깔 · 형태 · 감촉과 같은 물리적 요소와 향기와 맛과 같은 화학적 요소에 의하여 뇌를 활성화하며, 또한 원예활동을 통한 운동적 요소와 사람 간의 접촉을 통한 사회적 요소에 의하여 전인적인 치료 효과를 나타낸다.

원예 활동은 속도는 늦지만 지속적으로 식물명과 활동 방법을 익히게 되어 좌뇌에 기억 회로를 복원하거나 새 회로를 구축하고, 우뇌에는 대상 식물에서 느끼는 감성과 이미지 및 공간과 시간의 회로가 형성되어 좌우 뇌 모드를 활성화시켜 기억력과 감성을 회복시킨다. 또한 원예 활동을 통한 운동은 신체의 운동 기능을 회복에도 도움이 된다.

2) 원예요법의 특성

(1) 원예요법의 일반적 특징

원예요법은 식물의 생장 과정을 관찰하면서 생명의 신비를 확인하게 되어 삶의 의욕을 고취시키는 특징이 있다. 또한 육체적인 활동과 함께 오감으로 지각하여 심신의 기능을 증진시키므로 물리치료, 약물치료 등과 병행하면 시너지 효과를 얻을 수 있다. 치유 과정이 무리 없이 자연스럽게 진행되기 때문에 심신의 부담이 없으며 대상 식물과 원예 활동이 매우 다양하고 광범위하여 어떤 경우에도 적용이 가능하다.

원예요법은 사용 식물과 관련 도구 및 부대비용이 저렴하여 경제적이며 원예 활동에 따른 수확물을 얻을 수 있어서 경제적 이익도 기대할 수 있으며 성취감을 얻을 수 있다. 애완동물과는 달리 애도의 슬픔이 적고 필요에 따라 저렴한 비용으로 쉽게 대상 식물을 바꿀 수 있다.

① 인지적 특성

원예요법에는 의도적이든 의도적이지 않든 인지적 요소가 있다. 원예요법을 위해서는 기본적인 기술과 지식을 습득하여야 하나 무엇보다 호기심 유발에 의한 자발성과 강력한 집중력을 필요로 한다. 그리하여 원예행위를 통하여 오감이 자극되어 기본적인 생리적 기능이 활성화되고 이를 통하여 계절이나 자연의 주기를 인지하며 기억력에 자극을 받게 될 뿐만 아니라 의사 결정력도 생기게 된다.

② 심리적 · 정서적 특성

무엇보다도 반복적인 원예 활동에 친숙해지면서 심리적으로 편안함과 안정감을 느끼게 된다. 원예 활동의 긍정적 효과를 경험함에 따라 자신감과 자존감이 향상된다. 이로 인하여 긍정적이 되고 현실을 인정하게 되고 자신의 삶을 되돌아보면서 좋았던 일과 나빴던 일에 대하여 수용하게 되며 기다림 속에 미래에 대한 계획과 희망을 가지게 된다. 그 결과로 원예 작업 과정에 능동적으로 참여하게 되며 자신이 재배한 농산물이나 창작물로 인하여 자기 보상적인 성취감을 맛볼 수 있게 된다.

③ 신체적 특성

원예 활동은 개인의 신체 능력에 따라 체력과 활동 시간을 조절하여 자신에게 맞춰 적용할 수 있다. 그래서 원예 활동을 체력에 맞도록 조절할 수 있으며 대부분의 원예 작업은 유산소 작업이기 때문에 체내 활성산소 발생을 줄여 노화 지연의 효과도 있다.

④ 사회적 특성

원예요법은 집단적인 원예 행위를 통하여 사회성을 가지게 한다. 즉 원예요법 대상자 상호간의 존중 · 협력 · 책임감을 가지게 되며 그 과정에서 자존감도 가지게 된다. 또한 언어적이든 비언어적이든 원예 활동을 통하여 대상자 상호간의 의사 소통이 이루어지게 되며 이러한 과정에서 자신감을 회복하게 되면 감사와 함께 봉사 활동이나 직업 복귀도 가능하게 된다.

(2) 원예요법의 치료적 특징

① 생명적 특징

원예요법은 식물을 이용한 치유법이다. 식물의 발아 · 생장 · 개화 · 결실 등의 변화를 통하여 무생물과는 다른 생명력에 감동을 받게 되고 동물 사육시보다 희로애락의 감정이 완만하여 심신의 안정에 도움이 된다.

② 상호성

대상자와 식물 간의 상호 작용으로 원예요법이 이루어진다. 대상자가 노력과 정성을 기울이면 좋은 결과를 가져오지만 무관심과 방치는 그 반대 결과를 가져오게 된다.

③ 창조적 파괴성

원예 활동은 단순히 식물을 가꾸기만 하는 것이 아니라 예술적 창조를 위한 행위가 수반된다. 꽃꽂이 · 압화 · 드라이플라워 · 전지(剪枝) 등에 의하여 식물체의 일부를 손상시키거나 죽음에 이르게 하는 생명 파괴의 과정이 불가피하다.

④ 귀속성

식물은 대상자의 심리적 안정과 유연성을 갖게 하며 고향을 연상하게 하고 귀소 본능을 자극한다. 그러므로 원예 활동은 자연에 대한 그리움을 보상 받게 하며 심리적, 정서적 안정감을 갖게 한다.

⑤ 피보호성의 극복

원예요법의 대상자들은 가족이나 주변 사람들로부터 보호를 받아 왔다. 그러나 원예요법은 대상자가 식물을 돌보게 되어 피보호자의 입장에서 보호자의 역할을 하게 되고 또한 수확물을 타인에게 제공하게 되어 수혜자에서 기분 좋은 공여자의 경험을 하게 된다.

(3) 원예요법에 사용하는 원예의 종류

① 활동에 따른 구분

원예 활동은 재배 · 장식 · 감상 등으로 나눌 수 있는데 재배 활동은 가장 기본적인 원예 활동으로 일차적인 재배 활동은 실외 재배, 실내 재배로 나누며 재배 방법에는 노지 재배 · 화분 재배 · 수경 재배 등이 있다. 대상 식물은 여건에 따라 추억을 일으키게 하는 화초를 비롯하여 채소 · 허브 · 과수 및 관엽 식물이 있으며 전문성을 요하는 난초 재배나 분재도 가능하다.

원예물의 장식적 활동도 다양한데 꽃꽂이 · 테라리움 · 실내조경 · 정원수 손질 · 드라이플라

〈표 6-1〉 원예요법의 분야와 목적

분야	적용	세부항목	목적
	고령자 · 장애자의 장애 및 발병단계 -급성기	일반종합병원 응급병원	· 급성기 환자, 외래환자의 마음을 안정되게 하기 위한 녹색 환경 제공 · 장애를 수용하기 위한 녹색 환경 제공
	기능 회복 훈련기 -만성기	사회복귀병원 노인보건시설 요양형 시설	· 장애수용, 마음을 안정되게 하는 녹색 공간 제공 · 즐기면서 보행훈련, 휠체어 훈련을 할 수 있는 녹색 환경 제공 · ADL(일상생 활동작)의 유지, 확대 · QOL(삶의 질)향상 · 생활 환경 미화 · 자원봉사자 훈련의 일환 · 퇴원 후 운동의 동기 부여
의료/복지	생활적응기	가정 Group Home Care House 노인정 재택간호지원센터	· 퇴원 후의 운동 계속 · ADL, QOL향상 · 커뮤니케이션 확대 · 레크리에이션 · 가족, 동거자의 QOL 향상
	장애 및 질병	알코올 중독 약물 중독 정신적 스트레스환자 정신분열증 조울증 심신증 신경증 치매	· 자존심 회복 · 자기결정력 회복 · 자존감 및 사회성 회복, 사회복귀 · 감정조절, 인간관계 회복 및 개선 · 스트레스 발산 · 작업을 통한 문제 직시, 인간관계 회복 및 개선 · ADL 유지,향상 · ADL, QOL 향상, 사회복귀 훈련
	심신장애자시설	신체장애 장애인복지센터 취업소개서	· ADL 확대 · 환경미화, 직업훈련, 사회복귀, 사회공헌, 판매, 경제 활동
보육/교육		· 보육원 · 교육	· 부모자녀 관계, 커뮤니케이션 회복 · 특수학교의 직업훈련 · 초중고 학생들의 스트레스 해소 및 자연교육 · 농업계 전문학교, 농업계 대학에서 전문직종으로 교과에 도입 · 자원봉사자 양성

환경/보건 농업/원예	식물원	식물원, 공원 시민농원 Green tourism 생화점, 원예센터	· 전시정원, 장애에 따른 다양한 활동 및 훈련 예를 보여 줌 · Barrier free형의 농원 만들기 · 요양을 겸한 농업 체험, 환경보건 체험 · 전문가와 함께 즐기는 원예교실, 원예요법 보급

워 · 프레스 플라워 · 포푸리 · 디시 가든 · 거는 화분 등이 이에 속한다. 이들 원예 활동에 대한 결과물에 대한 감상은 미적 감동과 함께 성취감을 준다.

② 대상 식물에 따른 구분

원예요법의 대상 식물은 채소, 과수 및 화훼 식물인데 화훼 식물이 원예요법의 가장 기본이 된다.

③ 활동 장소에 따른 구분

원예 활동의 장소는 여건에 따라 실내와 실외로 구분되며 산책이나 견학도 빼놓을 수 없는 복합적 활동이다.

3) 원예요법의 구성요소

(1) 원예

순수한 의미에서의 원예는 식용, 약용 또는 미적 만족을 위하여 집약적으로 재배하는 식물에 관한 농업의 분야이다. 원예학은 원예의 이론과 기술을 배우는 농학의 한 분야로서 정통적인 학문 분야와 재배 형태에 따라 구분된다. 그러나 원예요법에서의 원예는 일반적인 원예와는 달리 치료에 목적이 있기 때문에 식물재료 · 방법 · 결과 및 활동 등, 원예 활동에서 일어나는 모든 것이 치료이며 원예요법에 관련된 사항은 대상자의 특징에 따라 치료사에 의해 수정되기도 하고 변형되기도 한다(〈표 6-1〉).

① 학문적 분류

정통적인 농학으로서의 원예는 과수원예 · 채소원예 · 화훼원예로 분류되었으나 학문 분화에 의하여 원예 재료로서의 과수 · 채소 · 화훼 외에 농산물을 가공하는 가공원예와 식물을 이용한 환경 조성을 위한 조원원예가 있다.

② 재배 형태에 따른 분류

정통적인 원예와는 달리 식물 재료보다는 원예 목적에 의한 분류이다. 식물을 이용하여 원예 산물을 공급하는 것을 생산원예라고 하며 영리재배라고도 한다. 또한 가정이나 직장에서 취미로 식물을 가꾸는 취미원예가 있으며, 인공 환경을 조성하여 식물을 재배하는 온실원예와 화분을 이용하는 화분원예가 있다.

(2) 치료목적

원예요법은 각 대상자에 대하여 원예요법을 통하여 이룩하여야 할 목적이 분명하여야 한다. 그리고 그 목적에 따라서 측정 가능한 방법으로 장기적인 안목에서 포괄적이고 광범위하게 치료 방법을 선택하여 재활이 가능하도록 조력하여야 한다.

(3) 대상자

일반적으로 전문적인 치료 측면에서의 원예요법은 주로 정신적 · 신체적 · 사회적 문제가 있는 사람들을 대상으로 시행되고 있다. 그래서 정서가 불안정한 사람이나 정신박약자 또는 정신적 장애가 있는 사람에게 감성적이면서도 활동적인 원예 활동을 통하여 자신감과 자존심을 길러 주고 자제력을 증진시켜 치료 효과를 얻을 수 있다. 원예요법 대상자는 인간 성장기에 따른 연령별 구분과 정신적 · 신체적 · 사회적 문제에 따라 나눌 수 있다.

① 인간 성장기에 따른 연령별 구분

사람의 일생에서 시간축의 개념인 연령에 의한 구분으로 아동 · 청소년 · 성인 · 노인으로 구분되며 각 연령에 따른 신체적 · 정신적 · 정서적 특성을 고려한 치료 목적과 방법이 필요하다.

② 공간에 따른 대상자 구분

대상자의 상태에 따른 치료에 필요한 공간적 개념으로 예방 공간, 치료 공간 및 재활 공간에 따라 대상자를 구분한다.

③ 장애의 유무에 따른 구분

다양한 장애 유무에 의한 구분으로 장애가 있는 사람과 그렇지 않은 사람으로 구분된다. 장애가 있는 장애우의 경우는 지체 장애 · 정신 장애 · 발달 장애 · 맹농아(盲聾啞) 장애 · 관절 · 심장 ·

간 · 호흡기 등의 질환적 장애 등으로 구분되며, 비장애인 경우에도 어린이 · 노령자 · 재소자 등의 교육 및 건강 보조 수단으로 원예요법이 이용된다.

(4) 원예요법사

원예치료에 있어서 치료사는 원예요법 과정의 주체로서 치료사의 역량에 의하여 원예요법의 성패가 좌우된다고 하여도 과언이 아니다. 치료사는 대상자의 특성에 맞게 수정 변형된 원예 활동 과정에 전문성을 발휘하여 긍정적 효과를 이끌어 낸다.

4) 원예요법의 기본과 과정

(1) 원예요법의 기본

원예요법의 기본은 식물을 심고 가꾸는 데 있다. 식물을 가꾸는 데 있어서 가장 기본이 되는 식물은 일년생 초본 꽃식물이다. 봉숭아와 같은 일년생 꽃식물로 씨를 파종하여 흙을 뚫고 나오는 새싹을 보게 되고, 솎아 주고 옮겨 심고 하는 사이에 꽃이 피고, 손톱에 봉숭아물을 들이고 하는 과정에서 치유가 이루어진다. 그 다음이 식용 식물인 채소원예, 과수원예로 식용 식물을 가꿈으로써 먹을거리를 얻는 감동과 환자가 잃기 쉬운 식욕이 자연스럽게 회복된다.

(2) 원예요법 과정

치료목표를 가지고 전문적인 교육을 받은 치료사가 대상자와 함께 원예 활동을 수행하고 평가하는 과정으로 대상자를 사정(assessment)하여, 치료계획(planning)을 세운 후, 실행(intervention)하고, 평가(evaluation)하는 과정으로 이루어진다.

5) 복지원예

일반적으로 원예요법은 정신적 · 신체적 · 사회적 문제가 있는 사람들의 치료의 대체 수단으로 이용되고 있으나 일반인들도 생활 속에서 정신적 · 신체적 · 정서적 효과를 얻음으로 해서 도시 생활을 중심으로 생활원예가 발달하고 있다. 이러한 생활원예를 복지원예라고 하는데 복지원예는 크게는 원예요법과 레크리에이션 원예까지 포함시킬 수 있지만 원예요법과 레크리에이션 원예는 일반 원예보다는 전문성을 요한다.

(1) 복지원예의 특징

① 보람과 여가 선용

원예 활동은 식물과의 관계와 사람 상호간의 관계를 원활하게 하여 건강에 크게 기여한다. 원예 활동은 규칙적인 생활과 운동 부족 해소에 도움을 준다. 또한 재배 관리하며 수확하고 먹고 만드는 행위는 삶에 대한 보람과 자아의 존재감을 확인하게 한다. 뿐만 아니라 재배한 식물을 나눠 주면서 애타적인 체험과 기쁨을 얻게 되며 판매하는 과정에서 사회적응 기술을 습득할 수도 있다. 원예 활동은 건강한 노동일 뿐만 아니라 여가 활용으로 중요한 레저 활동의 하나로 부상하고 있다.

② 실용성

식물은 먹을거리로 이용될 뿐만 아니라 약재 · 미용재 · 방향제 · 목욕제 · 천연염료로 사용하므로 일상생활에서 다양하게 이용할 수 있다. 재배 범위와 기술에 따라서는 판매를 통한 경제적 소득을 얻을 수 있다.

③ 생활 환경 개선

식물은 심리적인 안정감을 준다. 식물은 귀속성과 함께 기계로부터 얻을 수 없는 생명적 체험이 가능하다. 또한 생활 환경을 개선하는 데 크게 도움이 된다. 테크노스트레스(techno-stress)를 완화시키며 생활 환경을 개선한다. 즉 온도와 습도를 조절해 주며 먼지나 이산화탄소와 암모니아 같은 실내 오염물을 제거할 뿐만 아니라 새집증후군과 아토피를 일으킬 수 있는 물질들을 제거한다. 또한 피톤치드와 음이온을 방출하여 주거 환경을 건강하고 쾌적하게 한다.

(2) 꽃의 생활화

식물이 갖는 색 · 향기 · 촉감 · 소리 · 맛은 인간의 지각 기능을 자극한다. 식물이 서로 부딪칠 때 내는 소리나 식물 사이로 지나가는 바람 소리 그리고 식물 종에 따른 고유의 촉감은 인간의 지각 기능을 적절히 자극해 준다. 또한 꽃말과 같은 관념적인 의미 역시 정서에 크게 영향을 미친다.

① 꽃 색깔과 건강

꽃은 향기뿐만 아니라 꽃의 색은 사람의 감정과 정서에 영향을 미칠 뿐만 아니라 건강에도 직

간접으로 영향을 미친다. 오색(五色)의 꽃 색은 그 파장이 색채요법에서 사용하는 것과 같은 일차적인 치유 효과가 있으며 뿐만 아니라 꽃이 가지고 있는 다양한 요소들이 복합적인 시너지 효과를 낸다.

(a) 빨간색 꽃

빨간색 파장은 감각신경을 자극하여 혈액 순환을 촉진시켜 몸을 활성화시키기 때문에 우울하거나 무기력한 상태에 활력을 불어넣는 색이기도 하다. 단, 감정 장애 · 정신질환 · 고혈압 · 고열의 사람에게는 지나친 자극이 되므로 피하는 것이 좋다. 대표적인 식물로는 장미 · 카네이션 · 동백 · 튤립 · 제라늄 · 백일홍 · 칸나 · 베고니아 등이 있다.

(b) 주황색 꽃

주황색 파장은 갑상선 기능을 자극하고 · 부갑상선 기능을 저하시킨다고 한다. 맥박수는 증가시키지만 혈압엔 영향을 미치지 않는다고 한다. 대표적인 식물로는 금잔화 · 나리 · 동자꽃 · 양귀비 · 달리아 · 아마릴리스 등이 있다.

(c) 노란색 꽃

노란색 파장은 운동신경을 활성화시킨다. 정서적으로 기쁨 · 지성 · 의식 등을 자극하며 좌절할 때 좋은 자극이 된다. 또한 빨간색과 녹색 빛의 혼합이어서 녹색의 회복 효과와 빨간색의 자극 효과를 함께 갖고 있다. 그러나 급성 염증 · 흥분 · 설사 · 발열 등의 증상에는 피하는 것이 좋다. 대표적인 식물로는 해바라기 · 수선화 · 민들레 · 개나리 · 유채 · 팬지 · 장미 · 복수초 등이 있다.

(d) 녹색 관엽 식물

녹색 파장은 몸과 마음을 안정시킨다. 혈압을 낮추는 역할을 하므로 감정을 억제하거나 통증에 효과적이다. 화상 · 두통 · 눈의 피로 등에 도움이 된다. 춘란이 대표적인 녹색꽃이며 관엽 식물 대부분이 녹색이다.

(e) 파란색 꽃

파란색 파장은 냉철하게 하는 색으로 염증 · 고혈압 · 신경 안정에 효과가 있으며 불면증에도 효과적이다. 단, 감기 · 마비 · 근육약화 · 통풍 등에는 사용을 피해야 한다. 대표적인 식물로는 아네모네 · 노루귀 · 용담 · 도라지 · 수국 · 닭의 장풀 등이 있다.

(f) 보라색 꽃

보라색 파장은 감정을 안정시키고 정신질환을 완화시키며 식욕을 억제한다. 백혈구의 수를 늘려 면역력을 증가시키는 효과도 있다. 대표적인 식물로는 붓꽃 · 라일락 · 팬지 · 수국 · 제라늄 · 아프리칸 바이올렛 등이 있다.

② 꽃말의 유래와 이용

꽃말은 일차적으로 꽃의 특징이나 꽃색 · 향기 · 모양 등에 따라 생겨났으며, 동서양을 막론하고 옛날부터 꽃에 대한 전설이나 신화 또는 문학작품이나 고사 · 일화 같은 것에 의해서도 꽃말이 생겨났다. 그러나 나라, 지역에 따라 공통점이 많으나 정서가 다를 수 있기 때문에 서로 상이한 경우도 있다.

유럽 꽃말의 대부분은 그리스 · 로마 신화나 전설, 그리스도교에 관계된 것들이 대부분이며 꽃말의 활용은 서양의 중세 때 기사가 사랑하는 여인에게 꽃을 보내며 뜻이나 감정을 전하는 데서 많이 사용되었다.

③ 생활 속의 꽃말

근래에 프러포즈 · 인사 · 문병 등에 꽃 선물이 일반화되면서 꽃말의 의미나 꽃의 색을 고려할 필요가 있게 되었다. 특히 다국적 사회가 되면서 꽃 선물은 적절한 의미로 전달할 필요가 있게 되었다. 서양에서는 노란색을 불길한 색으로 보나 중국에서는 노란색은 귀중한 색으로 간주되고 있으며, 일본에서는 장수와 행복의 상징으로 이해되고 있다. 즉 꽃말은 식물의 특징이나 색깔 등에 따라 그 나라의 역사적 환경으로 인해 나라마다 서로 상이한 경우가 많이 있으므로 꽃 선물도 이러한 이해에서 이루어져야 한다.

우리나라에서는 흰색 국화가 조화의 상징으로, 노란색 국화는 기쁨으로 인식되어 있으나 서양에서는 노란색이 불길함과 조의를 표하는 꽃으로 되어 있다. 그러므로 우리나라 사람 병문안에는 흰색 국화꽃은 삼가야 하며 서양인 병문안에는 노란색 국화꽃을 피하여야 한다. 장미의 경우는 노란색은 질투, 분홍색은 사랑의 맹세, 빨간색은 수줍음과 정열을 의미하므로 연인에게 선물할 때는 적절한 색의 장미를 선택하여야 하며 장미 가시의 의미도 고려해야 할 것이다. 또한 서양 사람들은 꽃 선물의 의미와 꽃말을 의미 있게 생각하지만 중국인들은 꽃의 종류를 중요하게 생각하는데 모란과 난을 좋아하며 꽃 색은 붉은색을 좋아 한다(〈표 6-2〉).

〈표 6-2〉 꽃의 종류와 꽃말

꽃의 종류	꽃 말
갈대	신의 · 믿음 · 지혜
개나리	희망
갯버들	친절
거베라	신비 · 풀 수 없는 수수께끼
국화	청순 · 정조 (백색: 성실 · 진실, 황색: 조의 · 실망, 적색: 사랑)
군자란	고귀
꽃창포	좋은 기별 · 우아한 마음
난초	청초한 아름다움
노송나무	불멸 · 불사
달리아	감사 · 우아 백색: 친절에 감사합니다., 분홍색: 당신의 마음을 알게 되어 기쁩니다. 적색: 당신의 사랑이 나를 행복하게 합니다.
달맞이꽃	말 없는 사랑
담쟁이	우정
대나무	정절
데이지	순진 · 평화
도라지	영원히 변치 않는 사랑 · 성실
동백꽃	자랑 · 겸손한 아름다움 백색 : 나의 사랑을 경멸합니까?, 적색 : 나는 당신이 누구보다도 아름답다고 생각합니다. 분홍색 : 나는 당신에게 사랑 받는 것을 기쁘게 생각합니다.
라일락	첫사랑의 감동 · 우애
레몬	정절 · 성실한 사랑
루피너스	모성애 · 탐욕 · 공상
마가렛	사랑을 점친다.
매화	깨끗한 마음 · 결백
모란	부귀 · 수줍음 · 성실 적색 : 나는 당신을 감시한다. 백색: 당신은 스스로 조심해야 한다. 분홍색 : 나를 믿어 주세요.
목련	자연에의 사랑
물망초	진실한 사랑 · 깨끗한 사랑 · 나를 잊지 말아요.
백합	순결 · 더러움 없는 마음
벚꽃	정신의 아름다움 · 가인
보리수	결혼 · 부부의 사랑
복수초	동양 : 영원한 행복 · 행복을 초래함, 서양 : 슬픈 추억
복숭아	당신 같은 매력
부용	섬세한 아름다움
부겐베리아	정열
붓꽃	좋은 기별 · 존경
비파	현명

사과	유혹
사프란	즐거움 · 지나간 행복
산세베리아	관용
샐비어	불타는 사랑 · 불타는 마음
서향나무	불멸 · 명예
석산	슬픈 추억
석류	원숙한 아름다움
석죽	부욕 · 평정(백색: 성성; 황색: 교만; 남색: 성공)
선인장	정열 · 열정
수국	냉정 · 무정 · 거만(백색: 변덕, 청색: 냉담, 분홍색: 처녀의 꿈)
수련	적색: 당신의 사랑을 알 수 없습니다. 황색: 당신은 애교가 없습니다. 백색: 당신의 사랑은 순결합니다.
수선화	자만심 · 자존심 · 호의(백색: 신비 · 호의, 나팔수선: 짝사랑)
소나무	불로장수
스트로베리	선견지명
시클라멘	수줍음 · 질투 · 의심 (적색: 당신은 너무 아름다워 염려가 됩니다. 백색: 상냥한 마음씨의 임자)
아나나스	미래를 즐긴다.
아네모네	고독, 사라져 가는 희망 (적색: 나는 당신을 사랑합니다. 보라색: 나는 당신을 믿습니다.)
아마릴리스	겁쟁이 · 수다쟁이
아스타(과꽃)	믿는 사랑 · 추억 (보라색: 사랑의 승리, 분홍색: 달콤한 꿈, 남색: 신뢰, 백색: 나를 믿어 주세요)
아스파라거스	불변
아이리스	소식 · 격정
아몬드	기대 · 희망
아카시아	쾌락에의 바람
아칸서스	황색: 우아, 분홍색: 숨겨진 사랑 · 정교
양귀비	위안(백색: 잠 · 망각, 적색: 몽상)
억새	은퇴
엉겅퀴	닿지 마세요.
에델바이스	귀중한 추억
연꽃	당신이 아름다운 것처럼 당신의 마음도 아름답다.
오렌지	순결 · 신부의 기쁨
옥잠화	침착하고 조용함
올리브	평화
용담	슬퍼하고 있을 때의 당신이 가장 좋습니다.
월계수	나무: 승리 · 영광 · 명예, 잎: 죽어도 변함이 없습니다.
유자나무	기쁜 소식
유칼립투스	추억

은방울꽃	틀림없이 행복해집니다.
은행	장수
아카시나무	단결
인동덩쿨	사랑의 굴레
자귀나무	부부애 · 가슴 두근거림
자작나무	당신을 기다립니다.
작약	수치 · 수줍음
장미	아름다움 · 애정 · 미덕. (적색: 정절, 열렬한 사랑, 백색: 사랑의 한숨, 황색: 질투 · 부정, 복숭아색: 사랑의 맹세, 진홍색: 수줍음, 흰 꽃봉오리: 사랑하기에는 너무 젊다, 들장미: 조촐한 사랑 · 고독, 잎사귀: 당신에게 바람이 있다, 가시: 엄격)
재스민	당신은 나의 것 · 사랑의 기쁨
접시꽃	풍요
제라늄	애정 · 불실(不實) (백색: 당신은 나의 사랑을 믿지 않습니다, 적색: 당신에의 생각이 떨어지지 않습니다. 분홍색: 당신 곁에 있을 수 있어 기쁩니다.)
제비꽃	나를 생각해 주세요(백색: 순진한 사랑, 황색: 행복, 보라색: 성실 · 고상한 취미).
진달래	절제
진저	당신을 믿습니다.
채송화	순진
천인화	사랑
철쭉꽃	정열
초롱꽃	감사 · 은혜
치자나무	청결
카네이션	여자의 사랑 (적색: 열렬한 애정, 백색: 나의 사랑은 살아 있습니다, 황색: 당신을 경멸합니다.)
카멜리아	자랑 · 겸손한 미점
카트레아	당신은 미인입니다 (황색: 경멸, 분홍색: 당신을 사랑합니다)
칸나	(적색: 견실한 최후, 황색: 영속)
칼라듐	환희
코스모스	(백색: 소녀의 순결, 적색: 소녀의 순애
크로커스	불안이 있는 청춘의 기쁨 · 믿는 것의 근심 (황색: 나를 믿어 주세요, 보라색: 당신은 나를 사랑한 것을 후회하고 있습니다.
클로버	(네 잎) 희망이 이루어짐 · 행복 (백색: 나를 생각해 주세요, 적색: 명랑한 마음)
큰부들	기민
태산목	위엄을 붙인다.
탱자	추억
토마토	완성된 아름다움
튤립	자애 · 명예 · 명성 (적색: 사랑의 선고 · 사랑의 의사표시, 황색: 헛된 사랑, 백색: 실연, 보라색: 영원한 사랑

파슬리	승리 · 축제
파초	속세를 떠남
패랭이꽃	정절
팬지	사랑의 추억 · 나를 생각해 주세요.
페퍼민트	온정
페튜니아	방해 · 사랑의 방해
포인세티아	축복 · 나의 마음은 타고 있습니다.
포도	박애
풍란	참다운 매력
프리지아	순결 · 순진한 마음
해당화	온화
해바라기	존경 · 숭모 · 동경 · 기막힘
해오라기난초	꿈에라도 만나고 싶다.
헬리오트로프	성실 · 헌신
호도	지성
황매화	숭고 · 고귀 · 왕성
히비스커스	신선한 아름다움 · 섬세한 아름다움
히아신스	마음의 기쁨 · 승리 (백색: 마음 편히 당신을 사랑하는 행복, 청색: 나를 사랑해 주는 당신의 심정이 기쁩니다, 적색: 당신의 사랑이 나의 마음에 머뭅니다.)

2. 숲요법

숲은 나무와 풀 · 흙 · 물 · 공기가 어우러진 자연 공간이다. 숲이 있는 곳은 산 · 평지 · 물가 · 도시의 공원과 길가이다. 숲에는 인간이 살던 곳의 원초적 오감이 남아 있는 곳으로 이곳의 색 · 소리 · 냄새 · 맛 · 감촉 등의 감각을 느끼는 환경에서 인간의 원초적인 휴식과 행동을 통하여 심신을 회복시킬 수 있다.

1) 숲요법의 정의 및 목적

순수 우리말인 숲은 산림 또는 삼림으로 표현되는데 산림(山林)은 산의 숲을 말하며 삼림(森林)은 산 · 평지 · 강가 · 공원 등의 다양한 공간의 숲을 의미한다. 치료를 목적으로 하는 나무들의 공간으로 모든 것이 갖추어진 곳은 산림이지만 여건에 따라 가까운 삼림을 이용할 수도 있다. 그러므로 이러한 산림과 삼림을 함께 어우르는 순수 우리말인 숲이라는 용어가 적합할 수 있을 것이다.

(1) 숲요법의 정의

숲요법(forest therapy)이란 숲이라는 환경자원을 이용하여 신체적 · 사회적 · 교육적 · 심리적 적응력을 길러 육체적 · 정신적 건강을 추구하는 전반적인 활동으로 건강을 회복시키고 증진시키는 일련의 새로운 종합적 대체의학이다.

(2) 숲요법의 목적

숲요법의 목적은 숲 자원을 이용한 복합적 활동을 통하여 대상자의 몸과 마음을 활성화하여 육체적 · 정신적인 향상과 치료는 물론 심리적 · 정서적인 안정감을 갖게 하는 데 있다.

2) 숲의 가치와 치료 논리

(1) 숲의 일반적 가치

숲은 가뭄이나 태풍 및 홍수로부터 국토를 보호해 주는데 그 혜택을 돈으로 계산하면 일년에 34조 6천억 원에 이른다고 한다. 또한 분진과 소음 방지 · 이산화탄소 흡수 및 산소 방출뿐만 아니라 각종 임산물과 숲요법의 치료적 가치를 감안하면 그 가치는 매우 크다.

① 숲의 재해 방지 작용

숲은 태풍과 홍수와 같은 자연 재해에 대한 방재 작용을 한다. 숲은 거대한 녹색 댐으로 숲의 흙은 공기와 물, 무수한 생물들로 이루어져 있다. 토양 입자에는 무수히 많은 공극이 있어서 물을 저장하였다가 천천히 지하로 흘려 보내 주며, 식물 또한 이러한 토양을 지지하고 수분을 흡수하였다가 천천히 배출하여 토양과 수계(水系)의 수량을 조절한다. 우리나라의 숲은 1년 동안 1.8×108t의 물을 저장한다고 한다.

② 숲의 부산물

숲에는 목재 · 약재 · 산나물 · 버섯 · 숯과 같은 임산 가공물과 골재 등과 같이 유형의 가치가 높은 생산물이 많다. 이들 임산물은 대부분 친환경적이어서 관광 상품으로서의 가치도 높다.

③ 관광 자원

숲은 그 자체로 친환경적 관광 상품이다. 사람의 귀소 본능을 채워 주는 자연환경인 숲은 잘 가꾸기만 하면 여러 가지 자연이 주는 혜택과 함께 관광 상품으로서의 경제적 가치가 매우 높다. 근래에는 녹색산업의 일환으로 국가적 · 지자체적 휴양림이나 테마 숲이 생태 숲으로서 가꾸어지고 있으며, 이들 숲은 자연환경의 보존뿐만 아니라 관광 자원으로서도 가치가 매우 높다.

④ 숲요법

아직은 세계적으로 숲요법의 개념이 적립되어 있지 않지만 독일은 일찍부터 치료 목적으로서 숲이 가꾸어져 왔고 프로그램도 개발되어 왔다. 국민 건강 차원에서 개발되고 있는 숲요법은 개념 정립과 함께 적절한 프로그램 개발과 숲치료사(forest therapist)와 같은 전문 인력 양성도 시급하다.

(2) 숲의 경제적 가치

① 숲의 경제적 가치

우리나라 산림조합중앙회에 따르면 숲이 국민에게 주는 공익적 혜택이 연간 총 66조원에 이르고 국민 한 사람당 연간 약 136만원 정도의 혜택을 제공하고 있는 것으로 나타났다. 산림청의 통계에 따르면 640만ha에 이르는 우리나라의 산림이 우리 국민에게 제공하는 연간 공익적 가치는 65조 9,066억 원에 달하고 있는 것으로 나타났다. 이는 국내총생산(806조 6,219)의 약 8.2배, 농림어업총생산(24조 357억원)의 약 2.7배, 임업총생산(3조 471억원)의 약 21.6배, 그리고 산림분야 1년 예산의 약 61.5배에 상당하는 것으로, 2003년 평가액(58조 8,813억원)에 비하여 약 7조 원

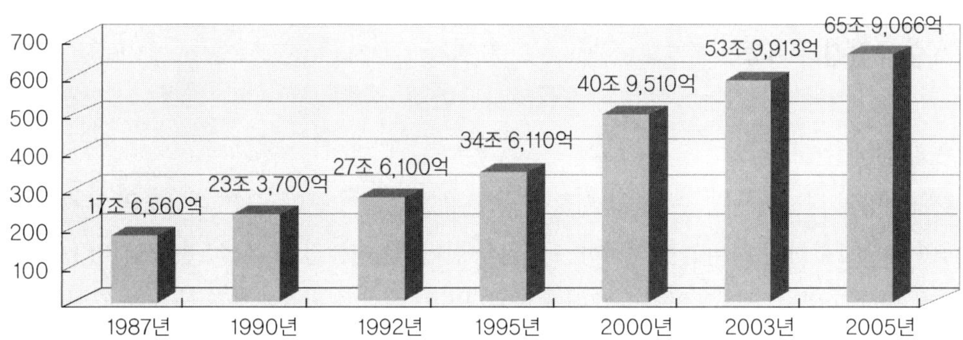

[그림 6-1] 우리나라 산림의 연도별 경제 가치의 변화(산림청).

(11%)이 증가한 것이다. 1989년 17조 6,560억 원으로 처음 공표한 이후 올해까지 7회 걸쳐 평가를 해왔는데 18년 동안 3.7배가 증가된 것이다([그림 6-1]).

② 숲의 기능별 경제 가치

숲의 가장 큰 기능별 경제 가치는 수원 함양 기능으로 전체의 26.6%를 차지하지만 산림휴양 기능도 17.6%로 산림의 경제적 가치는 매우 크다.

2005년 기준으로 수원함양 기능의 경제적 가치는 17조 545억 원(전체의 26.6%), 대기정화 기능 13조 276억 원(20.4%), 토사유출 방지 기능 12조 4,348억 원(18.9%), 산림휴양 기능 11조 6,285억 원(17.6%), 산림정수 기능 6조 487억 원(9.2%), 토사붕괴 방지 기능 4조 462억 원(6.1%), 야생동물 보호 기능 7,752억 원(1.2%) 순으로 평가되었다([그림 6-2]).

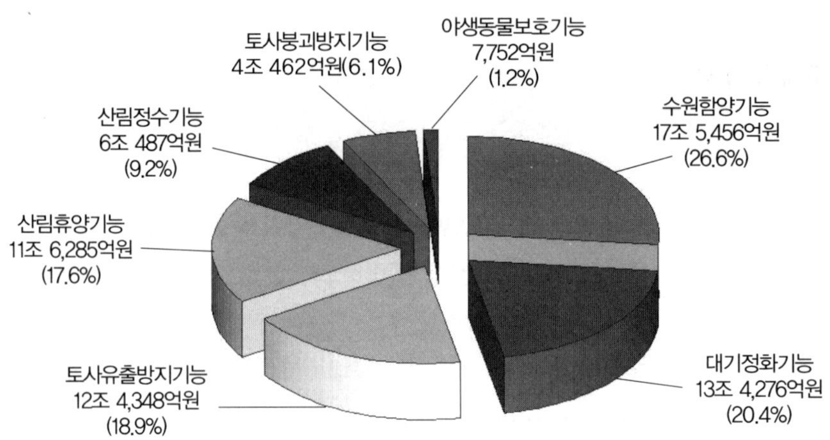

[그림 6-2] 우리나라 산림의 기능과 경제적 가치(산림청)

(3) 숲의 환경과 기능

① 광 환경

숲은 태양의 직사광선을 흡수하여 쾌적한 광 환경을 만들어 준다. 숲은 태양광의 약 80%를 흡수하여 인체에 유해한 자외선을 차단하는 역할을 한다. 한 여름철 숲의 조도는 도시의 1/22에 불과하다. 비록 숲의 조도가 도시의 1/22배에 불과하지만 주관적 평가에서 숲과 도시 간의 밝기 차이는 큰 차이가 없을 뿐만 아니라 그 만족도는 도시보다 더 높았다.

② 온열 환경

대기의 온도와 상대습도는 사람이 온열감에서 쾌적함을 느끼는 매우 중요한 환경요인이다. 환경의 쾌적함을 객관적으로 평가하는 지표로 팽거(P. O. Fanger, 1982)의 예상온열감 반응(PMV: Predicted Mean Vote)이 널리 사용된다. 예상온열감 반응은 특정 환경의 기온 · 습도 · 풍속 · 복사열 · 착의량(着衣量) · 대사량의 6개를 지표로 이용하여 쾌적함에 대한 예상불만족도(PPD: Predicted Percentage of Dissatisfied)를 측정하는데 한 여름철의 숲과 도시의 예상불만족도를 측정한 결과, 숲이 도시보다 예상불만족도가 낮은 것으로 나타났다.

③ 방음과 환경

친화음 숲은 방음 작용을 한다. 숲의 나무는 줄기나 가지 · 잎 등이 방음판 역할을 하여 도시의 소음을 방지한다. 나뭇잎이 크고 많을수록 소리를 잘 흡수한다. 또한 숲은 물소리 · 새소리 · 바람소리 등의 환경 친화적인 소리를 가지고 있어서 감성 회복과 이완 효과를 준다.

④ 공기 정화 작용

숲은 대기 속의 분진과 이산화탄소 및 유해 배출가스를 정화한다. 1L의 도시 공기 속에는 10~40만 개의 먼지가 있는 반면, 숲속의 공기에는 수천 개에 불과하다. 먼지를 걸러 내는 숲의 효과를 먼지 잡아 두는 넓이로 표현하는데, 밭은 5m², 풀밭은 10m², 덤불숲은 약 100m²이며, 잘 가꾸어진 숲은 무려 1,000m²나 된다. 세계의 연간 온실가스(이산화탄소와 메탄) 방출량은 109t인데 잘 가꾸어진 숲 1ha는 이산화탄소 16t을 흡수하고 12t의 산소를 방출한다. 보통 한 사람이 하루에 0.75kg의 산소를 필요로 하므로 1ha의 숲은 44명에게 산소를 공급해 주는 셈이 된다.

⑤ 화학적 유용 물질 방출

숲의 수목에서는 많은 유용한 방향성 유기물이 많이 방출된다. 이들 물질들에는 살충 · 살균 작용을 하는 피톤치드나 인간이 쾌적함을 느끼는 테르펜류나 정유 성분이 있어서 자연적 향기요법도 이루어진다.

⑥ 음이온 방출

숲은 많은 음이온을 방출한다. 음이온은 폭포 · 계곡물 · 식물의 광합성 시에 많이 방출되는데 숲의 음이온 양은 도심에 비해 14배에서 70배가량 더 많다. 이러한 음이온은 몸이 산성화되는 것을 막아 노화와 각종 질병을 예방하고 혈액 순환을 원활하게 하며 면역 기능 강화에 도움을 준다.

(4) 숲요법의 과학적 논리

① 생리인류학적 이론

인간의 신체 기관이 숲이라는 환경에 적응되어 있다는 사토(佐藤)의 생리인류학(physiological anthropology)적 논리로 인간이 숲과 친화적이라는 이론이다. 인간은 오랜 시간 숲을 중심으로 한 자연 속에서 진화해 왔으나 근대에 이르러 도시생활에 의하여 자연과 격리된 생활을 하게 됨으로서 생물학적 유전자가 새로운 도시생활에 적응하지 못하여 숲에서 귀소적 편안함을 느끼게 되고 건강이 회복된다는 것이다.

② 집단무의식 이론

다른 역사와 문화를 가지는 민족들이 시공간을 초월하는 집단무의식에 의하여 숲이 인류에게 공통적인 치료의 매개가 된다는 융(K. G. Jung)의 이론이다. 오랜 시간 숲에 의존해 생활해 온 인간의 집단무의식 때문에 숲이 귀소적 편안함을 느끼게 하여 심리적 · 육체적 건강이 회복된다는 것이다.

③ 바이오필리아 이론

사회생물학(sociobiology)의 창시자인 윌슨(E. O. Wilson)의 이론이다. 그는 생물은 서식지인 자연환경에 대한 사랑을 가지고 있다는 의미의 바이오필리아(biophilia)라는 용어를 창안하였는데 인간이 선택한 서식지가 숲이어서 숲이라는 서식 환경에 대한 애정을 가지고 있다는 것이다.

④ 주의 회복 이론

카플란(Kaplan)이 주창한 주의 회복 이론(attention restoration theory; ART)으로 여러 가지 복잡한 주위 환경 때문에 인간의 주의(主意)가 집중되지 못하였던 것이 숲에 의하여 회복된다는 이론이다. 외부적 환경요인이나 내부적 심리요인으로 인하여 야기된 과도한 주의 피로(attentional fatigue) 상태가 숲이라는 친화적인 회복 환경(restorative environment)에 의하여 회복되어 쾌적함을 느끼게 된다는 것이다.

(5) 숲의 쾌적성과 평가 방법

도시계획 등에서 쾌적함을 표현하는 어메니티(amenity)는 보통 건물 · 장소 · 경관 · 기후 · 환경 · 상태 · 행위에서의 질(質)과 사물까지의 포괄적인 의미를 말하지만 숲에서 느끼는 쾌적성은 질만을 의미하여 인간과 환경 간의 리듬적인 조화를 의미한다.

① 쾌적성의 종류

인간이 느끼는 쾌적성은 소극적인 쾌적성과 적극적인 쾌적성으로 구분할 수 있는데 소극적인 쾌적성은 특정한 불쾌함이 없어졌을 때의 쾌적함을 말하며 적극적 쾌적성은 항상 느끼고 있는 자연환경에 대한 쾌적함이다. 그러므로 소극적 쾌적성은 불쾌한 환경요소가 없어지면 누구나 공통적으로 느끼는 쾌적함이지만 적극적인 쾌적성은 개개인의 주관과 선호도에 따라 다르게 나타난다. 이를테면 열대지방의 사람이 온대의 겨울을 못 견뎌 하는 것과 같은 것이다.

② 숲에 대한 쾌적성 측정

숲의 쾌적성은 적극적 쾌적함이어서 쾌적성의 평가가 매우 어렵다. 소극적 불쾌함은 그 자극이 있을 때와 없을 때의 인간의 생리적 현상에 많은 변화를 나타내나 적극적 자극인 숲의 쾌적함은 일종의 항상성 자극이기 때문에 지속적으로 숲에 있던 사람은 큰 생리적 변화를 나타내지 않는다. 그러나 도시의 매연 · 소음 · 분진 등의 공해 속에서 열악한 생활을 하던 사람이 숲으로 오면 불쾌함이 감소되고 쾌적함을 느끼게 되지만 그 쾌적함은 귀소적 쾌적감이어서 불쾌감만 사라졌을 뿐 쾌적함의 극대화는 일어나지 않는다. 그러므로 숲의 쾌적성을 바르게 평가하기 위해서는 미세한 생리 반응이라도 정확하게 측정할 수 있는 정밀한 측정 기술이 필요하며 개개인의 주관성도 함께 고려하여야 한다.

③ 자율신경의 특징

인체는 자연적 환경과 심리적 자극에 대응하여 살아갈 수 있도록 항진과 저하의 생리적 반응을 통하여 적응해 나간다. 이러한 인체 내 변화는 환경과 자극을 수용한 대뇌의 자극이 자율신경계에 전달되어 의지대로 제어할 수 없는 자율적 생리 기능인 소화 · 호흡 · 땀 분비와 같은 신진대사에 영향을 미친다. 교감신경과 부교감신경으로 되어 있는 자율신경계는 중추신경계와 이어져 있는 신경절이라는 뉴런의 집합체에서 출발한다. 신경절은 척수의 중추신경계와 많은 시냅스를 가지고 연결되어 있는데 부교감신경은 아세틸콜린을 분비하고 교감신경은 노르아드레날린을 분비하여 해당 기관의 기능을 서로 길항적으로 조절한다. 따라서 자연환경과 심리적 자극은 자율신경에 영향을 미쳐 내장기관의 강약을 조절할 뿐만 아니라 내분비계와 면역계까지 조절하여 인체의 건강을 좌우하게 된다.

④ 숲의 쾌적함 측정 지표

숲 환경은 일종의 항상성 자극인 적극적 쾌적함이기 때문에 큰 변화가 나타나지 않아 측정에 어려움이 있으나 도시 환경이나 일상의 자극에서 생활하다가 숲 환경을 대하게 되면 숲 환경은 소극적 쾌적함이 되어 자율신경계가 활성화되므로 측정이 가능해지게 된다.

숲의 쾌적성은 생리적 지표로 간접적으로 측정할 수 있는데 심혈관계는 심장 박동수 · 심박 변동성 · 혈압 등의 측정으로 조사할 수 있으며, 호흡계는 폐활량 · 산화 헤모글로빈과 환원 헤모글로빈의 농도 측정으로, 소화계는 소화액의 활성을 측정함으로써 가능하다. 또한 뇌파 측정은 뇌 기능과 정서를 파악할 수 있으며, 스트레스 호르몬인 코티솔의 정량은 내분비계의 기능을 확인할 수 있고, 면역 글로불린 A의 측정은 면역 기능을 알 수 있는 지표가 될 수 있다. 이러한 생리적 지표는 자연과학의 발달에 따라 보다 정확한 지표개발과 측정이 가능하게 되었다.

(6) 숲요법의 진행 방법

① 사전 조사

대상자의 성별 · 연령 · 특징 · 숲요법 경험 유무 · 생육력 · 기호 · 알레르기 및 병력에 대하여 사전 조사하여 프로그램에 대해 대상자가 친밀감을 가지고 적용 숲요법 프로그램을 효과적으로 수행할 수 있도록 한다.

② 목표 설정

숲요법사 · 의사 · 물리치료사 · 카운슬러 등의 전문가가 협의하여 대상자의 숲요법을 위한 최선의 목표를 단기 · 중기 · 장기로 설정한다.

③ 방법 입안

대상자를 위한 숲요법의 구체적 내용을 만든다. 산책이나 운동 · 작업 · 레크리에이션 · 재활 훈련 여부 · 교육 · 카운슬링 · 치료 또는 필요한 구체적 내용을 계획한다. 또한 수종(樹種) · 식생 · 경사도 · 이동 거리 · 산책로 상황 · 접근성 등을 고려하며 사용도구 · 보조기구 · 실행 체계 및 대상자의 유의사항 등을 함께 계획한다.

④ 실행 후 평가

프로그램 실행에 따른 평가를 실시하여 숲요법이 대상자의 신체적 · 정신적 · 사회적 · 생활적 변화에 대한 목표 성취 여부와 문제점을 파악하여 논의를 거쳐 다음 과제를 설정한다.

3) 숲요법의 형태와 방법

기후나 환경이 좋은 곳으로 옮겨 쉬면서 병을 치료하는 것을 전지요양(轉地療養)이라고 하는데 옛날부터 동서양을 막론하고 꼭 병약한 환자가 아니더라도 숲이 우거지고 맑고 깨끗한 물이 풍부한 곳에서 휴식이나 요양을 취하곤 하였다. 전지요양의 장소는 소위 공기양이온이 적고 공기음이온이 풍부한 곳이다. 도시화되고 산업화된 현대에는 더욱 이러한 전지휴양이 필요하며 도시환경과 생활 환경 개선에도 최선을 다하여야 할 것이다.

(1) 숲요법의 형태

① 생활습관병과 숲치료

당뇨 · 순환계 장애 · 암 기타 대사 장애 같은 질환은 흡연 · 음주 · 향정신적 약물 · 스트레스 · 식생활 불균형 및 적절한 운동 부족 등에 의하여 발생하는 경향이 있다. 적절하게 계획된 숲요법은 이러한 생활 습관병의 예방과 치료에 효과적이다.

② 장애인 교육과 숲치료

지체장애 · 정신장애 · 질병 회복기의 환자 등에게 교육을 통하여 주변 숲을 이용한 자발적 숲요법을 실천할 수 있다. 자발적인 실천이 어려운 경우에는 전문인을 통하여 숲요법을 받을 수 있다.

③ 카운슬링과 숲요법

숲 환경에서의 카운슬링은 자연환경이 대상자의 마음을 열어 카운슬링 효과를 증대시킨다. 숲 환경과 대상자 및 치료사와의 교감에 의하여 숲요법이 성공적으로 이루어질 수 있게 한다.

④ 대체요법과 숲요법

숲요법은 효과적인 대체요법 중의 하나이다. 숲의 색깔과 소리나 냄새는 스트레스를 감소시켜 급성 스트레스 지표인 아드레날린이나 노르아드레날린이 감소하며 흥분 지표인 도파민도 감소된다. 또한 숲요법 시의 활동은 물리 치료 효과가 있으며 숲에서 나는 피톤치드를 비롯한 향기 물질들은 향기요법 효과가 있다. 따라서 장기간의 치료 시간을 필요로 하는 환자에게는 알맞은 대체요법의 하나이다.

⑤ 어린이 야외체험과 숲치료

숲속 유치원과 숲에서의 놀이 체험은 어린이의 육체적, 지적 인지 능력을 발달하게 하며 감기나 인플루엔자에 대한 발병률도 낮게 한다. 1960년에 덴마크에서 처음 시작된 숲속 유치원은 특정 교사나 정원 속에서 놀이를 중심으로 시작된 유치원이다. 우리나라의 경우는 순수한 의미에서의 숲속 유치원이 없는 대신 여러 가지로 테마화된 야외 현장 체험학습이 발달되어 있다.

(2) 숲요법의 치료 메커니즘

① 숲요법에 의한 변화 메커니즘

숲요법은 대상자와 숲의 상호 작용과 활동에 의하여 생물학적 요인과 심리학적 요인에 의하여 정신적, 생리적 이완과 신체적 운동성이 증가되어 치료 효과가 나타나게 된다.

② 숲요법의 치료 메커니즘

숲은 분진 제거와 대기오염 물질 흡수 능력이 있어서 폐를 맑게 하며 산소 배출에 의하여 혈액의 산소포화도를 높이고, 많은 음이온을 방출하여 몸이 산성화되는 것을 막아 혈액 순환을 원활하게 할 뿐만 아니라 면역 기능을 강화시켜 노화와 각종 질병 예방에 도움을 준다. 또한 피톤치드나 정유 등의 화학적 물질에 의한 약리 효과도 나타낸다.

숲은 이러한 물질적 효과 외에 방음 작용과 함께 숲의 다양한 색과 물소리, 바람 소리 및 각종 동물들의 울음소리 등과 같은 물리적 요인 또한 귀소 본능을 자극하여 마음을 안정시키고 몸을 이완시킨다. 또한 산책이나 등반 또는 원예요법 및 숲에서의 다양한 육체적 활동을 통하여 종합적인 치료 효과를 나타낸다. 이러한 숲의 환경과 활동은 뇌 전두엽의 뇌파가 안정되며, 혈압과 스

〈표 6-3〉 숲 경관의 건강 증진에 관한 주요 연구

연구자	생리신호	연구 결과
Ulich(1981)	혈압 · 심박수 · 뇌파	자연경관을 보았을 때 알파파의 감성 수준이 유의하게 증가. 혈압 및 심박수도 유의하게 감소.
Heenwagen(1990)	심박수	자연경관을 보았을 때 심박수가 유의하게 감소. 또한 진정감과 주관적 감성 수준이 유의하게 증가.
Nakamura and Fuji (1992)	뇌파	전체 경관 중 녹색 경관의 비율이 높을수록 알파파가 유의하게 증가.
Lohr and Person-Mins (2006)	혈압	나무를 보았을 때 긍정적인 감성이 증가하고 혈압이 유의하게 감소.

트레스 호르몬 농도가 낮아지고 면역 글로불린 A의 농도가 높아진다. 그리고 이러한 현상은 다소 약하기는 하지만 녹음된 시냇물 소리를 들려 주거나, 고화질의 영상으로 숲의 모습을 보여 주었을 때에도 비슷한 결과가 나타난다(〈표 6-3〉).

(3) 숲요법 프로그램

① 삼림욕

삼림욕은 삼림의 색 · 소리 · 냄새 등의 자극이 오관을 활성화하여 감각적 효과가 있으며 산책, 폴대를 이용한 숲길 걷기 등의 프로그램으로 물리적인 운동 효과가 자연스럽게 수반되어 심리적, 육체적 자극에 의하여 치료 효과가 동반 상승한다. 또한 숲에는 피톤치드 등의 화학 성분과 음이온이 풍부하여 화학적 효과도 있어서 삼림욕은 가장 보편적이고 효과적인 숲요법의 기본적 프로그램이라고 할 수 있다.

② 운동요법

숲요법의 보편적인 삼림욕에 의한 운동 외에 대상자에 따라 전문가에 의한 물리 치료나 수중 운동 및 맞춤 운동요법이 가능하다. 경우에 따라 헬스 · 산악마라톤 · 산악자전거 타기 등도 가능하다.

③ 원예요법

숲에서의 원예요법은 대상자들에게 야생화나 묘목 심기, 자기 나무 지정하기 등의 원예적 접근은 운동 효과와 함께 감성적 효과가 있다. 일반 환자에게도 효과가 있으나 특히 어린이 · 노인 · 정신 장애우에게는 식물이 대화 상대가 되어 더욱 효과적이다. 산나물이나 열매 등을 채취하여 가공, 판매하는 것은 주로 여성에게 효과가 있다.

④ 숲속 캠핑요법

미국이나 캐나다는 어린 시절부터 야외 캠프에 참여하는 것이 상식으로 되어 있는데 근래에는 야외 캠핑이 치료 목적으로 이용되고 있다. 캠핑요법은 1901년 뉴욕 주립병원 의사인 맥도널드(Mcdonald)에 의해 창안되었다. 결핵 환자들을 격리하기 위해 정원에 텐트로 만든 임시 병동에서 시작된 캠핑 요법은 단순한 산책 등의 활동에도 불구하고 환자들의 회복 속도가 빠른 것에 주목하여 캠핑요법이 보편화되기 시작하였다. 이렇게 시작된 캠핑요법은 재활훈련 · 카운슬링 등의 프로그램이 더해져 일반 환자는 물론 청소년 범죄자나 여성 수감자를 대상으로 한 교화 프로그램으로도 이용되고 있다.

또 다른 형태의 캠핑요법은 북미 인디언의 성인식에서 유래된 비전 퀘스트(vision quest)이다. 소년들을 혼자 또는 소단위로 깊은 숲으로 들여 보내 극기를 통하여 자신의 인생 비전을 세우게 하는 프로그램으로 다양한 변형으로 발전하고 있다.

(4) 주요 숲요법 형태

삼림지형의 기복적(起伏的)인 특징을 살려서 보행 코스를 만들어 활용하는 숲을 이용한 운동요법이 삼림지형요법이며, 해발 고도의 높낮이에 따른 기후 차를 이용하는 운동요법이 삼림기후요법이다. 그러나 산림기후요법과 지형요법을 따로 구분하여 행해지기보다는 대부분 지형적인 특성에 따라 병행되고 있다.

① 산림지형요법

삼림지형요법은 산림지형의 높낮이를 살린 다양한 운동 코스를 만들어 활용하는 운동요법이다. 1860년대 독일에서 시작된 고전적 삼림요법으로 능력에 따른 신체 부하 · 전신 운동 · 야외체류와 경관 탐승으로 구성되는데 일반적으로 정상 보행이 원칙이나 필요에 따라 빠른 보행으로 진행된다. 신진대사에 긍정적 영향을 주고, 소화기관의 운동을 활성화하며, 열량 소모를 높여 순환계 환자에게 효과적이다.

② 삼림기후요법

삼림기후요법은 해발 고도의 높낮이에 따라 고도가 비교적 높은 고산지대의 기후요법과 낮은 중산간지대의 기후요법으로 구분할 수 있다. 중산간지대는 숲과 가장 긴밀한 관계가 있는 곳으로서 대개 300~1,000m 높이의 산림지대를 말한다. 이 지역은 맑은 공기와 밤낮의 적당한 기온차와 안개 일수가 적은 것 등이 특징이다. 순환계 질환자, 비알레르기성 기관지 질환자, 류머티즘과 비만 질환자 및 운동부족인 사람과 병후 회복기 환자들에게 효과적이다.

③ 크나이프요법

숲요법의 선진 사례로서 독일의 크나이프요법이 알려져 있다. 이것은 120년 전에 당시 가톨릭 사제였던 크나이프(S. Kneipp, 1821~1897)가 청년시절에 결핵을 냉수욕(아마도 열성체질) 등으로 완치한 경험을 근거로 창안한 자연요법으로 지형요법과 기후요법 및 온천요법이 가미된 산림 보양촌 전지요양이 그 핵심이다. 보통 운동 코스를 이용한 운동요법을 기본으로 하여 물요법 · 식사요법 · 식물요법 및 정신요법 등으로 구성된다(〈표 6-4〉).

〈표 6-4〉 요법에 따른 주요 치유 요법들과 프로그램 및 시설

요법	주요 실천적 치유 요법들/활동	프로그램 · 시설 · 기타	비고
Phytotherapy (식물요법)	삼림욕 · 산림기후요법 · 음이온요법 · 방향욕	산림욕장 · 방향 식물원	
Hydrotherapy (물요법)	냉수욕 · 온수욕 · 온천욕 · 음이온요법	팔담그기 시설 · 스파 · 샤워시설 · 냉온탕 · 온천시설 · 탁족시설	Kneipp식 물요법
Dietetic-therapy (다이어트 요법)	건강식이요법 (영양요법)	산채 이용한 음식 · 임산물 가공식품 열매/수액	
Kinesiology (운동요법)	지형요법, 산림욕체조	지형요법코스 · 산림욕체조시설 · 각종 호흡기 단련운동시설	Atemweg
Psychotherapy (정신요법)	정신수련	사색의 쉼터 · 정신수련시설 · 정적 산림욕장 · 와상의자	

김기원의 치유의 숲 운영 프로그램 (2007. 12.)

4) 삼림욕(森林浴)

(1) 삼림욕의 유래와 정의

① 삼림욕의 유래

삼림욕의 역사는 인간이 숲과 더불어 살기 시작했을 때부터라고 말할 수 있다. 현대에서 삼림욕을 가장 먼저 발달시킨 나라는 독일이다. 독일은 1830년부터 도시 근교의 휴양림에 여러 가지 적합한 이용시설을 만들어 생활화하였으며 삼림지형요법, 기후요법 등의 이름으로 병 치료에 삼림욕을 활용했다. 이러한 삼림욕은 독일을 중심으로 숲요법의 한 방편으로 일찍부터 시행되어 왔지만 산림욕이란 용어는 1982년 당시의 일본 임야청(林野廳)에 의해 제창되었으며, 나가노현(長野縣)의 아카사와 자연휴양림(赤澤自然休養林)이 삼림욕의 발상지로 되어 있다.

② 삼림욕의 정의

삼림욕(Woodland walks)은 산림욕(山林浴)이라고도 하는데 해수욕, 일광욕과 함께 건강삼욕(健康三欲)이라고 하며 녹색 샤워라고 불린다. 삼림은 단지 숲이 우거진 곳을 의미하며 산림은 산의 우거진 복합적인 숲을 의미하지만 도시나 산간지대를 아우르는 보편적 의미의 숲을 의미하여

삼림을 삼림욕의 용어로 사용한다.

삼림욕은 삼림을 수단으로 몸을 안정시키고 이완시키는 것을 목적으로 하는 숲요법의 주된 방법으로 적극적 쾌적성을 지향하지만 개인의 가치관과 상황에 따라 방법도 달라진다. 울창한 숲에서 신선한 공기와 접촉하여 휴식을 취하는 삼림욕은 숲이 주는 혜택을 최대한 이용하는 것으로 몸과 마음을 동시에 건강하게 하는 자연 휴양법이라 할 수 있다.

(2) 삼림욕의 효과

① 감각적 효과

나무에서 분비되는 피톤치드가 아니더라도 숲은 그 자체만으로 사람의 감각을 깨운다. 숲의 고요함, 평화로운 경관, 일상에서의 탈출감 그리고 다양한 시각 · 후각 · 청각의 평안한 자극들이 사람의 감각기관을 자극한다. 맑고 푸른 숲의 색은 숲의 전경을 바라보는 것만으로도 눈의 피로를 풀리게 하며, 숲의 향기는 단기적이지만 원초적인 안정을 준다. 또한 다양한 숲의 소리는 도시의 소음으로부터 차별화된 공간에 와 있음을 확인시켜 준다.

② 운동 효과

숲에서의 운동은 피곤을 덜 느끼게 한다. 숲의 공기는 다른 유해 성분이 없이 산소의 밀도가 높기 때문에 같은 운동을 했을 때에도 훨씬 피곤을 덜 느끼며 회복도 빠르다.

③ 심리적 육체적 상반 효과

몸은 심리적 영향을 크게 받아서 일상의 긴장 · 불안 등은 몸의 활력을 저하시키고 정신도 의욕을 잃게 하며, 또한 심리적 혼란 · 억울 · 분노 · 적대감 등의 감정은 몸을 항진시키고 정신도 심한 울분으로 격앙되어 심한 스트레스 상태로 만든다. 삼림욕은 마음이 저하되어 있을 때는 심신을 활성화시키며 반대로 격앙되어 있을 경우에는 완화시켜 몸의 안정을 회복시켜 준다.

④ 화학 성분의 효과

식물이 방출하는 피톤치드와 정유는 살충 · 살균 효과와 함께 일련의 아로마테라피 효과가 있다. 피부의 염증을 방지하거나 아토피 치료 효과를 갖고 있으며 중추신경을 자극해 진정 작용을 하는 효과도 나타낸다.

목재의 향은 생리적 스트레스를 완화시킨다. 나무 향이 쾌적하다고 느꼈을 때에는 이완 효과가 있으며 쾌적하다고 느끼지 않았을 때에도 스트레스로 작용하지는 않는다.

⑤ 공기음이온 효과

사람의 몸은 스트레스를 받아 정신적, 육체적으로 피로할 때 양이온을 많이 방출한다. 양이온을 몸 바깥으로 내보내지 않으면 각종 신경통이나, 경련, 신경장애 등이 나타난다. 이러한 때 음이온의 흡입은 긴장과 스트레스를 풀어 준다. 숲속에 흐르는 냇물과 폭포는 주위의 공기를 미세한 음이온 상태로 만들며 식물이 광합성을 할 때에도 공기음이온이 방출되어 청량한 느낌을 준다. 공기음이온은 활엽수림보다 침엽수림에 많다.

(3) 삼림욕의 유의 사항

① 복장

삼림욕을 할 때에는 몸에 붙는 옷은 금물이다. 삼림욕은 숲의 공기를 마시며 산길을 보행하는 것이기 때문에 공기 중의 피톤치드가 피부에 직접 닿을 수 있도록 얇고 헐렁한 옷차림을 하는 것이 좋다. 신발은 밑창이 두꺼운 것으로 걷기 쉽고 발이 편해야 한다. 가급적 가벼운 것으로 택하고, 미끄러지는 것을 막기 위해 바닥은 마찰력이 좋은 재질로 만들고 울퉁불퉁한 것이 좋다. 모자는 꼭 쓰도록 한다. 산에서 자외선은 거의 문제가 안 되지만 머리 위로 벌레나 부러진 나뭇가지 등이 떨어질 수 있기 때문이다. 또 나뭇가지들에 얼굴을 긁힐 수도 있으므로 시야가 확보되는 모자를 쓰도록 한다.

② 삼림욕 시기와 장소

삼림욕은 나무의 생육이 왕성한 초여름과 늦가을이 적기이고, 하루 중에는 오전 6시부터 12시 전후가 적당한데 그중에서 제일 좋은 시간은 새벽 6시경이다. 새벽의 숲은 공기 중 테르펜 함량이 높고 낮보다 공기의 이동이 적으며 기온과 습도가 낮아 공기 중 테르펜이 덜 확산되기 때문이다. 그러나 산소 흡입이 필요한 질환이나 운동을 위해서는 아침 10시 이후가 좋다.

계절로는 테르펜 방출이 가장 활발한 여름이 좋다. 테르펜은 일사량이 많고, 온도가 높으며 습도가 높을 때 많이 발산되기 때문에 여름이 겨울보다 5~10배가량 많다. 산림욕 장소는 산 밑이나 산꼭대기보다는 산중턱의 숲 가장자리에서 100m 이상 들어간 깊은 숲이 테르펜이 많아 더욱 효과적이다.

③ 보행 요령

목적에 따라 보폭과 보행 속도를 조절한다. 삼림욕의 가장 좋은 방법은 걷기이다. 충분한 산소를 들이마시며 자신이 원하는 목적에 따라 빠르기를 조절한다. 좀 더 운동 효과를 얻으려면 속도를 조금 빠르게 걷는 것이 좋고 스트레스 해소와 휴식을 위해서는 천천히 걸으며 최대한 오랜 시간 산에 머무는 것이 좋으나 정신적 스트레스가 있는 경우는 다소 속도를 내어 걷기에 몰두하여 생각에서 벗어나는 것도 좋다. 보행 중의 호흡은 깊고 길며 부드럽게 하여 맑은 공기를 최대한 많이 마실 수 있도록 한다. 가급적 복식호흡을 하는데 코로는 숨을 들이마시고 입은 적게 벌려 천천히 내쉰다. 보행 후 40~50분마다 앉아서 휴식하는 것이 좋은데 몸에 힘을 빼고 호흡을 가늠하면 근육도 이완되고 척추의 무리도 줄일 수 있다. 휴식을 취하면서 주변의 식물을 관찰하거나 새소리 · 물소리를 들으며 경관을 즐기는 것이 좋고 가벼운 독서를 하거나 명상을 하는 것도 좋다. 그러나 휴식 중 잠을 자는 것은 금물이다. 잠이 들면 해충에 물릴 수도 있고 독사의 해를 받을 수 있기 때문이다.

5) 피톤치드와 테르펜

(1) 피톤치드

① 피톤치드의 정의

피톤치드(Phytoncide)는 그리스어의 phyton(식물)과 cide(죽이다)의 영어식 합성어로 러시아어의 영어식 표현인 fitontsid에서 유래되었다. Fitontsid는 1930년경 구소련의 모스크바 동물원 실험생물 연구소의 토킨(B. P. Tokin) 박사에 의하여 제창되었으며 1942년 처음으로 모스크바 국영의학서적출판사에서 "고등 식물을 죽이면서 다른 생물을 죽이는 식물성 휘발 물질"이라는 의미로 논문이 발표되었다. 이후 1943년 러시아 태생의 미국의 세균학자 왁스만(S. A. Waksman)이 이 물질을 "phytoncide"로 명명하여 논문을 발표함으로써 세상에 널리 알려지게 되었다.

처음에는 " 식물이 분비하는 살균 물질"이라는 의미로만 사용되었던 피톤치드의 의미는 근래에는 "식물이 생산하는 휘발성 및 비휘발성 물질로 다른 생물에게 영향을 주는 것"이라는 의미로 널리 쓰이게 되었다. 원래의 의미인 제초 · 살충 · 살균 작용을 하는 물질은 파이토알렉신(phytoalexin)으로 따로 분류하게 되었으며 아로마테라피에 사용되는 아로마와 생약 성분까지도 포함하는 광범위한 용어가 되었으나 근래에는 삼림욕에서 인체에 좋은 영향을 주는 물질이라는 의미로 주로 쓰인다.

② 피톤치드의 성분

원래적인 의미에서의 피톤치드는 식물이 내는 항균성 물질의 총칭으로서 어느 한 물질을 가리키는 말은 아니며, 일반적으로는 테르펜을 비롯한 페놀 화합물 · 알칼로이드 성분 · 배당체 등이 포함된다. 모든 식물은 항균성 물질을 가지고 있어서 어떤 형태로든 피톤치드를 함유하고 있다.

우리가 삼림욕에서 효과를 볼 수 있는 물질 중에 가장 중요한 물질이 테르펜(terpene)이다. 테르펜은 방향성 물질로 α-피넨을 비롯한 수십 가지의 물질이다. 일반적인 의미의 피톤치드는 주로 식물이 미생물에 대항하기 위한 항균 물질의 의미인 반면, 테르펜은 피톤치드의 역할도 하면서 식물 자신의 활성 물질인 동시에 곤충을 유인하거나 억제하기도 하며 특히 인체에 유효한 작용을 하기도 한다.

정유 함량은 침엽수가 활엽수보다 많으며 가을보다는 여름이 많다. 활엽수 중에서도 잎이 큰 사철나무나 차나무는 가을철에도 다소 정유를 포함한다(〈표 6-5〉).

〈표 6-5〉 나뭇잎의 정유 함량

구분	수종	여름	가을
침엽수	편백나무	2.70	2.02
	전나무	2.88	0.68
	구상나무	3.49	1.08
	삼나무	1.55	1.45
	비자나무	1.11	0.66
	소나무	0.70	0.56
	잣나무	1.08	-
활엽수	상수리나무	0.17	-
	아카시나무	0.25	-
	회양목	0.16	-
	사철나무	0.21	0.14
	계수나무	0.21	-
	차나무	0.23	0.17
	대추나무	0.021	-

정유 함량은 건량 100g에 대한 정유의 ml(여름 7월 · 겨울 1월)

③ 피톤치드의 효과

피톤치드는 약산성의 피부 자극성이 낮은 방향성 천연 물질이며 무독성으로 살균 · 살충 효과가 우수하다. 특히 항균 작용에 있어서 일반 항생제와는 달리 특정한 균만을 공격하여 내성을 갖게 하는 것과는 달리 여러 종류의 균에 대한 대항 물질을 골고루 가지고 있는 다목적의 광범위한 항생제 역할을 한다.

피톤치드는 인체에 무리 없이 피부와 코 점막을 통하여 흡수된다. 살균 · 살충 효과가 있어서 아토피에 효과적이며 생리적으로는 중추신경계 흥분을 완화시키고 자율신경계를 조절하여 혈압과 심박수를 저하시키는 효과가 탁월하며 또한 스트레스를 감소시키는 효능도 우수하다.

④ 피톤치드의 발산 조건

피톤치드가 활발하게 발산되는 조건은 수목의 종류나 환경 조건에 따라 다르다. 일반적으로 조도나 습도는 발산량과는 관계가 없고 식물의 생리적 활성이 높은 6~8월 사이에 기온이 최고로 올라갈 때와 해가 뜨는 아침 6시경 발산량이 많으며, 겨울철에는 6~8월에 비하면 1/5 정도 감소한다. 물론 수목마다 다르지만 삼나무는 기온이 올라가면 피톤치드 발산량이 증가하는 반면, 편백나무는 낮보다는 온도가 내려간 밤과 새벽 사이에 발산량이 더 많다. 그리고 나뭇가지나 잎이 상처를 입었을 때에도 발산량이 많다.

⑤ 수목의 종류별 삼림욕 효과

정유 성분은 침엽수에 많이 포함되어 있으나 삼림욕의 증상별 효과는 나무 수종에 따라 다르다. 밤나무를 포함한 참나무계통은 순환계와 피부 가려움증에 좋으며 소나무류는 동맥경화에 좋은데 특히 우리나라 소나무 목재에서의 방향성 성분은 아토피에 효과가 탁월한 것으로 알려져 있다(〈표 6-6〉).

〈표 6-6〉 수목의 과별 수종에 따른 피톤치드의 효과

과명	수종	효과
너도밤나무과	밤나무 · 구실잣밤나무	소독 작용 · 동맥경화 · 고혈압 · 가려움증
삼나무과	삼나무 디프테리아	
소나무과	소나무 · 솔송나무 · 낙엽송 · 해송 · 가문비나무 · 잣나무	동맥경화 · 아토피 · 디프테리아
편백과	편백 · 나한백 · 노간주나무 · 화백	요로 소독과 입병 치료-소염 · 진정 · 진해
녹나무과	녹나무	중추신경흥분 · 국소자극
벼과	대나무 · 갈대 · 참억새	진통 · 이뇨 · 방향성 건위
윤향과, 소철과	밀감나무 · 소철	강장

(2) **테르펜**(Terpene)

삼림욕에서 얻을 수 있는 물질 가운데 중요한 것이 테르펜이다. 테르펜은 피톤치드의 대표적 성분으로 살충 · 항균 및 파이토알렉신 작용과 같은 피톤치드의 역할을 하면서도 식물체 자신의

생리 활성 물질로도 작용하며 곤충을 유인하거나 억제하는 작용도 한다. 또한 인체에 흡수되어 활성을 높이고 다양한 약리 효과를 나타낸다.

① 테르펜의 종류

테르펜은 식물의 2차 대사산물 중 가장 종류가 많으며 대부분 방향성이다. 나무에서 분비되는 테르펜은 140여 종류로 정유 · 수지 · 카로틴 등이 있다.

테르펜은 그 구성단위가 이소프렌으로서 모노테르펜과 세스퀴트테르펜에 중요한 정유 성분들이 포함된다.

② 테르펜의 효과

테르펜은 피톤치드의 대표적 성분으로 살균 작용도 하면서 식물 자신을 위한 활성 물질인 동시에 살충 · 항균 및 파이토알렉신으로 다른 식물의 생장을 억제하는 등의 복합적인 작용을 한다. 테르펜 중에는 향료 · 살충제 · 기피제 및 의약 효과가 있는 것이 많다. 대표적인 것이 살충 작용이 강력한 소나무류의 α-피넨이다. 녹나무과나 국화과의 장뇌는 진통 효과가 있으며 감귤류의 리모노이드는 강력한 곤충 방제 효과가 있다.

또한 테르펜은 심폐 기능 강화 · 혈압 강하 · 이뇨 · 거담 · 강장 · 통변 등의 다양한 효과가 있다. 특히 콜레스테롤의 축적을 막고 동맥경화를 방지하며 말초혈관을 확장시켜 혈액 순환을 촉진함으로써 뇌세포 기능을 향상시키고 호르몬 분비를 도와 체내 균형에 도움을 준다.

6) 외국의 숲요법 현황

(1) 독일의 숲요법

독일은 일찍부터 숲요법이 발달되었다. 지금은 백 군데가 넘는 온천휴양지 부근에 삼림욕 코스가 마련되어 있는데 온천과 연계된 산림보양촌이 만들어져 있어서 의사의 처방에 따라 요양이나 산림 치유 프로그램에 참여하기도 한다. 의사의 처방이 있을 경우 숲요법 요양에도 의료 보험 혜택이 적용되며 숲요법 프로그램이나 호텔 비용까지 무료인 경우가 많다. 그리고 의사 처방 없이 자발적으로 숲요법 프로그램에 참가한 경우도 보험료 할인 혜택이 주어진다.

독일의 휴양림 시설은 각 주(州)의 세부 규정으로 정하도록 제도화되어 있다. 독일 정부가 삼림욕을 포함한 자연 요법에 지원하는 건강 보험료만 연간 8,000억 원에 달한다고 한다.

(2) 일본의 숲요법

일본의 산림욕 발상지는 아카사와 자연휴양림으로 1982년 일본 최초로 산림욕대회가 개최되었지만 본격적인 연구와 시설에 관심을 가지게 된 것은 2000년대에 이르러서이다. 일본의 숲요법은 고령화가 급속히 진행되어 노년층의 의료비가 증가하면서 숲요법이 근거중심의학(evidence based medicine)에 의한 의학으로 인정받고 또한 의료비 감소 효과가 있어서 본격적으로 발전하게 되었다.

일본은 2004년 산업체 · 대학 · 연구기관 · 정부기관이 참여하여 산림 테라피연구회를 설립하였으며 숲요법 인증제도를 두어 2005년부터 삼림요법 기지(基地; quarter) 및 로드(road) 등, 두 가지로 구분하여 추진되어 2006년에는 8개 지역을 숲요법 기지로 인증하여 이들 숲들은 고유의 인증 마크를 사용할 수 있게 되었다. 숲요법 기지는 로드보다는 훨씬 확장된 개념으로서 의료 · 운동 · 숙박 · 안내센터 등의 시설을 갖추고 운동 · 식사 · 자연관찰 프로그램을 진행하는 곳이다. 대표적인 곳은 산림욕의 발상지로 알려진 아카사와 자연휴양림 기지 외에 시나노마치 산림테라피기지, 이이야마 산림테라피 기지, 고야산 산림테라피 기지 및 미나미히다 건강증진센터 등이 유명하다.

7) 우리나라의 숲요법 현황

우리나라는 도시 근교에 접근성이 용이한 좋은 산과 숲이 많이 있다. 등산이 일반화되어 있어서 특별히 숲요법 개념이나 시설이 발달되어 있지 않았다. 그러나 국민소득이 높아지면서 지자체를 중심으로 중소 단위 지자체 및 소단위 휴양림 및 테마 숲이 조성되고 있다.

(1) 우리나라 숲요법 동향

전국토의 2/3가 산지인 우리나라는 특별히 국내에서도 숲을 이용한 심신의 건강을 되찾을 수 있는 치유 환경을 조성하고, 과학적인 연구를 통하여 숲요법의 치유 효과를 밝히려는 연구가 이루어지고 있다. 늦기는 하였지만 숲요법은 국민 건강을 위한 대체의학의 하나로 자리 잡게 될 것이다.

① 휴양림

우리나라 삼림의 일반적인 용도는 산업용 용재림이 아닌 휴양림이다. 특정한 환자는 물론 여가와 휴식을 위하여 휴양림으로 이용하고 있으며 도시 내나 근교에 인공림도 친환경적으로 조성되고 있다.

② 교육림

교육림은 어린이와 청소년을 위한 각종 주제의 테마숲 형태로 각 지자체에서 조성하고 있다. 대표적인 것이 생태체험의 생태숲과 식물명과 식물용도 등, 그 이용을 통하여 공부도 가능한 학습림 외에 다중지능 숲 프로그램이나 청소년 리더십 프로그램 등의 다양한 체험 학습 프로그램이 개발되고 있다. 또한 성인을 위한 태교 프로그램 및 명상 캠프 등이 있다.

③ 비전 캠프

청소년의 비전 확립 프로그램으로 체력 훈련과 협동 및 극기와 자아 확립을 위한 다목적 프로그램이다. 운동선수나 군인들의 훈련 프로그램에서 발전한 프로그램으로 단체 숲생활, 서바이벌 게임, 심야 숲체험(공동묘지 · 흉가), 캠프파이어 등의 프로그램이 운영된다.

④ 치료 캠프

가장 활발한 치료 캠프 프로그램이 어린이를 위한 아토피 치료 프로그램이다. 아토피에 효과가 좋은 수종(樹種)의 숲에서 아토피에 효과가 좋은 목재로 숙소의 내외장을 한 목조 건물 안에 황토나 한지 등을 이용하여 아토피 유발 물질이 없도록 환경을 조성하고, 적절한 자연식으로 섭생하면서 아토피 생활 수칙을 지키며 생활하는 친환경적 치료 캠프이다.

또한 근래에는 키 성장 프로그램과 태교 프로그램도 활성화되고 있으며, 이 밖에 우울증 · 금주 · 금연 · 도벽 등을 테마로 한 캠프들도 생겨나고 있다.

⑤ 탄소중립프로그램

개인 · 가정 · 기업 등에서 발생하는 이산화탄소 순배출량을 제로(0)로 만들고자 하는 사회적 프로그램이다. 온실가스 산정 · 나무심기 · 신재생에너지 설비투자 등을 통해 온실가스를 상쇄시키고자 하는 목적으로 가족 단위나 단체가 관리하는 나무나 숲을 가져 탄소중립의 숲을 만들고자 하는 숲 운영 프로그램이다.

(2) 숲 조성

① 시민사회 산림운동

국가기관은 물론 시민사회 산림운동의 일환으로 지속가능한 숲공동체 사회구현을 위한 정책

운동들이 이루어지고 있다. 지속 가능한 산림관리 모델을 제시하는 숲가꾸기 운동과 모델숲 운동, 숲을 배우는 숲문화 운동, 학교숲 운동, 도시숲 운동, 마을숲 운동, 지역 활성화와 사회적 일자리 창출을 위한 마을 조사단 활동 및 생태적인 산촌공동체를 만들어 가는 생태산촌운동이 계획되고 또한 운영되고 있다.

한편, 교육적 측면에서 인적 양성 프로그램도 운영되고 있는데 "숲해설가"와 "푸른숲 선도원" 육성 같은 것이다. 숲 해설가는 숲을 찾는 사람들에게 숲을 효과적으로 이용하는 방법과 산림에 대해 올바르게 이해를 도와주는 산림 환경 안내인이다. 2000년 설립된 숲해설가 협회가 중심이 되어 숲학교 운영 교육프로그램(숲아카데미 · 숲해설가 양성교육 · 심화교육)이 운영되고 있으며, 푸른숲선도원은 미래의 주인공인 청소년들이 나무와 숲에 대한 이해를 증진시키고 숲의 가치를 알 수 있도록 다양한 산림관련 활동을 하고 있다.

② 학교숲 조성

"학교숲 조성운동"은 나무를 심어 삭막한 학교의 환경을 푸르게 변모시켜 청소년들의 정서 안정은 물론 도시녹지 공간을 확충하자는 운동이다. 산림청 통계에 따르면 1999년을 시점으로 2009년까지의 연도별 학교숲 조성학교 선정 현황은 1999년에 선정학교가 10개교이었던 것이 10년 사이 109개교가 되었으며 누적 학교 수는 810개교로 늘어나 10년간 81배로 늘어났다.

③ 도시숲 조성

도시숲은 도시 내 자연림 또는 인공으로 식재되어 있는 숲으로 분진, 유해 배출가스 및 소음 등의 공해가 많고 삭막한 도시 환경을 쾌적하게 조성하는 숲이다. 도시숲은 보건 휴양 · 정서 함양 및 교육적 체험 활동 등을 위하여 조성하여 관리하는 산림과 수목으로 공원 · 학교숲 · 산림공원 · 가로수(숲) 등을 말한다. 우리나라는 급격한 도시화로 인하여 전체 인구의 약 90%가 도시 지역에 거주하고 있으나 도시 지역의 산림감소율은 연평균 3.5%로 전국산림 감소율 0.1%의 35배에 달한다. 도시 지역 내 국민들이 쉽게 이용할 수 있는 "생활권 도시림"은 전국 평균 7.0㎡/인으로 세계보건기구(WHO)의 1인당 최저 녹지 면적 권고 기준의 77% 수준이다. 지자체별 도시숲 조성 현황은 제주도가 가장 높아서 1인당 20.15㎡이고 가장 낮은 지역은 서울로 4.13㎡이다(〈표 6-7〉, 〈표 6-8〉).

〈표 6-7〉 국 · 공유지 도시숲 조성현황

구분/연도별	2005까지	2006	2007	2008	계
국유지 도시숲	24	3	3	9	39
공유지 도시숲	70	90	262	276	698
계	94	93	265	285	737

산림청(2009)

〈표 6-8〉 1인당 생활권도시림 현황: 평균 7.0㎡/인('07년 말 기준 · 단위 : 개소)

지역별	서울	부산	대구	인천	광주	대전	울산	경기	강원	충북	충남	전북	전남	경북	경남	제주
도시림 면적(인)	4.13	11.6	4.76	3.27	6.89	6.30	6.11	4.84	10.99	9.29	7.12	13.6	8.86	10.96	15.11	20.15

④ 국민의 숲

"국민의 숲"은 산림청 주관으로 이루어지고 있다. 원래는 국민참여의 숲으로 출발하였으나 국민의 숲으로 개칭되었다. 원하는 사람은 누구나 나무도 심어 보고 숲 가꾸기도 하는 등, 여러 가지 산림체험을 하면서 산림휴양을 즐길 수 있도록 국민들에게 개방한 국유림으로 단체의 숲 · 체험의 숲 · 산림레포츠의 숲 · 사회환원의 숲 등으로 나누어진다.

단체의 숲은 학교 · 기관 · 기업 · 단체 · 동호회 등이 가꿔 온 숲에서 산림문화를 체험하고 즐길 수 있도록 하는 숲이다. 체험의 숲은 개인 · 가족 등이 가꿔 온 숲에서 산림문화 등을 체험하고 즐길 수 있는 숲이다. 산림레포츠의 숲은 산림레포츠 등에 적합한 국유림을 동호인들에게 개방한 숲(산악자전거 · 산악마라톤 · 패러글라이딩 등)이며, 사회환원의 숲은 법인 등이 국유림에 휴양시설(자연휴양림 · 삼림욕장 · 수목원 · 도시 산림공원)을 조성하여 사회에 환원할 수 있도록 지정된 숲으로 특히 사회환원의 숲은 법률에 의하여 자연휴양림 · 산림욕장 조성 · 수목원 조성 · 도시산림공원이 조성되어 일반 국민들의 건강과 문화 활동의 인프라를 제공하고 있다.

8) 우리나라 휴양림 및 시설

우리나라 휴양림은 국립공원 · 지자체 휴양림 · 개인 휴양림으로 구분되는데 숲요법 · 역사문화 · 자연생태 · 템플스테이 · 팜스테이 · 해안생태 등의 테마로 운영되고 있다. 모든 테마가 기본적으로 건강과 관련이 있으나 주로 숲요법과 템플스테이 프로그램이 육체적 · 정신적 건강을 위한 숲 테마와 관련이 있는 것으로 보인다. 템플스테이는 하계와 동계 기간에 여러 산사에서 이루어지고 있으나 숲요법의 경우는 몇몇 국립공원에서 단기 프로그램으로 이루어지고 있다. 국립 숲체원은 국내 유일한 상설 숲문화 체험 시설로 여러 가지 시설과 프로그램으로 운영되고 있다.

(1) 숲체원

① 특징 및 시설

「숲체원」은 2007년 6월에 강원도 횡성 청태산에 위치하는 국내 유일의 상설 숲문화 체험 장소이다. 한국녹색문화재단이 운영하는데 모든 숙소가 자연목을 사용한 별장식 목조주택으로 지어졌으며 능선을 타고 올라가는 850m의 휠체어 데크로드는 전 세계에서 이곳밖에 없는 시설이다. 이 데크로드는 장애인을 포함해서 노약자와 임산부들도 숲길을 거쳐 산꼭대기까지 안내해 준다. 주요 건물은 본부동 · 강당 · 강의동 · 실습동 · 상설전시장이 있다.

숲체원은 해발 800m에 위치하며 주변 삼림은 인공림과 천연림으로 되어 있다. 대표 수종으로 인공림은 낙엽송 · 잣나무 · 편백 · 삼나무 등이 있고, 천연림은 참나무류와 소나무가 대표 수종이다.

② 숲요법 프로그램

소수의 개인 체험자를 대상으로 7일간 집중적으로 숲요법 심화과정 프로그램이 운영된다. 숲 속 텐트 생활을 통해 본인 스스로를 되돌아보면서 자신의 독백 에세이를 작성해 봄으로써 자기성찰의 시간을 가지게 한다. 프로그램은 3단계로 이루어지는데 1단계는 숲과 하나가 되기 위한 훈련 과정, 2단계는 숲과 직접적인 교감을 위한 걷기, 3단계는 숲과의 심리적인 교감을 얻도록 하는 과정으로 구성되어 있다.

이 숲요법 프로그램을 통하여 참가자들은 감성적 및 인지적 개선 효과가 있는 것으로 나타났다(〈표 6-9〉, 〈표 6-10〉).

〈표 6-9〉 정서적 개선 효과 측정

구분	사전	사후
우울감(Beck Depression Inventory)	15.35	5.52
일시적 불안감(State-Trait Inventory)	58.77	54.69
지속적 불안감(State-Trait Inventory)	58.29	51.84
자아존중감(Rogenberg)	23.02	24.80

〈표 6-10〉 삶의 질 개선효과 측정

구 분	사전	사후
삶의 활력(Strauman) 1989	20.93	29.46
감정 및 기분(Higgins) 1987	71.82	85.48
삶의 만족	6.56	7.72

(2) 국립공원

① 국립공원

우리나라 국립공원은 1968년부터 약 20년간 지방자치단체에서 관리하였으나 전반적으로 관리가 부실하였다. 이러한 국립공원을 체계 있게 운영 관리하기 위하여 1987년 7월 1일, 국립공원관리공단(國立公園管理公團, Korea National Parks Authority)이 설립되어 현재 총 20개소인데 산 15개소, 해상 4개소, 고적 1개소(경주) 총 35개의 지방관리사무소가 있다.

국립공원은 지리산에 국립공원이 1967년 최초로 지정되었으며, 설악산 국립공원은 1970년에 지정되어 1982년 8월 유네스코의 생물권보존지역으로 지정되었다. 한라산 국립공원은 1970년에 지정되어 2002년 유네스코 생물권보전지역으로 지정되었으며, 2007년 유네스코 세계자연유산으로 등재되었고, 2008년 물장오리오름 산정화구호 습지가 람사르 습지로 등록되었다([그림 6-4]).

[그림 6-4] 국립공원 소재(산림청 · 2010)

② 국립공원 숲요법 프로그램

북한산 도봉국립공원 사무소에서 운영하는 여름 맑은숲 캠프는 2박 3일형의 프로그램으로 코스구간 계곡의 수서곤충 관찰, 오감 활용하여 숲속 느끼기, 숲과 감정나누기 등의 프로그램과 함께 전문의료기관과 연계하여 천식을 앓고 있는 어린이를 대상으로 의학프로그램을 함께 병행하고 있으며, 아토피 프로그램이 당일 · 1박 2일 및 2박 3일 과정이 운영되고 있다. 이 밖에 지리산 북부 사무소에서 운영하는 아토피 예방 프로그램이 있다.

(3) 수목원

등록되어 있는 수목원은 37개소이고 그중 홍릉수목원과 광릉수목원은 국립이며 각 지자체의 22개 수목원이 있다. 등록된 사설 수목원 중에는 천리포 수목원, 평강수목원 및 아침고요수목원 등이 있으며 이 밖에도 70여 사설 수목원과 허브농원 등이 있다.

① 홍릉수목원

홍릉수목원은 1922년 서울 홍릉에 임업시험장이 설립되면서 조성된 우리 나라 최초의 제1세대 수목원이다. 1920년대부터 나카이 · 우에키 · 이토 · 정태현 · 김이만 등이 전국 각지로부터 종자 및 묘목을 수집하면서 수목원의 체계가 세워졌다. 홍릉수목원은 침엽수원 · 활엽수원 · 관목원 · 외국수목원 및 약초원 · 고산 식물원 등이 조성되어 있으며 서울 도심에 위치하여 자연학습 및 휴양림의 역할을 하고 있다.

② 광릉수목원

광릉수목원(국망봉자연휴양림)은 1468년 조선조 광릉 수목림으로 설정되어 1911년 광릉의 일부가 갑종요존예정임야에 편입되었고 1913년 임업실험림으로 지정된 후 1929년 임업시험장 광릉출장소가 설치되었다. 88올림픽을 계기로 1983부터 1987년까지 수목원 조성과 동양 최대 규모의 산림박물관(4628m^2)을 건립하여 일반에 공개되었다. 1989년에는 산림욕장이 개장되었으나 숲 보존을 위하여 산림욕장은 폐쇄되었다. 1999년에 국립수목원으로 정식 개원되었으며, 2008년 열대 식물자원연구센터가 준공되었다. 침엽수원 · 관상수원 · 맹인 식물원 등, 특성화된 15개의 전문 수목원에 2,844종의 식물이 관리되고 있으며 총면적 1,157ha에 17,00여 종의 수목이 울창한 숲 환경을 이루고 있다.

③ 천리포수목원

충청남도 태안군에 소재하는 천리포수목원은 1979년에 설립된 한국 최초의 민간 수목원으로 미국인 민병갈(C. F Miller)이 설립하였다. 약 60ha의 부지에 크게 7개 지역으로 나누어 각 지역의 토질 · 기후 · 기존 식물상 등, 다양한 자연환경에 따라 10,300종의 수종이 종류별로 배치 · 관리되고 있다. 주요 사업은 식물 수집, 식재 관리, 관련학과 및 기관 교육이며 일반인들의 식물 관람이 제한적으로 이루지고 있다.

(4) 국립자연휴양림

국립자연휴양림은 37개소로 강원도 횡성군이 1993년에 지정된 강원도 횡성군의 청태산 국립자연휴양림이 대표적인 국유림경영 휴양림 시범단지이다.

청태산 국립자연휴양림의 면적은 403만㎡로 1일 최대 수용인원 1,000명, 최적 인원 800명으로 등산로 3개소가 설치되어 있고 순환 임도를 이용한 웰빙 건강숲길이 조성되어 있어서 산악자전거 · 숲 놀이 · 산악스키 · 산악마라톤 등이 가능하다.

해발 1,200m의 청태산을 주봉으로 하여 인공림과 천연림이 조화를 이루고, 잣나무 · 전나무 등 아름드리 침엽수가 우거진 거대한 삼림욕장이다. 야영장 · 야외교실 · 자연관찰원 · 향토 식물원 · 체력단련시설 · 족구장 · 배구장 · 어린이놀이터 · 잔디광장 등이 설치되어 있다. 프로그램은 숲해설을 비롯하여 목공예 · D. I. Y 가구교실 · 한지공예 · 압화 · 숯부작 · 천염염색 등과 숲속 운동회 등이 운영되고 있다.

(5) 지자체 자연휴양림

각 지역의 지자체가 운영하는 휴양림으로 전국의 지자체 자연휴양림은 56개소에 이른다. 우리나라 중앙 부위에 위치하여 접근성과 인지도가 있는 자연휴양림인 칠갑산 자연휴양림은 1990년 5월에 개장했으며, 구역 면적 75만㎡, 1일 최대 수용인원 500명, 최적 인원은 300명이다. 충청남도 청양군청에서 관리하며 청양자연휴양림이라고도 한다.

칠갑산 자연휴양림은 충청남도의 알프스라 불리는 해발 561m의 칠갑산 도립공원에 있으며, 99계곡 · 냉천계곡 · 강감찬계곡 등을 끼고 있는 휴양림이다. 송림을 따라 산 정상에 이르는 등산로가 있으며, 통나무집 · 수련원 · 한옥 · 원두막 · 회의실 외에 다목적 체육시설 · 어린이놀이터 · 물놀이장 등의 시설과 전망대 · 산책로 · 등산로 등이 있다. 특히 어린이를 위한 자연학습장과 잔디공원이 있다.

(6) 사설자연휴양림

사설자연휴양림은 사유지에 개설된 휴양림으로 사설자연휴양림은 전국에 16개소가 있다. 대표적인 사설자연휴양림으로는 장성 축령산 삼나무림 · 편백 휴양림, 남해 편백자연휴양림이 대표적이다.

① 장성 축령산자연휴양림

장성 축령산 삼나무 · 편백 숲 또는 문수산 숲이라고도 한다. 조림가 임종국의 노력으로 조성된 숲으로 삼나무 · 편백 등으로 이루어진 인공림이 70퍼센트를 차지하며, ha당 평균 임목축적이 우리나라 평균의 4배에 가까운 260m^3이나 된다. 현재는 산림청이 국유림으로 전환하여 관리하고 있다.

② 남해 편백자연휴양림

경상남도 남해군의 남해 편백자연휴양림은 1998년에 개장하였으며 구역면적 227만㎡, 1일 수용인원은 305명이다. 함양국유림관리소에서 관리한다. 휴양림에는 숲속의 집 · 야영장 · 숲탐방로 · 물놀이장 · 어린이놀이터 · 숲속 강의실 · 일출전망대 · 산책로 · 등산로 · 잔디마당 · 체력단련시설 등이 있다.

(7) 경기도 숲체험 학교 프로그램

우리나라의 숲 프로그램은 삼림욕과 생태학습 및 식물을 소재로 한 프로그램이 보편적이다. 대표적으로 경기도는 축령산 자연휴양림 · 천마산 자연휴양림 및 물향기수목원을 비롯하여 사설식물원을 연계하여 상설 또는 계절 별로 숲 생태를 중심으로 숲체험 학교를 운영하고 있다. 이러한 프로그램은 경기도의 경기농림진흥재단 주관 하에 비교적 활성화되어 있으며, 아토피 등의 숲요법 프로그램은 대부분 영업적 이벤트로 시행되고 있다.

① 축령산 숲체험 학교

경기도 남양주시에 소재한 도립공원인 축령산의 자연휴양림은 1995년에 개장하여 경기도산림환경연구소에서 주관하여 해마다 생태캠프와 놀이 캠프 및 생태안내자 양성 프로그램을 운영하고 있다.

② 천마산 숲학교(행복한 숲)

군립공원인 천마산에서 상설로 숲교육 프로그램을 운영하고 있으며 경기도지역 아동센터 어린이와 청소년들에게 생태적 감수성을 키우고 올바른 인성형성에 기여할 수 있도록 숲체험 활동 기회를 제공하고 있다.

③ 보고 듣고 느끼는 물향기생태공작소

도립 물향기수목원에서 수원 환경운동센터 주관으로 일반인을 대상으로 "물과 나무와 인간의 만남" 을 주제로 한 19개 주제원 이외에 산림전시관 · 숲속 쉼터 · 잔디광장 · 전망대 등의 부대시설과 곤충류 · 조류 등을 관찰할 수 있는 전시공간을 두어 주제원 탐방과 자연물을 이용한 체험학습 프로그램을 운영한다.

④ 기후변화 생물종다양성 프로그램

한택 식물원에서 생물종다양성을 위한 국제적인 협약과 국내의 활동들을 소개하고, 우리나라의 유용한 식물자원과 멸종위기에 처한 식물을 보전하기 위한 노력들을 소개하며, 공생과 경쟁을 통해 생태계가 유지되는 건강한 숲 체험 프로그램을 운영한다.

⑤ 자연교감 행복한 가족 만들기

꽃무지풀무지 수목원에서 가족이 함께 자연을 느끼고 공감하고, 나누는 자연교감 프로그램을 통해 행복한 가족을 다시 생각하게 하는 "행복한 가족만들기" 프로그램을 운영한다.

⑥ 지구온도 1℃ 낮추는 숲체험 교실

신구대학 식물원에서 어린이들을 대상으로 봄 · 여름 · 가을의 계절별 변화와 함께 환경보호의 중요성을 체험할 수 있게 하여 자연에 대한 감수성과 숲의 중요성과 지구 온난화에 대한 이해를 돕는 다양한 프로그램을 운영한다.

⑦ 탄소 잡는 녹색학교

환경교육지원센터가 주관하는 학교숲을 활용한 "기후변화 대응 환경교육" 프로그램으로 지구 온난화에 대한 이해 증진 및 에너지 절약 실천 활동을 전개하여 어린이의 환경 보전 의식을 고취시킨다.

⑧ 숨쉬는 남한산성

남한산성 반딧불이학교에서 생태문화가 잘 보전된 남한산성을 교육장으로 활용하여 자연에 대한 감수성과 생태학적 상상력을 풍부하여 사람과 자연이 공생하는 방법을 교육하는 프로그램이다.

⑨ 평강 숲체험 학교

평강 식물원에서는 숲의 중요성을 알리고 숲이 주는 환경적 가치를 공유할 수 있는 다양한 프로그램이 운영된다.

VII. 생활 환경과 건강

1. 숯과 건강

1) 숯요법의 정의와 역사

(1) 숯요법의 정의

숯요법(Charcoal therapy)은 숯의 다공성과 환원 작용을 이용하여 치료에 이용하는 방법이다.

숯은 "신선한 힘"이란 뜻을 지닌 순 우리말로 한자로는 목탄(木炭), 영어로는 차콜(charcoal)이라고 하는데, 중국을 뜻하는 China와 석탄을 의미하는 coal의 합성어이다. 숯은 그 다공성에 의하여 물과 공기의 정화 작용이 탁월하여서 생활 속에 많이 이용되어 왔다. 숯은 탄소 골격에 의한 음이온 방출 · 원적외선 방사 · 전자파 차단 등의 효과가 있어서 여러 가지 공해에 시달리는 현대인의 질병 예방과 치료에 도움을 주며, 숯이 함유하는 알칼리성 무기염류에 의하여 체질 개선에도 도움을 준다.

(2) 숯의 역사

인간이 숯을 사용한 것은 약 6,000년 전으로 추정하고 있지만 약 20~70만 년 전에 생존했던 화석인류인 북경원인이 생활하였던 중국 베이징의 저우커우뎬(周口店)의 동굴에서 불을 사용한 흔적으로 숯이 발견된 것으로 미루어 숯의 역사는 인류가 불을 사용한 것과 함께하였다고 할 수 있다. 현생인류로 후기 구석기 문화를 지녔던 크로마뇽인과 같은 신인류가 출현한 것이 4만 년 전이므로 숯의 역사는 적어도 수만 년 전으로 추정된다.

숯은 의학적 용도로도 일찍부터 사용하였는데 기원전 1550년경부터 이집트에서는 전염병 방지를 위하여 사용하였다고 하며, 그리스의 히포크라테스도 숯을 약용으로 사용하였다고 한다.

우리나라 숯의 역사는 대략 2,600년 전에 시작된 것으로 추정된다. 변한은 유명한 철산지로서 중국 군현과 왜에 철을 수출하였을 정도로 야금 기술이 뛰어났다고 하며, 신라시대에는 숯불로 밥을 지어 먹고, 차를 끓여 마셨다는 기록도 있다.

2) 숯의 성상과 특징

(1) 숯의 성상과 제조

① 숯의 성상

숯이 되는 나무의 목재부는 세포질이 없는 죽은 세포인 물관으로 되어 있는데 이러한 목재를 태우다가 산소를 공급하지 않고 열을 가하면 산소와 수소들은 기체인 수증기의 형태로 배출되고 고체성인 탄소는 덩어리로 남아 거의 탄소만으로 되어 있는 검은색 골격으로 된 다공질(多孔質)의 숯이 된다. 흡착제 1g이 갖는 표면적을 비표면적(比表面的: specific surface area)이라고 하는데 목탄의 비표면적은 매우 커서 흑탄은 350~400㎡/g, 백탄은 200~250㎡/g, 활성탄은 1,500~2,000㎡/g이다.

목재 본래의 탄소 함량은 50%이지만 탄소 함량은 탄화 온도 200~600℃에서 급속히 증가하여 90%가 되고, 1000℃에서 96%가 되는 반면, 산소 함량은 44%이던 것이 탄화 온도 600℃에서 7%, 1,000℃에서 3%로 감소되며, 6%이던 수소 함량은 탄화온도 600℃에서 2.5%, 1,000℃에서 0.5%로 감소된다. 이렇게 만들어진 숯은 그 탄화 정도와 세공(細孔)과 함유 미네랄에 의하여 다양한 기능을 하게 된다. 숯은 맛과 냄새가 없으며 1g 당 약 1,200㎡(약 400평)의 세공(細孔)을 가지는 다공성 물질인데, 탄소 85% · 수분 10% · 미네랄 3%(칼슘 · 칼륨 · 마그네슘 · 철분 등)로 구성되어 있다(〈표 7-1〉).

〈표 7-1〉 목탄의 가스 흡착량(24시간 내)

암모니아	염화수소	아황산가스	탄산가스	일산화탄소	산소	질소	메탄	수소
90	80	65	35	9.4	9.3	7.5	5.0	1.75

자료 : 北海道大演習林報告 · 1963

② 숯의 제조

숯가마에 나무를 쌓고 불을 붙이면 석탄을 건류하는 것과 유사한 과정을 거쳐 나무가 열분해되어 세 가지 형태로 나뉘는데 기체인 목탄가스, 액체인 목초액과 목타르, 그리고 고체인 숯이다.

재래의 숯가마에서 숯을 만들 때 "불 끄는 방법"에 따라 흑탄과 백탄이 만들어진다. 흑탄(黒炭)은 약 400℃에서 거의 탄화가 종료한 단계에서 숯가마의 입구를 막아 공기를 차단하여 서서히 자연 냉각시켜 만들지만 백탄(白炭)은 탄화가 거의 끝나는 약 400℃ 정도로 상승한 단계에서 숯가마 입구를 활짝 열어 공기가 들어가게 하여 숯가마 속 목탄가스를 연소시키면 숯가마 속 온도가 약 1,200℃까지 급상승하게 되고 이 열로 나무 안에 남아 있던 일산화탄소나 기타 불완전 연소물들을 완전히 타버린다. 그 다음 숯가마 밖으로 꺼내서 소분(燒粉)으로 단시간에 강제로 불을 꺼서 만든다. 이렇게 만들어진 1차 숯은 연료용으로 사용할 수 있으나 연소 시에 유해 물질이 배출되므로 의학적 목적으로 사용하기 위해서는 반드시 활성화시켜야 한다. 숯을 활성화시키기 위해서는 1차 숯을 다시 600~900℃로 재차 가열하여 불순물을 없애고 좀 더 많은 미세한 구멍이 있는 활성탄(activated carbon)으로 만들어야 한다.

(2) 숯의 종류

흑탄은 검고 가벼우나 백탄은 백색을 띠며 무겁다. 흑탄은 실내용 연료로 쓸 경우 일산화탄소 중독 염려가 있으며 유독성 물질이 많이 포함되어 있다. 이에 반하여 백탄은 탄화가 잘 되어 흑탄보다 탄소의 순도가 높고 산소와 수소 함유율이 낮아 전류가 통하는 전도체이다. 탈취 및 여과 작용 및 음이온이나 원적외선 방출 효과는 백탄이 흑탄보다는 월등히 우수하므로 백탄을 사용하는 것이 좋으며 단순히 새집증후군에는 백탄 · 흑탄의 구분보다는 숯 표면의 실 같은 균열이 많고 단단한 숯이 밋밋한 숯보다 효과가 좋다. 그러나 섭취용이나 미용을 위해서는 반드시 활성탄을 사용하여야 한다《(표 7-2)》.

① 흑탄

흑탄은 검탄이라고도 하며 약산성(pH 5~6)으로 탄화 온도가 400℃ 정도로 백탄보다 낮지만

〈표 7-2〉 숯의 종류와 특징

구 분		내 용	기 타
주요성분		탄소 85% · 수분 10% · 회분 3% · 휘발성분 2%	각종 미네랄
기능		공기정화 · 탈취 · 항균 · 음이온 및 원적외선 방사 습도조절 · 전자파 차단 등	–
숯의 종류	검탄	400℃ 정도의 저온에서 제조	약산성
	백탄	800℃ 이상의 고온에서 제조	약알칼리(pH8~9)
	활성탄	백탄을 한 차례 더 정련하여 제조	산성(pH3 전후)
목초액		숯가마 연기를 냉각시켜 제조	항균 · 온열 · 침투 작용

세공 면적은 오히려 백탄보다 넓고 다루기가 쉬워 생활 숯의 용도로 많이 쓰인다. 연료 · 산업용 · 생활 숯 · 작품 숯 · 매설용 등으로 사용한다.

② 백탄

백탄은 약알칼리(pH8~9)로 탄화 온도가 1,000℃ 이상의 고온에서 만들어진다. 무겁고 소리가 맑으며 절단하면 광택이 있다. 연료로 사용 시간이 길며 특히 불순물이 적어 섭취하거나 장 담글 때 등과 같이 식품에도 사용한다.

③ 활성탄

활성탄은 강한 산성(약 pH3)으로 더 많은 세공이 생기게 하기 위하여 1차 완성된 백탄에 600~900℃의 수증기를 가하여 재차 열처리한 것으로 순도가 높고 흡착력이 일반 숯보다 뛰어나다. 탈취제 · 생활용품 · 의약용 · 방독 마스크 등에 사용한다.

④ 목초액

목초액은 강한 산성(pH8~9)으로 숯을 만드는 과정에서 발생하는 목가스를 냉각장치로 액화시켜 얻는다. 목초액은 채취 시 연기의 색상에 따라 성분과 성상의 차이가 크다. 처음 나오는 적갈색(호박색)의 목초액은 타르 · 메탄올 · 크레졸 성분이 많고 발암성 물질인 벤조피렌 등의 유해물질이 포함되어 있으며, 나중에 나오는 목초액은 엷은 노란색을 띠는 투명한 액체로 유해 성분이 제거된 상태로 280여 종류 이상의 성분을 함유하고 있다. 이 맑은 목초액은 초산이 약 3% 정도이고 기타 유기산과 메탄올 · 페놀류 · 카보닐 화합물 및 중성 성분과 염기성 성분으로 구성되어 있다. 특히 유기물 중에는 지방 · 포화지방산 · 콜레스테롤 · 탄수화물 · 섬유소 · 당분 · 수분 ·

비타민 A · 비타민 C · 칼슘 · 나트륨 · 철분 · 회분 등을 포함되어 있으며 이러한 다양한 성분 때문에 목적에 따라 음용하기도 한다. 반면에 적갈색의 초기 목초액은 오히려 침투성이 강하고 살균 · 살충 효과가 있어서 천연 농약으로 사용하기도 한다.

(3) 숯의 성질과 특징

일반적으로 목재 속에는 0.3~0.6%의 칼슘 · 칼륨 · 철 · 인 · 나트륨 등의 5대 미네랄 외에 구리 · 아연 · 망간 · 마그네슘 · 크롬 · 몰리브덴 등이 함유되어 있으며 숯이 되면 4~5배로 농축된다. 숯은 탄소 85% · 수분 10% · 회분 3% · 휘발 성분 2% 등으로 이루어져 있으며 굽는 온도에 따라서 세공의 크기와 수, 그리고 탄소의 순도가 달라지는데 제조 과정에 따른 숯의 성질은 숯의 제조 과정에서 생기는 숯의 다공성과 순도가 높은 탄소 성분의 특성 때문이다.

① 다공성

숯의 물리적으로 독특한 구조를 가지고 있다. 숯은 다양한 크기의 세공을 지닌 다공체로 표면적이 넓기 때문에 기체나 액체의 분자를 흡착하는 흡착력이 매우 크다. 숯은 재료에 따라 차이가 있지만 보통 1g당 약 1,200㎡의 세공(細孔)을 가지고 있어서 손마디 정도 크기의 숯에 테니스장 넓이 정도의 내부 면적을 가진다. 활성탄의 경우는 이 내부 표면적이 극대화되어 보통 숯의 약 세 배가 되는 3,500㎡나 된다.

② 세공의 특징

숯의 활성화는 불순물 제거와 균일한 크기의 세공(細孔)을 많이 만드는 것이다.

세공은 목질부의 물관이 탄화되어 만들어지는데 물관 성분인 섬유소와 헤미셀룰로오스 및 리그닌이 침적되어 이루어져 있다. 숯 제조에 주로 사용되는 참나무의 주함유 성분은 섬유소 50%, 헤미셀룰로오스 30%, 그리고 리그닌이 20% 정도인데 이러한 물질들이 탄화되면서 탄소 골격으로 이루어진 세공을 만든다. 숯의 세공 크기는 가장 큰 500Å 이상의 대공(大孔: macropore)부터 20~500Å인 중공(中孔: mesopore), 8~20Å인 소공(小孔: micropore) 및 8Å 이하인 극소공(極小孔: submicropore)이 있는데 가장 보편적인 세공은 10Å 정도인 소공이다. 그리고 가장 큰 대공은 흡착한 분자를 신속하게 운송하는 역할을 하기 때문에 운송공(transport-pore)이라고도 한다.

③ 탄소 결정체의 특성

탄소는 원자번호 6이어서 전자수 6개로 최외각 전자수가 4개이기 때문에 외각 전자의 이동이

어려운 매우 안정된 원자이다. 이러한 특징 때문에 탄소는 자연에서 전기에너지를 축적하여 유지하면서 전자를 방출하여 주변 물질의 산화를 막아 준다.

다이아몬드 · 흑연 · 목탄 등은 탄소로 되어 있는 동소체로서 다이아몬드는 부도체이나 흑연은 층상구조라서 경도가 약하나 비금속임에도 불구하고 전자가 쉽게 자리를 바꾸기 때문에 전압을 가하면 비교적 쉽게 전기가 흐르는 전도체이다. 그리고 코크스 · 목탄 · 수탄(獸炭)과 같은 비결정성탄소는 환원 작용이 있으며 잘 탄화된 숯은 일반 숯과는 달리 흑연처럼 전도성을 가진다.

(4) 숯의 관리

① 숯 고르기와 용도

숯은 미소공이 많아야 정화 기능이 뛰어나다. 같은 가격이면 무거운 것이 좋고 윤기가 나면서 손에 묻지 않은 것이 좋다. 조각 숯보다 통 숯이 비싸지만 효과는 큰 차이가 없으므로 용도에 맞게 구입한다.

냄새 제거 · 습기 제거 · 하수 정화 · 토지 개량 등의 용도에는 어떤 숯이나 사용해도 좋으나 취사용은 쉽게 불이 붙고 화력이 좋은 흑탄이 좋으며, 음용수 정화 · 세탁 · 목욕 · 전자파 차단 등의 용도는 흡착력이 우수한 백탄이 적합하다.

일반적으로 실내 공기 정화 · 목욕 · 세탁 · 탈취 · 습기 제거 · 음이온의 공급 · 원적외선 방사효과 · 전자파 흡수 차단 등의 용도로 사용하는 경우는 사용 후 물에 씻어서 그늘에 건조시켜 두면 반영구적으로 사용할 수 있다. 그러나 간장이나 음용수 정화에 사용하는 경우는 함유된 미네랄이 용출되므로 한 번 사용한 숯은 재사용할 수 없으며, 사용하는 기간은 숯의 미네랄 성분이 거의 용해되는 3개월 정도가 적당하다. 그러므로 숯을 구입하면 먼저 음용하는 용도로 사용한 다음 재생해서 다른 용도로 사용한다.

숯은 쾌적한 실내 환경과 건강을 위하여 많이 사용하는데 보통 1평당 1kg은 둬야 한다. 그러므로 실평수 10~25평이면 숯 20kg 정도가 필요하며 한 곳에 모아 두는 것보다는 집 안 곳곳에 분산해 두는 것이 효과가 좋다.

② 숯의 재생 및 보관

탈취용이나 정화용으로 사용했던 숯은 재생하여 반영구적으로 사용할 수 있다. 사용한 숯은 1주에 한 번씩 소독하여야 하는데 흐르는 물에 숯을 수세미로 가볍게 문질러 씻은 후, 냄비에 넣어 10분 정도 끓여서 햇볕에 충분히 말리면 된다. 그러나 숯의 다공질 속에 있는 유용한 균을 이용해야 하는 경우는 자외선이 닿지 않는 곳에서 말려 건조한 암소에 보관한다.

3) 숯의 효과

숯의 긍정적 효과는 무수한 세공의 다공성, 탄소의 환원성 및 알칼리성 무기염류에 있다. 숯은 일종의 파인세라믹(fine ceramic)이라고 할 수 있다. 숯의 세공은 액체와 기체 및 미세한 고체 입자나 미생물을 흡착한다. 또한 탄소의 순도가 증가할수록 원적외선과 음이온 방출과 같은 물리 화학적 성질이 증가하며, 무기염류가 농축되어 여러 가지 물리, 화학적 효과와 생물학적 효과가 있어서 토목 · 건축 · 기계 및 건강 보조제로 사용되며 일상생활에서도 다양한 용도로 활용되고 있다.

(1) 다공성(多孔性)의 효과

숯은 수많은 세공으로 되어 있는 넓은 공간 표면적을 가지고 있다. 1g의 숯을 아주 곱게 부수면 모든 입자의 총표면적은 상상하기 힘든 약 1,200m²나 된다. 숯의 크기와 모양이 다양한 세공의 내표면은 작은 물질 입자를 끌어당기는 흡착력이 있다. 각각의 세공은 동일한 물질을 흡착하기 때문에 다양한 크기의 세공은 다양한 종류의 물질을 흡착하게 되며 다시 순수한 물에 의하여 치환되어 재사용이 가능하다. 대부분의 숯 효능은 세공의 성질과 다양한 입자의 흡착 작용에 있다.

① 습도 조절 작용

고온에서 제조된 숯은 수분을 거의 함유하고 있지 않아서 습도 조절 효과가 뛰어나다. 숯은 공기 내 수분을 흡착하여 습도를 낮추며 또 너무 건조하면 수분을 방출하기 때문에 공기 내 습도 조절을 항상 적합한 상태로 유지해 준다.

공기 중에 습도가 높으면 습사(濕邪)가 침범해 잠을 자거나 생활을 하면 몸이 무겁고 잔병이 많아진다. 또한 토양 속에 습기가 많으면 건축물의 수명이 단축되고 인체에도 악영향을 미친다. 집터에 숯을 묻으면 집 수명이 오래가는데 유네스코 세계문화유산으로 지정되어 있는 해인사의 팔만대장경은 장경판전에 숯을 묻은 효과로 습기와 미생물로부터 오랫동안 보존될 수 있었다.

② 탈취 작용

숯은 대부분의 악취를 흡착하여 제거한다. 냉장고 · 주방 · 옷장 · 신발장 · 자동차 등에 숯을 넣어 두면 탈취 효과가 탁월하며, 오염된 물이나 소독 냄새가 강한 수돗물에도 숯을 넣으면 냄새도 제거되고 물맛도 좋아진다. 방독 마스크에 들어 있는 활성탄은 이러한 숯의 탈취 효과를 이용한 것이다. 솜대숯은 황화수소를 1시간 만에 96%나 감소시켰으며, 암모니아는 70% 감소시켰다.

③ 여과 작용

오염된 공기와 물도 숯을 통과하면 놀랄 정도로 정화된다. 우물 주변에 숯을 묻으면 물맛이 좋아지며 마시기 부적절한 물도 숯에 여과시키면 마실 수 있는 물로 바뀐다. 액체성 식품이나 의약품 제조 시에도 대부분 활성탄을 이용하는 여과 공정이 기본적이다. 솜대숯의 중금속 흡착능은 1일 동안 납 66%, 아연 59%, 철 50%, 구리 81%를 흡착 제거하였다.

④ 방부작용

숯은 세공에 세균이나 곰팡이 같은 미생물을 흡착해서 미생물의 번식을 억제하여 방부 작용이 탁월하다. 장을 담글 때 숯을 적당량 넣으면 잡균의 번식을 막아 발효를 돕고 맛도 좋아진다.

⑤ 약리 작용

(a) 히포크라테스 시대에도 숯을 각종 질환의 치료에 이용했다는 기록이 있으며, 한방에서도 각종 숯을 약용하였을 뿐만 아니라 각종 약재를 탄화시켜서 약으로 사용하는데 측백 · 지유 · 형개 등의 약재는 완전히 태워서 처방하기도 한다.

(b) 숯은 옛날부터 약제로도 활용되었다. 조선 초기의 의서인 『향약집성방』에는 파상풍과 타박상을 비롯해 숯을 이용하여 치료할 수 있는 여러 가지 질병이 소개되어 있다. 또한 『본초강목』에는 독 물질을 잘못 삼켰을 때에 급히 달군 숯가루를 먹여서 배설시켜야 한다고 하였다.

(c) 잘 정제된 식용 숯을 식용하면 유해 물질을 배출하고 장내 균총의 균형을 이루는 데 도움이 된다고 한다. 숯을 응용한 팩이나 숯 목욕 효과도 숯의 다공성에 의한 항균 및 해독 작용의 효과인 것으로 이해된다.

⑥ 집먼지 · 진드기 제거

숯은 독성 알레르기원을 만드는 집먼지와 진드기 제거에 효과가 있다. 미세 먼지와 진드기의 배설물은 알레르기성 비염 · 천식 · 피부염 등의 원인 물질인데 숯이 진드기의 번식을 억제하고 미세 먼지와 진드기 배설물을 흡착하여 관련 질병의 원인을 근원적으로 제거한다.

(2) 숯의 환원 작용

탄소는 자연에서 전기에너지를 축적하여 유지하면서 전자를 방출하여 주변 물질의 산화를 막아 준다. 탄소는 활동력 있는 자유전자를 많이 가지고 있어서 에너지를 수집 · 유도 · 축적하는 능력이 뛰어나다. 이러한 특성 때문에 탄소는 산화한 물질에 전자를 제공하고 보완하여 환원 작용을 하게 된다.

70~90%가 탄소로 되어 있는 숯은 강력한 환원 작용으로 녹슨 산화철을 환원하여 순수한 철을 만들므로 옛날에는 철의 야금에 사용하였다. 산화되어 있는 철광석의 산소를 숯에 있는 고온의 탄소가 환원시켜 물을 만들고 순수한 철을 내놓는다. 또한 상온에서 탄소의 자유전자는 자장을 형성하여 음이온 상태가 되어 다른 물질의 전자 이탈을 방지하고 환원시킨다. 숯은 이처럼 산화된 물질을 환원시키고, 활성화하여 인체 건강을 유지시키며 치료에도 도움이 된다. 사람이 병이 나거나 아픈 원인이 생체 분자들의 전자 이탈에 의하여 생긴 산화 때문인 경우가 많은데 숯은 훌륭한 전자 공급원이 되어 이러한 생체 분자들의 산화를 방지하기도 하며 회복시키기도 한다.

(3) 숯의 알칼리화

숯의 성분 가운데 탄소를 제외한 약 60%가 알칼리성 염류이어서 산성화한 물질이나 식품을 중화시킨다. 인체의 체액은 항상성을 유지하여야 하는데 편중된 산성식품 섭취나 질병에 의하여 산성도의 항상성이 깨어질 수 있게 된다. 숯의 알칼리성은 인체의 적정한 산성도 유지에 효과가 있다. 숯 목욕 시 목욕물은 pH 9~10 정도의 알칼리성으로 침투성이 좋아 혈액 순환도 촉진되어 피로 회복과 각종 피부 질환에 효과적이다.

숯에는 중요한 미네랄이 함유되어 있는데 대나무 숯의 경우 솜대숯은 산화칼슘 함량 0.39%, (산화칼륨+산화나트륨) 1.04%, 규산 1.60%이며, 비장탄의 경우는 산화칼슘 0.63%, (산화칼륨+산화나트륨) 0.34%이고 규산 0.01%이다.

(4) 공기음이온의 효과

숯에서 방출되는 음이온은 다양한 작용을 한다. 근래의 연구에 따르면 사람의 건강에 다양한 긍정적 효과가 있음이 알려졌는데 이것을 음이온의 5대 생리적 작용이라고 하여 혈액의 정화 작용, 공기의 정화 작용, 저항력의 증가, 자율신경의 조정 능력 및 먼지 제거와 살균 효과를 꼽고 있다. 또한 음이온은 전자파라든지 불규칙한 전위 변화를 해소하여 고압선이나 땅 전류에 의한 유해성을 완화시켜 주는 것으로 알려져 있다.

숯은 탄소인데 탄소가 음이온을 모두 방전하는 데는 4,500만 년이 걸리므로 숯에서 음이온을 무한정으로 제공받을 수 있다. 그러므로 숯을 이용하면 숯이 양이온을 중화시키고 음이온을 증가시켜 스트레스 해소와 정신적 안정과 자연 치유력을 높이는 데 도움이 된다. 숯에서 풍부하게 나오는 음이온은 양이온을 흡착하고 음이온을 발생하여서 공기를 중화하고 정화한다.

① 음이온의 건강 효과

음이온은 혈액을 정화시킨다. 음이온은 혈액 중의 미네랄 성분인 칼슘 · 나트륨 · 칼륨 등의 이온화율을 상승시켜 혈액의 알칼리화가 진행되어 혈액을 정화해 준다. 또한 세포의 활성을 증가시킨다. 세포막에서의 전기적 물질 교류를 촉진시켜 신진대사를 활발하게 하고 노폐물을 빠르게 배출시켜 주며, 혈액 중의 칼슘을 증가시켜 심장을 튼튼하게 한다.

음이온은 인체의 면역력을 증가시킨다. 인체의 음이온이 증가하면 면역 물질인 α-글로불린이 현저하게 증가하여 면역력이 향상되며, 자율신경계가 원활하게 조절되어 내장기관이 활성화되고 생리 작용들이 원활하게 된다. 또한 음이온이 칼슘 이온을 증가시켜 엔돌핀이 증가되어 통증을 완화시키기도 한다.

② 땅의 전위 변화

고압송전선 · 배전선 · 전신 전화선 · 굴뚝 · 안테나탑 등의 주위에는 대기의 전기가 불규칙하게 변동한다. 이러한 땅에 숯을 매설하면 숯이 음이온을 방출하여 전위 변화를 환원하여 식물이나 동물 및 사람에게 좋은 영향을 준다. 식물의 경우는 숯을 뿌려 주면 생장이 촉진되고 수확도 90%나 증대하였다. 동물의 경우는 성장이 93% 촉진되었고, 젖소의 착유율은 100%, 닭의 산란율은 80% 증가한 것으로 나타났으며. 사람의 경우는 병든 사람의 건강 회복 효과가 보통 때보다 85%나 증가되었다고 한다.

(5) 원적외선 방출

① 원적외선의 특징

원적외선은 적색 가시광선보다 긴 3.6~16nm 파장의 눈에 보이지 않는 파동으로 열에너지를 가지고 있기 때문에 열선이라고도 한다. 빛이 가시광선 영역을 숯이나 세라믹과 같은 다공질의 세공을 통과하면서 가시광선의 파장이 상쇄 및 간섭 현상이 발생하게 되어 적외선보다 더 긴 파장의 원적외선이 되면서 원래의 에너지를 잃고 열에너지만 지니게 된다. 이때 세공의 모양과 크기가 균일하면 가시광선이 동일 파장으로 상쇄되는 집적도가 높아져서 원적외선의 세기도 강해진다. 그런 면에서는 숯은 세공의 크기가 일정하지 않아 원적외선 세기는 각종 인위적인 파인세라믹에 비해 약하지만 백탄의 경우 원적외선 50℃에서의 방사율은 0.93㎛, 방사에너지는 3.62~3.83×102(W/㎡ · ㎛)로 맥반석의 방사율 0.90~0.95㎛, 방사에너지 3.62~3.83×102(W/㎡ · ㎛)와 동일한 수준이다.

원적외선은 지구상의 모든 물질에서 방사되나 특히 숯 · 황토 · 돌 · 세라믹 등이 방사율이 높으며 파인세라믹과 다공질의 제올라이트가 원적외선 신소재로 각광을 받고 있다.

② 원적외선의 효과

원적외선은 생명 생육 광선이라 불리며 짧은 시간 내에 생체에 활력을 불어넣고 균형을 회복시켜 주는 작용을 한다. 이러한 원적외선의 효과는 원적외선이 체온을 적정한 수준으로 유지시켜 주는 온열 작용, 신진대사를 활발하게 해주는 숙성 작용, 그리고 몸속에 영양분을 골고루 균형 있게 해 주는 자성 작용을 하며, 또한 체내 수분을 적정하게 유지시켜 주는 건습 작용, 체내 노폐물 배출과 유해 물질을 중화하는 중화 작용 및 영양분의 균형과 대사 작용을 원활하게 해 주는 공명 작용을 하기 때문이다.

원적외선은 유기 물질로의 침투력이 강하여 물질의 심저까지 침투되기 때문에 원적외선을 쪼이면 신체 부위가 따뜻해진다. 물리치료에 이용하는 원적외선 등은 원적외선의 침투성이 강한 온열 효과를 이용한 것이다. 또한 원적외선은 물의 분자구조를 바꾸어 물의 분자를 가늘게 하고 용존 산소량이 많아져서 좀처럼 물이 변질되지 않게 한다. 이러한 물을 마시면 흡수가 잘되며 혈액이 깨끗해진다. 숯은 고온이 아닌 온도에서도 원적외선을 방출하는데 참나무 백탄과 대나무 숯은 40℃에서도 93% 정도의 원적외선을 방사한다.

(6) 전자파 차단 효과

① 전자파의 정의

전자파(電氣波, electromagnetic wave)는 전자기파(電磁氣波, electromagnetic wave)라고도 하며 전자파란 주파수에 따라 0Hz인 직류부터 1,022Hz인 감마선에 이르기까지 광범위한 주파수 영역을 갖는 일종의 전자기에너지로서 주파수에 따라 송전선이나 가전제품에서 발생하는 주파수인 60Hz의 극저주파(0~1000Hz), 저주파(1~500KHz), AM · FM · TV 방송 및 핸드폰 등에서 방출되는 통신파(500KHz~300MHz), 레이더 등에서 발생되는 마이크로웨이브(300MHz~ 300GHz: G=109)로 분류되며 적외선 · 가시광선 · 자외선 · X선 · 감마선 등도 일종의 전자파이다.

② 전자파의 문제점

전자파는 주파수별 에너지 세기에 따라 이온성과 비이온성 전자파로 나뉘는데 자외선 · X선 · 감마성 등과 같은 이온성 전자파가 피부 및 DNA 손상 등을 일으킨다고도 하며, 주파수 범위가 낮은 비이온성 전자파는 물리적으로 생체 내 손상을 일으킬 만한 에너지가 적어서 건강에 영향을 끼치지 않을 것으로 알려져 왔다. 그러나 정보산업 기술의 급속한 발전에 따라 방송통신기자재 및 가전제품에서 발생되는 전자파의 양이 급격히 증가하게 되었고, 이에 에너지가 낮은 비이온성 전자파도 생체에 영향을 미칠 가능성이 제기되고 있다.

③ 전자파의 영향과 차단

전자파가 인체에 영향을 미친다는 주장이 계속 제기되고 있다. 전자파는 전자파 자체의 열이 인체 피부에 흡수되었을 때 발생하는 발열 작용과 세포막에 영향을 주며 이온화에 영향을 미치는 비발열 작용도 인체에 영향을 미칠 것이라는 것이다. 이러한 전자파의 인체에 대한 악영향이 완전히 검증되지 않은 가운데 숯이 전자파 차단 효과가 있다는 사실이 알려지고 있다.

교토 대학의 목질과학연구소 이시하라(石原) 교수는 고온에서 탄화된 백탄이 전기를 통하는 통전성과 축전성이 있어서 전자파를 흡수, 차단한다고 하였다. 1,000℃ 이상에서 제조한 백탄은 철판보다도 전자파 흡수 차단력이 높으며 1,200℃ 이상에서 제조한 백탄은 흑연보다도 강한 전자파 흡수 차단력이 있다. 대나무 숯은 10~1,000MHz의 파장 범위의 파동을 흡수하는데 600℃에서 제조한 경우 68.4%의 차폐 효과를 나타냈으나 1,000℃에서 제조한 경우는 99.99%로 거의 완벽한 차폐 효과를 나타내었다.

그러나 숯에 의한 자기파의 흡수에 대하여서는 논란의 여지가 있다. 왜냐하면 전자파란 전기파와 자기파가 합쳐진 형태이기 때문이다. 전기파는 일정한 파장을 지녔지만 자기파는 파장의 성질

〈표 7-3〉 각종 전자파원의 전자파 방출량과 안전거리

전자파원	전자장 방출량 (μT)	안전거리 (m)
TV	2.2	1.5
냉장고	0.33	0.5
오디오	0.26	1
PC	0.8	0.6
헤어 드라이기	6.47	0.1
선풍기	0.18	0.5
에어컨	0.22	2
전기장판	1.38	-
전자레인지	7.69	2
김치냉장고	0.09	0.5
진공청소기	5.27	1
세탁기	0.69	1
책상 형광등	0.18	0.6
전기면도기	0.10	-

국립 환경연구원

이 아니라 자력이 형성하는 영역을 의미하기 때문이다. 전기파의 경우 앞의 다공질과 파장의 성질로 충분히 상쇄 또는 간섭이 되어 흡수가 될 수 있지만 자기파는 다공질의 영역에서 별 영향이 없을 것이기 때문이다. 그러므로 이러한 차폐의 논란으로부터 가장 안전한 방법은 전자파원으로부터 일정한 안전거리를 두는 것이다(〈표 7-3〉).

4) 숯의 활용

숯의 살충 · 방부 · 정화 · 탈취 · 습도 조절 효과나 원적외선 방출 효과는 숯에 무수히 많이 있는 세공에서 비롯된다. 또한 구성원소인 탄소원자와 미네랄은 음이온 방출과 전자파 차단 효과 및 환원 작용 등으로 숯은 생활 속에 다양하게 사용될 뿐만 아니라 농수산용이나 공장에서도 다양하게 이용된다. 특히 이러한 숯의 작용을 이용하면 병약자나 노인들의 건강에 크게 도움이 될 것으로 기대되며 숲요법과 연계하면 메디케어 산업의 방편으로도 이용될 수 있을 것이다(〈표 7-4〉).

〈표 7-4〉 숯의 다양한 용도와 효과

용도	효 과
농업용	투수성 · 보수성 및 통기성 개선으로 가뭄에 강한 토양 환경 제공 VA균 등의 유용 미생물의 증식을 위한 서식처 제공 토양의 미립화 촉진 뿌리 뻗음과 흡수력을 강화 산성토양 개선 토양 속에서 발생하는 유해가스 제거 비료 성분의 유출을 방지와 효과 지속 살포된 농약의 흡착과 분해로 토양오염 방지 흙 속의 조습과 온도편차 완화 및 눈 녹음 촉진
가축용	양계 : 육성율 및 산란율 향상 · 부화율 향상 · 난질의 향상, 파란율 감소 · 육질의 향상 · 공해 방지 및 사육 환경 개선 양돈 : 수태율 향상 · 비육성적 향상 및 육질 개선 · 공해 방지 및 가축용 양우 : 사료효율 개선 · 유량 및 유질 개선 · 수태율 향상 · 육질 향상 · 공해 방지 및 사육 환경 개선
양어용	수질 개선 · 영양강화
숯불구이용	냄새 제거 · 발열량 우수 · 원적외선 효과에 의한 육질 향상
눈가리개	α파에 의한 심신 안정 · 머리를 맑게 함
매트, 방석	냄새 제거 · 조습 효과 · 원적외선 효과 · 심신 안정 · 세균 흡착
벽시트	탈취 · 항균 · 제습 · 음이온 효과 · 전자파 차폐
취사용	미네랄 용해로 밥맛 향상 · 산화 방지

음료용	잔류염소와 트리할로메탄 제거 · 미네랄워터로 위염 해소
냉장고용	냄새 흡착 분해에 의해 식품 선도 유지
입욕용	온천 효과 · 아토피 피부염 · 요통, 오십견 해소
자동차용	실내 냄새 제거 · 운전 중 심신 안정
장식용	심신 안정 · 전자파 흡수 · 악취 제거 · 미적 효과
실내용	실내 공기 정화 · 천연의 공기청정기
서랍용	탈취 효과 · 제습 효과
화장실용	암모니아 가스 흡착 분해 효과에 의한 쾌적감
찜질용	원적외선 효과에 의한 통증과 부기 해소
원예자재용	뿌리 썩음 방지 · 식물 생장 촉진
선도유지용	에틸렌 흡착에 의한 야채, 과일, 화훼 등의 선도 유지
죽초액	냄새 제거 · 농약 절감 · 항균 · 피부병 · 혈당치 저하
건축	주택 · 축사 · 공장 · 탑
건강	농약 제거 · 불면증 · 세탁 · 애완동물
식품	김치 저장 · 세척(과일 · 야채) · 쌀 보관 · 튀김 · 찻물

산림청 자료 참조

2. 음이온과 건강

1) 이온의 특징

(1) 이온

① 이온의 발견

이온이라는 용어를 처음 사용한 사람은 영국의 패러데이(M. Faraday)이다. 패러데이는 1833년 전기분해 때 생긴 물질이 용액 속에 전류가 흐를 때 전극 쪽으로 옮겨 간다 하여 그리스어의 간다(go)라는 뜻에서 이것을 이온(ion)이라고 명명했다. 그러나 1883년 이후 스웨덴의 아레니우스(S. A Arrhenius)의 견해대로 이온은 전류가 흐르지 않을 때에도 수용액 중에 있다는 견해가 정설로 인정되고 있다.

② 이온의 종류

전자를 잃거나 얻어서 전하를 가지고 있는 원자나 원자단을 이온이라고 한다. 양전하(+)를 띤 이온을 양이온, 음전하(−)를 띤 이온을 음이온이라 한다. 한 개의 원자로 구성된 이온은 단원자이온이라고 하고, 여러 개의 원자로 이루어진 이온을 원자단 혹은 다원자 이온이라고 한다.

암모니아(NH_3)는 이온이 아니나 양성자(H^+)를 하나 얻으면 양성의 암모니움 이온(NH_4^+)이 되고, NH_3이 전자만 잃게 되면 불안정한 래디컬 이온(radical ion)인 $NH_3^{\cdot}$ 이 된다. 특히 인체의 산화 과정에서 산소에 의하여 많이 만들어지는 프리래디컬을 활성산소라고 하는데 대표적인 것에 슈퍼옥사이드래디컬(Superoxide radical; $O_2^{\cdot}$) · 하이드록시래디컬(hydroxy radical; $HO^{\cdot}$) · 과산화수소(hydrogen peroxide; $H_2O_2^{\cdot}$) 등이 있다. 이들 활성산소는 근처에 있는 분자를 공격하고, 공격받는 분자는 상해를 받거나 그 자신이 불안정한 프리래디컬이 되어 다시 다른 분자를 공격하게 된다. 이러한 프리래디컬 반응은 세포막이나 DNA, 효소 등을 변형시켜 질병이나 노화의 원인이 된다.

(2) 음이온

① 음이온의 특징

중성 물질의 입자가 전자를 얻어 음전하를 띤 것을 음이온이라고 한다. 음이온은 전자의 수가 많아 전자들 간의 반발력도 더 커지고 크기도 증가한다. 원소가 전자를 얻어 에너지를 방출하는 것을 전자친화도라고 하는데 전자친화도가 큰 원소가 음이온이 되기 쉽다. 주기율표에 있는 16, 17족 2, 3주기 원소인 산소 · 불소 · 황 · 염소와 같은 원소가 전자친화도가 커서 전자를 얻으면 전자친화도만큼의 에너지를 방출하고 음이온을 만들게 된다.

② 음이온 형성

용액에서의 음이온은 주로 전해질이 물에 용해될 때 양이온과 함께 전해되어 형성되며 전류가 통하는 용액 상태에서 전류를 흐르게 하면 양극으로 이동된다. 음이온은 비활성기체를 제외하고는 최외각전자각에 전자 수가 많으면서 원자 전체의 크기는 작은 원소로 주기율표상에서 오른쪽 위에 치우쳐 있는 원소들이 음이온이 되기 쉽다.

수용액에서의 음이온은 전해 물질이 전해되어 손쉽게 형성되나 공기 중에서 중성원자가 전자를 얻어 비교적 높은 온도에서 음이온이 만들어지나 이렇게 만들어진 음이온은 상온에서는 매우 불안정하다.

2) 공기이온

공기는 일련의 분산계로서 다양한 입자들이 분산되어 있다. 분산계는 전기가 흐르지 않지만 대전되어 있는 콜로이드 입자들이 분산되어 있는데 이들 입자들 중에서 대전되어 있는 것을 공기이온(air ion)이라고 한다. 공기이온 역시 양이온과 음이온이 있다.

(1) 공기이온

공기 속에는 늘 약간의 공기음이온과 공기양이온이 섞여 있다. 이를 통틀어 공기이온이라고 하는데 그 크기와 이동 속도에 따라 가벼운 이온, 중간 이온, 무거운 이온으로 나눈다.

① 공기이온의 발견

1752년 미국의 프랭클린(B. Franklin)과 프랑스의 드알리바드(d'Alibard)가 독자적으로 구름이 가지고 있는 전기적 방전이 번개라는 것을 밝힌 이후 공기이온이 처음 발견된 것은 1899년 독일의 물리학자인 엘스터(J. Elster)와 게이텔(H. F. Geitel)에 의해서이다.

② 공기이온의 생성

공기이온은 공기 분자가 전기적으로 대전되어 만들어지는데 공기이온은 지하 방사성 물질의 방사선 · 우주선 · 전자기파 · 태양빛 그리고 번개와 폭포수로부터 자연적으로 만들어진다. 공기이온은 특히 산소 원자들이 우주선 또는 광선에 의해 충돌할 때 공기 중에서 형성된다. 방사선에 충돌한 산소 원자는 즉시 수증기 분자 4개에서 6개와 결합되어 공기이온이 되는데 일반적으로 강우와 소나기가 내릴 때 가장 많으며 폭포에서도 많은 양이 만들어진다.

이러한 공기이온들은 일종의 콜로이드계를 이루어 습도 · 온도 · 기압 · 바람 등에 영향을 받는데, 습도의 경우 고습도나 저습도보다는 상대습도가 40~60%일 때 음이온 농도가 높고 기압의 경우는 절대치보다 기압의 변화가 음이온 발생에 크게 영향을 준다. 또한 기압이 고기압에서 저기압으로 변하거나 땅 속의 방사성 물질의 방사선이 음이온을 발생시키며 바람이 불면 대기 중의 물 분자 집단이 분열되면서 음이온을 발생하기도 한다. 그러나 온도에는 크게 영향을 받지 않는다.

(2) 공기이온의 분류

일반적으로 공기이온의 이용도에 영향을 미치는 것은 이온의 크기이다. 유리전자와 원자이온이 공기 중에서 수증기와 같은 기체를 만나면 수용액 속에서의 이온과는 달리 좀 더 크기가 큰 공기이온들이 만들어진다.

① 유리전자

단독으로 존재하는 전자로 그 질량은 수소원자의 약 1/1,800로 대단히 작고 음극선과 방사성 물질에 의한 β선과 같은 것으로 이용도가 대단히 크다. 일반적으로 대기 중에는 공기가 극히 희박한 상공에 존재한다.

② 원자이온

일반적인 이온들은 원자이온이라고 한다. 양자가 전자를 잃어버린 것을 양원자 이온 즉 양이온이라고 하고, 전자가 다른 중성원자에 결합된 것을 음원자 이온 즉 음이온이라고 한다.

③ 작은 공기이온

작은 공기이온은 일반적인 이온을 말하는데 대기 중에서 존재하는 중요한 이온이다. 작은 공기이온은 대기 중에 떠 있는 전자나 전자이온이 발생한 순간 이것이 핵이 되어 주변의 기체분자들과 결합하여 전하를 띤 분자집단이 된 것을 가리킨다. 결합하고 있는 분자의 수는 수 개에서 수십 개이며 일반적으로 공기양이온 쪽이 공기음이온보다도 질량이 크다. 보통 이동도가 0.4~0.8(cm^2/Vs)보다 큰 공기이온들을 말한다.

④ 큰 공기이온

가장 질량이 큰 공기이온이다. 전자나 작은 공기이온이 공기 중의 먼지나 안개와 같은 미립자에 붙은 것으로 작은 공기이온과 생성 과정은 같으나 모질량은 작은 공기이온의 천 배가 넘은 것도 있다. 보통 이동도가 0.0005~0.0(cm^2/Vs) 정도로 그 폭이 넓다.

(3) 공기양이온

공장 · 폐기물 처리 · 소각 · 자동차 등에서 배출하는 분진과 배기가스뿐만 아니라 사무실이나 가정에서의 각종 오염 물질들은 양(+)의 전기를 대전시켜서 공기 중의 분진들을 공기양이온으로 변하게 한다. 이러한 공기양이온이 체내로 흡수되면 체내의 세포 기능이 약화되어 각종 질환을 일으키는 원인이 된다. 또한 공기양이온이 증가하면 불쾌해지고 짜증이 나며 작은 일에도 화를 내게 되는데 이것은 공기양이온에 의하여 세라토닌이 증가되기 때문이라고 한다.

공기양이온이 증가하면 천식 · 기관지염 · 두통 · 요통 · 견비통 · 시각장애 · 무기력증 · 신경과민 · 우울증 · 생리불순 · 피부염 · 기형아 출산들과 같은 증상이 나타나는 것으로 알려져 있다.

(4) 공기음이온

① 공기음이온의 생성

자외선이 공기에 조사되면 기체 입자를 강하게 이온화시켜 공기음이온이 생성된다. 이러한 자외선에 의한 공기의 음이온화는 대기의 상층부에서는 자외선의 강도에 따라 증가되는데 10km 상공에서는 지표보다 약 10배 이상 생성된다고 한다. 이렇게 생성된 고농도의 공기음이온은 화학 평형에 의하여 확산되어 지표 부근에서는 저농도가 된다.

이 밖에 천둥 번개가 칠 때도 강한 전기장에 의해 이온화되어 공기음이온이 생성되기도 하며, 레너드 효과나 식물의 광합성 시에도 공기음이온이 생성된다. 이렇게 형성된 공기음이온은 여러 가지 힘에 의하여 대전되어 물 입자와 결합하여 존재한다. 0_2^- · CO_3^- · NO_3^- 등은 공기 중에 중성으로 존재하다가 전자를 받아 이온화 된 것이며 OH^-은 파동 에너지에 의하여 발생하는데 이러한 음이온원자단이 수 개의 물 분자와 클러스터를 이루어 공기 중에 존재하게 되며 온도 등에 의해 그 수가 변한다(〈표 7-5〉).

〈표 7-5〉 공기 중 이온의 종류와 형성 과정

이온 종류	이온 형성
산소분자핵 이온	$0_2^- + (H_2O)$ n
탄산핵 이온	$CO_3^- + (H_2O)$ n
질산핵 이온	$NO_3^- + (H_2O)$ n
라돈 방사능	$OH^- + (H_2O)$ n

② 레너드 효과

공기 음이온이 인체에 미치는 효과를 최초로 학술용으로 발표한 사람은 1905년 노벨 물리학상을 받은 독일의 레너드(O. E. A. von Lenard)이다. 자연 상태에서 물이 높은 곳에서 떨어지면 수면이나 바위에 부딪치면서 순간적으로 분쇄되어 분사되면서 전기층을 형성하게 되어 주변의 공기는 음이온화되고 물방울 자체는 양전기를 띠는 현상을 레너드 효과(Lenard's air effect)라고 한다. 폭포수를 예로 들어 이 현상을 설명하여 일명 폭포수 효과(waterfall effect)라고도 한다. 수용액 속의 이온은 용액 속에 분산되어 있다가 전류가 흐름에 따라 양극으로 이동하지만 폭포에서 생성되는 양이온들은 용액 속의 양이온보다 더 무거워 물속에 갇혀 있는 반면 상대적으로 무게가 가벼운 공기음이온은 비말과 함께 다량으로 주변에 분포하게 된다. 그리고 음전하인 다량의 잉여 전자들은 불안정하여 미세 물방울에 붙어 공기음이온이 되어 손쉽게 이동하게 된다.

원래 공기 중에 확산되는 공기음이온은 평균 수명이 약 25초밖에 되지 않고 이동 속도도 30cm 정도밖에 되지 않지만 미세 물방울과 함께 공기 중에서 움직이면 공기 흐름이 거의 없는 상태에서도 물방울이 증발하는 데 약 720초가 소요되기 때문에 공기음이온도 비교적 긴 시간 유지되며 이동거리도 약 10m 거리까지 퍼져 나갈 수 있다.

③ 호르메시스 효과

자연계에 존재하는 저준위 방사성 물질인 히토류가 내는 공기음이온이나, 라돈 온천처럼 저준위 방사선에 의한 생체 자극으로 면역 기능이나 자연치유력을 높이는 것을 호르메시스(hormesis effect) 효과라고 한다. 소위 미약에너지(subtle energy)에 의한 효과로 특정 광물실에서 방출되는 음이온이나 방사선을 이용한 통증 완화 병인의 저지와 제거, 이상 유전자 회복, 이상 세포 제거, 면역계와 내분비계의 부활 및 세포막 회춘 등의 효과를 내는 것을 말한다.

④ 공기음이온의 감소 요인

공기음이온을 감소시키는 가장 큰 요인은 공기음이온이 공기양이온과 결합하여 전하적 중화가 되는 것이다. 공기양이온은 공해 발생과 비례적이므로 대기 공해는 최고의 음이온 소멸요인이다. 또한 확산도 중요한 음이온 감소요인이다.

공기음이온은 공기양이온보다 수명도 짧고 확산 속도가 빨라서 쉽게 밀도가 감소되며 공기양이온의 확산에 의하여 밀도가 감소되며 또한 양이온에 쉽게 중화되어 빠르게 감소된다. 그리고 공기음이온은 먼지나 수증기 같은 미세 입자에 공기양이온보다 쉽게 흡착하기 때문에 역시 공기양이온보다 감소되기 쉽다.

(5) 공기이온의 분포

① 공기음이온의 분포

산업화된 공간에는 공기음이온이 적게 분포하는 반면 공기양이온은 많이 분포한다. 산이나 계곡에는 공기 1cc당 1,000~5,000개의 공기음이온이 분포하며 특히 폭포 주위는 25,000~100,000개나 되지만 보통 가정의 실내는 250~500개, 철조 건물의 밀폐 사무실은 0~100개로 극히 적다. 환경 내의 공기음이온은 인체에 직접적으로 영향을 비치는 것은 물론 산화되어 있는 환경을 환원시켜 쾌적하게 한다(〈표 7-6〉).

〈표 7-6〉 장소에 따른 공기음이온의 수

장소 및 조건	공기 1cc당 공기음이온의 수
철조 건물의 밀폐 사무실	0~100
비행기 내부	25~250
보통 가정 실내	250~500
산업화된 보통 도시	250~750
시골 공기	1,000~2,000
산이나 계곡	1,000~5,000
파도치는 바다	2,500~10,000
폭포	25,000~100,000

② 공기이온의 균형

순수한 공기가 안정된 상태일 때 공기음이온과 공기양이온의 비율은 약 1 : 1.2이며, 자연환경에서는 3~4 : 1 정도이고 산업 환경에서는 4 : 5 정도이지만 기온이 높고 공기 중 공해 물질이 많은 경우는 공기양이온이 높아진다. 사람이 살아가기 위한 이상적인 이온 밸런스는 공기음이온과 공기양이온의 비율이 34 : 1로 알려져 있다. 또한 공기음이온 가운데서 건강에 제일 좋은 영향을 주는 것은 1V의 전기에서 1초 동안 0.5×2.0cm 정도 움직이는 가벼운 공기음이온이다. 무더운 여름철에 공원 · 수림 지대 · 해변 · 폭포 근처에 가면 기분이 상쾌해지고 머리가 맑아지는데 이것은 모두 공기 속에 이러한 공기음이온이 많기 때문이다. 생활 환경에 따라서 공기이온은 심한 분포 차이를 보이며 이러한 불균형은 심신의 건강에 큰 영향을 미친다(〈표 7-7〉).

〈표 7-7〉 주거 환경의 공기오염 실태(단위 : 개/cm³)

측정장소	공기양이온(+)	공기음이온(−)
숲속	50	2,500
폭포에서 10미터 거리	0	4,730
목조 가옥(맑음)	1,400	2,100
계곡	0	2,500
에어컨	250	400
사무실	500	0
집 안	1,600	0
폭포 밑	0	10,000~18,000
농촌(우천시)	0	3,000
광릉수목원	0	2,000

오디오 · TV	1,000~2,000	0
가스렌지	2,000~4,000	0
담배 연기	3,000~5,000	0
교통량이 많은 도로	2,700	1,800
공장지대	2,000	500
노래방	5	5
오락실 · 게임 방	40	30
하천 주변	120	270
공원	500	1,000

③ 공기양이온의 제거 방안

자동차 매연 · 공장의 화석연료의 연소 · 소각장의 연기 및 가스 · 사무용 기기와 가정용 전자제품의 전자파 및 주택의 건축자재와 가구에 사용된 화학합성물과 담배연기 등은 모두 공기양이온을 발생시키는 요인이 된다. 이러한 공기양이온의 증가는 주거 환경을 심각하게 오염시키고 있는 반면, 공기음이온은 사라지고 있어 사람의 건강을 좌우하는 이온 균형을 정상적으로 개선, 보충하기 위하여 공기양이온 발생 억제와 공기음이온의 보충이 필요하다. 공기양이온의 증가를 막기 위해서는 화석연료와 휘발성 유기화합물(Volatile Organic Compounds, VOCs)의 사용 억제, 대체 에너지 개발 및 친 환경적 전자기 기구의 개발이 필요하며 공기음이온 보충을 위해서는 도시 환경의 숲 가꾸기 등의 환경 복원과 숯, 음이온 식물 같은 것이 대안이 될 수 있다. 또한 적극적으로는 공기음이온 양을 $1cm^3$당 1만 개 이상으로 높일 수 있는 적절한 음이온 발생기 이용도 고려해 볼 만하다.

④ 시간에 따른 공기음이온의 분포

공기음이온의 양은 계절과 날씨 및 시간에 따라 분포가 달라진다. 신선한 공기 중의 공기양이온과 공기음이온의 비율은 5대 4 정도이나 대기의 변화에 따라 이온 균형이 달라진다. 기온이 높은 여름에는 주로 공기양이온이 많고 기온이 낮은 겨울에는 공기음이온이 많으며 역시 기온이 낮은 밤이 낮보다 공기음이온이 많다. 공기이온은 날씨에 따라서도 달라지는데 맑거나 안개가 끼거나 눈 올 때에는 공기양이온이 많고 비가 올 때에는 공기음이온이 많다. 또한 시간적으로는 자정부터 새벽 4시 사이에 제일 많고 아침이 되면서 점차 줄어들므로 이른 아침이 공기음이온을 취하기에 좋다.

⑤ 공기음이온의 분포 개선

공기음이온이 건강에 좋지만 사람이 많이 모이는 곳이나 사무실 또는 살림방이 공기 오염으로 인하여 공기음이온이 줄어들고 무거운 공기양이온이 많아져서 건강에 좋지 못하다. 요즘은 숯을 이용하거나 음이온 식물 재배로 실내 공기를 개선하는데 사람이 많은 사무실이나 공장 등과 환자의 경우 음이온 발생기를 이용하여 공기음이온 양을 높여 환경을 개선할 필요가 있다.

(6) 공기음이온의 영향

공기음이온은 음전하로 하전되어 있어서 그 환원력으로 신체는 물론 주변 환경과 주거 문화에 좋은 영향을 미친다.

① 공기음이온의 작용 원리

일종의 콜로이드계 속의 공기음이온은 음전하로 하전되어 있어서 미약전류에 의한 흡착 효과와 반발 효과로 산화된 분자들을 환원시킨다. 또한 콜로이드 입자로서 공기음이온은 오염된 공기 속의 공기양이온의 독성을 중화시키거나 정화시킨다. 그리고 음전하를 지니고 있어서 흡착 작용과 탈취 작용 및 살균과 항균 작용을 하며, 전자를 공급하여 금속의 부식 방지, 중금속의 이온 흡착 및 고정과 인체 내 미약전류 및 전기석 등의 영구전극의 기능을 향상시킨다.

② 공기음이온의 기능

공기음이온은 공기 중의 양전하로 대전된 미세 먼지에 부착하여 큰 입자로 만들어 제거하여 공기를 정화한다. 담배 연기 · 일산화탄소 · 오존 아황산가스 · 질소산화물 및 각종 유기 물질 등과 같은 공기양이온을 뭉쳐서 공기 중에서 떨어지게 하여 공기를 깨끗하고 신선하게 유지해 준다. 그리고 세균이나 먼지 · 꽃가루 · 곰팡이 및 오염된 입자들을 흡착 탈취하고 살균하여 공기 오염의 원인 물질을 제거해 준다. 또한 혈액을 정화 작용하고 자율신경의 조정 능력을 향상시킬 뿐만 아니라 면역 등, 인체의 기능을 증대시켜 건강에 도움을 준다.

③ 공기음이온과 주거 문화

숲이나 실내 식물 및 숯에서 발산되는 공기음이온은 공기 청정 작용으로 미세 먼지를 줄이고 시멘트와 벽지 또는 가구에서 발산되는 독성을 중화 및 탈취하여 새집증후군에 효과가 있어서 쾌적한 주거 환경을 만드는 데 도움을 준다. 또한 곰팡이나 세균의 번식을 억제하거나 살균하여 역시 주거에 도움을 준다.

3) 공기음이온과 건강

(1) 건강과 공기이온

① 건강과 공기이온의 균형

공기이온의 균형이 무너지면 건강이 무너진다. 공기 중에 양이온이 늘고 공기음이온이 감소하는 계절에는 신경통, 천식, 뇌졸중이 발병하기 쉽고, 오염되고 환기가 잘 안 되는 공간에서 장기간 생활하는 사람들은 기관지염 · 두통 · 요통 · 무기력증 등이 많이 생기기 쉽다. 이처럼 공기 중의 양이온과 음이온의 불균형이 병의 원인이 된다. 현대인들은 양이온 덩어리인 시멘트로 된 공간과 다양한 가전제품과 자동차, 핸드폰 등을 사용하게 되어 양이온이 지나치게 많아져서 노화가 빨리 진행되고 여러 가지 질병에 쉽게 노출된다. 이러한 공기양이온을 효과적으로 무화시키고 건강을 증진시키는 데 도움을 주는 것이 공기음이온이다.

② 공기음이온의 발견

공기음이온이 생물체에 영향을 미치는 것을 알게 된 것은 1930년대 러시아의 생물물리학자 치좁스키(A. L. Tchizovsky)의 실험에서 처음 밝혀졌다. 그는 밀폐된 공간에 쥐들을 넣고 솜으로 여과시킨 공기를 넣어 주고 5~10분이 지나 쥐들이 마치 비타민 결핍증이 걸린 것처럼 비틀거리다 점차 혼수 상태가 되어 몸부림을 치다가 죽는 것을 발견하였다. 그리고 그 원인이 공기음이온 결핍에 의한 것이라는 것을 밝혔다. 이로써 볼 수도 없고 냄새도 없는 공기음이온의 작용이 세상에 알려지게 되었다. 그 이후 1950년대 프랑스인 메티디에(G. Metedier)은 이 공기음이온들이 인체의 생리와 정신 상태에도 영향을 준다는 것을 발견하였다.

(2) 공기음이온이 인체에 미치는 영향

미국의 의학박사 홀리데이(R. E Holliday)는 색깔도 냄새도 없이 쥐를 죽음에까지 이르게 한 이 공기음이온을 “공기 비타민(vitamin of air)” 으로 부를 것을 제안하였다(〈표 7-8〉).

〈표 7-8〉 인체에 미치는 공기음이온의 영향

적용 구분	음이온 공기	양이온 공기
혈액 산성도	약 알칼리성	중성
혈관	확장	수축
혈압	정상	상승
호흡	정상	비정상
심장 박동	규칙적	불규칙적
알레르기	정상 체질	알레르기성 체질
두통	정상	두통
피로 회복	신속	피로
내분부선	조화	부조화
자율신경	조화	부조화
스트레스	해소	누적
세포	활성	노화

① 세포 활성화

물은 H_2O라는 물 분자가 5개에서 50~60개가 합쳐져 클러스터로서 존재하는데 클러스터가 큰 물은 맛도 없고 체내 흡수하기 어렵지만 음이온수의 경우는 물 분자가 매우 작아서 에너지가 높아 세포를 활성화시켜 질병의 치료와 예방에 좋다고 한다. 또한 음이온은 몸속에 과다하게 축적된 활성산소의 독성을 중화시켜 혈액 정화 · 혈액 순환 · 노폐물 배출 등의 작용과 함께 피부 세포로의 침투성과 흡수성이 높아 노화를 억제하고 주름살을 없애는 등 피부미용에도 좋다.

이러한 작용은 세포막에 존재하는 나트륨 · 칼륨-ATPase 효소가 세포 속의 칼륨 이온과 세포 표면에 있는 나트륨 이온을 치환시켜서 세포에 영양과 산소를 공급하고 이산화탄소와 노폐물을 배출시킨다. 이에 따라 뼈와 연골이 단단해져 골다공증이 예방되며 고혈압과 신장 및 호흡기 질환 개선에도 도움을 주며 혈중 칼슘을 증가시켜 심장을 튼튼하게 한다.

② 혈액 정화

건강한 혈액은 약알칼리성이다. 그러나 양이온은 혈액을 산성으로 바꾸기 때문에 만병의 원인이 된다. 산성화된 혈액은 음이온에 의하여 환원되어 정상적으로 복원된다. 이렇게 혈액이 음이온에 의하여 약알칼리로 복원되면 세포가 활성화되어 신진대사가 활발하게 이루어지면서 혈액이 정화된다. 뿐만 아니라 음이온은 동맥경화와 같은 성인병의 원인이 되는 콜레스테롤을 억제하며 살균 물질 생성을 활성화하여 면역력을 증가시킨다.

또한, 음이온은 적혈구 생성에 관여하며 모세혈관을 확장시켜 혈압을 낮추고 혈류 속도를 증가시켜 혈액 순환을 좋게 한다.

③ 피로 회복

음이온이 체내에 흡수되면 체액이 약알칼리성으로 되어 신진대사가 활발해진다. 그 결과 몸은 축적된 피로 물질들이 완전 연소되어 몸의 피로가 회복되어 활기를 되찾게 된다.

④ 자율신경 안정

자율신경을 이루는 교감신경과 부교감신경의 균형이 무너지면 여러 가지 장애가 나타난다. 음이온은 자율신경을 조절하는 기능이 있어서 자율신경의 균형을 되찾게 하여 건강을 회복시킨다. 또한 산화된 체질이 음이온에 의하여 약알카리성으로 환원되면 침정 효과로 흥분된 신경이 안정을 찾게 되어 숙면을 취할 수 있게 된다. 특히 부교감신경의 활성 작용을 도와 β-엔도르핀 분비를 촉진시켜 정신적 안정과 면역력을 증가시킨다.

⑤ 정신 안정

천식이나 편두통은 생리적인 것이지만 심인성 요인도 작용한다. 공기음이온이 공기 1cc당 1,000개 이상으로 풍부해지면 α-파가 증가하여 이러한 천식과 편두통의 한 원인이 되는 걱정과 긴장을 완화시켜 준다. 또한 β-엔도르핀이 분비되어 진통 작용과 함께 행복감과 편안함을 느끼게 되어 정신적 안정을 찾을 수 있게 된다. 풍부한 공기음이온은 세로토닌과 도파민의 농도를 감소시켜 정신적 안정을 주며, 스트레스 상태에서 뇌 기능을 안정시켜 편안하게 해 주는 효과가 있다.

실제로 운동을 마친 후에 공기음이온 농도가 높은 환경과 공기음이온 농도가 낮은 환경에서 각각 휴식을 취하게 되면 공기음이온 농도가 높을 때 혈압이 낮아진다. 또한 음이온 발생기 작동 하에 40분간 컴퓨터 작업을 하면 그렇지 않은 경우에 비하여 작업 능률이 더 높고 스트레스 시 증가하는 크로모그라닌 A의 농도가 낮아져 스트레스를 덜 받는 것으로 나타났다. 이처럼 공기음이온은 작업 능률을 높여 주고 스트레스로부터 인체를 보호한다.

⑥ 면역력 증진

공기음이온은 혈중 α-글로불린의 양을 증가시킨다. α-글로불린은 항체를 구성하는 성분으로 각종 병원체나 항원 단백질을 인식하여 대항하여 항원에 대한 면역력을 높여 인체를 보호한다. 외부적인 항원에 대한 질환은 이 항체 형성능력이 떨어져 면역력이 약화되기 때문이다.

⑦ 통증 완화

양이온이 체내로 흡수되면 체액이 산성화되고, 혈액 순환이 잘 안되어 노폐물이 쌓이게 되면 이것이 통증의 원인이 된다. 이러한 통증은 다시 운동신경과 교감신경을 자극하게 되어 통증의 악순환이 생긴다. 이처럼 혈액 순환이 잘되지 않아 신진대사가 원활하지 못하게 되면 젖산 · 칼륨 이온 · 세로토닌 · 아세틸콜린 등의 통증 유발 물질이 쌓이게 되고, 브라디키닌(bradykinin)이나 프로스타글란딘(prostaglandin)과 같은 1차, 2차의 통증물질인 P물질(substance P)이 증가하여 통증이 유발된다.

그러나 공기음이온은 체내의 혈액 순환을 방해하였던 노폐물 제거를 촉진하여 통증의 원인 물질을 제거하며, 또한 칼슘 이온을 증가시켜 엔케팔린(encephalin) · 엔도르핀(endorphin) · 다이놀핀(dynorphin) 등을 분비하여 통증을 완화시킨다.

⑧ 알레르기 개선

공기음이온은 알레르기에 효과가 있는 것이 확인되고 있다. 알레르기는 항원에 대한 인체 내 항체의 과잉 반응에 의하여 나타난다. 공기음이온은 자율신경에 작용하여 알레르기에 대한 저항력을 높이고, 혈액 집중을 유발하는 신경전달 물질인 히스타민을 억제하여 알레르기 완화에 도움을 준다.

⑨ 아토피 개선

아토피는 각질층의 세라미드 부족과 피부 염증의 결과이다. 아토피인 사람은 피부층에 세라미드라는 지방 성분이 극단적으로 적다. 알레르기를 유발하는 알레르겐이 몸에 들어오면 대식세포가 알레르겐을 포식하게 되는데 이때 다량의 활성산소가 발생하고 이 활성산소가 세라미드층을 손상시킬 뿐만 아니라 세라미드를 합성하는 피지선도 파괴하여 염증을 일으켜 아토피를 유발한다. 이때 공기음이온은 대식세포가 알레르겐을 포식하면서 내는 활성산소에 전자를 제공함으로 제거하여 피부의 지방층과 피지선의 파괴를 막고 염증도 완화하여 아토피를 개선한다.

⑩ 천식 개선

천식 발작은 기관지의 평활근이 수축 및 기도 점막 부종에 의한 협착과 기관지 내의 담이 원인이 되어 생기는데, 그 원인은 알레르기설이 가장 유력하다. 과로나 정신적 스트레스 등에 의하여 알레르겐에 대한 예민성이 높아져 특정 꽃가루나 실내외 먼지, 곰팡이 특히 진드기 분비물이 알레르겐으로 작용하여 천식 발작이 오기 쉽다. 다량의 양이온이 체질을 산성화시키면 혈관이나 기관지가 현저하게 수축되어 쉽게 천식 발작이 일어나게 되는데 음이온은 체액을 알칼리화시켜 체액이 환원력을 갖게 되면 혈관이나 기관지의 발작을 억제하게 되고 천식에 관계하는 세로토닌과 히스타민 생성도 억제하여 천식을 완화시킨다.

4) 공기음이온의 생활화

공기음이온을 방출한다는 가습기 · 공기 청정기 · 에어컨 · 헤어드라이어 · 선풍기 등의 가전 제품들과 음이온을 낸다는 비누 · 벽지 · 전기스탠드 · 칫솔 살균기 · 변기 살균기 · 돌침대 등과 전기석을 이용한 팔찌나 목걸이에 이르기까지 다양한 제품들이 개발되어 있다. 그러나 공기음이온을 많이 마시는 방법은 주말에 삼림욕이나 등산 정도면 충분하다. 폭포나 맑은 물이 흐르는 계곡물이 있으면 더욱 좋다. 이러한 원행이 여의치 않으면 생태숲 · 도시숲 · 생태하천을 이용하는 것도 좋을 것이다.

(1) 공기음이온 방출원

집이나 사무실 같은 실내 공간의 환기와 청소에 신경을 써야 한다. 밀폐된 공간에는 공기음이온이 많이 부족하므로 공기음이온 식물을 위주로 한 관엽 식물이나 화초를 기르면 음이온을 보충할 수 있다. 특히 적절한 식품을 섭취하여 인체를 산화시키는 유해 산소를 감소시키는 것도 한 방법이다. 카로틴이나 비타민 C · 비타민 E와 같은 항산화 비타민이나 라이코펜, 퀘르세틴과 같은 항산화 2차 대사산물이 풍부한 신선한 오색식품은 숲이나 음이온 식물에 앞서 먼저 건강을 위하여 고려하여야 한다.

① 숲

공기음이온은 혈액을 정화시킨다. 오염으로 더럽혀진 도시 생활 공간을 숲속이나 폭포같이 공기음이온이 풍부한 공간으로 만드는 데에는 숲이 매우 효과적이다. 숲은 탄소 덩어리이므로 탄소가 발생한 음이온을 무한정으로 제공받을 수 있다. 숲이 양이온을 흡착하고 음이온을 증가시켜 주기 때문이다.

② 실내 음이온 식물

식물은 광합성을 할 때 증산 작용이 활발해지면서 공기음이온을 방출하는데 특히 음이온을 많이 방출하는 식물을 음이온 식물이라고 한다. 근래의 실험 결과에 의하면 심비디움(950~1,030개/cm^3)이 가장 공기음이온 발생이 높으며, 팔손이나무(910~1,020개/cm^3)도 그에 필적할 식물이다.

음이온은 주로 잎이 크고 증산 작용이 활발한 식물체에서 많이 발생하나 선인장이나 산세베리아 같은 다육 식물은 CAM 식물로서 건조지역 식물로서 낮에 기공이 닫혀 있어 증산 작용은 다소 떨어지나 밤에 산소를 방출하므로 침실 식물로 적합하다.

(2) 공기음이온 샤워

산림욕 · 일광욕 · 풍욕의 효과를 동시에 만족시키는 공기음이온 샤워를 자신의 여건에 맞게 적용할 수 있는 것 중 하나가 등산이다. 햇빛이 좋은 날 우거진 숲속에서 노출이 많고 발한이 잘 되는 기능성 옷을 입고 속도를 조절해 가면서 운동과 휴식을 반복하는 등산은 여가를 이용하는 좋은 운동이다. 땀을 흘리기도 하고 옷을 벗어 휴식하기도 하며 맑은 물을 마시면서 좋은 물이 있는 골짜기와 능선의 숲에서의 등산은 삼림욕과 일광욕 그리고 풍욕을 아우르는 종합적 공기음이온 샤워법일 것이다. 그러나 이렇게 좋은 등산이라 하더라도 자신의 체력에 맞게 산의 높이를 선택하고 등반 시간을 조절하여야 한다.

① 산림욕(山林浴)

울창한 산림에서 신선한 공기를 마시면서 운동과 휴식을 가지는 산림욕은 몸과 마음을 동시에 건강하게 만드는 자연요법이다. 산림욕을 하면 머리가 맑아지고 기분이 상쾌해진다. 이는 숲의 풍부한 산소, 피톤치드, 테르펜이 화학적으로 인체에 도움을 주며 공기음이온이 산화된 몸을 환원시켜 주기 때문이다.

운동을 한 후 피로를 느끼게 되는데 호흡을 하는 동안 들이마시는 산소의 양이 부족해서 나타나는 현상이다. 그러나 숲에서 운동을 하면 이와는 다르게 피로를 덜 느끼게 되는데 이유는 숲의 산소 밀도가 높으므로 같은 운동을 했을 때 훨씬 질이 좋은 산소를 마실 수 있기 때문이다. 또한 피톤치드와 테르펜은 살충 살균 작용이 있어서 공기의 질을 좋게 하여 아토피 등에 효과가 있다. 한편, 사람의 몸은 정신적 긴장이나 육체적인 피로, 혹은 스트레스를 받을 때 양이온을 많이 내보낸다. 공기양이온을 몸 바깥으로 내보내지 않으면 각종 신경통 · 경련 · 신경장애 등이 나타나는데 공기음이온이 이러한 공기양이온의 작용을 무화시킨다.

② 일광욕(日光浴)

햇빛은 살균 작용과 함께 인체에서 비타민을 합성하며 우울증에 효과가 있다.

햇빛의 자외선은 박테리아와 바이러스를 제거한다. 햇빛은 질병의 예방과 치료에 효과가 있는데 혈액 내의 콜레스테롤을 감소시켜 혈관의 플러그 제거에 효과가 있으며, 인슐린 분비를 증가시켜 혈당을 감소시키고 글리코겐이 증가되어 간의 기능을 향상시킨다. 또한 종기상처 등에도 효과가 있다.

햇빛의 자외선은 피하의 프로비타민 D인 에르고스테롤을 비타민 D로 전환하여 골다공증 · 고혈압 · 당뇨병 · 다발성경화증 · 류머티즘 · 관절염 등에 효과가 있다. 비타민 D는 칼슘과 함께 뼈 발육에 영향을 미치는 자연에서 큰 노력 없이 얻을 수 있는 귀중한 영양소다. 햇볕을 쬐면 체내에 필요한 만큼의 비타민 D가 저절로 생성되는데 하루에 최소 10~15분 정도의 햇볕을 쬐는 것으로 충분하다. 또한 햇빛은 세로토닌 분비를 촉진시켜 우울증과 불면증에 효과가 있으며 대장암 · 전립선암 · 유방암 등과 같은 암의 예방에 효과적이라고 한다.

일광욕은 태양에너지로부터 생명력을 얻는 행위이며, 이는 자외선과 적외선을 치료 효과에 이용하는 방법이다. 건강한 사람은 강한 직사 일광만 피하고 적절하게 햇빛을 받으면 문제가 없다. 햇빛에 과도하게 노출되면 피부 화상을 입기 쉽고 피부암에 걸리기 쉽다. 이러한 과도한 햇빛의 악영향을 방지하기 위하여 선로션을 사용하는데 독성이 있는 파라아미노 벤조익산(PABA)이 들어 있는 제품은 피하는 것이 좋다. 가장 안전하고 손쉬운 선스크린은 옷과 챙이 넓은 모자이다.

③ 풍욕(風浴)

풍욕은 프랑스 의학자인 로브리(Laubry)가 고안한 자연요법으로 로브리요법이라고 하며 일명 대기요법이라고도 한다. 니시요법은 니시 가쓰조(西勝造)가 로브리요법을 동양의 기후와 인체에 맞게 개량한 것이다.

피부는 인체의 내부를 보호하고 호흡과 배설 작용을 하는 허파와 신장의 기능을 겸한다. 풍욕은 피부의 기능을 정상화하여 피부 호흡을 원활하게 하고 산소를 충분히 흡수하여 유산소 체질로 만들어서 체액이 맑아지며 공기음이온을 충분히 섭취하여 신체를 환원시킨다.

풍욕은 몸속의 독소 제거에 가장 효과가 큰 방법 중의 하나이다. 풍욕은 옷을 벗고 자연 상태의 공기를 모공을 통하여 흡수하고 신체 내부의 노폐물을 배출한다. 풍욕은 공기가 맑은 곳에서 하는 것이 원칙이지만 집안에서 할 때에는 환기를 시킨 후 시행한다.

공기음이온을 섭취하는 데는 산림에서의 풍욕이 가장 효과적이다. 삼림욕과 일광욕의 장점과 함께 피부 호흡을 통하여 피부 단련뿐만 아니라 체내 노폐물을 제거하고 풍부한 산소와 공기음이온을 취하여 복합적인 효과를 얻을 수 있다. 풍욕 후의 목욕은 피부 표면에 배출된 노폐물을 제거하는데, 옥내 욕실의 경우는 습도가 높아지면 공기양이온 환경이 되나 노천탕은 증발한 수분이 확산되면서 공기음이온을 풍부하게 한다.

3. 실내 공기 정화 식물

주거 환경이 서구화되면서 실내 내장재 및 가구에서 각종 휘발성 유기 용제가 실내 공기를 오염시키고 화장실, 주방 등이 모두 실내로 들어 오면서 각종 유해한 공해 물질이 실내를 오염시키게 된 반면, 너무 밀폐가 잘 되어 통기가 잘 되지 않아 건강을 위협하고 있다. 식물들은 이러한 실내 공해 물질들을 흡수하여 무화시키는 기능이 있는데 특히 그 능력이 뛰어난 식물들을 실내 오염 정화 식물이라고 한다.

1) 실내 공기 오염과 식물의 정화

실내 오염을 오염시키는 주된 공해 물질은 실내 건축 자재와 가구 등에 포함되어 있는 휘발성 유기 용제가 원인이나 이 밖에 실외에서 유입되는 자동차 배기가스, 공장 매연과 함께 흡연, 화장실 악취 및 조리용 연료 사용 등과 같은 생활 공해에 실내 공기가 오염되어 있다.

(1) 실내 공기 오염

새집증후군이나 주방, 화장실 등에서 발생하는 공기 오염 물질은 건강을 위협하는 치명적인 것들이 많다. 실내 공기를 오염시키는 유해 물질에는 포름알데히드를 비롯한 각종 유기용제, 질소 · 황 등의 산화물, 일산화탄소, 이산화탄소, 암모니아, 염소, 염화수소, 미세먼지 등이 있는데 이들 물질들은 호흡기질환, 아토피, 천식 및 암 유발 등의 원인이 되기도 한다.

① 새집증후군

새집에 입주하여 두통과 천식 · 만성피로 · 아토피성 피부염 등이 나타나는 증상을 새집증후군이라고 하는데, 새집을 지은 지 6개월까지 가장 많이 발생하며 최대 10년간 지속적으로 발생하는 것으로 알려져 있다.

새집증후군의 주범은 포름알데히드이며 벤젠 · 톨루엔 · 자일렌 등이 들어 있는 마감재나 벽지에서도 발생한다. 새집증후군의 가장 문제가 되는 포름알데히드는 네프로네피스 · 국화 · 산세베리아 · 야자류 · 관음죽 · 팔손이나무 등에 의하여 흡수 · 정화되며, 이 밖의 벤젠 · 톨루엔 등의 휘발성 유기용매에는 벤자민 고무나무 · 심비디움 · 팔손이나무 · 관음죽이, 자일렌은 호접란 · 피닉스야자 · 벤자민 고무나무 등이, 그리고 신나가 주성분인 페인트 냄새에는 클로로피툼이 탁월한 정화 기능이 있다.

② 외부 공기 오염

집 밖에서 실내로 유입되는 자동차나 공장 등에서 배출되는 이산화탄소 · 오존 · 이산화황 · 질소산화물 등의 정화에는 스파티필럼 · 벤자민 고무나무 · 선인장 및 야자류가 탁월하며, 분진에는 스킨답서스가 월등한 정화 기능을 가지고 있다. 또한 주거에 따른 실내의 온도 및 습도 조절에는 잎이 넓거나 많은 종려나무 · 아디안툼 · 종려죽 · 벤자민 고무나무, 그리고 집안 습도의 척도가 되는 네프로네피스가 적당하다.

③ 생활 오염

주방에서 나오는 일산화탄소와 담배 연기는 덩굴성 스킨답서스가 최적이며 또한 여러 가지 선자기기에서 방출되는 전자파 역시 스킨답서스가 잘 흡수한다. 스킨답서스를 전자 기기 근처에 두거나 그 화분의 흙에 접지시키면 전자파 제거 기능이 더욱 향상되어 60~78% 효과가 있다고 한다. 이 밖에 선인장 및 다육 식물(알로에 · 산세베리아)도 전자파 흡수 능력이 높으며, 특히 팔손이나무는 산세베리아의 2배의 흡수 능력을 가지고 있다고 한다. 또한 심비디움 · 필로덴드론 셀로움 · 몬스테라 · 페페로미아 · 마란타 등의 관엽 식물들도 좋은 것으로 알려져 있다. 이 밖에 양란 · 필로덴드론 · 스킨답서스 등도 효과가 있다.

화장실에는 특히 암모니아가 많이 배출되는데, 암모니아 흡수에는 국화가 탁월하며, 제라늄 · 호말로메 · 스킨답서스 · 맥문동 · 스파티필럼 등도 흡수 효과가 크다. 원인 불명의 악취 제거에는 월계수나 풍란이 적합하다.

(2) 식물의 실내 오염 정화

식물 중에는 포름알데히드, 톨루엔, 암모니아 등과 같은 실내 공기를 오염시키는 유기성분의 물질들과 이산화탄소를 신속히 흡수, 제거하는 식물들을 실내 오염 공기 정화 식물이라고 하는데 이들 식물들이 실내 공기를 개선하여 새집증후군 예방 효과가 있는 것으로 나타났다.

① 프롬알데히드 제거능

프롬알데히드는 메틸알콜이 산화하여 생기며 자극성 냄새가 나는 무색 기체로 인체에 흡수되면 점막 자극 · 피부 알레르기 등을 일으키는 새집증후군의 주원인 물질이다.

프롬알데히드는 여러 가지 합성수지나 의류 구김 방지제 · 카펫의 안감 재료 · 종이 타월 · 화장 티슈 · 섬유제품 · 마루 바닥재 및 접착제 등에 널리 사용되며, 베니어 합판 · 수지 합판 · 패널보드 등의 건축자재에도 사용된다. 또한 가스 조리기와 담배 연기에서도 많이 검출된다. 프롬알데히드 제거능은 인도고무나무 · 보스톤 고사리 · 포트맘 · 거베라 · 피닉스 야자 · 드라세나 · 테레멘시스 · 대나무야자 · 네프롤레피스 · 오블리테라타 · 헤데라(아이비) · 벤자민 고무나무 · 스파티필럼 · 아레카 야자 · 행운목 · 관음죽 순이다.

② 톨루엔 제거능

톨루엔은 유기합성에 원료로 사용되는 강한 독성이 있는 물질이다. 페인트에서 나오는 유해물질인 자일렌과 함께 점막을 자극하여 알레르기, 비염 등을 일으킨다. 톨루엔 제거능은 아레카야자 · 피닉스 야자 · 호접란 · 카밀라 · 드라세나 · 덴드로비움 · 호말로메 · 네프롤레피스 순이다.

③ 암모니아 제거능

암모니아는 주로 화장실에서 사람의 배설물에 의한 악취의 원인 물질이다. 암모니아 제거능은 관음죽 · 호말로메 · 맥문동 · 안시리움 · 포트맘 · 칼라테아 · 덴드로비움 · 튤립 · 테이블야자 · 싱고니움 · 스파티필럼 · 행운목 · 벤자민 고무나무 · 아젤리아 순이다.

④ 이산화탄소 제거능

집안에는 주방의 조기기구 사용, 난방 및 식구들과 애완 동물들의 호흡에 의하여 이산화탄소가 증가하고 산소가 부족할 수가 있다. 식물은 빛이 있을 때 탄소동화 작용을 하여 이산화탄소를 흡수하여 탄수화물을 합성하고 산소를 방출하지만 빛이 없을 때는 호흡만 하기 때문에 산소를 흡수하고 이산화탄소를 배출한다. 그러므로 일반적인 식물의 경우 낮에는 집안의 이산화탄소를 흡수하고 산소를 방출하지만 밤에는 산소를 소모하고 이산화탄소를 배출하여 오히려 실내 공기를 오염시키는 결과를 낳는다. 특히 취침 시의 침실의 공기를 더욱 혼탁하게 할 수 있다.

선인장, 파인애플, 열대 원산 난과 식물(Phalenopsis, Dendribium, Cattleya 등) 등은 수분 방출을 우려해 밤에 이산화탄소를 흡수하여 탄소동화 작용을 하고 산소를 방출하여 집안의 공기를 정화하는데 매우 효과적인데 이러한 식물을 CAM(crassulacean acid methabolism) 식물이라고 한다.

CAM 식물에는 돌나물 · 꿩의비름 · 기린초 · 바위솔 등의 돌나물과와 선인장과 · 용설란과 · 알로에속 및 파인애플을 비롯한 아나나스류가 있는데, 이들 식물들은 물을 자주 주지 않아도 되므로 관리가 편하다.

(3) 음이온 식물

① 음이온 식물

대부분의 실내 식물은 200~900개/cm^3 정도의 음이온을 발생하지만 특별히 공기음이온을 많이 방출하는 식물을 음이온 식물이라고 한다. 식물의 음이온 발생은 주로 증산 작용을 하는 과정에서 물 분자가 쪼개지면서 음이온이 발생한다. 따라서 주로 잎이 크고 증산 작용이 활발한 식물체에서 많이 발생한다. 사람에게 필요한 음이온 양은 약 700개/cm^3 정도이나 도시의 실내는 30~70개/cm^3로 매우 낮아 실내 식물을 재배하는 것이 매우 효과적이다. 식물의 음이온은 신체의 이온 균형을 유지하여 건강에 이로울 뿐만 아니라 일반적으로 양이온으로 작용하는 미세먼지를 제거하는 데에도 효과적이다.

② 식물의 음이온 발생량

일반적으로 증산 작용이 활발한 식물이 음이온 발생량이 많은데 CAM 식물인 양란계 심비디움(950~1030개/cm^3)이 공기음이온 방출량이 가장 많고 우리나라 자생 식물인 팔손이나무(910~1020)가 그 다음이었다. 그 다음으로 스파티필럼(750~880), 관음죽(670~930), 산세베리아(670~790) 순이었으며 소철(400~420)은 매우 낮았다. 이 중에서 심비디움과 산세베리아는 CAM 식물이어서 음이온 방출과 함께 밤에 이산화탄소를 정화하고 산소를 방출하는 두 가지 역할을 동시에 하는 침실용 식물이다.

(4) 공해 방지 식물의 배치

식물에 따라 휘발성 유기 물질을 제거하는 능력이 다르다. 예컨대 스파티필럼은 아세톤은 잘 흡수하지만 자일렌에는 효과가 없다. 실내는 빛이 약하기 때문에 광합성을 잘하는 식물이 어울리며, 대부분 집안이 건조하기 때문에 증산이 활발하고 잎이 넓은 관엽 식물이 좋다. 이처럼 오염 발생 공간과 오염원의 종류 및 실내 공간의 활용 목적에 따라 적절한 공기 정화 식물의 선정, 배치 및 그 수를 정하여 적절한 원예적 안목이 필요하다.

① 거실

거실은 비교적 빛이 적게 쪼이므로 햇빛이 잘 쪼이는 곳과 그늘진 곳에 적합한 식물을 배치할 필요가 있다. 꼭 음지성 식물이 아니더라도 빛이 적어도 잘 자라는 식물이 적합하다. 또한 거실은 프롬알데히드를 비롯하여 각종 실내 휘발성 유해 물질(VOC)이 많이 배출되므로 이러한 휘발성 유해 물질 제거능이 우수한 식물이 적당하다. 비교적 주거 공간이 큰 곳이므로 아레카 야자 · 대나무 야자 · 피닉스야자 등이 좋다. 또한 전자파 · 담배 연기를 잘 흡수하는 스킨답서스 · 휘발성 유기용매를 잘 정화하는 팔손이나무 · 인도고무나무 · 스파티필럼 · 심비디움 · 호접란 등이 좋으며, 특히 벤자민 고무나무는 낮 동안에 많은 양의 이산화탄소와 휘발성 유기화합물을 제거하므로 공기 정화에 좋다.

② 발코니

발코니나 창가는 비교적 빛이 많이 쪼이므로 양지 식물이 좋다. 자동차의 배기가스나 미세먼지 및 분진 제거 효과가 있는 팔손이나무와 국화 · 시크라멘 · 베고니아 · 허브 등이 적합하다.

③ 침실

침실은 밀폐된 휴식 공간이므로 특히 밤에 환기가 문제가 된다. 식물은 빛이 없으면 사람과 마찬가지로 호흡을 하므로 침실용 식물 선택은 신중을 기해야 한다. 선인장 등을 비롯한 다육식물들은 대부분 밤에 이산화탄소를 흡수하고 산소를 방출하는 CAM 식물이므로 침실 배치에 적합하며, 또한 이들 식물들의 대부분은 전자파를 흡수하고 음이온을 방출하는 부가적 기능도 있다. 이들 다육식물들은 빛을 많이 받을수록 이산화탄소 흡수율이 좋아지므로 낮에는 베란다에 내놓았다가 밤에 침실에 들여 놓는 것이 좋다.

④ 주방

주방에서는 조리 과정에서 일산화탄소와 함께 각종 음식 냄새가 발생하므로 이러한 냄새 제거에 효과가 있는 스킨답서스 · 산호수 · 아펠란드라 · 헤데라(아이비)가 좋다.

⑤ 화장실

화장실에는 암모니아와 같은 냄새 물질을 제거하는 데 뛰어난 국화 · 관음죽 · 호말로메 · 스킨답서스 · 관음죽 · 맥문동 · 스파티필럼 · 테이블 야자 등이 좋다.

⑥ 공부방

공부방은 공기 혼탁이 방지되고 정신 집중이 잘 되며, 형태 및 색조적인 안정이 필요하므로 이산화탄소를 잘 정화하는 파키라, 음이온을 방출하는 산세베리아 · 팔손이나무 · 필로덴드론이 적합하며, 향기를 맡으면 또한 기억력 향상에도 도움이 되는 허브인 로즈마리가 책상 위에 적격이다. 가끔 몸과 눈을 쉴 때 눈이 가는 곳에는 어느 정도 크기가 있는 은은한 녹색의 관엽식물을 배치하는 것이 좋다.

⑦ 현관

현관은 실외의 오염 물질이 유입되므로 아황산류와 아질산류 물질의 흡수에 효과가 뛰어난 벤자민 고무나무 · 스파티필럼이 적합하다.

(5) 실내 공기 정화 식물

1990년, NASA 출신의 월버튼(B. C. Wolverton) 박사가 공기 정화 식물 50가지를 대상으로 휘발성 유해 물질 제거 능력, 증산 작용률(습도 조절 능력), 재배 용이성, 해충 적응력 등의 4개 부문을 종합 평가하여 종합점수〉휘발성 화학 물질 제거율〉기타 항목별로 실내에서 관엽 식물 및 화훼류를 순위를 발표하였다. 모두 다년생 상록 식물이었으며, 잎이 넓은 식물이 상위를 차지하였다(〈표 7-9〉).

〈표 7-9〉 월버튼의 실내 공기 정화 식물 50선

순위(종합순위)	식물명	점수(종합점수)
1(1)	아레카야자	9.0 (8.5)
2(3)	대나무야자	9.0 (8.4)
3(9)	보스톤 고사리	9.0 (7.5)
4(13)	네프롤레피스 오블리테라타	9.0 (7.4)
5(14)	포트맘	8.5 (7.4)
6(15)	거베라	8.5 (7.3)
7(4)	인도 고무나무	8.0 (8.0)
8(6)	잉글리쉬 아이비	8.0 (7.8)
9(7)	피닉스 야자	8.0 (7.8)
10(10)	스파티필럼	8.0 (7.5)
11(2)	관음죽	7.5 (8.5)
12(5)	드라세나 데레멘시스 자넷크레이그	7.5 (7.8)
13(8)	피쿠스 알리	7.5 (7.7)
14(11)	행운목	7.5 (7.5)
15(23)	쉐플레라	7.5 (6.5)
16(16)	드라세나 데레멘시스 와네키	7.0 (7.3)
17(20)	디펜바키아 콤팩타	7.0 (6.8)
18(22)	벤자민 고무나무	7.0 (6.5)
19(31)	호말로메나 발리시	7.0 (6.0)
20(17)	드라세나 마지나타	6.5 (7.0)

21(33)	왜성 바나나	6.5 (5.8)
22(12)	스킨답서스	6.0 (7.5)
23(28)	디펜바키아 카밀라	6.0 (6.2)
24(36)	맥문동	6.0 (5.5)
25(37)	덴드로비움	6.0 (5.5)
26(18)	필로덴드론 에루베스센스	5.5 (7.0)
27(19)	싱고니움	5.5 (7.0)
28(21)	테이블 야자	5.5 (6.6)
29(24)	꽃베고니아	5.5 (6.3)
30(38)	클로로피툼	5.5 (5.4)
31(43)	아잘레아	5.5 (5.1)
32(44)	칼라테아 마코야나	5.5 (5.0)
33(32)	마란타	5.0 (6.0)
34(39)	아글라오네마 실버퀸	5.0 (5.3)
35(40)	안스리움	5.0 (5.3)
36(48)	튤립	5.0 (4.7)
37(25)	필로덴드론 셀로움	4.5 (6.3)
38(29)	필로덴드론 도메스티쿰	4.5 (6.2)
39(35)	그레이프 아이비	4.5 (5.7)
40(42)	포인세티아	4.5 (5.1)
41(26)	필로덴드론 옥시카르디움	4.0 (6.3)
42(30)	아라우카리아	4.0 (6.2)
43(41)	크로톤	4.0 (5.3)
44(46)	시클라멘	4.0 (4.8)
45(34)	게발선인장	3.0 (5.8)
46(49)	팔레놉시스	3.0 (4.5)
47(27)	산세베리아	2.5 (6.3)
48(47)	아나나스	2.5 (4.8)
49(45)	알로에 베라	2.0 (5.0)
50(50)	칼란코에	2.0 (4.5)

2) 실내 공해 정화 식물

1 심비디움

과명 : 난과(Orchdaceae)

학명 : *Cymbidium* spp.

심비디움은 아시아계 양란으로 인도, 타이 등에 자생하고 있는 것을 개량해서 화분용이나 생화로 이용하고 있다. 심비디움은 상록성 다년초로 대부분은 지생란이며 물이 잘 빠지는 땅에 난 것도 있다. 한국의 춘란 · 한란, 중국의 금릉변란 · 보세란 등은 모두 심비디움속이다.

주로 화분과 절화를 겸한 대륜계가 재배되고 있는데 꽃 색깔이 아름다워서 꽃꽂이용이나 꽃디발용으로 많이 쓰인다. 또한 개화기간이 매우 길어 2개월에서 3개월 가까이 수명을 갖는 품종도 있기 때문에 절화용으로 인기가 있다. 근래에는 온대계와 아열대계의 잡종도 많이 육종되고 있다. 음이온을 다량 방출하여 실내 공기 정화 식물로 각광을 받는다.

2 팔손이나무

과명 : 두릅나무과(Araliaceae)

학명 : *Fatsia japonica*

영명 : Fatsia

일본이 원산지인 상록관목 또는 소교목으로 야생 상태에서는 키가 6m까지 자라는데, 잎이 보통 8갈래로 갈라지기 때문에 팔손이나무라고 부른다. 흔히 화분에 심으며, 겨울에는 집 안으로 들여놓아 기르는데, 그늘 또는 반그늘지고 물기가 조금 있으며 기름진 땅에서 잘 자란다.

유기 휘발성 물질을 잘 제거하고, 기억력 향상에 도움이 된다고 하며, 음이온 발생량은 산세베리아보다 2배나 많다고 한다.

3 산세베리아

과명 : 용설란과(Agacaceae)

학명 : *Sansevieria trifasciata*

영명 : Snake plant, Mother-in-law tongue

일본이 원산지인 상록관목 또는 소교목으로 야생 상태에서는 키가 6m까지 자라는데, 잎이 보통 8갈래로 갈라지기 때문에 팔손이나무라고 부른다. 흔히 화분에 심으며, 겨울에는 집 안으로 들여놓아 기르는데, 그늘 또는 반그늘지고 물기가 조금 있으며 기름진 땅에서 잘 자란다.

유기 휘발성 물질을 잘 제거하고, 기억력 향상에 도움이 된다고 하며, 음이온 발생량은 산세베리아보다 2배나 많다고 한다.

4 스파티필럼

과명 : 천남성과(Araceae)

학명 : *Spathiphyllum* spp.

영명 : White anthurium, Peace lily

열대 아시아 · 뉴기니아에 약 20종이 분포하고 있다. 여러 가지 대기 오염 물질을 정화하는 기능이 있다. 질소화합물 · 벤젠 · 알코올 · 아세톤 · 이산화탄소 · 포름알데히드 · 오존 · 이산화황 등을 정화하며, 특히 부엌에서 요리할 때 발생하는 음식 냄새를 제거해 주는 효과가 있다. 베란다에 개별 보일러가 있는 경우 스파디필룸을 보일러실 앞에 놓으면 불완전 연소로 인한 일산화탄소 흡수능이 높아 공기가 쾌적해진다. 또한 크기에 비해 증산 작용이 뛰어나 건조한 실내의 습도를 높이는 데 도움을 주며, 수경 식물로 키우면 훌륭한 가습기 역할을 한다.

5 스킨답서스

과명 : 천남성과(Araceae)

학명 : *Epipremnum Scott*

영명 : Scindapsus, Satin pothos

열대 아시아, 뉴기니아에 약 20종이 분포하고 있다. 자생지에서의 스킨답서스는 그늘진 곳의 나무에 붙어서 자라거나 나무에 매달려 덩굴을 늘어뜨리고 자란다. 덩굴은 40~50m나 자라지만 실내에서는 10m 정도까지 자라므로 지주를 이용하여 세로로 길러진 것은 잎이 넓고 코너장식이나 벽면장식에 알맞으며, 거는 화분에 심어진 것은 입체적인 화분배치에 사용하거나 장식장 위에 놓아 덩굴이 아래로 늘어지도록 가꾼다. 음지에 매우 강하여 실내 어느 곳이나 배치 가능하며 특히 주방의 장식에 알맞다. 물속에서도 뿌리가 잘 내려 수경재배용으로도 이용된다.

자생종은 10여 종 되지만 주요 재배종은 아우레움(Aureum) 한 가지뿐이다. 잎과 무늬가 아름다워 픽터스 종도 일부 재배하고 있다.

담배연기나 일산화탄소 및 실내 분진을 제거하며 암모니아를 흡수한다. 또한 전자파나 양이온을 흡수하고 음이온을 방출하여 실내를 쾌적하게 한다.

6 싱고니움

과명 : 천남성과(Araceae)

학명 : Syngonium spp.

영명 : Arrowhead vine

멕시코에서 파나마에 걸쳐 자생한다. 덩굴성으로 잎은 얇고 길이 15cm, 폭 10cm 정도이다. 원산지가 중앙아메리카로 약 30여 가지의 품종이 있는데 그 품종들은 각각 다양한 이름으로 불린다. 천남성과의 필로덴드론과 비슷해 혼동되는 경우가 있는데 싱고니움은 잎에 흰색 또는 은색 무늬가 있어 구별된다. 싱고니움은 가늘고 긴 화살촉 모양의 어린잎이 성장하면서 잎 가장자리가 3~5갈래로 갈라져 창 · 별 · 화살촉 모양의 잎들을 만드는데 이것은 싱고니움만의 큰 특징이다. 특히 암모니아 흡수능이 뛰어나다.

7 벤자민 고무나무

과명 : 뽕나무과(Moraceae)

학명 : *Ficus Benjamina*

영명 : Weeping fig

인도 · 미얀마 · 북오스트렐리아 및 열대아프리카 원산으로 높이가 20cm까지 되는 교목으로 가지는 많이 분지하여 밑으로 늘어진다. 잎은 작고 담록색이며 길이는 5~12cm 정도이다. 줄기의 색은 회백색으로 아름답다. 잎이 많고 모양이 수려하여 거실에서 기르기 적합한 식물이다. 잎이 많은 만큼 낮 동안 광합성을 통하여 많은 양의 이산화탄소를 제거하여 실내 공기를 정화하는 데 효과가 크며 특히 휘발성 유기 물질 중 포름알데히드 · 자일렌 · 벤젠 · 질소화합물 · 오존 등을 제거하는 데도 효과적이다. 난방기나 주방 조리 중 불완전 연소된 이산화황과 이산화질소도 잘 흡수한다. 직사광선을 좋아하고 13~15℃에서 가장 잘 자란다.

저온 · 저광 · 과습 조건에 계속 두면, 짧은 기간 내에 낙엽이 되어 떨어진다. 밝은 실내에 있으면 건조에도 강하고 저온에도 잘 견딘다.

8 인도고무나무

과명 : 뽕나무과(Moraceae)

학명 : *Ficus elastica*

영명 : Rubber plant

원산지가 인도 · 미얀마 · 열대아프리카 등지인 상록교목으로 높이는 약 30m에 달한다. 털이 없고 기근을 내린다. 잎과 줄기를 자르면 흰 즙이 나온다. 잎은 어긋나고 타원형이거나 긴 타원형이며 길이 20~30cm이다. 잎은 두껍고 윤이 나며 가장자리가 밋밋하고 측맥은 주맥과 직각이다. 무늬가 있는 품종도 있으며 번식은 삽목이나 취목으로 한다. 옛날에는 탄성고무 자원으로 심었으나, 1876년 남아메리카산 파라고무나무가 발견되자 공업적 가치를 잃어버리고 관상용이 되었다.

카펫이나 벽지 등에서 나오는 유독가스를 흡수하는데, 특히 포름알데히드 제거 효과를 비롯한 여타 유해 물질 제거 효과가 우수한 식물이다. 잎이 넓어 공기 정화 작용이 뛰어나고 광합성도 매우 활발하여 머리를 맑게 하는 식물이다.

한여름을 제외한 나머지 계절에는 직사광선 하에 두어도 무방하며 음지에도 강한 편이다. 건조에 강한 편이므로 화분 표면의 흙이 말라 보일 때 충분히 물을 주도록 한다. 튼튼하고 1년에 1m 가량 자라며 월동 온도는 3~5℃면 충분하다. 생육적온은 20~25℃이다. 잎을 아름답게 하려면 이따금씩 묽은 우유를 탄 물로 씻어 주는 것이 좋다. 나무 도마의 재질은 대부분 이 고무나무이다.

9 파키라

과명 : 물밤나무과(Bombacaceae)

학명 : *Pachira aquatica*

남아메리카가 원산지의 높이 30~200cm의 상록 교목으로 두꺼운 줄기와 거기서 뻗은 가느다란 가지가 특징적이다. 줄기는 벽오동처럼 생겼으나 밑부분은 갈색의 곤봉처럼 생겼다. 가지 끝에는 손바닥 모양으로 된 복엽이 달리고 작은 잎은 긴 타원형이다. 꽃은 크고 매우 아름다워 감상하기에 좋다. 열매는 식용이 가능하다. 반그늘을 좋아하고 배수가 잘되는 땅에서 잘 자란다. 건조하지 않도록 주의해야 한다.

팔손이와 비슷하나 이국적인 정취를 자아내며 실내원예의 중요한 위치를 차지하는 식물로 원산지인 남미지역에서는 과수로 기른다. 이산화탄소를 없애는 능력이 뛰어나 공기 정화에 좋은 식물이기 때문에 아파트의 베란다 또는 거실에서 키우면 좋다.

10 행운목

과명 : 용설란과(Agavaceae)

학명 : *Dracaena fragrans*

영명 : Lucky Tree, Corn plant

에티오피아 · 기니아 · 나이제리아가 원산지로 가장 대중적인 관엽 식물 가운데 하나이다. 원래는 밝은 곳을 좋아하지만 음지에서도 잘 견딘다. 공기 정화 능력이 탁월하여 사무 기기와 실내 장식 등에서 나오는 유해 물질을 흡수하는 등 공기 정화 작용이 크다. 특히 포름알데히드를 제거하는 효과가 뛰어나다. 향기가 좋은 백색의 작은 꽃이 피어 관상용으로도 좋다. 모래흙에서 잘 자라고 수분을 많이 흡수하므로 화분 표면에 흙이 마르지 않도록 물을 자주 준다.

11 종려나무

과명 : 야자과(Palmae)

학명 : *Trachycarpus excelsa*

일본 규슈 원산이다. 중국산 종려에 대하여 일본산 종려라는 뜻으로 왜종려라고도 하고, 중국산은 당종려라고 한다. 당종려는 키가 작고 잎이 딱딱하여 밑으로 처지지 않는다. 가지가 없고 높이 3~7m로 자라며 흑갈색 섬유상의 엽초로 싸여 있다. 잎은 원줄기 끝에 달리고 둥글며 지름 50~80cm로서 부채살 모양으로 갈라지고, 갈래조각은 맥을 중심으로 접힌다.

우리나라에서는 제주에서 관상용으로 심고 있으나 원산지에서는 섬유의 용도가 다양하고, 잎은 1년에 8~10장이 농가 소득원이 된다.

12 종려죽

과명 : 야자과(Palmae)

학명 : *Rhapis humilis*

영명 : Low Ground Rattan, lady palm

한자명 : 종려죽(棕櫚竹)

중국과 일본이 원산지이며 베트남 북부와 인도차이나 · 수마트라 · 자바 등지에 20여 종이 난다. 속명의 Rapis는 그리스어의 Rapis '침' 이라는 뜻에서 유래되었다. 높이 3m 정도이고 지름 2cm 내외로서 갈색의 엽초로 싸여 있다.

잎에 무늬가 있는 것도 있으며, 잎은 종려나무같이 생기고 원줄기는 대처럼 생겼다고 하여 종려죽이라 부른다. 우리나라에서는 열매를 맺지 못하고 간혹 결실한 것도 제대로 성숙하지 못한다.

13 황야자(아레카야자)

과명 : 야자과(Palmae)

학명 : *Chrysalidocarpus lutescens*

영명 : Yellow palm, Areca palm, butterfly palm

한자명 : 황야자(黃椰子)

마다가스카르 · 열대 · 아열대 원산으로 나비야자라고도 부른다. 야자류 중에서 비교적 생육이 빠른 편이며 회초리 다발처럼 보이는 줄기들과 줄기에서 뻗어나간 깃털 같은 황록색 잎들이 특징적이다. 18~24℃에서 잘 자란다. 실내가 건조하면 많은 양의 수분을 공급해 습도를 조절하는 능력이 뛰어나다. 1.8m 높이라면 24시간 동안 약 1리터 정도의 수분을 뿜어내 가습기 효과를 볼 수 있다.

공기 정화 식물 중 가장 인기가 좋은 아레카야자는 실내 환경에 대한 적응력이 매우 높고 증산 작용률 1위, 톨루엔과 키실렌 제거율 1위이다. 엄청나게 많은 양의 수분을 내뿜으며 공기 중의 화학적인 독소를 없애기 때문에 새집증후군 예방에 큰 효과를 준다. 증산 작용을 통해 하루 동안 약 1리터의 수분을 방출하고 일부 가지에만 염분을 축적하는 독특한 성질을 가지고 있는데 축적된 염분이 포화 상태에 이르면 그 가지가 말라죽게 되므로 이때는 가지를 빨리 잘라 줘야 한다.

거실에 어울리는 이 식물은 실내가 너무 건조하면 응애가 생길 수 있으므로 화분 안의 용토가 촉촉하도록 유지시키는 것이 중요하며, 겨울철을 제외하고는 정기적으로 희석하지 않은 비료를 주는 것이 좋다. 또한 분무기 등을 통해 수분을 정기적으로 공급해 주면 생육 환경이 좋아지고 윤기 있는 잎을 유지할 수 있으며, 해충 발생 억제에 도움이 된다.

14 대나무야자

과명 : 야자과(Palmae)

학명 : *Chamaedora erumens (seifrizii)*

영명 : Bamboo palm, Reed palm

멕시코, 중아아메리카 원산으로 가느다란 줄기가 다발 지어 나오며 짙은 녹색을 띤 깃털 형태의 잎은 뛰어난 아름다움과 함께 바람이 잘 통하는 시원한 열대 분위기를 자아낸다. 성숙하면 1.8m까지 자란다. 아레카야자보다 해충에 강하기 때문에 실내 조경에 수요가 많다. 증산 작용이 매우 우수하여 겨울철 건조해진 실내에 충분하게 수분을 방출하며 벤젠 · 트리클로로에텔렌 · 포르알데히드 제거 능력이 매우 우수하다.

15 대추야자(피닉스)

과명 : 야자과(Palmae)

학명 : *Phoenix canariensis, Phoenix roebelenii*

영명 : Dwarf date palm

아프리카의 카나리제도가 원산지이며 아프리카와 동남아의 열대(아열대)지역에 분포한다. 묵직한 줄기로부터 활처럼 젖혀져 나오는 부채 형태의 잎이 우아하다. 잎의 길이는 약 90cm로 수평에 가깝게 휘어진다. 높이가 최대 2m 정도까지 자라며 관상적으로 아름답기 때문에 실내 원예 식물로 각광을 받는다.

생육은 매우 느린 편이나 1.5~2m까지 자라므로 단독으로 배치하는 것이 좋으며, 몇 십 년도 키울 수 있다. 반양지성 식물로 강한 광선이 필요치 않으며 스포트라이트를 비추어도 좋다. 16~24℃(겨울철 10℃ 이상 유지) 온도면 잘 자란다. 건조하면 응애가 발생하며 습기가 너무 많거나, 경수일 경우 잎이 갈색으로 변한다. 뿌리 부근이 항상 촉촉한 상태를 유지할 정도로 준다. 봄 · 여름(생장기)에는 물을 충분히 주고 비료는 2개월에 1회 간격으로 준다. 가을 · 겨울에는 표면의 흙이 거의 말랐을 때만 물을 주며 자주 분무해 준다.

실내 공기 중의 유독 물질 특히 자일렌 제거 능력이 탁월하다. 왜성 대추야자는(Dwarf date palm)는 학명이 *P. roebenii*로서 원산지가 아프리카, 아시아의 열대 및 아열대 지역으로 실내 공기 정화 능력은 *P. canariensis*와 유사하다.

16 테이블야자

과명 : 야자과(Palmae)

학명 : *Chamaedorea Elegans*

책상 위에 올려 놓고 많이 키웠다 하여 '테이블야자' 라는 이름을 얻었다. 페인트 · 니스 · 본드 등에서 나오는 화학적 유독가스를 빨아들인다. 리모델링하거나 새로 지은 집에 두면 효과가 탁월하다. 성장이 매우 느린 편이다.

17 필로덴드론 셀로움

과명 : 천남성과(Araceae)

학명 : *Philodendron selloum* C. Koch

영명 : Lacy Tree Philodendron

남아메리카 · 브라질 및 서인도제도 원산으로 열대아메리카에 200종 내외가 자란다. 거의 덩굴성이며 관엽 식물로 재배되고 있다.

공기가 건조하고 빛이 부족한 환경에 비교적 강한 편이다. 식물체가 생장함에 따라 많은 공간을 차지하게 되므로 배치할 장소를 잘 고려해야 한다. 천정이 높고 넓은 공간에 배치하면 잘 어울린다. 깊이 베어 들어간 듯한 잎이 특징인데 생육함에 따라 잎의 베어 들어간 정도가 더 깊어지고 잎 가장자리가 마치 파도를 치는 것처럼 된다. 밝은 광과 적정한 온도와 습도를 유지해 준다면 웃자라지 않고 빽빽한 줄기를 내어 강건한 식물체가 된다.

셀로움의 가장 특이한 점은 식물체 스스로 열을 발생하여 추위에 강하다. 증산 작용률이 높고 음이온 방출능이 뛰어나므로 거실이나 공부방에 적합하다.

18 아펠란드라

과명 : 쥐꼬리망초과(Geraniaceae)

학명 : *Aphelandra squarrosa* cv Dania R.BR.

영명 : Zebra plant

브라질 원산으로 선명하고 하얀 잎맥의 모양이 시선을 끈다. 속명 Aphelandra는 그리스어 '간단하다'와 '수컷'의 합성어로 하나의 세포로 된 수술을 의미한다. 줄기의 정단부에 화려한 노란색의 포엽을 가진 화서가 개화하여 6주 동안이나 유지된다. 진짜 꽃은 그 노란 포엽 사이에 노란색으로 피지만 오래가지는 못한다.

남미에 대부분의 종류가 있지만 우리나라에서 재배하고 있는 종류는 아직 몇 종 되지 않는다. 잎과 꽃이 모두 아름다운 '다니아'가 가장 많이 보급되어 있다.

19 선인장

과명 : 선인장과(Cactaceae)

속명 : *Carnegia, Gymnocalycium, Crassula* spp.

영명 : Cactus

한자명 : 백년초(百年草), 패왕수(覇王樹)

대부분 아메리카 대륙이 원산지로 대개는 잎이 없는 다육 식물로 선인장과에는 200속 이상이 있다. 건조한 지방에 잘 적응하여 자라며, 땅 위에서 자라는 선인장들은 유기물이 포함되지 않고 적당히 물이 빠지는 토양을 가장 좋아하지만 다른 상태의 토양에서도 자랄 수 있다.

우리나라에는 제주도 남쪽에 선인장(*Opuntia ficusindica* var. *saboten*)이 자라고 있는데, 옛날부터 자라던 것인지 해류를 통해 최근에 들어온 것인지 확실하지 않다. 이 밖에 외국에서 들여온 수십 가지의 선인장들을 집안의 화분이나 온실에 심고 있다.

선인장은 백년초(百年草) 또는 패왕수(覇王樹)라고 하지만 영어로는 '모자'라는 뜻의 캑터스(cactus)라고 한다. 선인장류은 CAM 식물로서 야간에 산소를 방출하며 전자파를 흡수한다.

20 알로에

과명 : 백합과(Liliaceae)

학명 : *Aloe* spp.

영명 : Aloe

한자명 : 노회(蘆薈)

백합과에 속하는 다년생 초본성 또는 목본성 다육 식물로 CAM식물이다. 잎은 다육질의 칼 모양으로 끝이 뾰쪽하며 줄기 밑 부분에서 밀집해서 다발 모양으로 생장하므로 뿌리에서 군생하는 것같이 보인다.

원산지가 아프리카 · 인도 · 아라비아 등으로 추정되며, 주로 멕시코 · 베네수엘라 · 자메이

카 · 미국 남부 · 인도 · 말레이시아 · 일본의 남부 등지에 전파되어 야생되거나 재배되고 있으며, 근대에는 온실이 발달로 우리나라와 같은 온대지방은 물론 러시아와 같은 한대지방에 이르기까지 세계 도처에서 인공 재배되고 있다.

알로는 살균 작용과 소염 작용이 뛰어나 생잎의 액즙을 위장병에 내복하고 외상, 화상 등에 이용한다. 건성이나 지수성 피부를 중성화하고 피부 보습 작용도 있어 화장품 성분으로도 쓰인다. 특히 기미나 주근깨에 효과가 있다.

21 아이비

과명 : 두릅나무과(Araliaceae)

학명 : *Hedera helix*

영명 : English ivy

아시아 · 유럽 · 북아프리카 원산의 송악속(Hedera)의 식물들로 특히 아이비라는 이름은 잉글리시아이비(H. helix)만을 가리키기도 하는데, 줄기에서 공기뿌리가 나와 다른 물체에 달라붙어 올라간다. 잉글리시아이비는 벽돌로 쌓은 벽을 덮기 위해 심기도 한다. 줄기에는 3~5갈래로 갈라진 잎이 달린다.

우리나라에는 송악(Hedera rhombea) 1종이 주로 남쪽지방에서 자라고 있지만 인천 앞바다와 울릉도까지 올라와 자라고 있다. 이 밖에 외국에서 들어온 알제리아 아이비 · 콜치카 아이비 · 잉글리시 아이비 및 그 변종들을 심고 있다.

일반적으로 헤데라는 아이비보다 잎이 더 크고 두터우며 생육도 빠르다. 다양한 실내 환경에도 잘 적응하지만 고온에는 약하다. 포름알데히드 제거 능력이 매우 뛰어나다.

22 국화

과명 : 국화과(Compositae)

학명 : *Chrysanthemum morifolium* Ramat.

영명 : Chrysanthemum

한자명 : 국화(菊花)

2,000여 종이 넘는 품종들이 알려져 있지만, 계속 새로운 품종들을 만들어 정확하게 몇 종류나 되는지 알 수 없다. 국화는 관상용으로 널리 재배하며, 많은 원예 품종이 있다. 국화는 반그늘지고 서늘하면서 물이 잘 빠지는 흙에서 잘 자라며 가뭄에도 잘 견디나 흙에 물기가 많으면 뿌리가 썩으므로 조심해야 한다.

국화꽃 말린 것을 베개 속에 넣어 베고 자면 머리가 맑아지고 단잠을 잘 수 있어 피로 회복에 좋다. 그러나 국화차는 잠자기 전에 먹는 건 조금 피해야 한다. 그렇지 않으면 정신이 너무 맑아져서 잠을 못 잔다고 한다.

국화는 화분에 심어서 포트멈으로 실내에 배치해 실내 공기 정화에 이용한다. 국화는 공기 중의 암모니아를 흡수 제거하는 능력이 뛰어나다. 국화는 본래 질소나 암모니아 적정량 흡수하여야 꽃과 잎의 색이 선명해진다. 화장실 입구에 두면 생리적으로도 제격으로 악취 제거 효과가 있지만 밝은 빛을 좋아하므로 2~3일에 한 번씩 창가로 옮겨 주도록 한다.

23 거베라

과명 : 국화과(Compositae)

학명 : *Gerbera jamesonii*

영명 : Gerbera daisy

남아프리카 원산으로 '거베라' 라는 이름은 18세기 독일의 내과 의사이자 자연주의자였던 게르버(T. Gerber)의 이름에서 따온 것이다.

거베라는 밝은 빛을 필요로 해 양지나 반양지에서 잘 자라지만 햇빛이 너무 강한 한낮에는 차광을 해 줘야 꽃이 성숙하기 전에 노화되는 것을 막을 수 있다. 토양은 전체적으로 축축한 상태를 유지해 줘야 하지만 물을 너무 자주 주면 뿌리가 썩을 우려가 있다. 생육기에는 정기적으로 비료를 준다.

거베라는 공기 중의 유해한 화학 물질을 제거하는 데 아주 효과적인 식물로 증산율도 높고 유독성 가스 제거 능력도 뛰어나다.

24 제라늄

과명 : 쥐손이풀과(Geraniaceae

학명 : *Pelargonium inquinans*

영명 : Geranium

남아프리카 원산의 다년생 초본으로 우리나라에서는 온실에서 재배한다. 줄기는 높이 30~50cm이고 육질이다. 제라늄은 보통 무늬제라늄을 지칭하며, 속명인 펠라르고늄으로 불리는 것과는 구별한다. 잎에 말굽 같은 검은 무늬가 있는 것을 무늬제라늄(*P. zonale*)이라고 하는데, 꽃잎이 보다 좁고 무늬가 있어서 구별이 되며 많이 가꾼다.

유럽에서는 관상용 화분 재배로 흔히 쓰인다. 재배가 쉬우며 관상용 외에도 꽃이나 잎을 채취하여 그대로 샐러드 · 아이스크림 · 케이크 · 젤리 · 과자의 향이나 장식으로 쓴다. 잎에서 나는 방향유를 이용하여 포푸리 · 차 · 목욕제 · 꽃다발 · 압화 등에 쓴다. 이 밖에 향수 · 비누 · 화장품 등에도 쓰인다.

25 몬스테라

과명 : 천남성과(Araceae)

학명 : *Monstera deliciosa*

영명 : Monstera

한자명 : 봉래초(蓬萊草)

멕시코 원산이며 온실에서 재배한다. 몬스테라속에는 30종 내외가 있으나 이 종이 가장 널리 알려져 있다. 잎은 어긋나고 성숙한 것은 둥글며 지름 1m 정도이다. 잎 모양은 깃처럼 갈라지고, 군데군데 구멍이 파여 있어 폭우와 강한 바람에 견딜 수 있는 구조로 발달하였으며, 밑에 달린 잎에 광선이 통할 수 있도록 되어 있다. 원줄기는 굵고 초록색이며 마디에서 기근이 내리고 다른 물체에 붙어 올라간다.

육수화서가 황백색 포로 싸이고 길이 25cm 내외이며, 번식은 포기나누기 또는 꺾꽂이에 의한다. 성숙한 것은 옥수수의 이삭같이 생겼고 바나나와 같은 향기가 있어서 생으로 먹는다. 소형종으로 프리드리히스탈리가 있는데 잎이 파여 있지 않으나 많은 구멍이 뚫려 있다.

26 페페로미아

과명 : 후추과(Piperaceae)

학명 : *Peperomia* spp.

브라질 원산으로 상록성 초본으로 온대에서 열대에 걸쳐 50종 내외가 알려져 있다. 뿌리는 굵고 육질이다. 잎은 어긋나거나 간혹 돌려나고 대개 육질이며 광채가 있다. 잎의 형태는 종에 따라 변화가 심하다.

다른 식물과는 달리 밤에 이산화탄소를 흡수하고 산소를 내뿜기 때문에 침실에 두면 좋다. 또, 어두운 곳에서도 비교적 잘 자란다.

27 마란타

과명 : 마란타과(Marantaceae)

학명 : *Maranta* spp.

열대 아메리카 원산의 작은 상록 다년생 초본이다. 15~20여 종이 자란다. 이 속 중에서 잎이 아름다운 종류가 관엽 식물로 재배되며 마란타(*M. bicolor*)가 대표적이다. 잎은 타원형이며 갈색 무늬가 있다. 체내의 습도를 유지하기 위해 낮에는 옆으로 퍼져 있다가 밤이 되면 위로 모이는 특징이 있다. 잎 끝이 잘 마르기 때문에 분무기로 물을 자주 뿌려 주는 것이 좋다. 뿌리에서 녹말을 채취하는 애로루트(arrowroot/*M. arundinacea*)도 이에 속한다. 해충을 막아 주고 내한성 및 내구성이 뛰어나 현관 앞에 두면 좋다.

28 클로로피툼

과명 : 백합과(Liliaceae)

학명 : *Chlorophytum* spp.

영명 : Spider Plant

한자명 : 접란(蝶蘭)

열대아프리카 · 인도 남부 · 중국 남부 등이 자생지인 다년생 초본으로 속명 Chlorophytum은 그리스어로 녹색 식물이라는 뜻이다. 잎 길이 20~40cm이고, 잎 폭은 2cm 내외이며, 봄부터 주기적으로 꽃줄기가 나와 조그만 흰 꽃이 달린다. 생육이 왕성하여 포복지가 나와 새끼(러너)를 만든다. 러너에 의하여 계속 증식하여 덤불난초라고도 하며, 러너의 새끼 묘가 마치 종이로 접은 학과 같다 하여 접란이라고도 불리운다. 우리나라에는 1912~1945년경에 들어온 것으로 알려져 있으며, 공기 정화 능력이 좋은데, 특히 포름알데히드 제거능이 뛰어나다.

29 호접란

과명 : 난과(Orchdaceae)

학명 : *Phalenopsis* spp.

영명 : Moth orchid

한자명 : 호접란(胡蝶蘭)

인도 동부 · 동남아시아 · 인도네시아 · 필리핀 · 오스트레일리아 북부 · 뉴기니아가 원산지이며, 속명은 Phalaina(나비)와 Opsis(같다)의 의미를 기지고 있다. Moth orchid 라는 영어 명칭은 꽃의 모습이 마치 나방을 연상시키기 때문에 붙여진 이름이다. 호접란은 반음지성 식물로서 잎은 두껍고 폭이 넓으며 가죽질감을 느끼게 한다.

호접란은 공기 중의 자일렌을 제거하는 능력이 뛰어나다.

30 풍란

과명 : 난과(Orchdaceae)

학명 : *Neofinetia falcata*

한자명 : 풍란(風蘭)

우리나라(남쪽섬)와 일본에 분포하는 착생란으로 소엽풍란 또는 조란(弔蘭)이라고도 하며, 잎이 넓은 것을 나도풍란이라고 한다.

열매는 삭과로서 10월에 익는다. 많은 개량품종이 있다. 꽃은 흰색 또는 연분홍색이 있고 겹꽃도 있다. 잎은 좁은 것, 넓은 것, 흰색과 노란색 등의 무늬가 있는 것 등 여러 가지가 있다.

31 네피로레피스

과명 : 고사리과(Polypodiaceae)

학명 : *Nephrolepis exaltata* 'Bostoniensis'

영명 : Boston fern, Sword fern

아열대 및 타이완이 원산지로서 습도가 높은 반양지 또는 약간 시원한 곳에서 잘 자라는 상록성 양치 식물이다. 추위에 약한 점을 제외하면 번식력이 강하여 기르기 쉽다. 겨울철 상대습도를 측정하는 지표식물로서 식물체가 마르지 않고 건강하게 유지된다면 그곳의 실내 습도는 사람이 살기에 적당하다는 뜻이 된다. 새집증후군에 적합한 식물로 여러 가지 유기 용매 제거능이 탁월하다. 실내 휘발성 유기 물질 중 포름알데히드를 매우 효과적으로 정화한다.

32 아디안툼(공작고사리)

과명 : 고사리과(Polypodiaceae)

학명 : *Adiantum* spp.

공작고사리속(Adiantum)의 총칭으로 80종 내외가 열대지방에서 자라지만 관엽 식물로는 남아메리카산이 많이 재배된다. 아디안툼은 '물에 젖지 않는다' 는 뜻이다. 한국에는 공작고사리 · 섬공작고사리 · 암공작고사리가 있다. 원예용으로는 외국에서 들어온 공작고사리(*A. capillus-veneris*)와 삼각공작고사리(*A. cuneatum*)가 온실에서 자란다.

공작고사리는 비너스 헤어(Venus hair)라고도 하며, 열대와 난대에 널리 퍼져 있고 온실에서는 잡초처럼 퍼진다. 삼각공작고사리는 브라질산으로 온실에서 가장 많이 가꾸는 관엽 식물이며 변종이 많은데, 관상용으로는 특히 잎이 잘게 갈라진 것을 선호한다. 유기용제 제거능이 뛰어난 식물이다.

≫ 참고문헌

강건일, 1997, 『이야기 현대약 발견사』, 까치.
강삼식 외,1999, 『천연물과학』, 서울대학교출판부.
고경식 외,1989, 『원색한국신물도감』, 아카데미서적.
권오호, 1996, 『우리문화와 음양오행』, 교보문고.
권용욱, 2005, 『정력 식품과 건강법』, Human & Books.
권혁세, 1997, 『풀이 만병을 이긴다』, 하나로.
김경아 외, 2005, 『건강을 살리는 꽃 생활을 바꾸는 식물』, 문예마당.
김무열, 2004, 『한국의 특산 식물』, 솔과학.
김영아, 2007, 『우리 환경에 맞는 실내 공기정화 식물 기르기』, 푸른행복.
김창민 외, 1995, 『韓藥方劑學精要』, 정담.
김태정, , 1996, 『약이 되는 한국의 산야초』, 국일미디어.
김태정, 1996, 『한국의 산야초』, 국일미디어.
김형균 외, 2000, 『한약의 약리』, 고려의학.
김창민, 2000, 『동의사상정해』, 아카데미서적.
로버트 티저랜드, 손숙영 외 역, 1996,『향기요법』, 글이랑.
류수노 외. 2002, 『자원 식물학』, 한국방송통신대학교 출판부.
모리모토 가네하사 외, 신림치유포럼 역, 2006, 『산림치유, 전나무숲』.
모턴 워커, 김은경 역, 1996, 『파워 오브 컬러』, 교보문고.
문홍 외, 2004, 『식탁 위에 숨겨진 영양소 100가지』, 동도원.
미야자키 요시후미, 박범진 역, 2007, 『오감으로 밝히는 숲의 과학』, 넥서스BOOKS.
박선동 외, 2004, 『한약처방의 구성원리』, 영림사.
박유식, 1999, 「식품과 식품화학」, 효일문화사.
박종철, 2002, 『기능성식품의 천연물과학』, 효일.
박창호 외, 2005, 『한약재 포제기술』, 청문각.
백승헌, 2002, 『역으로 보는 이제마의 사상체질』, 중앙생활사.
백승헌, 2002, 『태양인 이제마의 동의수세보원』, 하남출판사.
변민숙, 2009, 『천연비누와 화장품 만들기』, 니케.
서정근 외, 2004, 『원예치료과정의 적용과 실제』, 단국대학교출판부.
선마리, 2003, 『AROMATHERAPY D.I.Y』, 에스티씨소야.
세바스챤 크나이프, 오홍근 역, 2007,『기적의 물치료법』, 넥서스BOOKS.
손기철, 2009, 『실내 식물이 사람을 살린다』, 중앙생활사.
솔뫼, 2007, 『산속에서 만나는 몸에 좋은 식물 148』, 그린홈.

송기엽, 2006, 『야생화 쉽게 찾기』, 진선출판사.
송기철 외, 2005, 『원예치료』, 중앙생활사.
송재만, 2007, 『건강을 살리는 숲』, 문예마당.
송호준 외, 2008, 『한의학의 과학원리』, 의성당.
신원섭, 2005, 『치유의 숲』, 지성사.
신재용, 2009, 『야채 동의보감』, 학원사.
신재용, 2008, 『체질 동의보감』, 학원사.
신재용, 2009,『체질음식궁합 - 체질별 한방요법』, 학원사,
안영희, 2008, 『한국의 자생 식물』, 김영사.
이건일 외, 1993, 『약학개론』, 신일상사.
유강목, 2006, 『아로마테라피 텍스트북』, 크라운출판사.
윤동혁, 2004, 『색 색을 먹자』, 거름.
윤선 외, 2008, 『기능성 식품학』, 라이프사이언스.
윤주복, 2008, 『겨울나무 쉽게 찾기』, 진선Books.
윤평섭, 2004, 『한국의 원예식물』, 교학사.
이강권, 2005, 『컬러푸드 건강혁명』, 팜파스.
이봉교, 2009, 『한방진단학』, 성보사.
이숙영 외, 2009, 『식품화학』, 파워북.
이우철, 1996, 『원색한국기준식물도감』, 아카데미서적.
이장순 외, 2003, 『식품학』, 효일.
이정규 외, 2006, 『약학입문』, 신일상사.
이제마, , 2002, 『동의학연구소, 동의수세보원』, 여강출판사.
이준, 2007, 『경이로운 색채치료법』, 중앙생활사.
이창복, 1892, 『식물분류학』, 향문사.
이청호, 2009, 『기적의 음이온』, 모아북스.
이치헌 외, 2009, 『아로마 테라피』, 훈민사.
임종필, 2004, 『실용 건강식품』, 신일상사.
장준근,, 2009, 『몸에 좋은 산야초』, 넥서스BOOKS.
장준근, 2001, 『산야초 동의보감』, 아카데미북.
장중근, 2003, 『산야초 건강학』, 넥서스BOOKS.
장태현, 1957, 『한국식물도감(상권 목본부)』, 신지사.
장태현, 1955, 『한국식물도감(초본부)』, 창원사.
정경대, 2008, 『건강약차 108선』, 이너북.
정희석, 2004, 『목재와 인류생활』, 서울대학교출판부,
조무연, 1986, 『원색한국수목도감』, 아카데미서적.

조태동 외, 2002, 『향기로운 삶을 연출하는 허브 & 아로마라이프』, 대원사.
조태동 외, 2004, 『허브 아로마테라피』, 대원사.
조태동 외, 2005, 『허브이야기』, 살림.
지형준, 1999, 『건강식품 생약』, 서울대학교 출판부,
채수규 외, 2005, 『표준 식품화학』, 효일.
천연물 교재출판위원회, 2004, 『천연물 화학』, 영임사.
최상범, 2005, 『허브정원』, 기문당.
최세영 외, 2005, 『식품과 건강』, 동명사.
최승완, 2003, 『에센셜 아로마테라피』, 청문각.
최영전, 2008, 『Herbs 대사전』, 예가.
최용화 외, 2001, 『천연물화학』, 동화기술.
가시마 하루키, 이준 역, 2007, 『경이로운 색채치료법』, 중앙생활사.
하순혜, 2006, 『세계 화훼장식 식물도감』, 학술편수관.
한국생약학교수협의회, 2001, 『本草學』, 대한약사회.
한국조리연구학회, 1997, 『HERB & SALAD (허브&샐러드)』, 형설출판사.
한동하, 2006, 『알레르기 이별여행』, 지성사.
한명주 외, 2004, 『먹으면 약이 되는 100가지 허브』, 효일.
한승관 외, 2002, 『천연물 이용학』, 월드사이언스.
허준, 2009, 『동의보감(국역증보)』, 남산당.
홍란희, 『클리니컬 아로마테라피와 성분학』, 광문각, 2008.
Kaufman, P. B., et al., 1999, *Natural Products from Plants*, CRC Press.
Kim, J. B., 2005, "Pathogen, Insect and weed Control Effects of Secondary Metabolites from Plants," *J. Koeran Appl. Biol. Chem.* 48(1). 1-15.
Lea, P. J. and Leegood, R. C., 1999, *Plant Biochemistry and Molecular Biology* 2nd., Wiley Press.
http://blog.daum.net/gimpri574
http://blog.naver.com/air7878
http://blog.naver.com/zenogre
http://cafe.daum.net/icacedu
http://dic.naver.com/
http://dic.search.naver.com/
http://en.wikipedia.org/
http://meari.forest.go.kr/
http://sanyuhwa.com/
http://www.aromaherb.co.kr/
http://www.chem.yoonoh.ac.uk/

http://www.encyber.com/
http://www.google.co.kr/
http://www.gyoonoh.pe.kr/
http://www.haandoctor.co.kr/
http://www.herbmart.or.kr/
http://www.korea.kr/
http://www.nature.go.kr/
http://www.nature.go.kr/
http://www.naver.com/
http://www.nhri.go.kr/
http://www.samna.co.kr/

찾아보기(한글)

ㄱ

ㄴ

ㄷ

ㄹ

ㅅ

ㅇ

ㅈ

ㅊ

ㅎ

기타

찾아보기(영문)

A

B

C

D

E

F

G

R

S

T

U

선인장

스킨답서스

스파티필럼

심비디움

싱고니움

아이비

아펠란드라

알로에

인도고무나무

제라늄

종려나무

종려죽

테이블야자

파키라

팔손이나무

페페로미아

풍란

필로덴드론 셀로움

행운목

호접란

황야자(아레카야자)

지은이 한태진(韓泰鎭)

함경남도 흥남시 천기리 출생
서울 강남국민학교 입학 · 졸업
휘문중 · 고등학교 입학 · 졸업
연세대학교 생물학과 학사 · 석사 · 박사
워싱턴주립대학 연구교수
한림대학교 생명과학과 교수

식물과 메디케어

초판 발행 | 2010년 4월 30일

지은이 | 한태진
발행인 | 고화숙
발행처 | 도서출판 소화
등 록 | 제13-412호
주 소 | 서울시 영등포구 영등포동 7가 94-97
전 화 | 2677-5890
팩 스 | 2636-6393
홈페이지 | www.sowha.com

ISBN 978-89-8410-381-8 93520

값 30,000원

잘못된 책은 언제나 바꾸어 드립니다.